普通高等教育“十一五”国家级规划教材
高 等 学 校 网 络 教 育 系 列 教 材

过程控制工程

第三版

罗健旭　黎　冰　黄海燕　何衍庆　编著

化学工业出版社
·北京·

本书讨论过程控制系统的结构、原理、特点、适用场合、系统分析和应用注意事项等问题，并与工艺设备和工业生产过程中控制系统的应用结合。本书理论与实际结合，在第二版的基础上，增补了近年来控制工程领域的新成果，并增加了设计应用示例，为适应网络教学的要求，对编排和内容进行了重新编写。

本书共分 9 章。分别按控制结构、工业过程设备等内容进行讨论。第 1 部分内容涉及建立被控过程的数学模型、简单控制系统各组成环节的分析和相互影响；常见的串级控制、均匀控制、前馈控制、比值控制、分程控制、选择性控制、双重控制和基于模型计算的控制系统等复杂控制系统；为便于理论与实践结合，增加了各类复杂控制系统的设计应用示例。介绍先进控制系统，包括预测控制、解耦控制、软测量和推断控制、时滞补偿控制、智能控制和间歇过程的控制等内容。第 2 部分以工业过程设备为主线，分析和讨论不同类型工业设备的控制，包括流体输送设备、传热设备、精馏塔和化学反应器设备的控制。

本书可作为普通高等学校自动化及相关专业本科生和研究生的教材，也可供工业生产过程控制领域的工程技术人员和设计部门的工程技术人员作为参考书或工具书。

图书在版编目（CIP）数据

过程控制工程/罗健旭等编著．—3 版．—北京：化学工业出版社，2015.9（2024.7 重印）
普通高等教育“十一五”国家级规划教材
高等学校网络教育系列教材
ISBN 978-7-122-24849-7

Ⅰ.①过…　Ⅱ.①罗…　Ⅲ.①过程控制-高等学校-教材　Ⅳ.①TP273

中国版本图书馆 CIP 数据核字（2015）第 179880 号

责任编辑：郝英华　　　　装帧设计：张　辉
责任校对：吴　静

出版发行：化学工业出版社（北京市东城区青年湖南街 13 号　邮政编码 100011）
印　　装：北京虎彩文化传播有限公司
787mm×1092mm　1/16　印张 16¼　字数 420 千字　2024 年 7 月北京第 3 版第 7 次印刷

购书咨询：010-64518888　　　　售后服务：010-64518899
网　　址：http://www.cip.com.cn
凡购买本书，如有缺损质量问题，本社销售中心负责调换。

定　　价：48.00 元

序

网络教育是依托现代信息技术进行教育资源传播、组织教学的一种崭新形式，它突破了传统教育传递媒介上的局限性，实现了时空有限分离条件下的教与学，拓展了教育活动发生的时空范围。从1998年9月教育部正式批准清华大学等4所高校为国家现代远程教育第一批试点学校以来，我国网络教育历经了8年发展期，目前全国已有67所普通高等学校和中央广播电视大学开展现代远程教育，注册学生超过300万人，毕业学生100万人。网络教育的实施大大加快了我国高等教育的大众化进程，使之成为高等教育的一个重要组成部分；随着它的不断发展，也必将对我国终身教育体系的形成和学习型社会的构建起到极其重要的作用。

华东理工大学是国家“211工程”重点建设高校，是教育部批准成立的现代远程教育试点院校之一。华东理工大学网络教育学院凭借其优质的教育教学资源、良好的师资条件和社会声望，自创建以来得到了迅速的发展。但网络教育作为一种不同于传统教育的新型教育组织形式，如何有效地实现教育资源的传递，进一步提高教育教学效果，认真探索其内在的规律，是摆在我们面前的一个新的、亟待解决的课题。为此，我们与有关出版社合作，组织了一批多年来从事网络教育课程教学的教师，结合网络教育学习方式，陆续编撰出版一批包括图书、课程光盘等在内的远程教育系列教材，以期逐步建立以学科为先导的、适合网络教育学生使用的教材结构体系。

掌握学科领域的基本知识和技能，把握学科的基本知识结构，培养学生在实践中独立地发现问题和解决问题的能力是我们组织教材编写的一个主要目的。系列教材包括了计算机应用基础、大学英语等全国统考科目，也将涉及管理、法学、国际贸易、化工等多学科领域的专业教材。

根据网络教育学习方式的特点编写教材，既是网络教育得以持续健康发展的基础，也是一次全新的尝试。本套教材的编写凝聚了华东理工大学众多在学科研究和网络教育领域中有丰富实践经验的教师、教学策划人员的心血，希望它的出版能对广大网络教育学习者进一步提高学习效率予以帮助和启迪。

华东理工大学副校长

涂善东教授

前　言

自2004年本书第一版出版以来，作为自动化和检测仪表专业本专科生的教材，得到广大教师和学生的肯定和厚爱，并作为上海市高等教育精品课程和国家级精品课程教材之一，被兄弟院校和有关培训部门采用。作为教育部批准的普通高等教育“十一五”国家级规划教材，第二版教材获得2011年上海市高校优秀教材二等奖，2012年中国石油和化学工业优秀出版物（教材类）一等奖。结合近年来控制工程的最新进展和多年教学和科研工作的实践经验，这次改版作如下修改。

（1）将本书名称“工业生产过程控制”改为“过程控制工程”，与课程名称一致。

（2）本书采用符合国家标准GB 2625和HG 20505规定的过程检测和控制流程图用的工程设计符号。因此，深受自控工程设计人员欢迎。一些设计单位已将本书作为设计工具书，自控设计人员人手一册，他们将教材的有关控制方案直接应用于P&ID中，极大地方便了设计工作。他们希望能够在书中提供有关控制方案的设计示例，为此，这次改版中填补了这方面的空缺。

（3）为便于应用，本次改版增加简单控制系统的整定计算公式、串级控制系统的整定计算公式，并增加了其他复杂控制系统的控制器参数整定等内容。

（4）MATLAB语言是科学计算语言，它在国外已被广泛应用于控制系统的分析设计和应用，并发挥极其重要的作用。本次改版增强这方面内容，例如，精馏塔动态模型的仿真研究，并在课件中增加了有关控制系统的Simulink仿真等，便于读者应用MATLAB/Simulink平台对控制方案进行分析和设计。

（5）原书为学有余力的学生提供大量资料，这对一般学生而言是资源浪费。因此，这次改版删除这部分内容，增强了有关基础知识内容的介绍，以有利于广大学生的学习和掌握。学有余力的学生可参考有关资料学习。

（6）节能减排得到广泛重视，变频调速已经在流体输送设备获得广泛应用，并取得经济效益。为此，“流体输送设备的控制”章增加变频调速控制、变频调速和控制阀并存时的控制等内容，以适应日益增长的应用要求。

（7）CAI课件是评选精品课程的重要内容。兄弟院校教师反映原版采用MATLAB语言编写，不容易增删有关内容，对教师积极性发挥不利。本次改版，采用容易操作的PPT重新编写CAI课件。改版后，CAI课件仅提供采用本书的相关兄弟院校教师（向cipedu@163.com索取）。

（8）间歇过程的控制与连续过程的控制各有不同特点，随着工业生产过程的精细化，对间歇过程的控制提出更高要求，为此，这次改版对间歇过程的控制特点、管理等内容进行介绍。

（9）为便于练习，本教材的习题解答将另行出版发行。

本书分9章。第1章绪论，说明本课程的目的和任务，过程控制概述和发展。第2章过程动态数学模型，介绍动态建模方法和过程。第3章介绍单回路控制系统的基本概念，包括检测变送环节、执行器环节、控制算法、参数整定和控制系统投运及简单控制系统设计示例。第 4 章介绍常用复杂控制系统，包括串级控制、均匀控制、前馈控制、比值控制、分程控制、选择性控制、双重控制和基于模型计算的控制系统等，第 5 章介绍常见的以现代控制理论为基础的先进控制系统，包括预测控制、解耦控制、软测量和推断控制、时滞补偿控制、智能控制和间歇过程的控制等。第 6 章到第 9 章以工业过程设备为主线，分析和讨论不同类型工业设备的控制，包括流体输送设备的控制、传热设备的控制、精馏塔的控制和化学反应器控制。

罗健旭、黎冰、黄海燕、何衍庆参加第三版编写工作。本次编写工作得到华东理工大学网络学院、信息科学与工程学院自动化系的涂善东、刘百祥、侍洪波、王慧锋、顾幸生、林家骏、刘漫丹、孙自强、凌志浩、王华忠给予的大力支持。青岛科技大学自动化与电子工程学院刘喜梅教授在百忙中审读了本书，并提出宝贵的改进意见。蒋慰孙、智北超先生生前对本书再版十分关心，并提出宝贵意见和建议，俞金寿、彭瑜、黄道、吴勤勤、邱宣振、袁景琪、杨慧中、叶银忠、姜捷、裴智轶、周人、汪湛、余勇、柯春雷、朱杰、陈联、龙卷海、胡雯茵、董亮、陈佳、智恒平、Michael R、何尊青、智恒勤、吴洁、张春利、车运慧、陈伟、王为国、杨洁给予了不少建议，并提供了大量资料和技术支持。兄弟院校教授“过程控制工程”课程的教师对本书的改版也提供了建设性的建议和意见。参加本书编写工作的还有陈积玉、何乙平、王朋，此外，栗粟、蒋明华、洪光明、范秀兰、张胜利、陈天成、顾成达、杭一飞、冯保罗、黄雅明、周孝英、赵俊艳、汪淳、周延峰、黄玉莲、张又文、方菲也提供了不少帮助。本书出版还得到化学工业出版社的大力支持和帮助，谨在此一并表示衷心感谢和诚挚谢意。同时要感谢使用本书的广大教师和学生、广大科技工作者和工程技术人员的热情支持，他们为本书的改进提供了宝贵的反馈意见和建议。

由于时间仓促和编著者的水平所限，疏漏之处在所难免，恳请读者不吝指正。

编著者

2015 年 6 月于华东理工大学

目　录

第1章　绪　　论

本章内容提要

本章首先说明《过程控制工程》课程的目的和任务，指出该课程在工业生产过程自动化中的重要作用，《过程控制工程》是控制理论在工业生产过程控制系统的重要应用，它以控制理论为基础，将工业生产过程工程和工艺、自动化仪表和计算机技术结合，用于设计工业生产过程的控制系统和将这些控制系统在实际过程中成功应用。因此，学以致用是本课程的重点。

本章讨论了过程控制工程的发展史，阐明其特点，由于工业生产过程的复杂性、多样性，因此，控制系统的类型多、适应性广，应用时需要根据不同生产过程进行分析，制订合适的控制方案，以期达到优化操作过程的目的，因此，灵活应用所学知识是学习本课程的根本。

了解过程控制工程发展特点，不仅可拓展读者视野，还可提供今后深入学习和研究方向，是十分有用的资料。

1.1　过程控制工程课程的目的与任务

过程控制工程课程的目的是对过程控制系统进行分析、设计和应用。

过程控制是对工业生产过程中的温度、压力、物位、流量、成分、位移、电压等物理量和化学量进行的控制。过程控制的基本目的是安全性、稳定性和经济性。即保证生产过程稳定安全运行，防止事故发生；保证产品质量；节约原料、能源消耗，降低成本；提高劳动生产率，在保证质量的前提下充分发挥设备潜力，提高产量；减轻劳动强度，改善劳动条件等。

过程控制工程课程的任务是对生产过程的控制方案进行分析。总结各种控制方案的特点是过程控制工程的第一个任务。工业生产过程的工艺流程确定后，如何设计出满足工艺控制要求的控制方案是过程控制工程的第二个任务。在控制方案已经确定后，如何使控制系统能够正常运行，并发挥其功能是过程控制工程的第三个任务。

过程控制工程课程的基础是控制理论，它的技术工具和分析工具包括工业生产过程工程与工艺、自动化仪表和计算机，它所研究的主体是工业过程控制系统。用图 1-1 表示学科结构之间的联系。

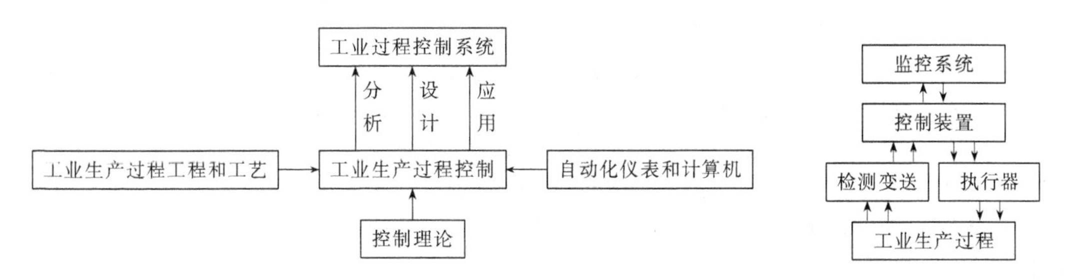

图 1-1　《过程控制工程》课程的学科结构　　　图 1-2　系统的控制结构

过程控制工程是控制理论在工业过程控制系统的重要应用。控制理论的移植和改造、控制系统结构的研究、控制算法的确定及控制系统的实现等都是控制理论与工业生产过程工程和工艺、仪表和计算机的有机结合，是它们在过程控制系统的成功应用。过程控制工程课程系统地阐述过程控制系统的结构、原理、特点、适用场合、系统设计及应用等问题，并在分析稳态和动态数学模型的基础上，探讨生产过程中典型单元操作的控制方案。

生产过程中要求被控变量达到和保持在工艺操作所需的设定值，为此，需要检测和变送这些被控变量，并按一定的控制规律输出信号到执行器，调整操纵变量。如何选择被控变量、如何设计控制方案，如何选择操纵变量，应根据什么控制规律计算控制器输出，控制器参数应如何设置，控制系统各构成部件如何选择和配合等都是过程控制工程所需要解决的问题。图 1-2 是控制系统的控制结构。因此，过程控制工程要解决图 1-2 所示控制系统的方案设计、分析和应用问题。

从发展观点看，过程控制工程是从早期的凭经验、凭直觉、凭定性说理的实际控制系统设计上升为科学性、条理性、有定量理论指导的阶段。它是把控制理论、工业生产过程工程和工艺、自动化仪表和计算机的知识有机结合，构成的一门综合性工程科学。

1.2　过程控制概述

工业生产过程指将原料转变成产品的具有一定生产规模的过程。例如，石油、化工、电力、冶金、纺织、建材、轻工、核能等工业部门的生产过程。

过程控制指工业生产过程的自动化。它包括生产过程的开停车、生产过程的操作、生产过程操作条件的改变等。过程控制需要达到一定的目标。例如，在一定操作条件下（物料和能量平衡）达到安全、稳定和长期运行，经济效益最大化，环境污染最小化等。

与其他自动控制系统比较，过程控制具有下列特点。

① 过程控制系统由过程检测、变送和控制仪表、执行装置等组成。过程控制是通过各种类型的仪表完成对过程变量的检测、变送和控制，并经执行装置作用于生产过程。这些仪表可以是气动仪表、电动仪表；可以是模拟仪表、计算机装置或者智能仪表；也可以是现场总线仪表或无线仪表。不管采用什么仪表或计算机装置，从过程控制的基本组成来看，过程控制系统总是包括对过程变量的检测变送、对信号的控制运算和输出到执行装置，完成所需操纵变量的改变，从而达到所需控制目标（或指标）。

② 过程控制的被控过程具有非线性、时变、时滞及不确定性等特点。因而，难于获得精确的过程数学模型，故在其他领域（例如，航空航天）应用成功的控制策略不能移植或增加了移植的难度，给控制带来困难。

③ 过程控制的被控过程多属于慢过程。与航天、运动过程的控制不同，过程控制所研究的被控过程通常具有一定时间常数和时滞，过程控制并不需要在极短时间完成。

④ 过程控制方案的多样性。由于工业生产过程的多样性，为适应被控过程的特点，控制方案也具有多样性。表现为：同一被控过程，因受到的扰动不同，需采用不同的控制方案，常用的控制方案有简单控制系统、串级控制系统、比值控制系统、均匀控制系统、前馈控制系统、分程控制系统、选择性控制系统、双重控制系统等；控制方案适应性强，同一控制方案可适用于不同的生产过程控制。随着过程控制研究的深入，大量先进控制系统和控制方案得到开发和应用，例如，预测控制、解耦控制、时滞补偿控制、专家系统和模糊控制等智能控制。

⑤ 过程控制系统分为随动控制和定值控制，常用的控制系统是定值控制系统。它们都

采用一些过程变量，例如，温度、压力、流量、物位和成分等作为被控变量，过程控制的目的是保持这些过程变量能够稳定在所需的设定值，能够克服扰动和负荷变化对被控变量造成的影响。

⑥ 过程控制实施手段的多样性。除了过程控制方案的多样性外，实施过程控制的手段也具有多样性，尤其在开放系统互操作性和互连性等问题得到解决后，实现过程控制目标的手段更丰富。例如，用计算机控制装置实现所需控制功能；方便地更换损坏的仪表而不必考虑是否与原产品一致；方便地在控制室或现场获得仪表的信息，例如，量程、校验日期、误差等；还可以直接进行仪表校验和调整。

1.3 过程控制的发展和趋势

过程控制的发展有两个明显特点：一、同步性，控制理论的开拓、技术工具和手段的进展、工程应用的实现三者相互推动，互相促进，显示了一幅交错复杂、但又轮廓分明的画卷，三者间显现明晰的同步性；二、综合性，自动化技术是一门综合性的技术，控制论更是一门广义的学科，在自动化各个领域，移植借鉴，交流汇合，表现强烈的交流性。

在进入信息社会、知识经济时代的今天，面对计算机技术的挑战，回顾过程控制技术的历史进程，对明确今后工业生产过程控制的发展方向是很必要的。

自动化技术的前驱，可以追溯到古代，如我国指南车的出现，水运仪象台的应用等。在工业生产的应用，通常以瓦特的蒸汽机调速器作为正式起点。因此，工业自动化的萌芽是与工业革命同时开始的。当时的自动化装置以自力式机械装置为代表。随着电动、液动和气动这些动力源的应用，电动、液动和气动的控制装置开辟了新的控制手段。

纵观过程控制发展的历史，大致经历如表 1-1 所示的四个阶段。

表 1-1　过程控制发展史

阶段	大致时间	控制理论和研究方法	过程控制研究对象	采用的仪表
第一阶段	20 世纪 40～60 年代	经典控制理论 微分方程解析方法、频域法、根轨迹法等	控制系统稳定性，单输入、单输出系统 从随动到定值控制；从单回路到复杂控制；从 PID 到特殊控制规律	基地式大型仪表 气动单元组合仪表
第二阶段	20 世纪 60～70 年代	现代控制理论 状态空间、动态规划、极小值原理等	复杂控制系统的开发和应用，在航天、航空和制导等领域取得成功	组合式仪表广泛应用，气动和电动单元组合仪表成为控制仪表的主流
第三阶段	20 世纪 70～80 年代	大系统控制理论 人工智能、鲁棒控制、模糊控制、神经网络、多变量频域	基于知识的专家系统、模糊控制、人工神经网络控制、智能控制、预测控制、故障诊断、生产计划和调度、优化控制等先进控制系统，非线性和分布参数系统	集散控制系统（DCS），可编程控制器（PLC）、信息管理系统（MIS）
第四阶段	20 世纪 80 年代开始	管控一体化、综合自动化 过程控制系统、制造执行系统和企业资源计划结合	综合自动化系统（PCS、MES、ERP） 网络集成、数据集成、直到信息集成和应用集成 先进过程控制（APC）、卓越运行操作（Opx）	现场总线控制系统（FCS）、无线仪表、网络化仪表

当前过程控制发展的主要特点如下。

① 生产装置实施先进过程控制成为发展主流。早期的简单控制由于受经典控制理论和常规仪表的制约，难于解决过程控制中的系统耦合、非线性和时变性等问题，随着企业对过

程控制高柔性和高效益的要求，简单控制系统较难适应生产过程控制的要求，先进控制正受到过程工业界的普遍关注。先进过程控制（APC）指在动态环境下，基于模型、充分借助计算机能力，为工厂获得最大利润而实施的一类运行和技术策略。这种先进过程控制策略的实施，能使工厂运行在最佳工况，实现所谓“卡边生产”。图 1-3 是先进控制投资和效益的关系。工业生产过程采用 DCS，需 70%投资来获得 20%效益；采用先进控制投资约 15%，可获得效益达 40%以上；采用实时优化的投资约 15%，其效益达 30%以上。目前，先进过程控制的软件约有几百种，应用先进过程控制的项目有数千项，一些集散控制系统和控制软件开发公司都推出和研究开发相应的先进过程控制软件，先进过程控制软件的应用正以 30%左右的年增长率递增。先进过程控制的控制策略包括：模型预测控制、时滞补偿控制、多变量预测控制、解耦控制、统计质量控制、自适应控制、推断控制及软测量技术、优化控制、智能控制（专家控制、模糊控制、神经网络控制等）、鲁棒控制、H_∞和 μ 综合等，尤其以智能控制作为开发、研究和应用的热点。

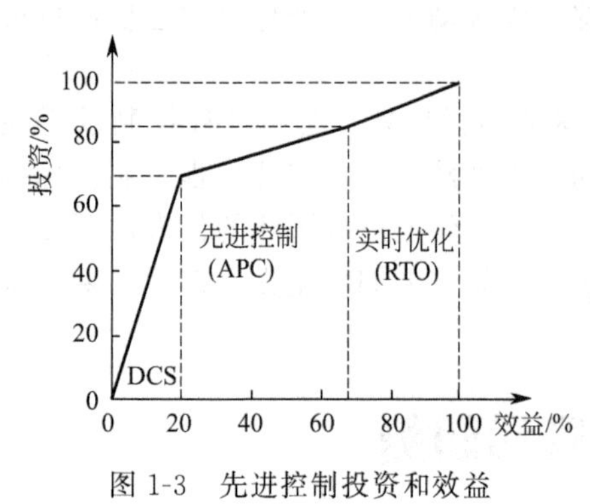

图 1-3　先进控制投资和效益

先进过程控制的控制策略以下列实施方法实现：用先进控制算法取代传统 PID 控制算法；用先进控制算法计算出原有 PIC 控制系统的设定；先进控制算法和 PID 控制算法结合。

② 过程优化受到普遍关注。过程优化正受到过程工业界的普遍关注。通常，连续过程工业生产中上游装置的部分产品是下游装置的原料，整个生产过程存在装置间的物流分配、物料平衡、能量平衡等一系列问题。借助过程优化可使整个生产过程获得很大的经济和社会效益。过程优化主要寻找最佳工艺操作参数的设定值，使生产过程获得最大经济效益，这也称为稳态优化。稳态优化采用静态模型，进行离线或在线的优化计算。离线优化是在约束条件下采用各种建模优化方法寻求最优工艺操作参数，提供操作指导。在线优化是周期进行模型计算、模型修正和参数寻优，并将参数值直接送控制器作为设定值。为获得稳态最优，要求系统工作在一种保守程度较小的特定工况下，一旦偏离该工况，各项指标会明显变差，操作难度增加，并导致生产不安全。随着稳态优化的深入研究，直接影响过程动态品质的最优动态控制也显示出其重要性。

生产过程优化是在各种约束条件下，寻求目标函数最优值时生产过程变量的设定值。由于生产过程的复杂性，通常，生产过程的优化解并不一定是全局的最优解，但应是在约束条件下的满意解。为此，可以在工艺设计的同时，考虑控制方案的实施和控制效果，消除可能导致控制失效或可能的制约因素，使工艺和控制结合。

按照 ARC 给出的模型，卓越运行操作（Operational Excellence，Opx）是根据客户的需求确定生产的产品质量和产量，以 6 Σ作为质量控制的指标，以控制系统和生产管理信息为核心，对生产潜力进行优化，并致力于不断的改善生产过程。因此，它首先必须实现卓越的安全性、卓越的资产设备管理、卓越的生产管理，最后才能达到卓越的运行操作。

基于模型的优化算法包括：线性规划、非线性规划、梯度搜索法、解析法、整数规划法及近年来获得发展的各种现代优化算法，例如，遗传算法、模拟退火算法、混沌算法、蚁群算法、免疫算法等。

③ 开放系统和标准化。从工业自动化仪表发展看，从基地式仪表、单元组合仪表到以微处理器为基础的计算机控制装置，自动化仪表的发展极为迅速，近年来，在传统 DCS 基础上，现场总线仪表和现场总线控制系统相继问世，使自动化仪表有了质的飞跃。现场总线

控制系统的主要特点是开放性、智能化，产品符合开放系统互联标准，它实现了真正双向的数字式通信和控制，降低成本，缩短设计、安装和维护工作量，将控制下放到现场级。

随着计算机技术、网络技术、通信技术、控制技术及其他高新科学技术的发展，过程控制仪表和系统都将出现新的发展，系统的开放和标准化使用户最终得益。

④ 综合自动化。过程工业自动化在国际国内的市场竞争中不断提高，从原来的各制造厂商的"自动化孤岛"综合集成为一个整体的系统。综合自动化是当代工业自动化的主要潮流。计算机集成制造系统在连续工业中的具体体现就是综合自动化。综合自动化是在计算机通信网络和分布式数据库的支持下，实现信息和功能的集成，把控制、优化、调度、管理、经营、决策等集成在一起，最终形成一个能适应生产环境的不确定性、市场需求的多变性、全局优化的高质量、高效益、高柔性的智能生产系统。

综合自动化通常由过程控制系统（PCS）、制造执行管理系统（MES）和企业资源计划（ERP）等组成。其特点如下。

• 系统采用递阶系统结构。由于综合自动化系统应用于相互关联的工业系统，它的决策不仅需要各子系统的决策，还需要上级的协调来实现全局的优化，因此，综合自动化系统采用递阶系统结构。它具有结构灵活、系统扩展容易、信息共享、减少各子系统的信息存储量和计算量、可靠性高、成本低等优点。

• 系统主线是控制和管理。综合自动化实现了管理和控制一体化，实现了电子、仪表和计算机的一体化。通常，现场总线控制系统和集散控制系统主要完成工业生产过程的控制任务，上位计算机组成计算机网络，完成全厂或整个企业信息、资源的合理利用、管理和决策。

• 系统的信息集成是综合自动化的关键。综合自动化是将现场设备的信息、过程控制的信息、车间经济核算的信息、管理调度和计划调度的信息、原料和产品的购销信息、市场需求信息等各种信息集成在一个系统中，信息共享，资源共享，充分利用信息，发挥信息作用，以获得最大的经济效益。

综合自动化是在实现网络集成基础上，通过数据集成，最终达到应用集成。其共同点是五个强调，即：

• 强调企业信息和控制系统的集成，即过程控制系统（PCS）、制造（或生产）执行系统（MES）和业务管理系统（企业资源规划 ERP）的集成。

• 强调为工程设计和组态（工艺设计、设备设计、自动化设计和编程等）、调试投运、运行操作、资产管理和优化、维护等各环节提供统一平台。

• 强调在控制层用统一平台解决电气控制、仪表控制、运动控制等多专业的功能性要求。

• 强调控制层、执行层和管理层不同网络的无缝连接和提供信息数据的高效交换。

• 强调与第三方系统和软件的协同和连接。

⑤ 现场总线和现场总线控制系统。现场总线控制系统是适应综合自动化发展需要而诞生的，它是仪表控制系统的革命。

现场总线是一种计算机的网络通信总线。是位于现场的多个现场总线仪表与远端的监视控制计算机装置间的通信系统。因此，从结构看，现场总线是底层控制通信网；从通信报文的长度看，它是短帧通信；从传输速率看，它有低速和高速两类；从传输范围看，它是局部通信网。

现场总线的技术特点如下。

• 开放性。现场总线是开放网络。符合现场总线通信协议的任何一个制造厂商的现场总线仪表产品都能方便地连接到现场总线通信网，符合通信标准的不同制造商的产品可以互换或替换，而不必考虑该产品是否是原制造商的产品。因此，用户可以购置不同制造商的现场总线产品，把它们集成在一个控制系统中，并进行信息的互相交换。

● 智能化。现场总线仪表把处理器引入仪表，使仪表本身成为网络的一个节点，并参与通信，这表明现场总线是全数字化信号传输。在现场总线仪表中可完成原来需在分散过程控制装置或回路控制器中才能完成的各种运算和控制。因此，在现场就可以完成控制系统的各种基本功能要求，送控制室的数据全部是数字信号，保证了功能的自治性。

● 互操作性。互操作性包含设备的可互换性和可互操作性。可互换性指不同厂商的设备在功能上可以用同一功能的其他厂商同类设备互换。可互操作性指不同厂商的设备可互相通信，并能在各厂商的环境中完成其功能；

● 环境适应性。现场总线是专门为现场应用而设计，因此，现场总线能很好适应现场的操作环境。表现为通信媒体可采用双绞线、同轴电缆和光缆等多种类型，对电磁干扰的抗扰性强，可实现本安回路，可总线供电等。

现场总线技术发展推动了现场总线仪表的发展。为满足现场总线通信的开放和互操作性的要求，现场总线仪表应是智能仪表。它具有互操作性、互换性、可靠性、混合性、数字通信、智能化、分散性等特点。

习题和思考题

1-1　过程控制工程课程的特点和任务是什么？

1-2　过程控制工程的综合性主要体现在什么地方？

1-3　试述过程控制的发展史，它与控制理论、技术工具之间的关系如何。

1-4　过程控制中哪些因素与控制有关？

1-5　试述计算机过程控制的发展史。

1-6　什么是综合自动化？它的组成是什么？它们的共同点是什么？

第2章 过程动态数学模型

本章内容提要

本章是本书的基础，它介绍被控过程的数学模型，包括模型建立、参数估计等内容。讨论自衡非振荡过程的特性对控制系统的影响，并提出控制系统的被控变量、操纵变量的选择和确定控制方案的原则。

2.1 被控过程动态数学模型和建模

2.1.1 被控过程的数学模型

(1) 典型过程动态特性

工业生产过程数学模型有静态和动态之分。静态数学模型是过程输出变量和输入变量之间不随时间变化时的数学关系。动态数学模型是过程输出变量和输入变量之间随时间变化时动态关系的数学描述。过程控制中常采用动态数学模型，也称动态特性。建立控制系统中各组成环节和整个系统的数学模型不仅是分析和设计控制系统方案的需要，也是控制系统投运、控制器参数整定的需要，它在操作优化、故障检测和诊断、操作方案制订等方面也是极其重要的。所建数学模型的要求随实际应用而异。对所建模型的基本要求是力求简单实用、在满足控制精确度条件下能正确可靠地反映过程输入和输出之间的动态关系。

按时间特性，过程动态数学模型可分为连续和离散两大类；按模型描述，可分为传递函数、状态空间、微分方程和差分方程等模型；按过程类型，可分为集中参数、分布参数和多级过程模型等；按建模的输入信号，可分为非周期函数、周期函数、非周期性随机函数和周期性随机函数建立的模型等。

工业生产过程中常采用阶跃输入信号作用下过程的响应特性表示过程动态特性。典型工业过程的动态特性见表 2-1。

表 2-1 典型工业过程的动态特性

过程名称	过程阶跃响应曲线	过程特点	传递函数描述	实例
自衡非振荡过程	$y(t)$, $y(\infty)$, $y(0)$, 0, t	①自衡性：过程能自发地趋于新稳态值 ②非振荡性：过渡过程无振荡	$G(s)=\frac{K}{Ts+1}e^{-s\tau}$ $G(s)=\frac{K}{(T_1s+1)(T_2s+1)}e^{-s\tau}$ K 是过程增益；T 是过程时间常数；τ 是过程时滞	液位贮罐在进料阀开度增大时，原来的稳定液位会上升，直到液位达到一个新的稳定位置
无自衡非振荡过程	$y(t)$, τ, T, $y(0)$, 0, t	①无自衡性：输出响应曲线从一个稳态一直上升或下降，不能达到新的稳态 ②非振荡性：过渡过程无振荡	$G(s)=\frac{K}{s}e^{-s\tau}$ $G(s)=\frac{K}{(Ts+1)s}e^{-s\tau}$ 过程增益 K（由斜率确定）；渐近线与时间轴交点处的时间是时间常数 T 和时滞 τ 之和；时滞 τ（未发生变化的时间）	液位贮罐的出料采用定量泵排出，当进料阀开度阶跃变化时，因出料量不变，因此，液位会一直上升到溢出或下降到排空

续表

过程名称	过程阶跃响应曲线	过 程 特 点	传递函数描述	实　例
自衡 振荡过程	$y(t)$ $y(0)$ 0 t	①自衡性：过程能自发地趋于新稳态值 ②振荡性：过渡过程从一个稳态以衰减振荡形式趋于另一个稳态	$G(s)=\dfrac{K}{s^2+2\zeta\omega s+\omega^2}e^{-s\tau}$，$0<\zeta<1$ 阻尼比 ζ 和频率 ω（衰减比和振荡频率确定）；过程增益 K（新稳态值和原始稳态值及阶跃幅值确定）；时滞 τ（未发生变化的时间确定）	在工业生产过程中不多见
反相特性 过程	$y(t)$ 自衡型 无自衡型 $y(0)$ 0 t	反相特性：开始与终止时出现反向的变化。即 $K>0$：$\begin{cases}y'(t)\big\|_{t\to0}<0\\y(t)\big\|_{t\to\infty}>0\end{cases}$ 或 $K<0$：$\begin{cases}y'(t)\big\|_{t\to0}>0\\y(t)\big\|_{t\to\infty}<0\end{cases}$	$G(s)=\dfrac{K(1-T_{d}s)}{(T_1s+1)(T_2s+1)}e^{-s\tau}$ $G(s)=\dfrac{K(1-T_{d}s)}{(T_1s+1)s}e^{-s\tau}$ 过程有一个正零点 $T_{d}=\dfrac{K_2T_2-K_1T_1}{K_1-K_2}>0$	锅炉汽包水位。蒸汽量阶跃增加引起蒸汽压力突然下降，汽包水位因锅炉内水的闪急汽化，造成虚假水位上升，最终水位反而下降。该类过程具有一个正零点，属于非最小相位过程

（2）建立被控过程数学模型的目的

建立被控过程数学模型的目的如下。

① 控制系统控制方案设计。控制系统的被控变量、操纵变量的选择、控制系统结构的确定都需根据被控过程的数学模型，因此，被控过程的数学模型是控制方案设计的基础。

② 控制系统调试和控制器参数的确定。控制方案确定后，要将控制系统投运。对控制系统调试和控制器参数整定是保证控制系统正常、稳定和长期运行的关键。这些工作依赖于对被控过程的了解程度，因此，建立正确反映被控过程的数学模型是十分必要的。

③ 工业过程优化的需要。生产过程的操作优化离不开被控过程的正确描述，因此，需要对被控过程建立数学模型。

④ 确定新型控制方案。当控制系统运行后，需要根据被控过程的特点，改进和完善有关控制方案，例如，预测控制、解耦控制等，它更需要有正确反映被控过程的数学模型为基础。

⑤ 仿真和培训的需要。对大型工业生产过程，为培训操作人员的需要，通常需要有关过程的仿真和培训系统，这些系统能够较正确反映实际生产过程的操作情况，便于操作人员能够在仿真和培训系统中调试和培训。仿真和培训系统的建立是在被控过程的数学模型基础上建立的，因此，建立被控过程的数学模型是必要的。

⑥ 故障检测和诊断系统的设计。为便于对生产过程进行故障检测和诊断，需要开发数学模型，模拟实际过程在故障状态下的运行状态，有利于对故障分析和处理。

2.1.2　被控过程动态数学模型的建立

建立被控过程动态数学模型的方法有机理建模、经验建模和混合方法。建立的模型分别为白箱模型、黑箱模型和灰箱模型。

（1）对被控过程动态数学模型的要求

对过程模型的要求是正确、可靠和简单。模型应正确反映过程的主要特征，如果误差过大，则导致错误结论。模型应可靠，这表明模型具有复现性，能较长期地反映过程主要特征。模型应简单，使模型能方便地被用于指导过程控制策略的计算，能容易地被用于实施和易于对模型参数的估计等。此外，建立的数学模型应具有实时性要求，有一定鲁棒性和适应过程参数变化能力。表 2-2 是动态数学模型的应用和要求。

表 2-2 动态数学模型的应用和要求

应 用 目 的	动态数学模型类型	对数学模型的精确度要求
控制器参数整定	线性，参量（或非参量），时间连续	低
前馈、解耦、预估控制系统的估计	线性，参量（或非参量），时间连续	中
控制系统的计算机辅助设计	线性，参量（或非参量），时间连续	中
自适应控制	线性，参量，时间离散	中
模式控制、最优控制	线性，参量，时间离散或连续	高

（2）机理建模方法

根据过程内在机理，应用物料和能量平衡及有关的化学、物理规律建立过程模型的方法是机理建模方法，又称为过程动态学方法。建立的模型称为白箱模型。其特点是建立的模型物理概念清晰、准确，可给出系统输入变量、输出变量、状态变量之间关系。但对一些过程内在机理不十分清楚或较复杂的过程，建立机理模型有困难或精度不够。机理建模步骤如下。

① 列写基本方程：物料平衡和能量平衡方程等。在建立数学模型前要对被控过程进行合理的假设，即剔除次要影响，进行合适的近似和简化，假设一定的建模条件，并根据这些假设条件建立物料平衡和能量平衡方程等。

② 消去中间变量，建立状态变量 x、控制变量 u 和输出变量 y 的关系。

③ 增量化：在工作点处对方程进行增量化，获得增量方程。

④ 线性化：在工作点处进行线性化处理，简化过程特性。

⑤ 列写状态和输出方程。

表 2-3 是两个机理建模的示例。

表 2-3 机理建模示例

机理建模示例	串接液位贮槽		气体压力贮罐	
示意图	Q_i, A_1, h_1, Q_{12}, R_1, A_2, h_2, Q_o, R_2	A_1和A_2：贮罐截面积 h_1和h_2：液位高度 R_1和R_2：阀门阻力 Q_i：流入罐 1 流量 Q_{12}：流出罐 1 流量 Q_o：流出罐 2 流量	p_1, G_i, K_{v1}, p, G_o, K_{v2}, p_2	G_i：流入贮罐气体流量 G_o：流出贮罐气体流量 N：气体物质的量 M：气体物质的量 K_{v1}和K_{v2}：入、出口流量系数 p_1、p、p_2：入口、贮罐和出口压力
假设条件	$Q_{12}=\frac{h_1-h_2}{R_1}$；$Q_o=\frac{h_2}{R_2}$		恒温过程	
列写基本方程	$Q_i-Q_{12}=A_1\frac{dh_1}{dt}$；$Q_{12}-Q_o=A_2\frac{dh_2}{dt}$		$pV=NRT$； $\frac{d(NM)}{dt}=K[K_{v1}\sqrt{p_1(p_1-p)}-K_{v2}\sqrt{p(p-p_2)}]$	
消去中间变量	$Q_i-\frac{h_1-h_2}{R_1}=A_1\frac{dh_1}{dt}$；$\frac{h_1-h_2}{R_1}-\frac{h_2}{R_2}=A_2\frac{dh_2}{dt}$		$\frac{dp}{dt}=\frac{RT}{VM}K[K_{v1}\sqrt{p_1(p_1-p)}-K_{v2}\sqrt{p(p-p_2)}]$	

续表

机理建模示例	串接液位贮槽	气体压力贮罐
增量化	$\Delta Q_i-\dfrac{\Delta h_1-\Delta h_2}{R_{10}}=A_1\dfrac{d\Delta h_1}{dt}$；$\dfrac{\Delta h_1-\Delta h_2}{R_{10}}-\Delta\left(\dfrac{h_2}{R_2}\right)=A_2\dfrac{d\Delta h_2}{dt}$	$\Delta G_i=\left(\dfrac{\partial G_i}{\partial K_{v1}}\right)\Delta K_{v1}+\left(\dfrac{\partial G_i}{\partial p_1}\right)\Delta p_1+\left(\dfrac{\partial G_i}{\partial p}\right)\Delta p$；$\Delta G_o=\left(\dfrac{\partial G_o}{\partial K_{v2}}\right)\Delta K_{v2}+\left(\dfrac{\partial G_o}{\partial p_2}\right)\Delta p_2+\left(\dfrac{\partial G_o}{\partial p}\right)\Delta p$
线性化	$\Delta\left(\dfrac{h_2}{R_2}\right)=\dfrac{R_{20}\Delta h_2-h_{20}\Delta R_2}{R_{20}^2}$；$\dfrac{\Delta h_1-\Delta h_2}{R_{10}}-\dfrac{R_{20}\Delta h_2-h_{20}\Delta R_2}{R_{20}^2}=A_2\dfrac{d\Delta h_2}{dt}$	
列写状态方程和输出方程	$\dot{\boldsymbol{H}}=\boldsymbol{AH}+\boldsymbol{BU}$；$\boldsymbol{H}=\begin{bmatrix}h_1\\h_2\end{bmatrix}$；$\boldsymbol{A}=\begin{bmatrix}-\dfrac{1}{A_1R_{10}} & \dfrac{1}{A_1R_{10}}\\ \dfrac{1}{A_2R_{10}} & -\left(\dfrac{1}{A_2R_{10}}+\dfrac{1}{A_2R_{20}}\right)\end{bmatrix}$；$\boldsymbol{B}=\begin{bmatrix}\dfrac{1}{A_1} & 0\\ 0 & \dfrac{h_{20}}{A_2R_{20}^2}\end{bmatrix}$；$\boldsymbol{U}=\begin{bmatrix}\Delta Q_i\\ \Delta R_2\end{bmatrix}$	$p(s)=\dfrac{1}{T_os+1}\left\{[K_{o1}\ \ K_{o2}]\begin{bmatrix}K_{v1}(s)\\K_{v2}(s)\end{bmatrix}+[K_{f1}\ \ K_{f2}]\begin{bmatrix}p_1(s)\\p_2(s)\end{bmatrix}\right\}$

机理建模具有下列特点。

① 可充分利用已有的被控过程知识，从本质上认识被控过程的外部特性。

② 适用范围广，操作条件可进行类比，便于从小试进行扩展和放大处理。

③ 建立复杂过程数学模型困难，而且，一些过程参数无法正确确定，例如，精馏塔的塔板效率等。

④ 没有模型正确性的判别依据，必须进行实际数据的验证。

(3) *系统辨识方法建模*

根据过程输入输出数据确定过程模型的结构和参数的建模方法称为系统辨识方法，建立的模型称为黑箱模型。辨识是在输入输出数据基础上，从一组给定模型类中，确定一个与所测系统等价的模型。辨识三要素是：输入输出数据；模型类和等价准则。根据所建立模型的参数不同，系统辨识方法可分为非参数模型辨识和参数模型辨识两类。上面介绍的四类过程特性是用非参数模型辨识方法建立的模型，这类模型通常用非参数形式表示，例如，用阶跃响应曲线表示过程特性。非参数模型的过程特性参数可用计算机和相关曲线拟合软件实现。

① 系统辨识方法建模的步骤。系统辨识方法建模的步骤如下。

- 设计实验，获取建模所需的输入输出数据。
- 对输入输出数据预处理，剔除坏点并增补遗漏点，对数据进行滤波处理。
- 确定模型结构和模型选择的准则。例如，选用线性模型和采用最小二乘法作为模型选择准则。
- 进行参数估计，确定满足条件的模型。
- 用其他输入输出数据对模型进行测试校验，如果满意则结束，反之，应修改模型结构或选择准则，重新建模。

② 阶跃响应测试。常用的测试方法是被控对象的阶跃响应测试。它是在手动操作条件下，将执行器输出手动调节到工作范围内的某一开度，用记录仪表或数据采集系统记录被控对象的输出（即被控变量）。待系统运行稳定一段时间后，快速改变执行器输出的开度，经

一段时间后，被控对象的输出进入新的稳态，得到的记录曲线就是被控对象的阶跃响应。阶跃响应测试的注意事项如下。

- 输入的阶跃幅度应合适，幅度过大影响正常生产过程的进行，同时，可能引入被控对象的非线性特性。幅度过小容易受干扰影响，影响测试可靠性。一般幅度为正常输入值的10%左右。
- 测试时应保持生产过程的平稳，防止外部干扰造成对测试数据的影响。
- 测试数据时，在响应曲线变化较大处应选较多的采样点。
- 可在不同工作点附近进行多次测试（包括正反阶跃信号），以确定被控对象的非线性特性。
- 剔除测试数据中的坏点，必要时进行重新测试。

③ 最小二乘法回归建模。早期对响应曲线数据的处理常采用两点法、切线法等。由于曲线拟合法的精确度高，加上计算机的普及、MATLAB计算平台应用的熟练等，因此，曲线拟合法正被广大过程技术人员接受并得到正确应用。

可采用MATLAB的lsqcurvefit非线性最小二乘法拟合函数实现最小二乘法回归建模。表2-4是参数估计的示例。

表2-4 参数估计的示例

参数估计示例	自衡非振荡过程	具有反相特性的过程
拟合的传递函数	$G(s)=\dfrac{K}{Ts+1}e^{-s\tau}$	$G(s)=\left(\dfrac{K_1}{T_1s+1}-\dfrac{K_2}{T_2s+1}\right)e^{-s\tau}$
阶跃响应输出	$y(t)=K\left[1-\exp\left(\dfrac{t-T}{T}\right)\right]$	$y(t)=K_1\left[1-\exp\left(\dfrac{t-\tau}{T_1}\right)\right]-K_2\left[1-\exp\left(\dfrac{t-\tau}{T_2}\right)\right]$

建立拟合函数	function y=oneorder (x0,tt);
	dd=(tt-x0(3)). * (tt>x0(3));
	y=x0(1) * (1-exp(-dd/x0(2)));
		function y= invl(x0,tt);
		dd=(tt-x0(3)). * (tt>x0(3));
		y=x0(1) * (1-exp(-dd/x0(2)))-x0(4) * (1-exp(-dd/x0(5)));

编制参数估计的m文件	测试数据输入：时间x和阶跃响应输出h的矢量数据
	x0=[2,10,3]; %参数K、T和τ的初值
	x=lsqcurvefit('oneorder',x0,t,h) % 参数估计值
	y= oneorder (x,t); %用估计拟合值计算输出值
	plot(t,h,'r*',t,y,'k');grid; %绘制曲线
		测试数据输入：时间x和阶跃响应输出h的矢量数据
		x0=[15,8,2,24,3];opti=optimset('fminbnd');
		val= optimset(opti,'MaxFunEvals',3000);%设置参数估计的参数值
		x=lsqcurvefit('invl',x0,t,h,0,100,val)
		y=invl(x,t);err=sum((h-y).^2);
		plot(t,h,'b*',t,y,'k');grid;

拟合结果曲线和参数	参数估计结果： $K=1.0114$ $T=20.4698$ $\tau=15.2849$	参数估计结果： $K_1=21.5336$ $K_2=5.5645$ $T_1=1.9106$ $T_2=21.6205$ $\tau=5.6200$

注：1. 示例中自衡非振荡过程的测试数据：t=0：10：200；

h=[0.0113,0.0162,0.1947,0.5591,0.7050,0.7744,0.9218,0.9208,0.9852,0.9575,1.0546,0.9873,1.0258,0.9930,1.0203,1.0605,0.9637,…,1.0051,0.9878,0.9876,1.0349]；

示例中具有反相特性的过程的测试数据：t=[0：1：19,20：10：100]；

h=[0,0.0064,0.0096,0.0127,0.0214,0.0324,0.0343,0.0273,0.0209,0.0134,0.007,−0.0065,−0.009,−0.018,−0.0238,−0.0299,−0.0318,…,−0.0406,−0.0449,−0.0465,−0.0543,−0.076,−0.0821,−0.0857,−0.0887,−0.0890,−0.0944,−0.0896,−0.0893]；

2. 参数估计初值不同，对估计结果稍有影响，可观察err的变化。

多元线性回归建模原理如下。

假设对 n 组 m 个输入变量 $x_1,x_2,\cdots,x_m$ 与输出变量 y 之间的多元线性回归公式是

$$\bar{y}_i=b_1x_{1,i}+b_2x_{2,i}+\cdots+b_mx_{m,i}\qquad i=1,2,\cdots,n \tag{2-1}$$

式中，$\bar{y}_i$ 是第 i 组输出变量的估计值。$b_j(j=1,2,\cdots,m)$ 是回归系数，满足目标函数

$$J=\min\sum_{i=1}^{n}(y_i-\bar{y}_i)^2 \tag{2-2}$$

最小。这是用最小二乘法估计回归系数的原理。

如果用矩阵表示为

$$\boldsymbol{X}=\begin{bmatrix} x_{1,1} & x_{2,1} & \cdots & x_{m,1} \\ x_{1,2} & x_{2,2} & \cdots & x_{m,2} \\ \vdots & \vdots & \ddots & \vdots \\ x_{1,n} & x_{2,n} & \cdots & x_{m,n} \end{bmatrix};\ \boldsymbol{Y}=\begin{bmatrix} y_1 \\ y_2 \\ \vdots \\ y_n \end{bmatrix} \tag{2-3}$$

当 $n>m$ 时，根据最小二乘法，可得到回归系数为

$$\boldsymbol{B}=[b_1b_2\cdots b_m]^{\mathrm{T}}=(\boldsymbol{X}^{\mathrm{T}}\boldsymbol{X})^{-1}\boldsymbol{X}^{\mathrm{T}}\boldsymbol{Y} \tag{2-4}$$

当输入变量 x_1，x_2，…，x_m不相关时，($\boldsymbol{X}^{\mathrm{T}}\boldsymbol{X}$) 可求逆，则可得到回归系数。如果输入变量相关，则需要采用其他方法建立数学模型。

当估计的回归方程含有常数项 b_0时，可添加一个数值为常量 1 的输入变量，并根据上述方法进行回归，常量项的回归系数就是 b_0。MATLAB 提供 regress 函数，可直接调用。

④ 参数模型辨识方法。参数模型辨识方法根据输入输出数据用参数估计的方法确定参数模型中的有关参数值。参数模型指用有限参数描述的过程模型。常用的参数模型有自回归模型（AR 模型）、扩展自回归模型（ARX 模型）、扩展自回归滑动平均模型（ARMAX 模型）、BJ 模型和输出误差模型等。参数估计方法有最小二乘法（LS）及其改进的方法，例如，广义最小二乘法（GLS）、最大似然法（ML）和仪表变量法（IV）等。参数模型的辨识有最小二乘法、最大似然法等预报误差类的方法，及子空间方法等。

系统辨识方法建模具有下列特点。

- 不需要过程的先验知识。
- 建立的模型不具有放大功能，不能正确说明数学模型的物理意义，即不能类推到不同型号的放大设备或过程中。
- 现场测试数据对过程运行造成影响，因此，数据的适用范围受限。

(4) 混合建模方法

将上述的机理建模和系统辨识方法建模结合的建模方法称为混合建模方法。常用方法如下。

① 根据机理建立数学模型，部分参数通过实际测试，并进行参数辨识和估计。

② 根据机理分析，建立数学模型的函数关系，将有关自变量适当结合，形成主导变量，简化数学模型，然后，进行参数辨识和估计。

③ 从机理分析出发，用数字仿真和计算，获得输入输出数据，用回归计算方法确定简化的数学模型，便于实际应用。

2.2 过程特性对控制性能指标的影响

2.2.1 自衡的非振荡过程特性对控制性能指标的影响

下面讨论自衡的非振荡过程特性对控制性能指标的影响。其他类型的过程特性对控制性能指标的影响可类似分析。

(1) 控制通道和扰动通道参数变化的影响

以图 2-1 所示控制系统为例。为使讨论具有广泛性，假设过程特性是广义对象的动态特性，控制通道和扰动通道的传递函数分别为

$$G_o(s)=\frac{K_o}{T_o s+1}e^{-s\tau_o};\ G_f(s)=\frac{K_f}{T_f s+1}e^{-s\tau_f}$$

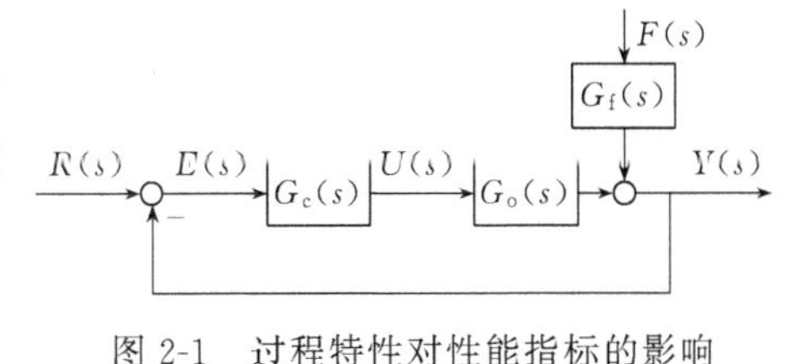

图 2-1 过程特性对性能指标的影响

控制通道三参数 K_o、T_o 和 τ_o，和扰动通道三参数 K_f、T_f 和 τ_f 的变化对控制系统控制性能影响见表 2-5。

表 2-5 控制通道和扰动通道参数变化对控制性能的影响

参数	控制通道		扰动通道	
	响应曲线	影响	响应曲线	影响
增益	0.4 0.3 0.2 0.1 0 / 0 5 10 15 20 25 30 / K_o减小	①过程增益 K_o 增加，余差减小，最大偏差减小，控制作用增强，但稳定性变差。②在其他因素相同条件下，过程增益 K_o 越大，控制作用越大，克服扰动的能力也越强	0.8 0.6 0.4 0.2 0 / 0 5 10 15 20 25 30 / K_f增加	在其他因素相同条件下，$K_f F$ 越大，余差越大，最大偏差越大
时间常数	0.6 0.4 0.2 0 −0.2 −0.4 / 0 5 10 15 20 25 30 / T_o增大	①τ_o/T_o 固定，则相位条件 $T_o\omega$ 不变，对稳定性没有影响。②τ_o/T_o 固定，时间常数 T_o 小，则振荡频率增大，回复时间变短，动态响应变快。即时间常数越大，过渡过程越慢，系统越易稳定	0.8 0.6 0.4 0.2 0 −0.2 / 0 5 10 15 20 25 30 / T_f增加	① $T_o/T_f>1$，扰动对系统输出有微分作用，使控制品质变差。② $T_o/T_f<1$，扰动对系统输出有滤波作用，减小了扰动对输出的影响
时滞	1 0.5 0 −0.5 −1 / 0 5 10 15 20 25 30 / τ_o增加	①时滞 τ_o 使控制系统的频率特性变化。②被控变量变化不能及时送到控制器，控制器输出不能及时引起操纵变量变化，控制作用不能及时使被控变量变化。使控制不及时，控制品质变差	0.5 0.4 0.3 0.2 0.1 0 / 0 5 10 15 20 25 30 / τ_f增加	①时滞 τ_f 不影响系统闭环极点的分布，不影响系统稳定性。②它仅表示扰动进入系统的时间先后，因此，不影响控制系统控制品质

(2) 扰动进入系统位置的影响

进入系统的扰动位置远离被控变量，等效于扰动通道传递函数中的时间常数增大，因

此，与扰动通道时间常数的影响相似。但如果等效增益 K_f 增大，则应根据 $K_f F$ 的大小确定其影响。

（3）时间常数匹配的影响

当广义对象传递函数有多个时间常数时（$T_{o1}>T_{o2}>T_{o3}>\cdots>T_{on}$），各时间常数的匹配对控制系统有影响。例如，广义对象由执行器、对象和检测变送环节组成，三部分的时间常数对控制品质的影响常采用可控性指标衡量。可控性指标 $K_m\omega_c$ 是控制系统临界增益 K_m 与临界振荡频率 ω_c 的乘积。可控性指标大表示系统的可控性好。

【例 2-1】 三阶系统的可控性分析。

设广义对象由三阶环节组成 $G(s)=\dfrac{K_o}{(T_{o1}s+1)(T_{o2}s+1)(T_{o3}s+1)}$；控制器增益为 K_c。

则：临界增益

$$K_m=\frac{1}{K_oK_c}\left(2+\frac{T_{o1}}{T_{o2}}+\frac{T_{o2}}{T_{o1}}+\frac{T_{o1}}{T_{o3}}+\frac{T_{o3}}{T_{o1}}+\frac{T_{o2}}{T_{o3}}+\frac{T_{o3}}{T_{o2}}\right) \tag{2-5}$$

临界振荡频率

$$\omega_c=\sqrt{\frac{T_{o1}+T_{o2}+T_{o3}}{T_{o1}T_{o2}T_{o3}}} \tag{2-6}$$

设 $K_oK_c=1$，表 2-6 是三组不同时间常数配对时系统的可控性指标。

表 2-6　不同时间常数配对时系统的可控性指标

T_{o1}/min	T_{o2}/min	T_{o3}/min	K_m	ω_c	$K_m\omega_c$
1	0.5	0.25	11.25	3.74	42.09
0.5	0.5	0.25	9	4.47	40.25
1	0.25	0.25	12.5	4.9	61.24

可见，减小最大时间常数 T_{o1}，虽可提高临界振荡频率，但降低了临界增益，因此，并不能提高系统可控性指标；减小次大时间常数，或增大最大时间常数与次大时间常数之比则有利于提高系统可控性指标。

2.2.2　控制系统的确定

（1）被控变量的选择

根据上述分析，控制系统的被控变量选择原则如下。

① 深入了解工艺过程，选择能够反映工艺过程的被控变量。

② 选用被控变量和操纵变量，使被控过程传递函数具有简单、线性、良好的静态和动态特性。

③ 尽量选用易于测量且关系简单的直接质量指标作为被控变量。

④ 控制通道的 K_o 尽量大。即选择能超越设备能力和操作约束的过程输出变量作为被控变量。

⑤ 过程的 τ_o/T_o 应尽量小；过程的 T_o/T_f 应尽量小；在运行过程中参数的变化应尽量小。

⑥ 扰动进入系统的位置应尽量远离被控变量。

（2）操纵变量的选择

操纵变量的选择原则如下。

① 选择对被控变量影响较大的操纵变量，即 K_o 尽量大。

② 选择对被控变量有较快响应的操纵变量，即过程的 τ_o/T_o 应尽量小。

③ 选择对被控变量有直接影响的操纵变量，而不采用间接影响的操纵变量。例如，在

精馏塔的控制中采用直接影响质量指标的操纵变量等。

④ 过程的 T_o/T_f应尽量小；过程的 K_fF 尽量小。

⑤ 工艺的合理性与动态响应的快速性应有机结合。

(3) 控制方案的确定

确定控制方案的原则如下。

① 在满足工艺控制要求的前提下，控制方案应尽量简单实用。

② 应考虑扰动的变化频度和变化的幅度，例如，可选择前馈控制等。

③ 应考虑过程的动态特性，易控程度等，对反向特性或 τ_o/T_o较大的过程应采用特殊的控制规律或较复杂的控制结构。

④ 使各控制系统之间的关联尽量小。

习题和思考题

2-1 常见的过程动态特性的类型有哪几种？可用什么传递函数来近似描述它们的动态特性？

2-2 被控过程的数学模型是指什么？

2-3 某液位控制系统，在控制阀开度增加10%后，液位的响应数据如下。

t/s	0	10	20	30	40	50	60	70	80	90	100
H/cm	0	0.8	2.8	4.5	5.4	5.9	6.1	6.2	6.3	6.3	6.3

如果用具有时滞的一阶惯性环节近似，确定其参数 K、T 和 τ。

2-4 某换热器出口温度控制系统的控制阀开度脉冲响应实验数据如下。

t/min	1	3	4	5	8	10	15	16.5	20	25	30	40	50	60	70	80
T/℃	0.46	1.7	3.7	8	19	26.4	36	37.5	33.5	27.2	21	10.4	5.1	2.8	1.1	0.5

矩形脉冲的幅值为 $2t$/h，脉冲宽度为10min，试转换为阶跃响应，并确定其传递函数。

2-5 如图2-2所示的水槽，A 是槽的截面积，阀门造成的流阻 R_1、R_2和 R_3是线性水阻，流入水量 Q_1，流出量为 Q_2和 Q_3。确定以水位高度 H 为输出，以流入量 Q_1为输入的液位被控对象的传递函数。

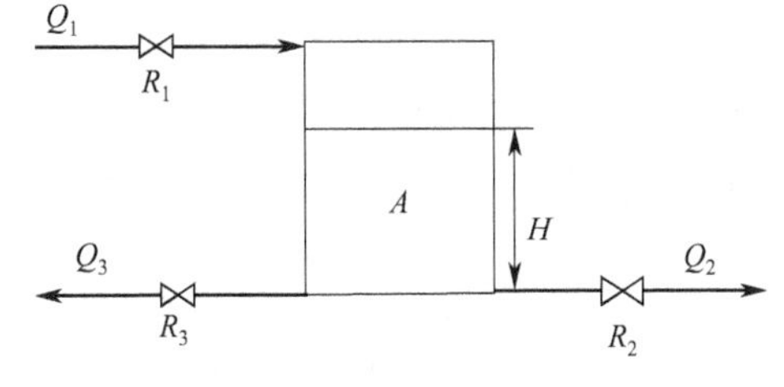

图 2-2 水槽液位和流量

2-6 推导过程具有反向特性的条件。

2-7 测试过程阶跃响应曲线时需注意哪些问题？

2-8 某加热炉温度响应曲线的数据如下，阶跃信号幅值为1.6mA，拟用传递函数$\dfrac{\theta(s)}{I(s)}=\dfrac{K}{(T_1s+1)(T_2s+1)}$描述，确定其参数。

t/min	0	17	37	57	77	97	117	137	157	177	197	217	237	257	277	297	317
ΔT/℃	0	1.9	6.4	11.2	15.4	19.2	22.3	24.8	26.9	28.6	29.9	31.1	32.0	32.5	33.0	33.5	34.0

2-9 为什么在过程动态特性的推导时要进行线性化处理？以简单液位控制系统为例说明如何进行线性化处理。

2-10 控制系统的被控变量如何选择？操纵变量如何选择？确定控制系统有什么原则？

第3章　单回路控制系统

本章内容提要

工业生产过程中的控制系统有八成以上是单回路反馈控制系统，它具有结构简单，使用方便等特点，能够解决生产过程中大量控制问题。因此，本章是本书的重点。本章主要介绍单回路反馈控制系统基本组成，包括检测变送环节、执行器和控制器的控制算法等。讨论控制系统控制性能的评价指标，控制系统投运和控制器参数整定等问题。为便于应用设计，本章提供设计示例。

3.1　控制系统组成和控制性能指标

3.1.1　控制系统的组成

(1) 人工控制

以图3-1所示液位控制为例，说明人工控制的有关概念。液位是工艺需要控制的变量，操作员根据液位高低调节排放阀的开度，使液位保持在工艺所需的高度。人工控制的过程如下。

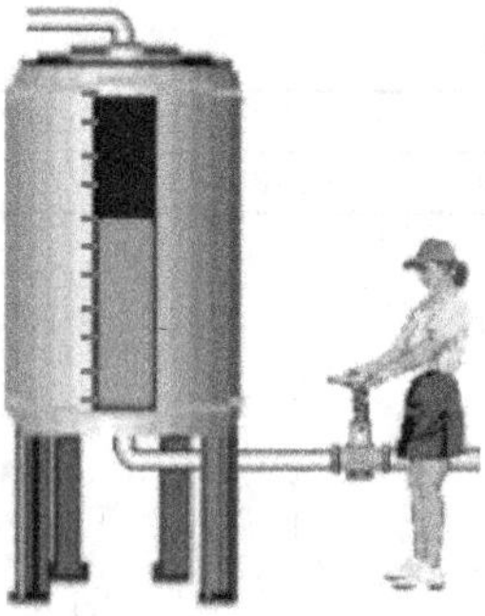

① 操作员用眼睛观测容器液位，经神经系统传到大脑。

② 大脑对液位观测值与工艺期望值进行比较，经分析和判别，发出控制指令。

③ 根据大脑发出的控制指令，操作员通过手操纵阀门，改变阀门开度，使排出流量变化。

④ 反复上述步骤，使液位维持在期望值。

图3-1　人工控制

(2) 自动控制

因为现代工业生产过程需要控制的温度、压力、流量等参数成百上千，人工控制难以满足现代工业生产过程的要求，因此，设计各种自动控制系统，它模拟人工控制的方法，用仪表、计算机等装置代替操作员的眼、大脑、手等的功能，实现对生产过程的自动控制。简单控制系统包含检测变送环节、控制器、执行器和被控对象等。各部分功能、图形符号及典型仪表示例见表3-1。过程控制常用术语见表3-2。

表3-1　简单控制系统组成

控制系统	温度控制系统	液位控制系统	压力控制系统
示例图	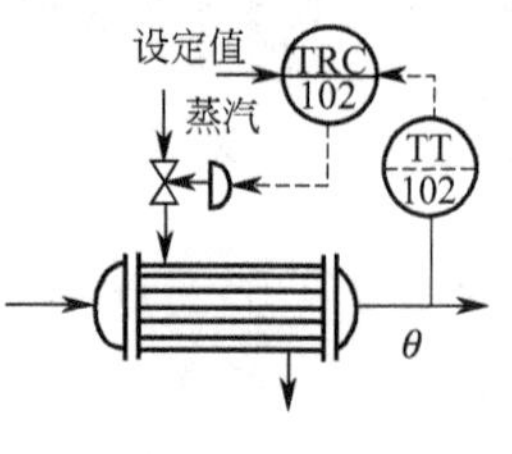 设定值 TRC 102 蒸汽 TT 102 θ	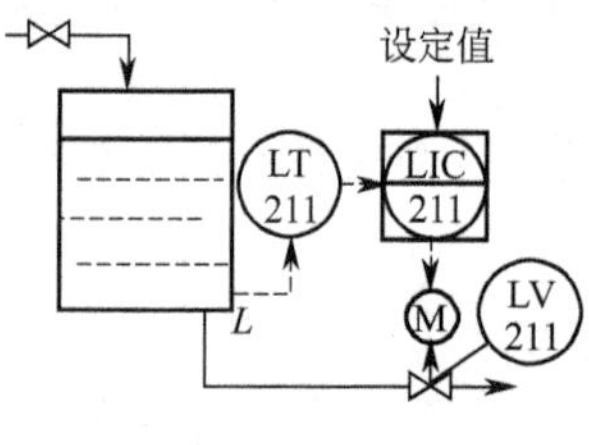 设定值 LT 211 LIC 211 M LV 211 L	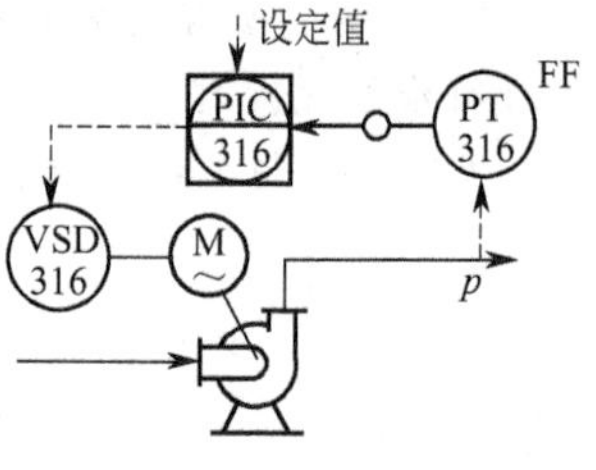 设定值 PIC 316 PT 316 FF VSD 316 M p

续表

控制系统		温度控制系统	液位控制系统	压力控制系统
检测变送环节	图形符号	TE 102　TT 102　温度变送器安装在盘后	LT 211	PT 316（FF）经通信链将现场总线信号送 FCS 控制器模块
	功能	检测被控变量，并将检测到的信号转换为标准信号输出		
	仪表示例	热电阻或热电偶、温度变送器等	差压变送器、液位变送器等	压力变送器(FF 现场总线仪表)
控制器	图形符号	TRC 102	LIC 211	PIC 316
	功能	将检测变送单元的输出与设定值比较，按一定控制规律对其偏差信号进行运算，运算结果输出到执行器		
	仪表示例	安装在控制室仪表盘上的控制器	DCS 的控制器模块和共用显示	FCS 的控制器模块和共用显示
执行器	图形符号	TV 102　仪表的图形符号可不画出	M　LV 216　仪表的图形符号可不画出	VSD 316—M ～　变频器安装在电气柜
	功能	接收控制器的输出信号，改变执行器节流件的流通面积或转速等，改变操纵变量		
	仪表示例	气动控制阀(气开)	电动执行器＋控制阀(气关)	变频器＋异步电动机
被控对象	图形符号	具体设备和生产过程的图形符号，例如，换热器、液位罐、水泵等的图形符号		
	功能	需要控制的设备或生产过程，例如，换热器、液位罐、水泵等		

注：带控制点工艺流程图（P&ID）上，仪表图形符号的圆直径约 10～13mm。在一套设计图纸中，仪表图形符号的直径应相同。设计符号等详见附录。

表 3-2　过程控制常用术语

中文名称	英文名称	说　　明	示　　例
被控变量	Controlled variable	被控对象中需要控制的过程变量	表 3-1 中的 θ、L、p
操纵变量	Manipulated variable	由执行器控制的某一工艺流量，又称为操作变量	表 3-1 中的蒸汽流量、出料流量和泵转速
设定值	Set point	工艺希望被控变量达到的期望值，又称参比变量	表 3-1 中的设定温度、设定液位和设定压力
扰动变量	Disturbance variable	使被控变量偏离设定值的其他变量	表 3-1 中的蒸汽压力、进料量或管路负荷的波动
控制通道	Control channel	操纵变量到被控变量之间的通道	图 3-2 的被控对象
扰动通道	Disturbance channel	扰动变量到被控变量之间的通道	图 3-2 的扰动通道
反馈	Feedback	输出的全部或部分返回到输入端	检测变送的信号被反馈到控制器作为测量值
开环	Open-loop	没有反馈通路的控制系统，组成开环控制系统	图 3-2 的 $G_v(s)$、$G_p(s)$ 和 $G_m(s)$ 组成开环控制
闭环	Closed-loop	检测变送信号被反馈到控制器时，组成闭环控制系统	图 3-2 组成的控制系统

与人工控制的控制过程类似，当系统受到干扰影响时，自动控制的控制过程用检测变送仪表检测过程的被控变量信号（模拟人眼的功能），控制器将检测变送信号与设定值比较，按一定控制规律对其偏差值进行运算（模拟人脑的功能），并输出信号驱动执行机构改变操纵变量（模拟人手的功能），使被控变量回复到设定值。

(3) 简单控制系统的传递函数

简单控制系统构成可用图 3-2 表示。图 3-3 是用传递函数描述图 3-2 简单控制系统的框图。这是单输入单输出控制系统的通用框图。从图中可获得闭环控制系统的输入输出传递函数。

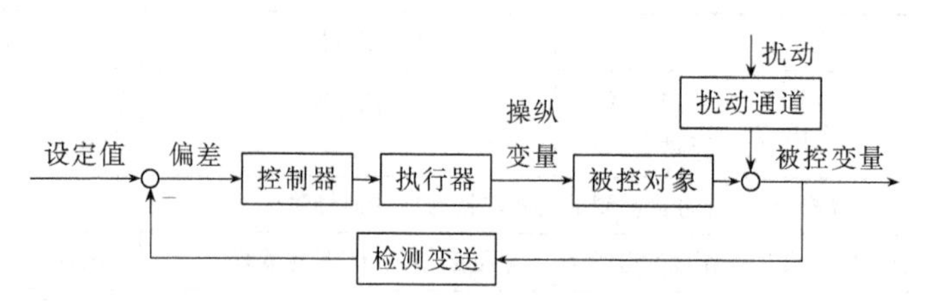

图 3-2　简单控制系统的框图

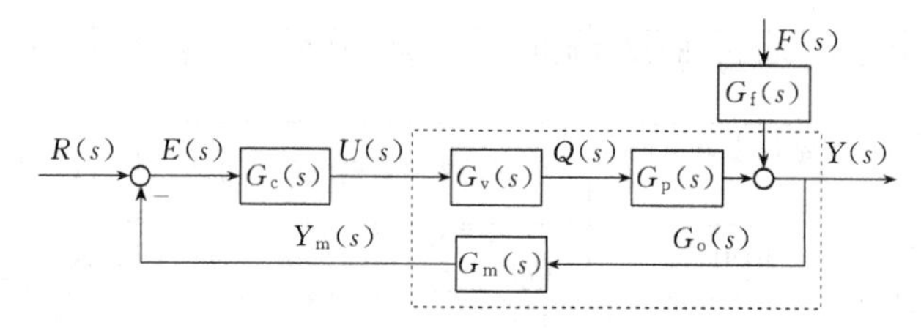

图 3-3　简单控制系统传递函数描述

定值控制系统传递函数　$$\frac{Y(s)}{F(s)}=\frac{G_{\mathrm{f}}(s)}{1+G_{\mathrm{c}}(s)G_{\mathrm{v}}(s)G_{\mathrm{p}}(s)G_{\mathrm{m}}(s)} \tag{3-1}$$

随动控制系统传递函数　$$\frac{Y(s)}{R(s)}=\frac{G_{\mathrm{c}}(s)G_{\mathrm{v}}(s)G_{\mathrm{p}}(s)}{1+G_{\mathrm{c}}(s)G_{\mathrm{v}}(s)G_{\mathrm{p}}(s)G_{\mathrm{m}}(s)} \tag{3-2}$$

对图 3-3 说明下列几点。

① 框图中各个信号都是增量。增益和传递函数都是在稳态值为零时得到的。箭头表示信号流向，并非物流或能流的方向。

② 根据稳态条件下该环节输出增量与输入增量之比确定各环节增益的正或负。当该环节的输入增加时，其输出增加，则该环节的增益为正，反之，如果输出减小则增益为负。如图 3-4 所示的输入输出关系曲线上，某工作点（$x_{\mathrm{w}}, y_{\mathrm{w}}$）的增益 K 是该点切线的斜率，即 $K=\mathrm{d}y/\mathrm{d}x$。换热器温度被控对象，当蒸汽控制阀开度增加时，出口温度升高，因此，被控对象的增益为正。如果换热器用于冷却原料，则冷却剂控制阀开度增加，原料出口温度下降，因此，这时被控对象的增益为负。

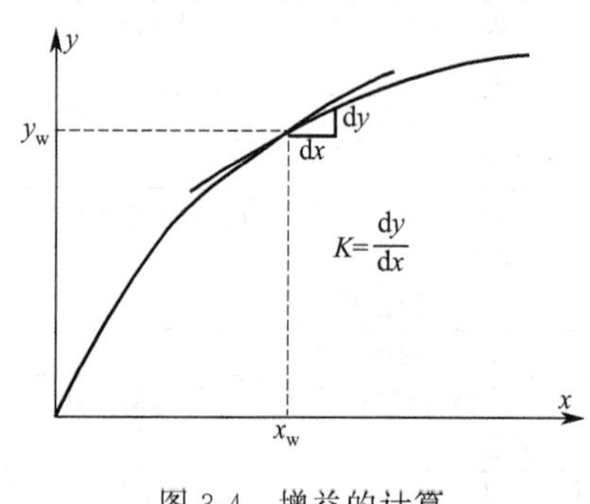

图 3-4　增益的计算

③ 通常将执行器、被控对象和检测变送环节合并为广义对象，广义对象传递函数用 $G_{\mathrm{o}}(s)$ 表示。因此，简单控制系统亦可表示为由控制器 $G_{\mathrm{c}}(s)$ 和广义对象 $G_{\mathrm{o}}(s)$ 组成的闭环系统。

④ 将各环节的增益除以该物理量的基准值可得到无量纲的描述。当控制器输入和输出信号采用统一标准信号时，广义对象的增益是无量纲的。

⑤ 简单控制系统的控制通道是操纵变量作用到被控变量的通道。简单控制系统的扰动通道是扰动作用到被控变量的通道。

⑥ 简单控制系统分为定值控制系统和随动控制系统两类。当扰动变量影响被控变量时，简单控制系统通过控制通道，改变操纵变量，克服扰动对被控变量的影响，这类控制系统称为定值控制系统。当控制系统设定值变化时，控制系统同样通过控制通道，改变操纵变量，使被控变量能随设定值的变化而变化，这类控制系统称为随动控制系统或伺服控制系统。

⑦ 包含采样开关的控制系统称为采样控制系统，它可由常规仪表加采样开关组成，也可直接由计算机控制系统组成。根据采样开关的数量、设置的位置、采用保持器的类型和采样周期的不同，控制系统的控制效果会不同，应根据具体情况分析。

⑧ 通常将检测变送环节表示为1，其原因是被控变量能够迅速正确地被检测和变送，此外，为了简化，也常将 $G_m(s)$ 与被控对象 $G_p(s)$ 合并在一起考虑。但是，对于有非线性特性的检测和变送环节，例如采用孔板和差压变送器测量流量时，应分别列出。为简化，在带控制点工艺流程图（P&ID）上也可不标注检测变送仪表。此外，P&ID 上也不绘制信号流方向，为说明其流向本书中绘制了信号流的流向箭头。

3.1.2 控制系统的控制性能指标

控制系统的性能指标可用稳定性、准确性、快速性、偏离度等指标或积分指标描述。

稳定性是控制系统性能的首要指标。这表明组成控制系统的闭环极点应位于 s 左半平面。准确性是控制系统的重要性能指标。这表明控制系统的被控变量与参比变量（设定值）之间的偏差，即静态偏差应尽可能小。快速性也是控制系统的重要性能指标。当控制系统受到扰动影响时，控制系统应尽快地做出响应，改变操纵变量，使被控变量与参比变量之间有偏差的时间尽可能短。控制系统的偏离度也是极重要的性能指标。它表示在控制系统运行过程中被控变量偏离参比变量的离散程度。

在外部扰动作用下或设定值变化时，控制系统从一个稳态进入另一个稳态的历程称为过渡过程。控制系统控制性能是评价在过渡过程中被控变量随时间变化的性能。

控制系统的控制性能指标应根据工艺过程的控制要求确定，不同的工艺过程对控制的要求会不同。例如，简单液位控制系统常常只需要保证液位不溢出或排空，而精密精馏塔温度控制的控制精度可能在正负零点几度。其次，不同类型的控制系统，其控制性能指标也不同，例如，通常，随动控制系统的衰减比建议调整在 10∶1 以上，而定值控制系统的衰减比则建议调整在 4∶1。

（1）时域控制性能指标

用阶跃输入信号作为扰动信号时，控制系统输出响应曲线表示的控制系统性能指标称为时域控制性能指标。图 3-5 显示了定值控制和随动控制系统时域控制性能指标。

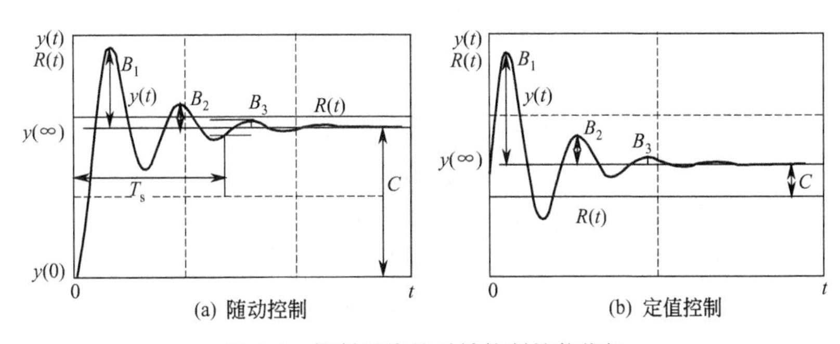

图 3-5 控制系统的时域控制性能指标

① 衰减比 n。衰减比是控制系统稳定性指标。它是相邻同方向两个波峰的幅值之比。

$$n=\frac{B_1}{B_2} \tag{3-3}$$

衰减比 $n=1∶1$ 表明控制系统的输出呈现等幅振荡，系统处于临界稳定状态；衰减比小于 1∶1 表明控制系统输出发散，系统处于不稳定状态；衰减比越大，系统越稳定。通常，希望随动控制系统的衰减比为 10∶1，定值控制系统的衰减比为 4∶1。

衰减率 ψ 也用于表示控制系统的稳定性。它是输出响应每经过一个周期后，波动幅度衰减的百分数。一般取 75%～90%。

$$\psi=\frac{B_1-B_2}{B_1} \tag{3-4}$$

二阶系统常用衰减度 m 表示衰减的程度。它与衰减比 n、阻尼比 ζ 的关系为

$$n=e^{2\pi m},\quad m=\frac{\zeta}{\sqrt{1-\zeta^2}} \tag{3-5}$$

② 超调量和最大动态偏差。随动控制系统的超调量 σ 是稳定性指标，定义为

$$\sigma=\frac{B_1}{C}\times 100\% \tag{3-6}$$

式中，C 是输出的最终稳态值；B_1 是输出超过最终稳态值的最大瞬态偏差。

定值控制系统中，最终稳态值很小或趋于零，因此，采用最大动态偏差 A 表示超调程度。

$$|A|=|B_1+C| \tag{3-7}$$

超调量和最大动态偏差表征过渡过程中被控变量偏离参比变量的超调程度，它反映控制系统稳定性。

③ 余差。余差是控制系统的最终稳态偏差 $e(\infty)$。在阶跃输入作用下，余差为

$$e(\infty)=r-y(\infty)=r-C \tag{3-8}$$

定值控制系统中，$r=0$，因此有 $e(\infty)=-C$。余差是控制系统稳态准确性指标。

④ 回复时间和振荡频率。过渡过程要绝对地达到新稳态值需要无限时间，因此，用被控变量从过渡过程开始到进入稳态值±5%或±2%范围内并保持不超出的时间，作为过渡过程的回复时间 T_s。回复时间是控制系统的快速性指标，它也称为调整时间，表征被控变量受到阶跃输入时从原有稳态达到新稳态所需的时间。

过渡过程的振荡频率 ω 与振荡周期 T 的关系是

$$\omega=\frac{2\pi}{T} \tag{3-9}$$

在相同衰减比 n 下，振荡频率越高，回复时间越短；在相同振荡频率下，衰减比越大，回复时间越短，因此，振荡频率也是控制系统的快速性指标。

阶跃输入信号下的控制系统性能指标还有上升时间、峰值时间等。除采用阶跃输入信号外，也可采用脉冲输入信号下的控制系统性能指标，如脉冲响应的峰值和回复时间等。

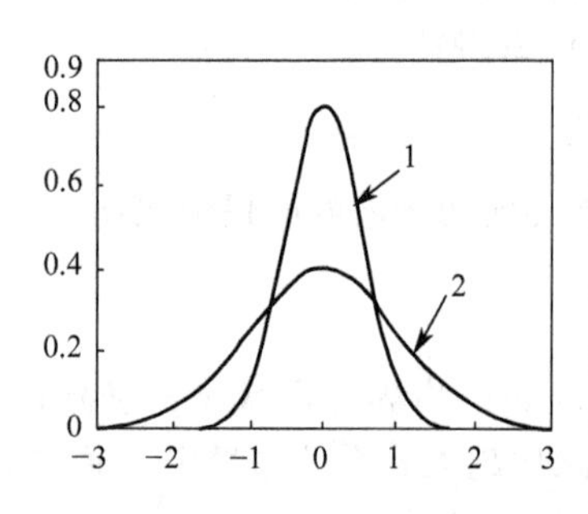

图 3-6　被控变量的正态分布

⑤ 偏离度。控制系统偏离度是被控变量统计特性的描述。在控制系统运行过程中，被控变量的分布通常遵循正态分布。如果其均值 a 位于设定值，它的标准差 σ 是控制系统偏离度的度量。图 3-6 显示被控变量正态分布曲线。图中均值为 0。曲线 1 的偏离度小，其标准差（Sigma）为 0.5；曲线 2 的偏离度大，其标准差为 1。根据正态分布曲线特性，被控变量落在 $a\pm2.58\sigma$ 范围的概率为 99%，被控变量落在 $a\pm1.96\sigma$ 范围的概率为 95%。

以造纸工业中的纸张定量和水分控制为例说明偏离度的

影响。纸张的定量用每平方米纸的克数表示，例如，复印纸有 70g、80g 等。如果控制系统的偏离度小（例如标准差为 0.5），为使纸张的定量控制在 70g，则设定值需设置在 70＋1.96×0.5＝70.98g 就能使 95％产品满足定量的控制要求（实际为 97.5％合格）。如果控制系统的偏离度大（例如标准差为 1），则为了使 95％的产品合格，需将定量控制系统的设定值设置在 71.96g。可见，由于控制系统的偏离度大，使纸浆原料的消耗增加。

同样，为控制纸张含水量不大于 5％，假设采用相同标准差，控制系统偏离度小时，水分控制系统的设定值可设置在 4％，而偏离度大的控制系统，其设定值就必须设置在 3％，这说明在同样的原料量条件下，采用控制系统偏离度小的控制系统生产的产量更多。

通常，用 2 倍标准差（$\pm 2\sigma$）与均值之比表示控制系统的偏离度。当某一产品必须满足某一技术规格的下限时（如≥70g），应将该控制系统的设定值设置在该下限的上面 2 倍标准差的位置（如 71.96g）。当某一产品必须满足某一技术规格的上限时（如含水量≤5％），则应将该控制系统的设定值设置在该上限的下面 2 倍标准差的位置（如 4％）。减小控制系统的标准差，不仅能降低原料消耗和成本，同时能增加生产能力，获得更多产品。

在相同干扰作用下，定值控制系统输出的最大偏差越大，系统的偏离度越大；在相同的衰减比下，系统输出的周期越大，系统的偏离度越大。

(2) 偏差积分性能指标

偏差积分性能指标常用于综合分析系统的动态响应性能。不同积分性能指标对控制系统优良程度的侧重点不同。常用的偏差积分性能指标见表 3-3。

表 3-3 偏差积分性能指标

偏差积分性能指标名称	计算公式	特点
偏差积分性能指标 IE	$\mathrm{IE}=\int_0^\infty e(t)\mathrm{d}t$	不能保证系统的衰减比，因此已很少采用
偏差平方积分性能指标 ISE	$\mathrm{ISE}=\int_0^\infty e^2(t)\mathrm{d}t$	计算方便，但会产生有振荡的响应，常用于抑制输出中的大偏差
绝对偏差积分性能指标 IAE	$\mathrm{IAE}=\int_0^\infty \lvert e(t)\rvert \mathrm{d}t$	有较快过渡过程和较小超调量，但最小系统偏差确定有困难
时间乘绝对偏差积分性能指标 ITAE	$\mathrm{ITAE}=\int_0^\infty t\lvert e(t)\rvert \mathrm{d}t$	有较好响应，但对初始偏差不灵敏，造成超调较大，此外，它不易获得解析解，因此，常用于抑制回复时间过长的过程

对存在余差的控制系统，由于余差不为零，因此，偏差积分指标将趋于无穷大，这时，可用 $e(t)-e(\infty)=-[y(t)-y(\infty)]$ 代替偏差项进行积分计算。

(3) 控制系统正常运行的重要准则

控制系统正常运行的重要准则有负反馈准则、稳定运行准则、安全运行准则。

① 负反馈准则。控制系统成为负反馈的条件是该控制系统各开环增益之积为正。

② 稳定运行准则。在扰动或设定变化时，控制系统静态稳定运行条件是控制系统各环节增益之积基本不变；控制系统动态稳定运行条件是控制系统总开环传递函数的模基本不变。

③ 安全运行准则。选用功能安全的仪表组成安全仪表控制系统。即事故发生（例如气源中断）时，控制系统应处于安全状态；故障的状态能被传递到下游模块或设备，以保证控制系统的安全运行。

3.2　检测变送环节

3.2.1　检测变送环节的性能

（1）检测变送环节的传递函数

检测变送环节的作用是将工业生产过程的参数（流量、压力、温度、物位、成分等）经检测、变送单元转换为标准信号。在模拟仪表中，标准信号通常采用 4～20mA、1～5V、0～10mA 电流或电压信号，20～100kPa 气压信号；在现场总线仪表中，标准信号是数字信号。

对检测元件和变送器的基本要求是准确、迅速和可靠。准确指检测元件和变送器能正确反映被控或被测变量，误差应小；迅速指应能及时反映被控或被测变量的变化；可靠是检测元件和变送器的基本要求，它应能在环境工况下长期稳定运行。

检测元件和变送器的类型繁多，现场总线仪表的出现使检测变送器呈现模拟和数字仪表并存的状态。但它们都可用带时滞的一阶环节近似。其传递函数为

$$G_m(s)=\frac{K_m}{T_m s+1}e^{-s\tau_m} \tag{3-10}$$

式中，K_m、T_m和 τ_m分别是检测变送环节的增益、时间常数和时滞。

（2）检测变送环节的选择

检测变送环节的选择原则如下。

① 环境适应性。检测元件直接与被测或被控介质接触，选择检测元件时应首要考虑该元件能否适应工业生产过程中的高低温、高压、腐蚀性、粉尘和爆炸性环境、能否长期稳定运行。

② 检测元件的准确度和响应的快速性。仪表的准确度影响检测变送环节的准确性，应合理选择仪表的准确度。检测变送仪表的量程应满足读数误差的准确度要求，选择合适的测量范围可改变检测变送环节的增益，以满足工艺检测和控制要求为原则。

③ 选用线性特性。检测元件和变送器增益 K_m 的线性度与整个闭环控制系统输入输出的线性度有关，当控制回路的前向增益足够大时，整个闭环控制系统输入输出的增益是 K_m 的倒数。例如，采用孔板和差压变送器检测变送流体的流量时，由于差压与流量之间的非线性特性，造成流量控制回路呈现非线性，并使整个控制系统开环增益非线性。

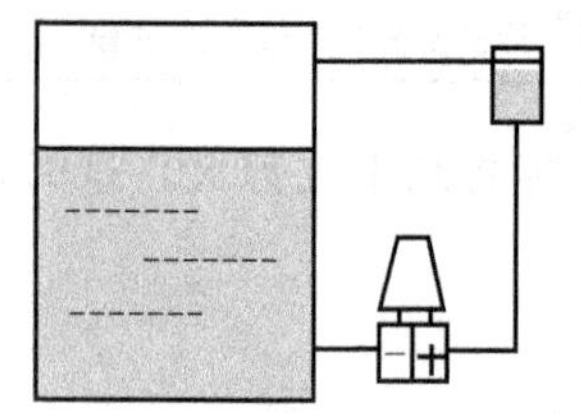

图 3-7　液位检测变送（不作迁移）

④ 绝大多数检测变送环节的增益是正值，但在采用如图 3-7 所示连接的不作迁移差压变送器检测变送液位时，该增益成为负值。

⑤ 时间常数的影响。相对于过程时间常数，多数检测变送环节的时间常数较小，但成分检测变送环节的时间常数和时滞会很大；气动仪表的时间常数较电动仪表要大；采用保护套管温度计检测温度要比直接与被测介质接触检测温度有更大时间常数。应考虑时间常数随过程运行而变化的影响。例如，因保护套管结垢造成时间常数增大，保护套管磨损造成时间常数减小等。对检测变送环节时间常数的考虑主要应根据检测变送、被控对象和执行器三者时间常数的匹配，即增大最大时间常数与次大时间常数之间的比值。

减小时间常数的措施包括检测点位置的合理选择、选用小惯性检测元件、缩短气动管线长度、减小管径、正确使用微分单元、选用继动器和放大元件等。为了增大最大时间常数与

次大时间常数之间的比值，对于快速响应的被控对象，例如，流量、压力等，有时需要增大检测变送环节的时间常数，常用的措施有合理选用微分单元（反微分）、并联大容量的电容或气容和串联阻容滤波环节等。

⑥ 时滞的影响。检测变送环节中产生时滞的原因是检测点与检测变送仪表之间有传输距离 l，而传输速度 w 有制约，因此，产生时滞

$$\tau_m = l/w \tag{3-11}$$

传输速度 w 并非被测介质的流体流速，例如，孔板检测流量时，流体流速是流体在管道中的流动速度，而检测元件孔板检测的信号是孔板两端的差压，因此，检测变送环节的传输速度是差压信号的传输速度。对不可压缩的流体，该信号的传输速度极快。但对于成分检测变送，因存在较大传输距离 l 和较低传输速度 w，造成较大时滞 τ_m。

减小时滞的措施包括选择合适的检测点位置，减小传输距离 l、选用增压泵或抽气泵等装置，提高传输速度 w 等。在考虑时滞影响时，应考虑时滞与时间常数之比，而不应只考虑时滞的大小，即减少时滞 τ_m 与时间常数 T_m 的比值。

(3) 检测变送环节的测量误差和不确定度

① 测量误差。测量误差是测量结果与被测量真值之差。产生测量误差的原因是测量过程的缺陷。由于被测量真值不能确定，因此，实际使用约定真值。

按误差的性质，误差分为系统误差和随机误差。系统误差是重复性条件下，对同一被测量进行无限多次测量所得结果的平均值与被测量真值之差。随机误差是测量结果与在重复性条件下，对同一被测量进行无限多次测量所得结果平均值之差。它们的关系如下，或用图 3-8 表示。图中的箭头向右表示其值为正，向左表示负值。

误差＝随机误差＋系统误差；

随机误差＝测量结果－总体均值；

系统误差＝总体均值－真值；

测量结果＝真值＋误差；

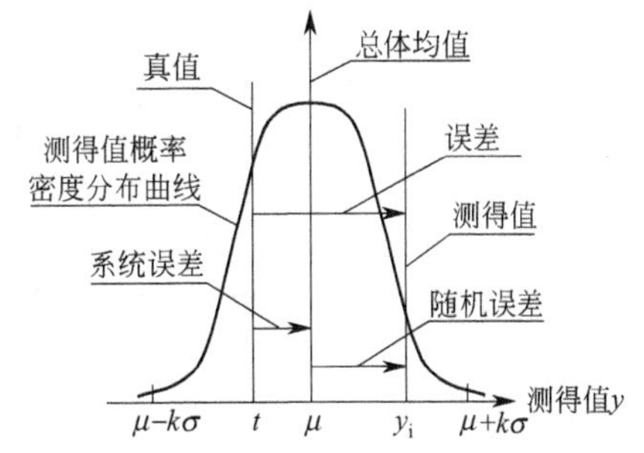

图 3-8 测量误差的关系

② 测量不确定度。测量不确定度表征合理地赋予被测量之值的分散性，是与测量结果相联系的参数。因此，测量不确定度是被测量之值可能的分布区间，而测量误差是一个差值。

当测量不确定度用标准偏差 σ 表示时，称为标准不确定度，统一用小写拉丁字母 u 表示。由于标准偏差对应的置信概率不够高，因此，可用标准偏差的倍数 $k\sigma$ 表示，统一用大写拉丁字母 U 表示。这种不确定度称为扩展不确定度。即 $U=k\sigma=ku$。k 称为覆盖因子或包含因子。

实际应用时，为知道测量结果的置信区间，常用置信水准的区间的半宽度表示扩展不确定度。当规定的置信水准为 p 时，扩展不确定度用 U_p 表示。例如，置信水准 p 为 0.95 时的扩展不确定度为 $U_{0.95}$。

测量误差与测量不确定度的主要区别见表 3-4。

表 3-4 测量误差与测量不确定度的主要区别

性能比较	测 量 误 差	测量不确定度
定义	误差是测量结果与真值的偏离量，是一个确定的差值。数轴上表示一个点	测量不确定度是被测量之值的分散程度，以分布区间的半宽度表示，它在数轴上表示一个区间
分类	分随机误差和系统误差，是无限多次测量的理想概念	不确定度根据评定方法分为 A 类和 B 类，它与随机误差和系统误差之间不存在简单对应关系

续表

性能比较	测量误差	测量不确定度
可操作性	真值未知，只能获得随机误差和系统误差的估计值。	可根据实验、资料和经验等信息进行评定，可定量操作
数值符号	误差可正（测量结果＞真值）可负（测量结果＜真值）	不确定度用置信区间的半宽度表示，因此，只能取正值
合成方法	误差是确定量值，各误差分量用代数相加方法合成	不确定度是区间的半宽度，当各不确定度分量的输入量估计值相互不相关时，必须用方和根法合成
修正	测量结果可用系统误差估计值进行修正。修正项是系统误差的反号	不能用不确定度对测量结果进行修正。对已修正的测量结果进行不确定度评定时，要考虑修正项不确定度分量的影响
结果说明	测量误差与测量结果和真值有关，与测量方法无关	测量结果的不确定度是在重复性或复现性条件下被测量之值的分散性。测量不确定度与测量方法有关，与具体的测得数值大小无关。
实验标准差	来源于给定的测量结果，它不表示被测量估计值的随机误差	来源于合理赋予的被测量之值，表示同一观测列中，任一估计值的标准不确定度
自由度	不存在	作为不确定度评定可靠程度的指标，是与评定得到的不确定度相对标准不确定度有关的参数
置信概率	不存在	可根据置信概率和概率分布确定置信区间

3.2.2　检测变送信号的数据处理

检测变送信号的数据处理主要包括下列内容。

① 信号补偿。热电偶检测温度时，由于产生的热电势与热端温度和冷端温度有关，因此需要进行冷端温度补偿。热电阻到检测变送仪表之间的距离不同，所用连接导线的类型、规格和线路电阻不同，因此需要进行线路电阻补偿。气体流量检测时，由于检测点温度、压力与设计值不一致，因此需要进行温度和压力的补偿等。

例如，采用热电偶进行温度检测和补偿时，应考虑热电偶非线性输入输出关系，进行非线性补偿。将检测到的温度值 t' 进行修正。修正公式为：$t=t'+kt_0$。t_0 是冷端温度；k 是修正系数。表 3-5 是镍铬-镍硅（分度号 K）的修正系数 k。

表 3-5　镍铬-镍硅热电偶的修正系数 k

t'/℃	100	200	300	400	500	600	700	800	900	1000	1100
K	1.00	1.00	0.98	0.98	1.00	0.96	1.00	1.00	1.00	1.07	1.11

② 线性化。检测变送环节是根据有关的物理化学规律检测被控和被测变量的，它们存在非线性，例如，热电势与温度、差压与流量等，这些非线性会造成控制系统的非线性，因此，应对检测变送信号进行线性化处理。从操作和应用看，线性化有利于操作员的观测和读数。从控制看，线性化有利于控制系统的稳定。线性化采用硬件或软件组成的非线性环节实现。

例如，差压式流量计的差压与流量之间是开方关系。即检测流量 q 与检测差压 Δp 的开方成比例。当计算装置带开方运算功能时可直接采用开方功能，实现开方运算。当计算装置不带开方运算功能或不采用开方器时，可采用迭代运算计算。即利用下式进行迭代。

$$q=\frac{\Delta p/q+q}{2} \tag{3-12}$$

③ 信号滤波。由于存在环境噪声，例如，泵出口压力的脉动，贮罐液位的波动，计算机误码等，它们使检测变送信号波动并影响控制系统的稳定运行，因此，需要对信号进行滤波。信号滤波有硬件滤波和软件滤波，有高频滤波、低频滤波、带通、带阻滤波等。

硬件滤波通常采用阻容滤波环节，可以用电阻电容组成低通滤波，也可用气阻和气容组成滤波环节。可以组成有源滤波、也可组成无源滤波等。由于需要硬件投资，因此，成本提高。软件滤波采用计算方法，用程序编制各种数字滤波器实现信号滤波，具有投资少，应用灵活等特点，受到用户欢迎。在智能仪表、DCS 等装置中通常采用软件滤波。过程控制中常用的数字滤波方法见表 3-6。

表 3-6　数字滤波

类　型	计算公式	功能描述
一阶低通滤波	$\bar{y}(k)=(1-\beta)\bar{y}(k-1)+\beta y(k)$	用于去除信号中的高频噪声。β越小，高频衰减越大，通过滤波器信号的上限频率越低。等价于传递函数 $\frac{1}{Ts+1}$。$\beta=\frac{T_s}{T}$；T_s是采样周期，T是滤波器时间常数
一阶高通滤波	$\bar{y}(k)=(1-\beta)\bar{y}(k-1)+\beta[y(k)-y(k-1)]$ $\bar{y}(k)=\alpha\bar{y}(k-1)+[y(k)-y(k-1)]$	用于去除信号中夹带的低频噪声，例如，零漂、直流分量等。分别等价于传递函数$\frac{\bar{Y}(z)}{Y(z)}=\frac{\beta(1-z^{-1})}{1-(1-\beta)z^{-1}}$和$\frac{\bar{Y}(z)}{Y(z)}=\frac{1-z^{-1}}{1-\alpha z^{-1}}$
递推平均滤波	$\bar{y}(k)=\bar{y}(k-1)+\frac{[y(k)-y(k-m+1)]}{m}$	根据越早的信息对输出影响越小的原则，不断剔除老信息，添加新信息
递推加权平均滤波	$\bar{y}(k)=\sum_{i=0}^{m-1}c_i y(k-i)$；其中，$\sum_{i=0}^{m-1}c_i=1,0\leqslant c_i\leqslant 1$	c_i按新信息的加权系数大的原则，即按：$c_0:c_1:c_2:\cdots:c_{m-1}=\frac{T}{\tau}:\frac{T}{\tau+T_s}:\frac{T}{\tau+2T_s}:\cdots:\frac{T}{\tau+(m-1)T_s}$设置。采样个数$m$根据被测和被控对象的不同选取：流量($m=11$)，液位和压力($m=3$)，温度($m=1$)
程序判别滤波	$\begin{cases}\lvert y(k)-y(k-1)\rvert\leqslant b & 则\bar{y}(k)=y(k)\\ \lvert y(k)-y(k-1)\rvert>b & 则\bar{y}(k)=y(k-1)\end{cases}$	常用于剔除跳变或尖峰干扰的误码。b是规定的阈值。当相邻两次采样值之差大于该阈值，表明有尖峰干扰，因此，滤波器输出保持上次的采样值不变。 当相邻两次采样值之差小于该阈值，滤波器输出等于输入信号

注：$\bar{y}(k)$ 和 $y(k)$ 分别是滤波器的第 k 次输出和输入信号。

④ 数学运算。当检测信号与被控变量之间有函数关系时，需进行数学运算获得实际的被控变量数值。例如，节流装置差压的开方与流量是线性关系，因此，测得的差压数据应进行开方运算等。有时，对检测信号要进行一些复合的数学运算，例如，采用查表法确定中间值时，需要采用线性内插法的计算来求值。此外，小信号切除运算可对零位处的高频噪声屏蔽。

⑤ 数字变换。信号的数字变换也常常被应用于检测变送信号的处理。例如，快速富里埃变换、小波变换等。除了数字变换外，在计算机控制系统中，经常使用模数转换和数模转换。

⑥ 信号报警处理。如果检测变送信号超出工艺过程的允许范围，就要进行信号报警和联锁处理。同样，在计算机控制系统中如果检测到检测元件处于坏状态时，也需要为操作人员提供相关报警信息。因此，对检测变送信号的报警处理也是十分重要的功能。

⑦ 功能安全。为保证检测变送环节的功能安全性，除了选用功能安全的产品外，还需要检测该环节中有关部件的安全性。一旦发生故障，应及时将故障状态记录并传递到下游模块，防止故障扩大。例如，对热电阻的短路、热电偶的断偶等都应设置有关的坏状态信号，并将坏状态的信号传递到下游模块。

3.3　执行器环节

3.3.1　执行器概述

执行器位于控制回路的最终端，因此，又称为最终元件。如将检测元件和变送器比作人的耳目，则执行器犹如人的手足。控制系统的控制性能指标与执行器的性能和正确选用有着十分重要的关系。

执行器直接与被控介质接触，在高低温、高压、腐蚀性、粉尘和爆炸性环境运行时，执行器的选择尤为重要。

(1) 控制阀分析

最常见执行器是控制阀，也称调节阀。控制阀由执行机构和调节机构两部分组成。执行机构可分解为两部分：将控制器输出信号转换为控制阀的推力或力矩的部件称为力或力矩转换部件，将推力或力矩转换为直线或角位移的部件称为转换部件。调节机构将位移信号转换为流通面积的变化，改变操纵变量的数值。

① 执行机构分析。根据所使用的能源，执行机构分为气动、电动和液动三类。气动类型执行机构具有本质安全性，价格低结构简单，应用最广；电动类型执行机构可直接与电动仪表或计算机连接，不需要电气转换环节，但价格贵结构复杂，需考虑防爆问题；液动类型执行机构具有推力（或力矩）大，但体积较大，管路较复杂。

根据输入信号增加时，控制阀杆的移动方向，可分为正作用和反作用执行机构。正作用执行机构在输入信号增大时，阀杆向外移动。反之，反作用执行机构使阀杆向内移动。根据阀杆的移动可分为直行程执行机构和角行程执行机构。根据气动执行机构部件类型可分为薄膜执行结构、活塞执行机构、齿轮执行机构、手动执行机构、电液执行机构等。

气动执行机构和连接管线可近似为一阶时滞环节，用$\frac{K_{v1}}{T_v s+1}e^{-s\tau_{v1}}$表示。$K_{v1}$与膜片的有效面积有关，还与操作压力有关，活塞执行机构常采用加大操作压力来获得较大推力（矩）。时间常数 T_v与膜头气室大小、气动管线管径、长度等参数有关。减小气室容积、缩短连接的气动管线长度和减小连接管线管径有利于减小执行机构的时间常数。时滞 τ_{v1} 与气动管线的长度、管径等参数有关。为减小时滞，可采用气动继动器或放大器。使用电动仪表或计算机的控制系统中，执行机构的时滞较小，时间常数不大。

执行机构的推力除了克服控制阀的不平衡力，还需克服因密封需要而产生的摩擦力。当控制器输出信号的阶跃幅值较小时，所产生的推力不足以克服静摩擦力，从而产生死区。死区使阀杆不能及时响应控制器的输出；当控制器输出反向时，摩擦力与原来的合力方向相反，造成回差，使复现性变差。回差是造成执行器性能变差的主要原因，它使控制系统控制性能变差，造成控制不及时。此外，增益的变化，使控制系统不稳定，偏离度增大，因此，应尽量减小摩擦力，缩小死区和回差，提高控制系统的性能指标。

② 调节机构分析。调节机构用于将直线位移或角位移转换为流通面积的变化。根据不同的应用要求，可分为直通（单座、双座）阀、角阀、三通阀、球阀、阀体分离阀、隔膜阀、蝶阀、偏心旋转阀、V 型球阀、O 型球阀、闸阀等。由于调节机构直接与被控介质接触，因此，对调节机构中阀芯和阀座的材质也有不同要求，以适应高温、低温、高压、爆炸、腐蚀等介质控制的要求。各种类型控制阀的应用场合可参见有关产品说明书。

不同的控制阀座和阀芯的形状影响流通截面积的变化。调节机构的传递函数常用增益 K_{v2}表示。

根据阀杆移动与流量之间的关系，调节机构分为正体阀和反体阀。正体阀在阀杆下移时流量减小，反体阀在阀杆下移时流量增大。将正作用和反作用执行机构与正体阀和反体阀结合在一起，可组成气开和气关两类控制阀。调节机构和执行机构的匹配见表 3-7。

表 3-7 调节机构和执行机构的匹配

类 型	气关型控制阀(FO:故障时打开)		气开型控制阀(FC:故障时关闭)	
图形表示	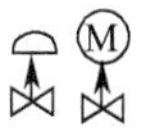 箭头的方向表示故障时阀芯上移，即故障时打开		 箭头的方向表示故障时阀芯下移，即故障时关闭	
执行机构	正作用执行机构 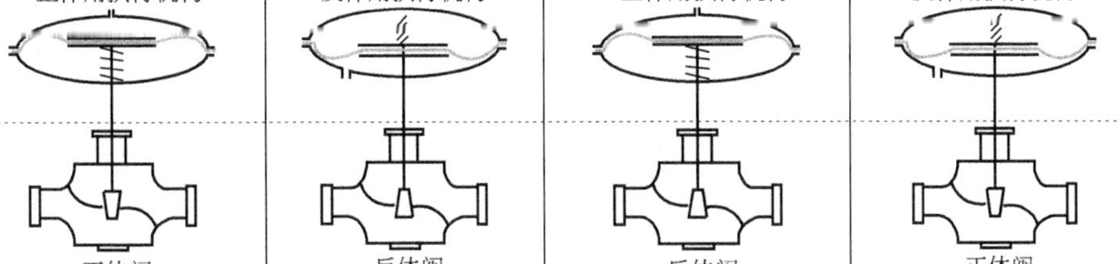	反作用执行机构	正作用执行机构	反作用执行机构
调节机构	正体阀	反体阀	反体阀	正体阀

需指出，气开控制阀和气关控制阀中的“气”指输入到执行机构的信号，它不指驱动控制阀的压缩空气气源。气开控制阀指当输入到执行机构的信号增加时，流过控制阀的流量增加；反之，气关控制阀指当输入到执行机构的信号增加时，流过控制阀的流量减小。因此，通常用 FC 表示气开控制阀故障时处于全关状态，用 FO 表示气关控制阀故障时处于全开状态。

(2) 控制阀流量系数计算

控制阀流量系数是标征控制阀容量大小、流路结构、流路形式、控制阀类型等综合因素对流通能力影响的特征参数。它与流体类型（例如，气体、液体或蒸汽等)、控制阀类型（例如，直通单座控制阀，直通双座控制阀等)、流体工作状态（例如，工作温度、工作压力、流体成分、两端压降等）和所需控制或节流的流量大小等有关。控制阀的流量系数随控制阀开度的变化而变化。控制阀铭牌或说明书提供的流量系数 K_v（或 C_v）是控制阀全开时具有的流量系数，即控制阀额定流量系数。

根据国家标准，控制阀的流量系数 K_v定义为：5～40℃的水，在 100kPa 的阀两端压差下，每小时流过控制阀的立方米数。可根据下式计算：

$$K_v=\frac{Q}{N}\sqrt{\frac{\rho_1}{p_1-p_2}} \tag{3-13}$$

式中，Q 是流体体积流量，m^3/h；ρ_1是控制阀入口处流体密度，kg/m^3；p_1和 p_2分别是控制阀入口和最大流速处的平均静压力，kPa；N 是对应的工程单位系数，采用上述单位时其值是 0.1。

控制阀的最小流量、最大流量和泄漏量。以气开型控制阀为例，控制阀的最小流量 Q_{min}是控制阀膜头气压为 0.02MPa 时，流过控制阀的流量。控制阀的最大流量 Q_{max}是控制阀膜头气压为 0.1MPa 时，流过控制阀的流量。控制阀的泄漏量是控制阀膜头气压为 0MPa 时，流过控制阀内的流量。气关型控制阀的最大、最小流量和泄漏量的定义可类推。

需要指出，控制阀密封性是由于填料不能完全密封造成的外泄漏量。它与控制阀内部由于不能严密关闭造成的流体泄漏（内泄漏）是两个不同概念。控制阀密封性可通过合理选择填料和填料结构来解决。控制阀内泄漏需通过合理的阀体结构设计，合适的压紧力和选用合适的软密封垫等方法来解决。

（3）控制阀气开气关作用方式的选择

根据控制系统正常运行的安全运行准则选择控制阀的气开气关作用方式。即当工艺生产过程中供气中断、供电中断或信号中断时，要求控制阀处于安全状态。选用的重要准则如下。

① 事故时，工艺装置应尽量处于安全状态。例如，氨冷器液氨控制阀，为防止气氨带液，造成冰机损坏，应选用能源中断时，关闭液氨控制阀，即选气开方式控制阀。

② 事故时，减少原料或能源的消耗，保证产品质量。例如，精馏塔进料阀选气开，事故时关闭，停止进料；回流阀选气关，使不合格产品不被排放。

③ 考虑介质特性。例如，精馏塔塔釜出料如果是易结晶、易凝固的介质时，再沸器加热蒸汽的控制阀应选气关，防止塔釜物料结晶或凝固。如果出料是一般液体，则再沸器加热蒸汽的控制阀应选气开，在能源中断时，关闭控制阀，降低能源消耗。

根据上述准则，举例说明应用示例。

① 进料控制阀一般选气开；但加热炉进料控制阀应选气关，防止空烧。被加热物料系统的给料控制阀选气关。

② 出料控制阀一般选气开；但用出料控制阀控制容器内压力时，应选气关，防止压力过高发生事故；用进料控制容器压力时选用气开。

③ 反应器：原料和催化剂、添加剂等加料控制阀选气开，但溶剂进料控制阀选气关；裂解炉稀释蒸汽流量控制阀选气关；排料的压力控制阀、反应器溶剂流量控制阀选气关；反应放热时，换热器热载体控制阀选气关，反应吸热时，换热器热载体控制阀选气开；如果聚合反应温度下降会产生凝聚，则换热器热载体控制阀选保位阀。

④ 精馏塔系统：进料流量控制阀、塔釜排料控制阀选气开；回流量控制阀、再沸器加热流体控制阀选气关（也可选气开）；塔顶压力控制系统的控制阀选气关；对多塔系统，应根据各塔相互影响和工艺特点，确定控制阀的气开或气关。

⑤ 压缩机：入口控制阀选气关，旁路控制阀选气关，防止压缩机将管道抽瘪；压缩机出口压力控制的放空阀选气关，防止在压缩机内部压力过高发生事故。

⑥ 锅炉：汽包蒸汽出口控制阀选气关，给水控制阀可根据不同工艺要求选用：蒸汽用于蒸汽透平时，为防止蒸汽带水，因此选用气开，事故时关闭给水控制阀；蒸汽用于一般应用时，为防断水后加水使锅炉爆炸，应选用气关，事故时给水阀全开，防止锅炉断水。

⑦ 液位控制系统中，为防止没有液位或溢出，进料阀选气关，出料阀选气关。

⑧ 温度控制系统中，被加热物料出口温度过高会引起分解、自聚或结焦时，应选加热物料控制阀为气开；被加热物料出口温度过低会结晶、凝固时，应选加热物料控制阀为气关；当冷却流体为水时，冷却水控制阀选气关。

控制阀气开气关方式用于确定控制系统中执行器环节的增益符号。气开方式表示控制阀输入信号增加时，流过控制阀的流体流量增加，即该环节增益为正；气关方式表示控制阀输入信号增加时，流过控制阀的流体流量减小，即该环节增益为负。气开和气关沿用气动仪表概念，它也适用于电动和液动执行器。

3.3.2　控制阀流量特性

控制阀流量特性指流过控制阀的流量 Q 与阀杆行程 L 之间的函数关系。控制阀流量特性分为理想流量特性和工作流量特性。通常，采用无量纲的相对值表示为

$$q=Q/Q_{\max}=f(l)=f(L/L_{\max}) \tag{3-14}$$

式中，Q_{max}和L_{max}分别是阀全开时的最大流量和阀杆的最大行程。

(1) 理想流量特性

理想流量特性是控制阀两端压降恒定时的流量特性，也称为固有流量特性。出厂时控制阀的流量特性是理想流量特性。

表 3-8 是控制阀的理想流量特性。图 3-9 是控制阀的流量特性曲线。图中除绘制表 3-8 介绍的流量特性外，还绘制了国外采用的双曲线流量特性。图中流量特性的可调比 $R=30$。

制造厂通过设计控制阀阀芯的不同形状来获得不同的流量特性。

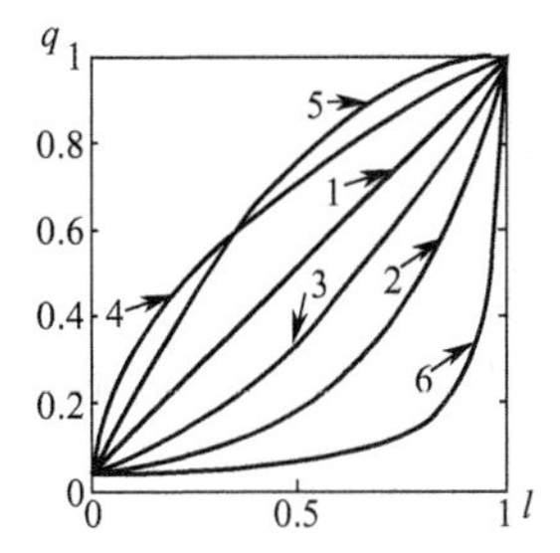

图 3-9 控制阀的流量特性曲线

1—线性流量特性；2—等百分比流量特性；3—抛物线流量特性；4—理想快开流量特性；5—实际快开流量特性；6—双曲线流量特性 $\left(q=\frac{1}{R(r-1)l}\right)$

表 3-8 控制阀理想流量特性

流量特性	线性	等百分比	抛物线	快开(理想)	快开(实际)
$dq=g(dl)$	$dq=K_{v2}dl$	$dq=K_{v2}q\,dl$	$dq=K_{v2}\sqrt{q}\,dl$	$dq=K_{v2}q^{-1}dl$	$dq=K_{v2}(1-l)dl$
$q=f(l)$	$q=\frac{R-1}{R}l+\frac{1}{R}$	$q=R^{(l-1)}$	$q=\frac{1}{R}[1+(\sqrt{R}-1)l]^2$	$q=\frac{1}{R}\sqrt{1+(R^2-1)l}$	$q=1-\left(1-\frac{1}{R}\right)(1-l)^2$
增益 K_{v2}	$1-\frac{1}{R}$	$\frac{Q}{L_{max}}\ln R$	$\frac{2(\sqrt{R}-1)\sqrt{Q_{max}}}{L_{max}\sqrt{R}}\sqrt{Q}$	$\frac{Q_{max}^2-Q_{min}^2}{2L_{max}}\frac{1}{Q}$	$\frac{2Q_{max}}{L_{max}}\left(1-\frac{1}{R}\right)\left(1-\frac{L}{L_{max}}\right)$
特点	增益 K_{v2} 是常数，与可调比 R 和最大流量 Q_{max} 有关，与流过控制阀的流量 Q 无关	增益 K_{v2} 与流量 Q 成正比，即流量的对数值与行程成正比，因此称为对数流量特性	抛物线流量特性的增益 K_{v2} 与流量 Q 的开方成正比，即为抛物线函数关系	增益 K_{v2} 与流量 Q 的倒数成正比，随流量增大，增益反而减小	增益 K_{v2} 随行程 l 的增加而线性减小

注：1. R 是最大可调节流量 Q_{max} 与最小可调节流量 Q_{min} 之比。对线性流量特性控制阀，$R=30$，则 $K_{v2}=0.967$。

2. 等百分比流量特性的行程增加相同间隔时，流量增加相同百分比，因此，也称为等百分比流量特性。

(2) 工作流量特性

工作流量特性是在工作状况下（压降变化）控制阀的流量特性，也称为安装流量特性。由于实际应用时，控制阀两端压降下降，最大流量下降，因此，控制阀理想流量特性发生畸变。图 3-10 是线性、等百分比和实际工厂快开理想流量特性发生畸变的曲线。

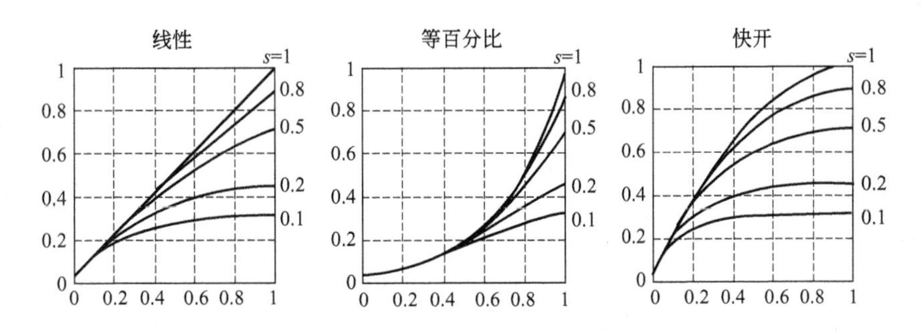

图 3-10 控制阀工作流量特性

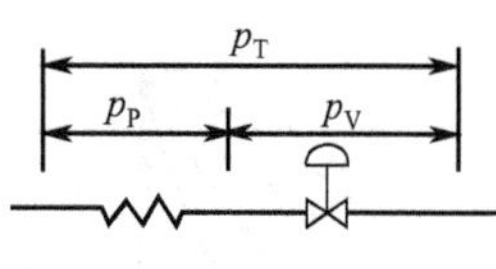

图 3-11　阀与管路串联

按各自最大流量为基准，改绘 q-l 曲线，可见，控制阀在实用工况下的流量特性曲线上凸。图中，s 称为压降比。如图 3-11 所示，压降比 s 是控制阀全开时，阀两端压降占系统总压降的比值。

$$s=\frac{p_{\mathrm{Vmin}}}{p_{\mathrm{T}}}=\frac{p_{\mathrm{Vmin}}}{p_{\mathrm{Vmin}}+p_{\mathrm{P}}} \tag{3-15}$$

式中，p_V是控制阀两端的压降；p_P是系统中其他管路的阻力，包括静压头、管路阻力等；p_T为系统的总压降。

可见，一般运行情况下，压降比 $s\leqslant 1$。并有：

① 当系统压降全部损失在控制阀时，$s=1$，这时工作流量特性与理想流量特性相同；

② 随 s 的减小，管道总阻力增大，控制阀全开时的最大流量相应减小，因此，实际可调比随 s 的减小而下降；

③ 随 s 的减小，控制阀的流量特性发生畸变，特性曲线上凸，线性理想流量特性畸变为快开特性；等百分比理想流量特性趋向于线性特性。为了减小控制阀流量特性的畸变，应增大压降比 s。

3.3.3　控制阀流量特性的选择

选择控制阀流量特性的目的是满足控制系统稳定运行准则。即通过选择控制阀流量特性来补偿被控对象的非线性特性，使控制系统总开环增益基本不变，或总动态特性的模不变。

控制阀特性选择时，应先选择工作流量特性，然后，根据实际应用选择理想流量特性。

（1）从静态考虑选择控制阀的工作流量特性

从静态考虑，即假设控制器增益 K_c、执行机构增益 K_{v1}、检测变送环节增益 K_m不随负荷或设定而变化。用 K_{v2}变化补偿 K_p变化，使 $K_{开}=K_cK_{v1}K_{v2}K_pK_m$恒定。因此，控制阀工作流量特性的选择依据是使 K_{v2}与 K_p之积保持基本不变。

下面的定性分析均假设被控对象的增益为正，对被控对象增益为负的情况可类似分析。

① 随动控制系统。随动控制系统中设定值变化，负荷线不变，因此，设定值从 R_1变化到 R_2时，工作点从 A 移到 B，根据不同被控对象特性，选择不同的控制阀工作流量特性。见表 3-9。

表 3-9　随动控制系统中控制阀工作流量特性的选择

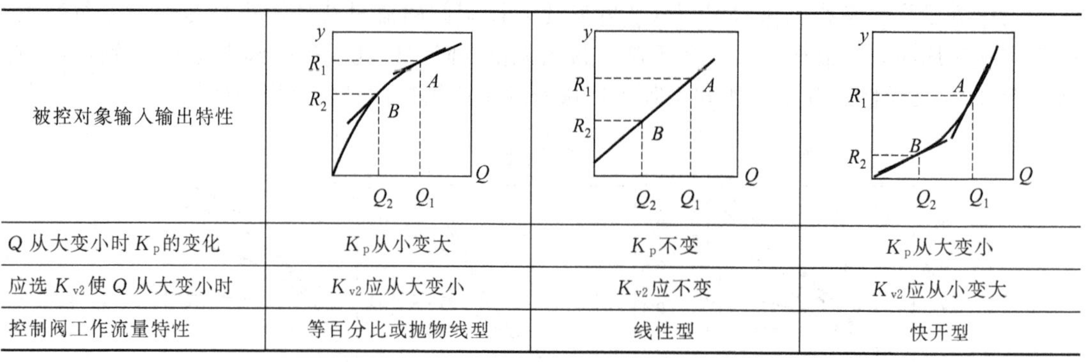

被控对象输入输出特性	（曲线图）	（曲线图）	（曲线图）
Q 从大变小时 K_p的变化	K_p从小变大	K_p不变	K_p从大变小
应选 K_{v2}使 Q 从大变小时	K_{v2}应从大变小	K_{v2}应不变	K_{v2}应从小变大
控制阀工作流量特性	等百分比或抛物线型	线性型	快开型

② 定值控制系统受负荷扰动影响。这时，设定值不变，负荷线变化，随负荷变化，如果工作点从 A 点移到 B 点，可根据不同被控对象特性，选择不同的控制阀工作流量特性。见表 3-10。

表 3-10 定值控制系统中控制阀工作流量特性的选择

对象输入输出特性			
Q 从大变小时 K_p 的变化	K_p 从小变大	K_p 不变	K_p 从大变小
应选 K_{v2} 使 Q 从大变小时	K_{v2} 应从大变小	K_{v2} 应不变	K_{v2} 应从小变大
控制阀工作流量特性	等百分比或抛物线型	线性型	快开型

③ 定值控制系统受控制阀前压力扰动影响。这时，设定值不变，负荷线也不变。工作点不变，即流过控制阀的流量 Q 不变，但阀两端压力变化引起最大流量 $Q_{\max}$ 变化。因此，对象增益 K_p 不变，应选择控制阀的增益 K_{v2} 使之不随 $Q_{\max}$ 变化。线性型控制阀的 K_{v2} 随 $Q_{\max}$ 变化；等百分比型控制阀的 K_{v2} 不随 $Q_{\max}$ 变化，因此，定值控制系统，干扰来自阀前压力时，必定选择等百分比流量特性的控制阀。

④ 工作点变化不大的定值控制系统。当工作点变化不大时，例如，生产过程负荷变化不大，干扰变化不大，这时，被控对象的输入输出曲线上的工作点基本不变化，其斜率（即被控对象增益）不变。因此，可选用任何类型的流量特性。

【例 3-1】 换热器出口温度定值控制系统中控制阀工作流量特性的选择。

如图 3-12 所示，假设两种流体均未发生相变，根据热量平衡方程有

$$G_2C_2(t_3-t_4)=G_1C_1(t_2-t_1)$$

$$t_2=\frac{G_2C_2}{G_1C_1}(t_3-t_4)+t_1$$

对象增益 $K_p=\dfrac{C_2}{G_1C_1}(t_3-t_4)$ (3-16)

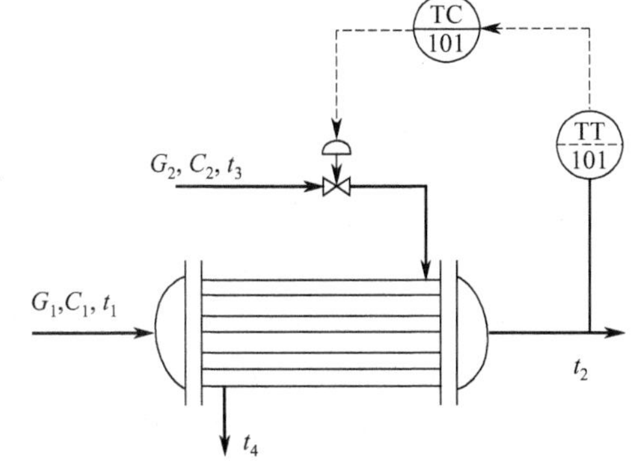

图 3-12 换热器控制阀的选择

① 负荷 G_1 变化。如图 3-13(a)，被控对象的负荷线随 G_1 变化，当 G_2 从大变小时，K_p 从小变大，根据稳定运行准则，选择控制阀流量特性，使 G_2 大时，K_{v2} 大；G_2 小时，K_{v2} 小。因此，控制阀选用等百分比流量特性。

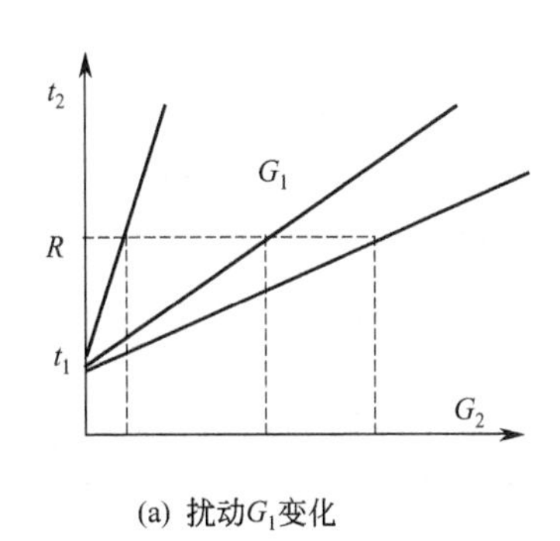

(a) 扰动 G_1 变化

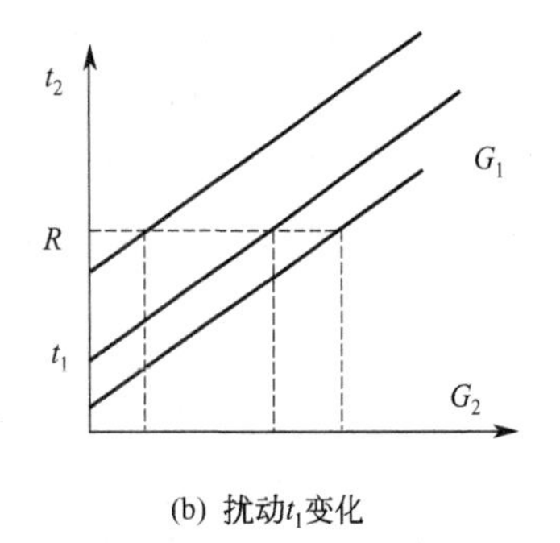

(b) 扰动 t_1 变化

图 3-13 换热器被控对象的特性

② 温度 t_1 变化。如图 3-13(b)，被控对象的负荷线随 t_1 变化，K_p 不随 G_2 大小的变化而变化，即 K_p 为常数，根据稳定运行准则，选择控制阀流量特性，使 K_{v2} 不随 G_2 变化而变化，因此，控制阀选用线性流量特性。

③ 扰动为控制阀前压力变化　设定值不变，负荷线也不变。如上述，必定选择等百分比流量特性的控制阀。

【例 3-2】 某流量控制系统如图 3-14 所示，采用孔板测量流量，分析使用差压变送器和流量变送器（或差压变送器加开方器）时，从静态考虑控制阀工作流量特性选择。

被控变量与操纵变量相同，为流量 Q，流量对象 $K_p=1$。

① 使用流量变送器。变送器输出与流量成正比，K_m 为常数；为使系统稳定，选 K_v 恒定的控制阀，即线性流量特性控制阀。

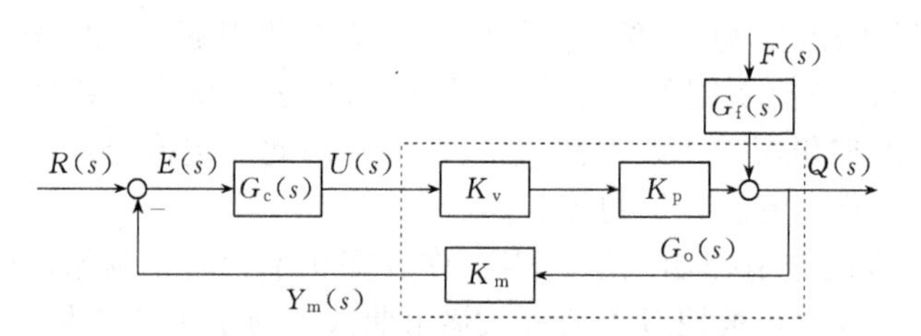

图 3-14　流量控制系统控制阀选择

② 使用差压变送器。变送器输出与差压成正比，即 $Y_m=KQ^2$；$K_m=\dfrac{dY_m}{dQ}=2KQ$；使 K_mK_p 与流量 Q 成正比，为补偿该非线性，可选择 K_v 与流量 Q 倒数成正比的控制阀流量特性，即选快开流量特性控制阀。

实际应用时，拟选用流量变送器及线性流量特性控制阀。

(2) 从动态考虑选择控制阀的工作特性

根据稳定运行准则，从动态考虑，应使控制系统在工作频率下的总开环幅频特性和相频特性保持基本不变，尤其是幅值比保持基本不变。即选择合适的控制阀工作流量特性，在一定程度上补偿因被控对象幅频和相频特性的非线性造成的系统不稳定。

(3) 控制阀流量特性的选择

① 选择控制阀工作流量特性的注意事项如下。

- 控制系统通常受到多种扰动的影响，引起的被控对象特性变化不同，补偿的流量特性也不同。因此，在选择控制阀工作流量特性时应抓住对控制系统有主要影响的扰动，并据此选择控制阀工作流量特性。
- 考虑被控对象特性时，应从整个工作范围考虑，而不能仅局限在工作点附近，因为，在工作点附近的特性通常可近似为线性，从而不能获得正确的分析结果。
- 选择控制阀流量特性的目的是补偿广义被控对象的非线性特性。但一些被控对象，例如，pH 控制时被控对象的非线性特性并不能用选择控制阀流量特性来补偿。此外，像串级控制系统主被控对象的非线性特性也不能用选择控制阀流量特性来补偿。

② 从控制阀的工作特性选择控制阀的理想特性。由于控制阀制造厂提供的控制阀流量特性是理想流量特性，因此，在确定控制阀工作流量特性后，应根据被控变量类型和对象特性、压降比 s 的影响等，确定控制阀理想流量特性。

可按表 3-11 所示，根据被控变量类型和对象特性选择控制阀理想流量特性。

也可如表3-12所示，根据系统压降比选择理想流量特性。

表3-11　按被控变量和被控对象选择控制阀理想流量特性

被控变量	温度	压力		液位		流量(线性化)	
对象特性($\Delta p_{vmax}/\Delta p_{vmin}$)(注3)	<2	恒定	<2	<2.5	>2.5	<2.5(注1)	>2.5(注2)
选用控制阀的理想流量特性	等百分比	线性	等百分比	线性	等百分比	线性	等百分比

注：1. 最大流量时，阀两端压降与系统压降之比大于0.4。

2. 最大流量时，阀两端压降与系统压降之比小于0.4。

3. Δp_{vmax}是接近关闭时的阀两端压降；Δp_{vmin}是满流时的阀两端压降。

表3-12　根据压降比s确定理想流量特性

压降比s	$s>0.6$			$0.3<s<0.6$			$s<0.3$
所需的工作流量特性	线性	等百分比	快开	线性	等百分比	快开	宜用低s控制阀
应选的理想流量特性	线性	等百分比	快开	等百分比	等百分比	线性	

(4) 压降比的考虑

压降比s的选择应考虑下列因素。

① 降低压降比s有利于节能，但它会造成控制阀流量特性的畸变，进而使控制系统的控制品质变差。

② 由于受流体输送设备的能力限制，不能够提供较高的压力，造成控制阀只能在低压降比下运行。

③ 高压降控制阀的磨损较大，为减少磨损，希望在较低控制阀两端压降下运行，即低压降比运行。

④ 控制阀两端压降低并不说明压降比低；同样，高压降比不一定节能。

解决低压降比造成流量特性上凸而畸变的方法如下。

① 预畸。改变控制阀阀芯的流通截面形状，使理想流量特性比等百分比流量特性更下凹，补偿s所造成的上凸。

② 采用非线性补偿。例如，阀门定位器，通过改变反馈凸轮的形状或设定通道增加非线性环节，使K_v变化，补偿s所造成的上凸；也可采用软件编程实现非线性补偿环节，使总开环增益保持基本不变。

③ 将流量作为副被控变量，组成串级控制系统。根据串级控制系统的特点，它对副回路参数的变化有较强的鲁棒性，因此，能克服低s运行时对控制阀造成的影响。

④ 变频调速。取消控制阀，采用变频器实现变频调速控制。

3.3.4　阀门定位器的正确使用

(1) 阀门定位器的工作原理

图3-15是气动阀门定位器的原理示意图。

不使用气动阀门定位器时，输入信号p_i直接进入膜头，在推力作用下阀杆向下位移，带动阀芯移动，改变流通截面，从而使流量变化。由于阀杆受到摩擦力，因此，在一定输入信号作用下，阀杆可能不移动，为此，采用阀门定位器。

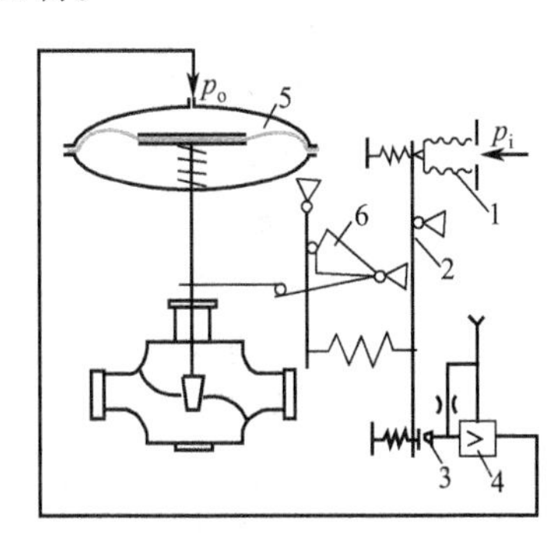

图3-15　气动阀门定位器工作原理

1—波纹管；2—杠杆；3—喷嘴；4—放大器；5—膜头；6—凸轮

使用阀门定位器后，输入信号先进入波纹管，通过杠杆，靠近喷嘴，使喷嘴背压增大，经放大器放大后输出的信号送膜头，阀杆移动的反馈信号经连杆传递，转换为凸轮的转动，并使杠杆离开喷嘴，达到新的平衡点。如果阀杆与输入信号不对应，则在负反馈作用下，会改变进入膜头的气压，直到新平衡点建立。图 3-16 是阀门定位器的控制框图。可见，这是一个负反馈控制系统，除反馈信号直接来自阀杆位移外，与气动压力变送器的部分结构十分相似。电气阀门定位器的工作原理与气动阀门定位器也很相似，但输入信号是电信号，其工作原理与电动压力变送器十分相似。

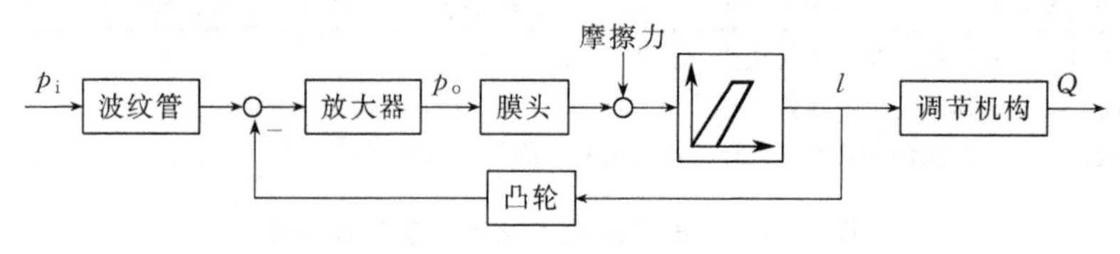

图 3-16　阀门定位器控制框图

(2) 阀门定位器的功能

加入阀门定位器后，组成了以阀杆位移量 l 为副被控变量的副环，它与原有单回路控制系统组成串级控制系统，原有的被控变量成为串级控制系统的主被控变量。如图 3-17 所示。阀门定位器的主要功能如下。

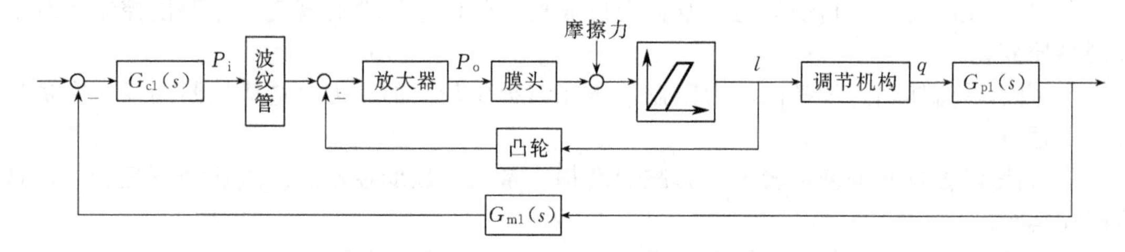

图 3-17　引入阀门定位器后组成的串级控制系统

① 具有较强的克服进入副回路干扰的能力。例如，摩擦力、不平衡力和回差的变化等。因此，阀门定位器常被用于干摩擦较大的场合来减小回差影响；用于补偿高压差工况下不平衡力的效应，减小不平衡力对阀杆的影响；用于介质有较大阻力，例如，悬浮液控制等场合，减小介质造成的回差等影响。

② 改善控制阀的动态特性。组成阀杆位移副环，使副回路等效时间常数大大减小，同时，因波纹管的气容较控制阀膜头的气容小得多，也使系统时间常数减小。

③ 实现非线性补偿和分程控制。采用凸轮作为反馈环节，能有效地改变副回路增益，补偿被控对象的非线性特性；改变凸轮形状还可使对应于阀杆全行程的输入信号范围改变，从而用于实现分程控制。

3.3.5　其他执行器

除了控制阀外，其他的执行器有执行电动机和液压伺服机构等。

(1) 执行电动机

执行电动机是根据控制系统发来的指令执行运动的机电一体化的一种电动机。它除具有一般电动机基本功能和特点，如将电能转化为机械能外，还具有下列特点。

① 可控性：能够将控制信号对应地转变为机械运动。

② 快速性：能满足控制系统快速信号变化的要求，及时作出响应。

③ 高精确性：能精确地将机械定位在所需的位置，满足控制系统的要求。

④ 环境适应性：能够适应环境的变化，例如，克服温度、湿度等变化的影响。

执行电动机按电动机原理可分为直流电动机、步进电动机、交流同步电动机、交流异步电动机、开关磁阻电动机等。按控制方式可分为调压调速、变频调速和电磁调速等。

执行电动机的负载运动有恒速、变速及运动过程中的加速或减速等不同状态。执行电动机的机械特性描述稳态时执行电动机转矩 T 与转速 n 的关系，它是执行电动机的固有特性。通过控制可使执行电动机满足各种机械负载的机械特性，机械负载的机械特性有恒转矩机械负载特性、变转矩机械负载特性、恒功率机械负载特性和加速运动机械负载特性等。

当前，交流电动机的变频调速技术在泵、风机和压缩机等流体输送领域获得广泛应用，并有逐步取代直流调速的趋势。表 3-13 是交流电动机调速方案和适用的电动机。

表 3-13　交流电动机调速方案和适用的电动机

类别	调速控制方案		适用的电动机
调频	他控式变频调速		同步电机,异步电机(一般为笼式交流电动机)
	自控式变频调速(无换向器电动机)		同步电机
调极对数	变极调节		变极电动机
调转差率	异步机双馈转差调节	串级调速	线绕式异步电机
		交流整流子电动机调速	交流整流子电动机
	能耗转差调节	电磁转差离合器调速	滑差电机(电磁调速异步电动机)
		转子电阻调节	线绕式异步电机
		定子电压调压调速	异步电机(一般为线绕式,小容量可用笼式)

常用变频调速方法有交-交、交-直-交变频调压等。常用的控制模式有 U/f 控制模式、矢量控制模式和直接转矩控制模式等。

(2) 液压传动和控制

在需要大功率、高精度控制的场合，通常采用流体传动控制系统。流体传动控制系统包括液压传动系统和电液控制系统。

液压传动系统是以液体为工作介质，通过动力元件（例如液压泵）将原动机的机械能转换为液体的压力能，并经管道和控制元件，借助执行元件（例如液压缸或液压马达）使液压能转化为机械能，驱动负载完成直线或回转角度的运动。

基本的液压传动系统由方向控制回路、压力控制回路和流量控制回路等组成。方向控制回路可采用换向阀、单向阀等；压力控制回路可采用压力继电器、减压阀、顺序阀等；流量控制回路可采用节流阀、调速阀等。此外，还需要一些辅助控制回路。

电液控制系统是将电信号放大和转换为液压功率输出的控制系统。通常，电液伺服控制系统包括位置伺服控制、速度伺服控制系统和力伺服控制系统等。

电液比例阀是简单的电液控制元件，它介于一般阀与电液伺服阀之间，能够根据电信号对系统的流量、压力和液流方向进行连续的远程控制。按控制的参数不同，可分为比例压力阀、比例调速阀、换向阀和复合阀等。

3.4　控制器的控制算法

常规模拟仪表用硬件实现模拟 PID 控制算法，计算机控制装置用软件实现数字 PID 控制算法。在计算机控制已经广泛应用的现在，过程控制领域中 PID 控制仍是主要控制算法（约占 85%～90%）。

3.4.1　模拟 PID 控制算法

(1) 比例控制算法

① 比例控制算法。比例（P）控制输出与输入的偏差成比例，其位置式为

$$u(t)=K_c e(t)+u_0=K_c[r(t)-y(t)]+u_0$$

增量式为

$$\Delta u(t)=K_c e(t)$$

其中，$e(t)$ 既是增量，又是实际值。比例控制器传递函数是

$$G_c(s)=\frac{U(s)}{E(s)}=K_c \tag{3-17}$$

式中，u_0是控制作用初始稳态值；K_c是比例放大系数；$u(t)$ 是 t 时刻控制输出；$e(t)$ 是 t 时刻控制器的输入，即偏差；$r(t)$ 和 $y(t)$ 分别是 t 时刻控制器的设定值和测量值。

② 使用比例控制作用时的注意事项。

● 线性特性。受物理限制，实际比例控制器输出仅在一定范围内与偏差之间呈比例关系。如图 3-18 所示，K_c越大，保持线性的范围越小。超出该范围，控制输出呈饱和特性，保持在最小或最大值。即从局部范围看，比例控制作用表示控制输出与输入间是线性，从整体范围看，两者之间是非线性。

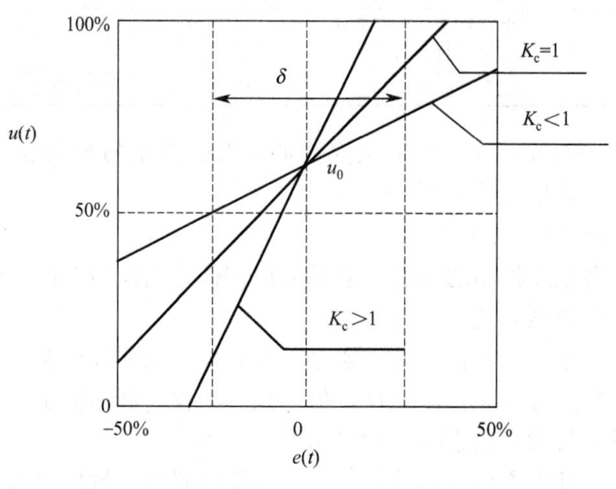

图 3-18　比例控制的范围

● 比例度和增益的关系。比例度 δ 表示控制输出与偏差成线性关系的 P 控制器输入范围。定义为

$$\delta=\frac{\dfrac{e}{|e_{\max}-e_{\min}|}}{\dfrac{\Delta u}{|u_{\max}-u_{\min}|}}\times 100\% \tag{3-18}$$

当 u 和 e 都用无量纲形式，如采用计算机控制装置时，比例度可表示为

$$\delta=\frac{e}{u}\times 100\%=\frac{1}{K_c}\times 100\% \tag{3-19}$$

即采用无量纲形式表示时，比例度等于增益的倒数。比例度 δ 也是 Δu 和 e 成比例的偏差范围，因此，称为比例带。

【例 3-3】 某温度控制系统，温度变送器量程 100～200℃。经调整发现，当温度变化 4℃，控制阀从 50%到 70%变化，则比例带为$\frac{4℃}{200℃-100℃}/(70\%-50\%)=20\%$。

● 分类。控制器分正作用和反作用控制器。因 $u(t)=K_c[r(t)-y(t)]+u_0$，当控制器测量 y 增加时，控制器输出 u 增加，称该控制器为正作用控制器，因此，K_c为负。反之，当控制器测量 y 增加时，控制器输出 u 减少，称该控制器为反作用控制器，K_c为正。选择

控制器正反作用的目的是保证控制系统成为负反馈。

确定控制器正反作用的步骤如下。

➢ 根据功能安全准则，从工艺安全性要求确定控制阀的气开和气关型式，气开阀增益为正，气关阀增益为负。

➢ 根据过程的输入和输出关系，确定过程增益的符号。

➢ 根据检测变送环节的输入输出关系，确定检测变送环节增益的符号。

➢ 根据负反馈准则，为保证开环总增益为正，确定控制器正反作用。

● 余差。对具有自衡的被控过程，比例控制有余差。余差的大小与比例增益 K_c及负荷的变化量有关。在同样负荷变化扰动下，比例增益越大，余差越小；在相同比例增益下，负荷变化量越大，余差越大。

③ 比例增益对控制系统的影响。比例增益 K_c与过程增益都处于控制回路的前向通道，它们对控制系统的影响相同。可与过程增益的影响类似地进行分析。

当被控对象是自衡非振荡过程时，比例增益 K_c变化对随动控制系统和定值控制系统输出响应的影响见图 3-19。

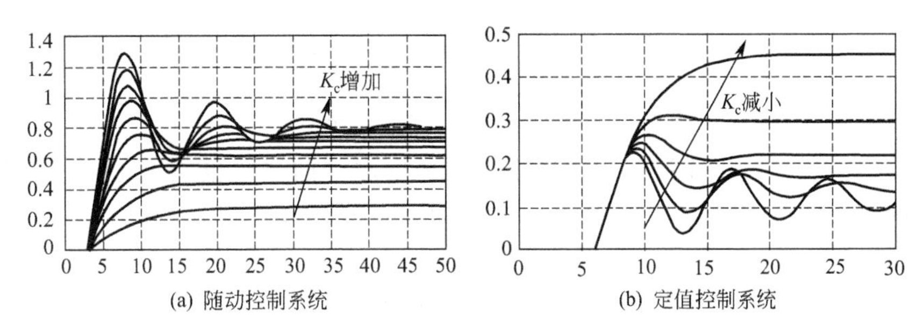

图 3-19 比例增益变化对控制系统响应的影响

比例增益 K_c对系统稳定性的影响可从系统的根轨迹或频率特性曲线分析。一般情况下，比例增益 K_c越大，控制系统越不稳定。但应根据不同被控对象和扰动通道情况进行具体分析。例如，系统的开环零点将影响根轨迹的移动方向，因此，有些恒定出料量的液位控制系统在比例增益增加时控制系统反而变得更稳定。当被控对象具有不稳定极点时，例如，一些放热反应器的温度控制系统等，它们是条件稳定系统，比例增益在某一范围内变化才能使系统稳定。

【例 3-4】 如图 3-3 所示的简单控制系统。广义被控对象和扰动通道的传递函数分别表示为：

$$G_o(s)=\frac{K_p}{(T_1s+1)(T_2s+1)};G_f(s)=\frac{K_p}{(T_1s+1)(T_2S+1)}$$

选用比例控制作用，$G_c(s)=K_c$。

对随动控制系统，给定阶跃输入幅度为 r。有：

$$\frac{Y(s)}{R(s)}=\frac{\frac{K_cK_p}{T_1T_2}}{s^2+\frac{T_1+T_2}{T_1T_2}s+\frac{K_cK_p+1}{T_1T_2}};\ \omega_0=\sqrt{\frac{K_cK_p+1}{T_1T_2}};\ \xi=\frac{T_1+T_2}{T_1T_2}\frac{1}{2\omega_0}=\frac{T_1+T_2}{2\sqrt{T_1T_2}\sqrt{K_cK_p+1}}$$

$$k=\frac{K_cK_p}{1+K_cK_p};\ e\ (\infty)\ =r\ \frac{1}{1+K_cK_p}$$

对定值控制系统，扰动阶跃输入幅度为 d，有：$\dfrac{Y(s)}{F(s)}=\dfrac{\dfrac{K_p}{T_1T_2}}{s^2+\dfrac{T_1+T_2}{T_1T_2}s+\dfrac{K_cK_p+1}{T_1T_2}}$

$$\omega_0=\sqrt{\frac{K_cK_p+1}{T_1T_2}};\xi=\frac{T_1+T_2}{T_1T_2}\frac{1}{2\omega_0}=\frac{T_1+T_2}{2\sqrt{T_1T_2}\sqrt{K_cK_p+1}};k=\frac{K_p}{1+K_cK_p};e(\infty)=d\frac{K_p}{1+K_cK_p}$$

示例说明，控制器的 K_c 增加，ω_0 增加，ξ 减小，稳定性变差，工作频率增加使动态响应变快，而余差随 K_c 增加而减小。

(2) 比例积分控制算法

① 比例积分控制算法。位置式为

$$u(t)=K_ce(t)+\frac{K_c}{T_i}\int_0^t e(\tau)d\tau+u_0$$

增量式为

$$\Delta u(t)=K_ce(t)+\frac{K_c}{T_i}\int_0^t e(\tau)d\tau$$

其中，$e(t)$ 既是增量，又是实际值，因此，PI 控制器传递函数是

$$G_c(s)=\frac{U(s)}{E(s)}=K_c\left(1+\frac{1}{T_is}\right) \tag{3-20}$$

式中，T_i 是积分时间。I 控制作用输出与偏差随时间的累积量成正比。只要存在偏差，I 控制作用输出就会不断累积，使偏差减小到等于零，或者使控制器输出达到输出上限或下限。I 控制作用用于消除余差。

比例积分（PI）控制算法的输出是比例控制输出和积分控制输出之和。

图 3-20 是在阶跃输入作用下，PI 控制器的输出曲线。在偏差阶跃输入的作用下，P 控制输出是 $u_P=K_cE$，I 控制输出是 $u_I=\dfrac{K_cE}{T_i}\int_0^t d\tau$，当 $t=T_i$ 时，$u_I=K_cE=u_P$，因此，$u_I=u_P$ 所需的时间是积分时间 T_i，也称为重定时间或再调时间。积分时间 T_i 越小，PI 控制输出曲线的斜率越大，控制作用越强。一般 T_i 可在几秒到几十分钟范围内调整。

② PI 控制作用的分析。

- PI 控制作用是 P 控制作用和 I 控制作用之和。当偏差一出现，就立即有 P 控制输出 u_P，用于克服扰动；然后，I 控制作用 u_I 逐渐增加，用于消除余差。因此，P 控制起粗调作用，I 控制起细调作用，它的调节作用（积分输出）一直要到余差消除，偏差为零时才停止。
- PI 控制作用是比例增益随偏差的时间进程而不断调整的 P 作用。如图 3-21，偏差阶跃输入后，当 $t=T_i$ 时，控制器输出 $u(t)=2K_cE$，当 $t=2T_i$ 时，控制器输出 $u(t)=3K_cE$，因此，PI 控制作用的输出可表示为

$$u(t)=K_ce(t)+\frac{K_c}{T_i}\int_0^t e(\tau)d\tau+u_0=K'_ce(t)+u_0 \tag{3-21}$$

即 PI 控制作用是比例增益随偏差的时间进程而不断调整的 P 作用。比例增益越大，余差越小。因此，随时间的进程，PI 控制的余差越来越小，直到余差为零。但由于比例增益越来越大，系统的稳定性也变差。

- PI 控制作用是初始稳态值不断移动的 P 作用。P 控制作用的初始稳态值 u_0 不变，PI 控制作用的初始稳态值是 $u'_0=u_0+\dfrac{K_c}{T_i}\int_0^t e(\tau)d\tau$，它随时间而变化，即在 $e=0$ 时，

控制器输出可以有不同的初始稳态值，以适应负荷变化的需要，从而使系统在负荷变化后能无余差。这说明 PI 初始稳态值可达到最大或最小值，即 PI 控制作用具有积分饱和现象。

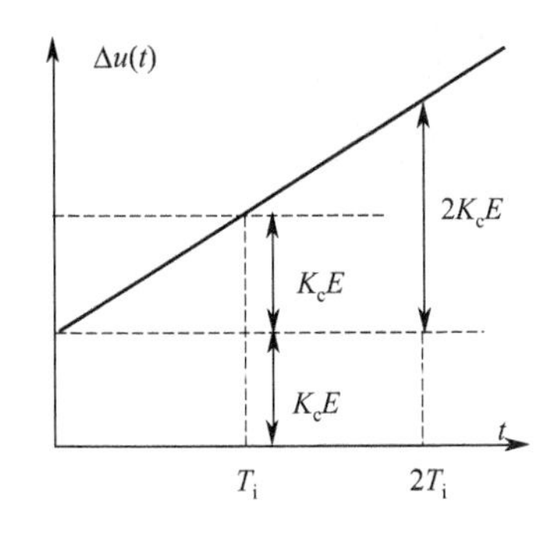

图 3-20 PI 作用的阶跃响应

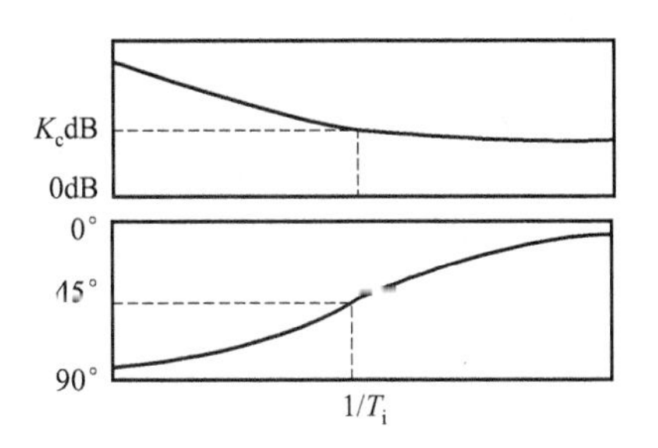

图 3-21 PI 控制作用的频率特性

- PI 控制作用是及时的 P 作用和滞后的 I 作用的组合。图 3-21 是 PI 控制作用的频率特性。可见，频率越高，PI 的相位滞后越小，频率越低，相位滞后越大。从频率特性可知，P 作用与偏差同步变化，能及时克服扰动影响，I 作用在相位上与偏差信号相差 90°，因此，I 作用总是滞后偏差变化，尤其在偏差已经反向时，I 作用仍未反向，从而造成调节不及时。
- 从传递函数看，PI 控制作用是积分环节和超前环节的组合。由于它的静态增益无穷大，因此，可消除余差。同时，积分作用引入相位滞后，使系统动态性能变差。

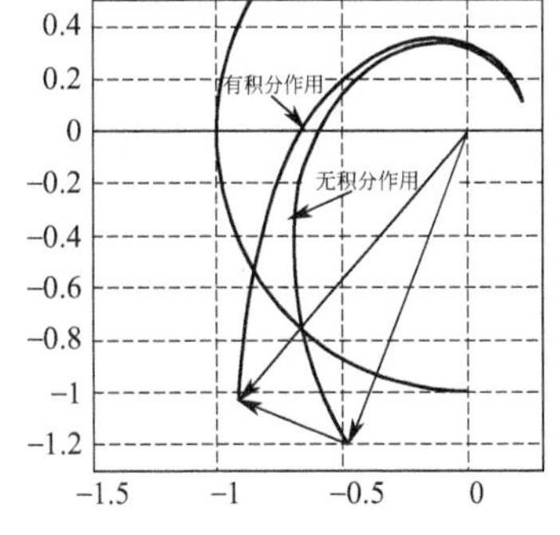

图 3-22 PI 开环系统频率响应曲线

③ PI 控制作用对系统过渡过程的影响。可从频率响应曲线分析。图 3-22 是控制系统引入 I 作用后的频率响应曲线与只有 P 作用的频率响应曲线。对于同一对象，引入 I 作用后，引入了与 P 作用矢量相位差为 $-\pi/2$ 的 I 矢量，从而使系统开环特性 $G_c(s)G_o(s)$ 的相位滞后增加，造成系统幅值稳定裕度下降，同时，相位稳定裕度也下降，组成的闭环控制系统振荡加剧，甚至出现不稳定现象。

在同样的比例增益 K_c 下，T_i 的变化对闭环系统输出响应的影响见图 3-23 和图 3-24。在相同衰减比下，T_i 的变化对闭环控制系统输出的影响见图 3-25 和图 3-26。

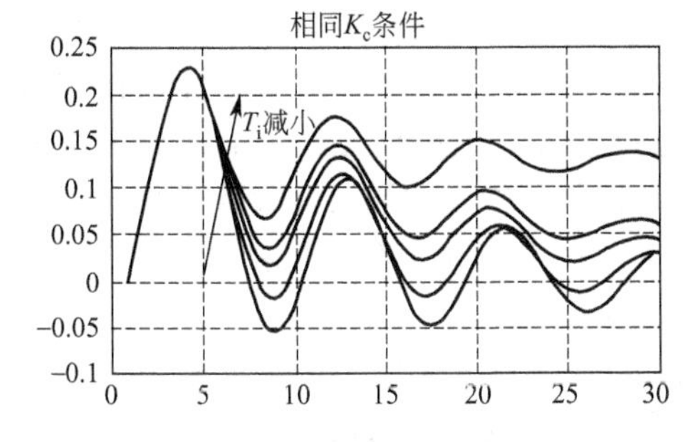

图 3-23 T_i 对定值控制系统过渡过程的影响

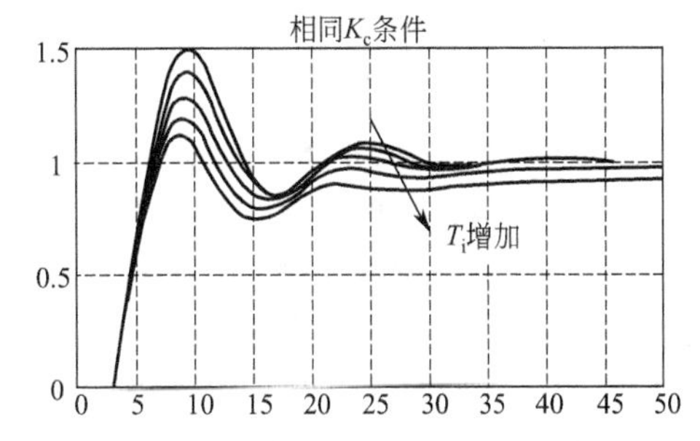

图 3-24 T_i 对随动控制系统过渡过程的影响

从图示曲线，可得到下列结论。

- K_c 不变时，减小 T_i，I 控制作用增强，衰减比减小，振荡加剧，随动控制系统闭环响应超调量增大。

● 衰减比不变时，减小 T_i，为使衰减比不变，必须减小 K_c，使定值控制系统最大偏差反而增大。

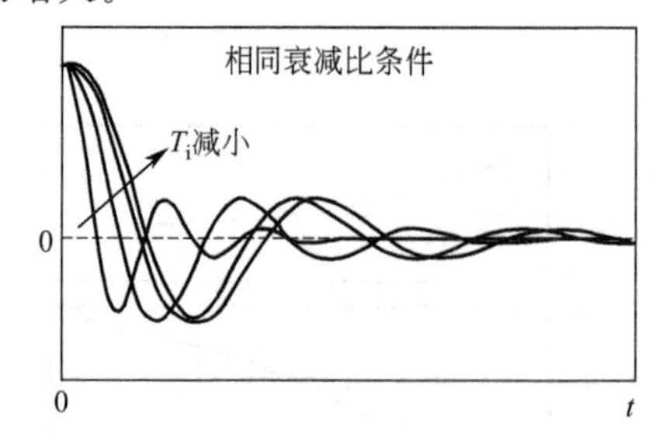

图 3-25 T_i 对定值控制系统过渡过程的影响

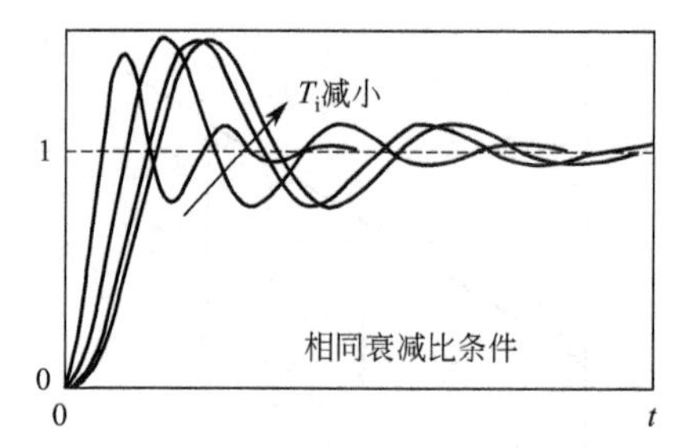

图 3-26 T_i 对随动控制系统过渡过程的影响

● PI 控制器中，保持 K_c不变而减小 T_i，或保持 T_i不变而增大 K_c，都会增强 I 控制作用，使衰减比减小，振荡加剧，超调量或最大偏差增大。

● I 控制作用除用于消除闭环系统余差的优点外，其缺点是引入积分，使闭环系统阶数增大，它也引入相位滞后，降低闭环控制系统振荡频率，使闭环控制系统动态响应变慢。

【例 3-5】 如图 3-3 所示的简单控制系统。广义被控对象和扰动通道的传递函数分别表示为

$$G_o(s)=G_f(s)=\frac{K_p}{Ts+1}$$

选用比例积分控制作用，$G_c(s)=\frac{K_i}{s}$。

对随动控制系统，有 $\frac{Y(s)}{R(s)}=\frac{K_iK_p}{Ts^2+s+K_iK_p}$

$$\omega_0=\sqrt{\frac{K_iK_p}{T}};\xi=\frac{1}{2\sqrt{K_iK_pT}};k=1;e(\infty)=0$$

对定值控制系统，有 $\frac{Y(s)}{F(s)}=\frac{K_ps}{Ts^2+s+K_iK_p};\omega_0=\sqrt{\frac{K_iK_p}{T}};\xi=\frac{1}{2\sqrt{K_iK_pT}}$

示例说明，控制器的 K_c增加，ω_0增加，ξ 减小，稳定性变差，工作频率增加使动态响应变快，而余差为零。

④ 积分饱和及其防止。当控制系统偏差长期存在（外因），控制器有积分控制作用（内因），则控制器输出会不断增加或减小，直到输出超过仪表范围最大或最小值。如果偏差反向，控制器输出就不能及时反向，要在一定延时后，控制器输出才能从最大或最小极限值回复到仪表范围最大或最小值。在这段时间内，控制器不能发挥调节作用，造成调节不及时。这种由于积分过量造成控制不及时的现象称为积分饱和。

【例 3-6】 图 3-27 是压力安全放空的控制系统图。考虑气源中断时能保证安全，选用气关阀，因此，为保证负反馈，控制器选用反作用。假设选用气动控制器。

正常工况下，罐内压力 p 总是小于设定的安全值 SP，因此，偏差一直存在，控制器输出一直上升，并超过仪表范围的最大值 0.1MPa，直达气源压力 0.14～0.16MPa，如图 3-27（b）中控制器输出 u 的曲线初始段所示。

如果在 t_1 时刻，罐内压力开始等速上升，在达到设定 SP 以前，由于偏差为正，如果积分控制作用强于比例控制作用，控制器输出不会下降。在 t_2 时刻，压力达到设定，偏差反向，积分和比例控制作用都使控制器输出减小，但一直到输出气压降到 0.1MPa 以下，控制阀才开始打开，即在 $t_2 \sim t_3$ 时间段内，控制器未能起到它应执行的控制作用。在 t_3 时刻后，控制阀才打开，使初始偏差加大，使以后的调节过程中的动态偏差加大，安全阀不能及时打开，甚至会引起危险。如果考虑气源中断时不要出现大量放空，选用气开阀，控制器改用正作用，情况亦不能改善。这时，控制器输出不是仅降到 0.02MPa，而会降到接近大气压，因此积分饱和现象依然存在。

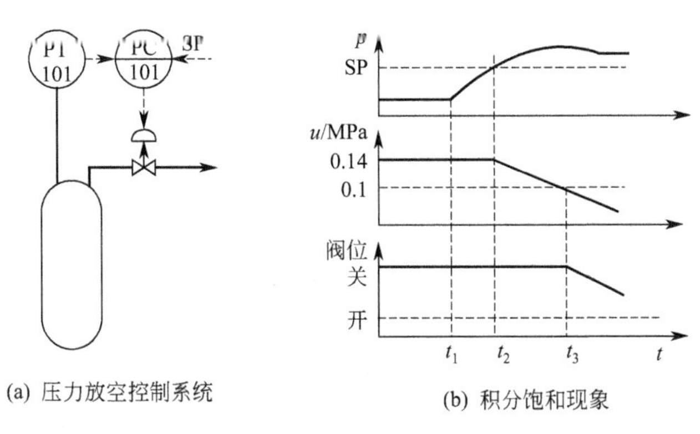

图 3-27 压力放空系统的积分饱和

根据产生积分饱和的原因，防止积分饱和的措施如下。

- 限制比例积分控制器的输出。当控制器输出 $u > u_b$（阈值）时，将 u 限制，使其等于 u_{max}。其缺点是正常操作时可能不能消除余差。
- 积分分离法。当偏差 $e > e_b$（阈值）时，改为纯比例控制作用，即 PI-P 控制。在小偏差时，加入积分控制作用，用于消除余差。在模拟控制器中常采用该方法。其工作原理如下：

将 PI 控制器传递函数

$$U(s)=K_c\left(1+\frac{1}{T_i s}\right)E(s)=\frac{T_i s+1}{T_i s}K_c E(s)$$

改写为

$$K_c E(s)=U(s)\frac{T_i s}{T_i s+1}=U(s)-\frac{1}{T_i s+1}U(s) \tag{3-22}$$

或

$$U(s)=K_c E(s)+\frac{1}{T_i s+1}U_B(s)$$

当 $U_B(s)=U(s)$ 时，上式是 PI 控制算式，当 $U_B(s)=0$ 时，控制器输出 u 与偏差 e 成比例关系。这时，由于积分控制作用不存在，就不会出现积分饱和现象，这种防止积分饱和的方法也称为积分外反馈。即积分信号来自外部信号，例如，在选择性控制系统中选择器的输出，串级控制系统中副回路的测量值等。计算机控制装置中也常采用积分外反馈方法来防止积分饱和。

- 遇限削弱积分法。当控制器输出 $u > u_b$（阈值）时，只累加负偏差，反之，当控制器输出 $u < u_b$（阈值）时，只累加正偏差。该方法可避免长期停留在饱和区，从而避免出现积

分饱和现象。

（3）比例微分控制算法

① 比例微分控制算法。理想比例微分（PD）控制算法的位置式为

$$u(t)=K_{c}e(t)+K_{c}T_{d}\frac{\mathrm{d}e(t)}{\mathrm{d}t}+u_{0}$$

增量式为

$$\Delta u(t)=K_{c}e(t)+K_{c}T_{d}\frac{\mathrm{d}e(t)}{\mathrm{d}t}$$

理想 PD 控制器传递函数为

$$G_{c}(s)=\frac{U(s)}{E(s)}=K_{c}(1+T_{d}s) \tag{3-23}$$

由于不能物理实现纯 D 控制作用，因此，实用的模拟 PD 控制器传递函数为

$$G_{c}(s)=\frac{U(s)}{E(s)}=K_{c}\left(1+\frac{T_{d}s+1}{\frac{T_{d}}{K_{d}}s+1}\right) \tag{3-24}$$

图 3-28 是实际 PD 控制器在阶跃输入和斜坡输入信号作用下的输出响应曲线。可见，微分时间 T_{d}是斜坡信号输入下，达到同样输出值 u，PD 控制作用比纯 P 作用提前的时间。也称为超前时间或预调时间。

实际 PD 控制作用增加一阶惯性环节$\frac{1}{\frac{T_{d}}{K_{d}}s+1}$。其中，$K_{d}$称为微分增益。

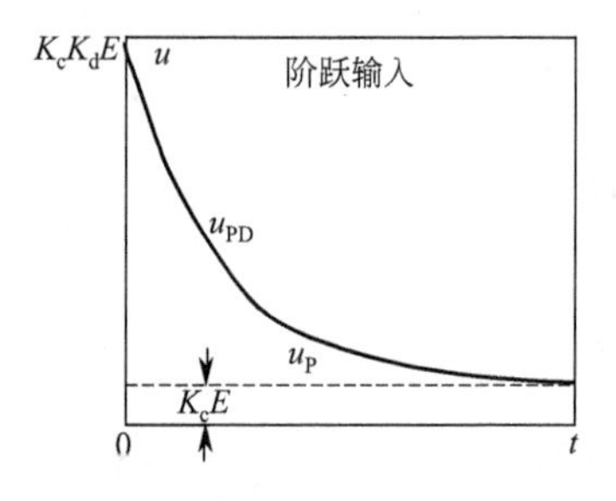

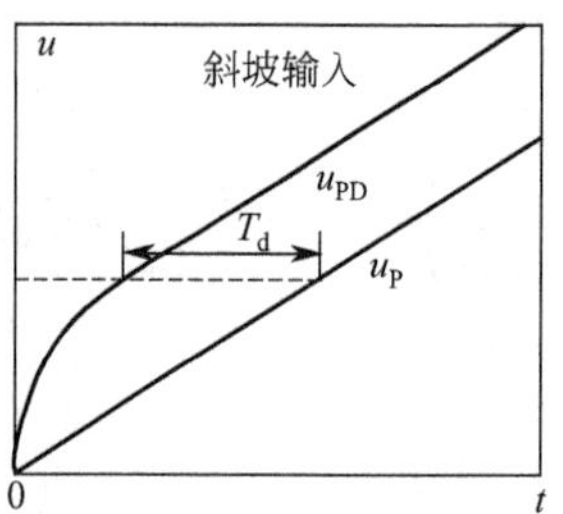

图 3-28　在阶跃输入和斜坡输入信号下实际 PD 控制器的输出

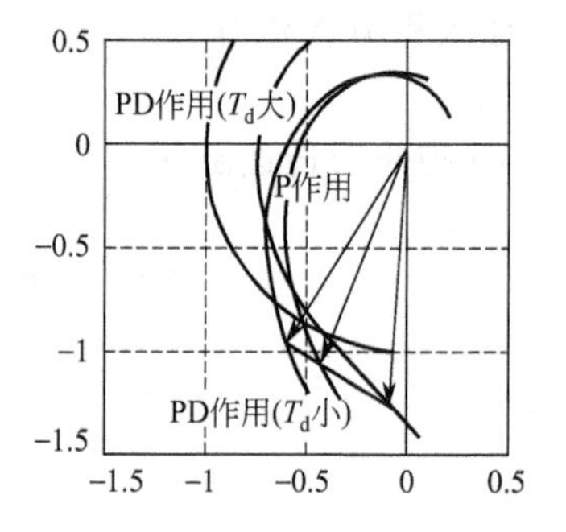

图 3-29　引入 PD 后的开环频率特性曲线

② 用微分控制作用的注意事项。

- 引入 D 控制作用要合适。图 3-29 是引入 D 控制作用后，整个系统开环频率特性曲线的变化。引入 D 控制作用，使 P 控制作用的开环频率矢量添加了一个相位超前 90°的 D 控制作用矢量，当 D 控制作用合适时，它的引入使整个系统开环频率特性改善，即幅值稳定裕度和相位稳定裕度都减小，从而可进一步增大比例增益 K_{c}，减小系统动态偏差，缩短回复时间。但当 D 控制作用过强时，会使系统稳定性变差。
- 对于时滞，D 控制作用不能改善控制品质。时滞的频率特性曲线是圆，引入 D 控制作用后的频率特性仍是圆，而半径更大，因此，通过引入 D 控制作用不能改善时滞系统控制品质。

- 根据微分增益 K_d 的大小，微分作用分为正微分（$K_d>1$）和反微分（$K_d<1$）。高频噪声大的被控对象，例如，流量被控对象，宜采用反微分，它对测量信号进行滤波。
- D 控制作用强弱用阶跃输入信号作用下输出响应曲线的面积衡量。微分时间表征在输出初始跳变后，微分作用的维持时间。从响应曲线看，微分时间表示从最大值 K_dK_cE 下降到 $0.632(K_d-1)K_cE$ 所需时间。微分时间越大，下降越慢，面积越大，微分作用越强。$T_d=0$ 或 $K_d=1$ 表示没有微分作用。
- 引入微分的目的是改善高阶系统的控制品质。从时间特性看，微分作用按偏差的变化率控制，控制及时，时间的超前有利于控制；从传递函数看，引入微分，相当于添加开环零点，如能与对象的极点发生对消，可使系统降阶；从频率特性看，引入微分使整个开环频率特性的幅值比增大，随频率增大，系统频率特性幅值下降时，引入微分可改善系统的稳定性。而相位的超前也利于提高系统稳定性。因此，在相同稳定性需要下引入微分，可提高比例增益，减小最大偏差或超调量，缩短过渡过程的回复时间，改善系统控制品质。
- PD 控制作用对定值控制系统的影响，从图 3-30 可见，T_d 越大，微分作用越强，控制系统的最大偏差越小，振荡周期和回复时间越短。

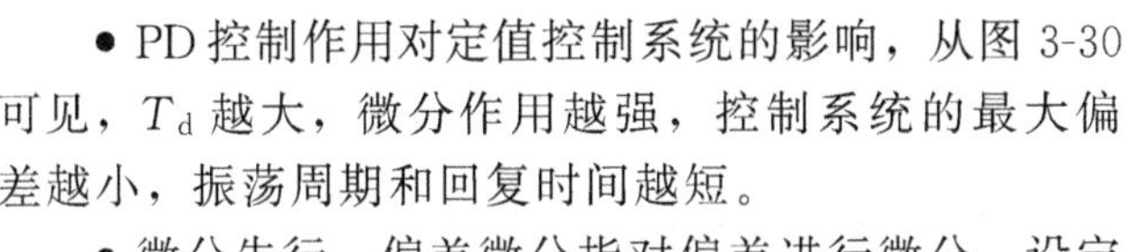

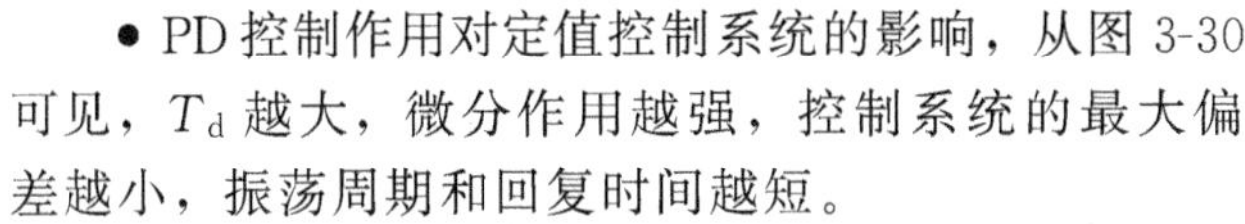

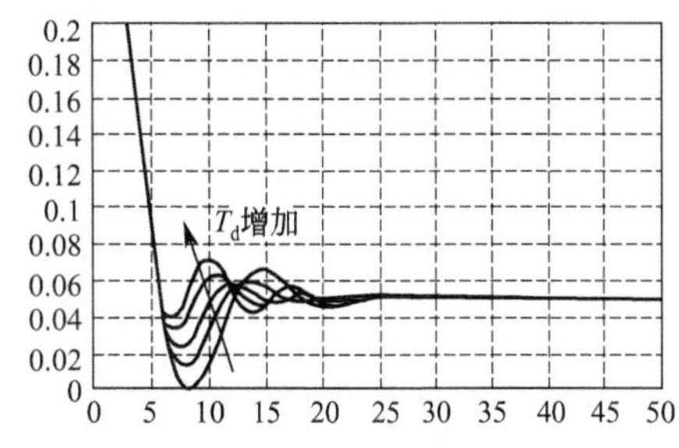

图 3-30 PD 作用对定值控制系统的影响

- 微分先行。偏差微分指对偏差进行微分，设定突变时，偏差微分会随设定值变化而变化，造成控制器输出变化，引起执行器全开或全关，不利于调节过程。微分先行，或称为测量微分。它只对测量信号进行微分，即微分环节放在比较环节前。

（4）比例积分微分控制算法

① 比例积分微分控制算法

理想比例积分微分（PID）控制算法为

$$u(t)=K_c\left[e(t)+\frac{1}{T_i}\int_0^t e(t)\mathrm{d}t+T_d\frac{\mathrm{d}e(t)}{\mathrm{d}t}\right]+u_0$$

理想 PID 控制器传递函数为

$$G_c(s)=\frac{U(s)}{E(s)}=K_c\left(1+\frac{1}{T_is}+T_ds\right)$$

实际 PID 控制器传递函数为

$$G_c(s)=\frac{U(s)}{E(s)}=K_c\left(1+\frac{1}{T_is}+\frac{T_ds+1}{\frac{T_d}{K_d}s+1}\right) \tag{3-25}$$

另一种实际的串行 PID 控制器传递函数为

$$G_c(s)=\frac{U(s)}{E(s)}=K_c\left(1+\frac{1}{T_is}\right)\left(\frac{T_ds+1}{\frac{T_d}{K_d}s+1}\right) \tag{3-26}$$

图 3-31 是阶跃输入作用下，实际 PID 控制器的输出响应曲线。阶跃作用下 PID 控制器输出先跳变到最大值 K_cK_dE，这是 PD 控制作用，然后，逐渐下降，再开始上升，这是 PD 控制和 I 控制的共同作用，最后由于积分作用，输出积分上升。图中显示了 P、PD 和 PID 三种控制作用的响应。可以看到，比例作用是最基本控制作用，在整个控制过程中都起作用，微分作用主要在控制前期起作用，积分作用主要在控制后期起作用。

② PID 控制作用对过渡过程的影响。PID 控制作用对过渡过程的影响与 PI 控制作用的影响类似。

图 3-32 显示 PID 控制器中不同 K_c 值对过渡过程的影响。由于有积分控制作用，控制系统无余差，添加微分作用可使系统响应变快，回复时间缩短。但应注意，过量的微分作用会使控制系统的振荡加剧，稳定性变差。表 3-14 是控制器参数变化对定值控制系统控制品质的影响。

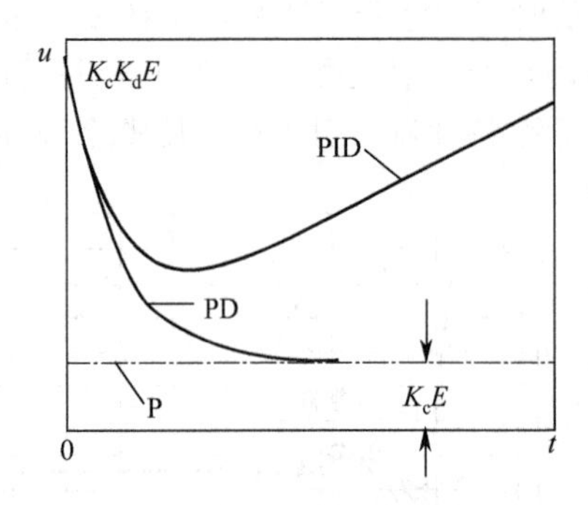

图 3-31　实际 PID 阶跃响应

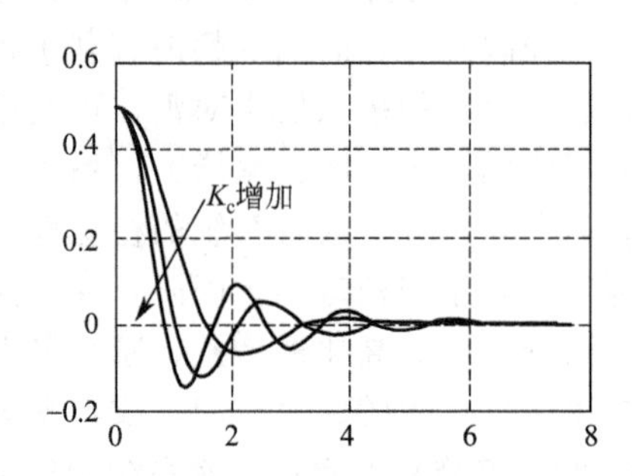

图 3-32　PID 控制作用对过渡过程的影响

表 3-14　控制器参数变化对定值控制系统控制品质的影响

控制器参数	衰减比 n	余差 $e(\infty)$	最大偏差 A	振荡周期 T	系统稳定性
比例增益 K_c 增加(↑)	减小(↓)	减小(↓)	减小(↓)	缩短	下降
积分时间 T_i 增加(↑)	增加(↑)	0	增大(↑)	延长	增强
微分时间 T_d 增加(↑)	增加(↑)	不变	减小(↓)	缩短	增强(有限)

3.4.2　数字 PID 控制算法

工业生产过程中计算机控制已经成为现代过程控制的主要控制装置。计算机作为控制装置进行直接数字控制时，数据的处理在时间上是离散的，为此需采用数字控制算法。数字控制算法也称为离散控制算法。离散控制的特点是采样控制，设采样周期 T_s，则每经过一个采样周期进行一次数据采样、控制运算和数据输出，计算机控制系统框图如图 3-33 所示。在采样间隔内通过保持器使控制器输出予以保持。

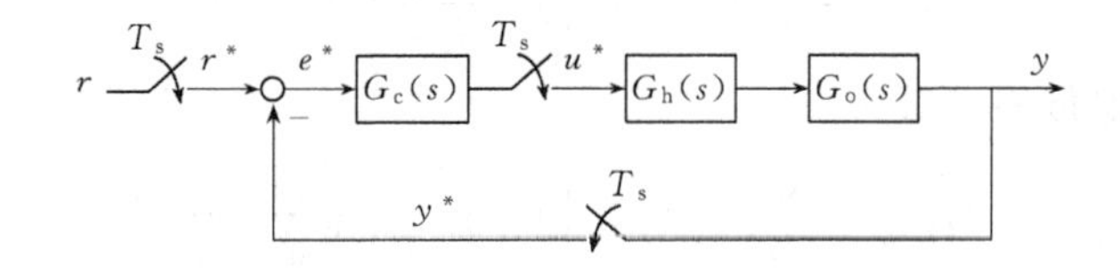

图 3-33　计算机控制系统框图

(1) 模拟 PID 控制算法的离散化

模拟 PID 控制算法采用下列转换公式近似得到离散控制算法

$$\int_0^t e(t)\mathrm{d}t = T_s\sum_{i=0}^{k} e(i)\text{；}\quad \frac{\mathrm{d}e(t)}{\mathrm{d}t} = \frac{e(k)-e(k-1)}{T_s} \tag{3-27}$$

根据模拟 PID 控制算法 $u(t)=K_c\left[e(t)+\frac{1}{T_i}\int_0^t e(t)\mathrm{d}t + T_d\frac{\mathrm{d}e(t)}{\mathrm{d}t}\right]+u_0$，数字 PID 控制算法有三种。

① 位置算法。直接利用式(3-28)，得到控制器的位置算法输出 $u(k)$。

$$u(k)=K_{c}\left[e(k)+\frac{T_{s}}{T_{i}}\sum_{i=0}^{k}e(i)+T_{d}\frac{e(k)-e(k-1)}{T_{s}}\right]+u_{(0)}$$

$$=K_{c}e(k)+K_{i}\sum_{i=0}^{k}e(i)+K_{d}[e(k)-e(k-1)]+u_{(0)} \tag{3-28}$$

式中，$K_{i}=K_{c}\frac{T_{s}}{T_{i}}$；$K_{d}=\frac{K_{c}T_{d}}{T_{s}}$。

② 增量算法。增量算法输出 $\Delta u(k)=u(k)-u(k-1)$

$$\Delta u(k)=K_{c}[e(k)-e(k-1)]+K_{i}e(k)+K_{d}[e(k)-2e(k-1)+e(k-2)]$$

$$=K_{c}\Delta e(k)+K_{i}e(k)+K_{d}[e(k)-2e(k-1)+e(k-2)] \tag{3-29}$$

③ 速度算法。速度算法输出是增量算法输出与采样周期之比。即 $v(k)=\frac{\Delta u(k)}{T_{s}}$

$$v(k)=\frac{K_{c}}{T_{s}}\Delta e(k)+\frac{K_{c}}{T_{i}}e(k)+\frac{K_{c}T_{d}}{T_{s}^{2}}[e(k)-2e(k-1)+e(k-2)] \tag{3-30}$$

式中，$\Delta e(k)=e(k)-e(k-1)$。

三种算法的选择与所使用执行器的型式和应用的方便性有关。

从执行器型式看，除非用数字式控制阀，否则位置算法的输出不能直接联接，一般须经数模（D/A）转换为模拟量，并经保持电路，使输出信号保持到下一采样周期输出信号到来时为止；增量算法的输出可通过步进电机等具有零阶保持特性的累积机构，化为模拟量；速度算法的输出须采用积分式执行机构。

从应用利弊看，采用增量算法和速度算法时，手自动切换都相当方便，它们可从手动时的 $u(k-1)$ 出发，直接计算出在投入自动运行时应采取的增量 $\Delta u(k)$ 或变化速度 $v(k)$，同时，这两类算法不会引起积分饱和现象，因为它们求出的是增量或速度，即使偏差长期存在，Δu 一次次输出，但 u 值是限幅的，不能超越规定上限或下限，执行器也达到极限位置；一旦 $e(k)$ 换向，$\Delta u(k)$ 也可立即换向，输出立即脱出上下限。对于位置算法，需加一些必要措施，手自动切换和防止积分饱和问题也可解决。三种数字算法中，增量算法应用最广泛，当采用积分式执行机构时才采用速度算法。数字式 PID 增量控制算法的程序框图如图 3-34 所示。

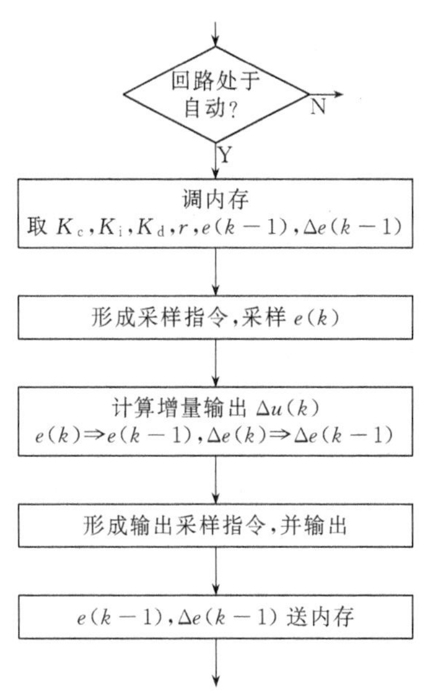

图 3-34 数字式 PID 增量控制算法程序

（2）数字 PID 控制算法的改进

① 数字 PID 控制算法特点。与模拟 PID 控制算法比较，数字 PID 控制算法具有下列特点。

• P、I、D 三种控制作用独立，没有控制器参数之间的关联。在模拟控制器中，采用 PI 和 PD 串联，即

$$G_{c}(s)=\frac{U(s)}{E(s)}=K_{c}\left(1+\frac{1}{T_{i}s}\right)(T_{d}s+1)=K_{c}'\left(1+\frac{1}{T_{i}'s}+T_{d}'s\right)$$

式中，$K_{c}'=K_{c}F$；$T_{i}'=T_{i}F$；$T_{d}'=T_{d}/F$；$F=1+T_{d}/T_{i}$。

因此，干扰系数 F 随 T_{d}/T_{i} 的增加而增加。数字控制器直接采用数字，不存在控制器

参数之间的相互影响。

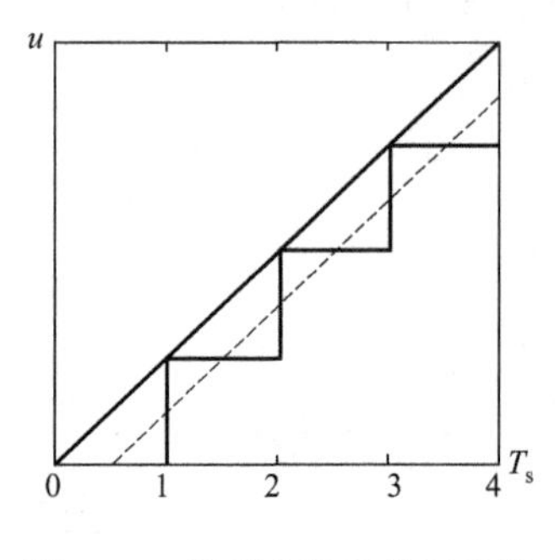

图 3-35　模拟和数字控制比较

● 由于不受硬件制约，数字控制器参数可以在更大范围内设置，例如，模拟控制器积分时间最大为 1200s，而数字控制器不受此限制。

● 数字控制器采用采样控制，引入采样周期 T_s，相当于引入纯时滞为 $T_s/2$ 的滞后环节，使控制品质变差。图 3-35 是模拟与数字控制的比较，可以看到，数字控制的输出（虚线所示）滞后连续曲线 $T_s/2$。因此，数字控制器控制效果不如模拟控制器，用控制度表示模拟控制与数字控制控制品质的差异程度。控制度定义为：

$$控制度=\frac{\left[\min\int_0^{\infty} e^2 \mathrm{d}t\right]_{\mathrm{DDC}}}{\left[\min\int_0^{\infty} e^2 \mathrm{d}t\right]_{\mathrm{ANA}}}=\frac{\min(\mathrm{ISE})_{\mathrm{DDC}}}{\min(\mathrm{ISE})_{\mathrm{ANA}}} \tag{3-31}$$

下标 DDC 表示直接数字控制，ANA 表示模拟连续控制，min(ISE) 表示最小平方偏差积分鉴定指标。控制度总是大于 1。采样周期 T_s 越小，控制度也越小。因此，在数字控制系统中应减小采样周期。

控制度与 T_s/τ 有关，T_s/τ 越大，控制度越大，表示数字控制系统的控制品质越差；控制度与被控过程的 τ/T 有关，τ/T 越大，控制度越大，减小 T_s/τ，可使控制度减小。

● 采样周期的大小影响数字控制系统的控制品质。根据香农采样定理，为使采样信号能够不失真复现，采样频率应不小于信号中最高频率的两倍。即采样周期应小于工作周期的一半，这是采样周期的选择上限。此外，为解决圆整误差问题，采样周期也不能太小，它们决定了采样周期的下限。

实际应用中，采样周期的选择原则是使控制度不高于 1.2，最大不超过 1.5。经验选择方法是根据系统的工作周期 T_p，选择采样周期 $T_s=(1/6\sim1/15)T_p$，通常取 $T_s=0.1T_p$。

表 3-15 是根据被控变量的类型选择采样周期 T_s 的经验数据。

表 3-15　根据被控变量的类型选择采样周期

被控变量类型	流量	压力	液位	温度	成分
采样周期范围/s	1～5	3～10	5～8	10～30	15～30
常用采样周期/s	1	5	5	20	20

② 数字 PID 控制算法的改进。为改善数字控制系统的控制品质，对数字控制算法的进行改进，见表 3-16。

表 3-16　数字 PID 控制算法的改进

方法		改进算式	特点
积分分离	偏差分离	$\Delta u(k)=\Delta u_{\mathrm{P}}(k)+\Delta u_{\mathrm{I}}(k)[\lvert e(k)\rvert<\varepsilon]$	$\lvert e(k)\rvert<\varepsilon$ 时，引入 I 作用，反之，只有 P 作用
	开关和 PID 分离	$u(k)=\{K_c e(k)+K_i\sum_{i=0}^{k}e(i)+K_d[e(k)-e(k-1)]+u_0\}[\lvert e(k)\rvert<\varepsilon]-u_{\mathrm{M}}[e(k)>\varepsilon]+u_{\mathrm{M}}[e(k)<\varepsilon]$	u_{M} 是开关控制的限值。$\lvert e(k)\rvert<\varepsilon$ 时，采用 PID 控制，超出范围时用开关控制
	相位分离	$u(k)=\begin{cases}u_{\mathrm{P}}+u_{\mathrm{I}}, & u_{\mathrm{P}}与u_{\mathrm{I}}同相\\ u_{\mathrm{P}}, & u_{\mathrm{P}}与u_{\mathrm{I}}不同相\end{cases}$	比例输出与偏差项同相，积分输出与偏差项有 90°的相位滞后，同相时有 I 输出

续表

方法		改进算式	特点
削弱积分	梯形积分	$\Delta u_{\rm I}(k)=K_{\rm i}\dfrac{e(k)+e(k-1)}{2}$	矩形积分改进为梯形积分削弱噪声对积分增量输出的影响
	遇限削弱	$\Delta u_{\rm I}(k)=K_{\rm i}\{[u(k-1)\leqslant u_{\max}][e(k)>0]+[u(k-1)>u_{\max}][e(k)<0]\}e(k)$	控制输出进入饱和区时停止积分项
微分先行		$\Delta u_{\rm D}(k)=K_{\rm d}[y(k)-2y(k-1)+y(k-2)]$	只对测量信号 $y(k)$ 进行微分，也称为测量微分
不完全微分		微分环节串联连接一个惯性环节 $\dfrac{1}{\dfrac{T_{\rm d}}{K_{\rm d}}s+1}$	一阶惯性环节可串联在输入或输出端，一般串联连接在输入端
输入滤波		位置算法：$\dfrac{\Delta\bar{e}(k)}{T_{\rm s}}=\dfrac{1}{6T_{\rm s}}[e(k)+3e(k-1)-3e(k-2)-e(k-3)]$ 增量算法：$\dfrac{\Delta\bar{e}(k)}{T_{\rm s}}=\dfrac{1}{6T_{\rm s}}[e(k)+2e(k-1)-6e(k-2)+2e(k-3)+e(k-4)]$	微分滤波的一种。抑制噪声影响，提高信噪比

③ 实施数字 PID 控制算法的注意事项。采用计算机控制装置，例如 DCS、PLC、IPC 或 FCS 等，不仅可实现数字 PID 控制算法，还可实现其他复杂控制算法，例如，预测控制算法等。实现数字控制算法时应注意下列事项。

- 输入。采用计算机控制装置实现数字控制时，通常，控制回路有多个，输入信号经多路采样开关，送放大器及 A/D 转换器，并经 CPU 完成控制运算后输出。输入信号处理的特点如下。

➢ 输入信号类型的多样性。例如，模拟量、数字量（开关量）和脉冲量。

➢ 采样周期多样性。根据不同的被控变量采用不同的采样周期。

➢ 输入卡件多样性。例如，有热电阻、热电偶、标准电流信号等多种输入卡件等。

➢ 滤波处理的多样性。需要采用不同的滤波时间常数对信号进行处理。

➢ 转换信号类型多。例如有电位、电阻、位移、差压等。

输入信号处理的工作包括对不同被控变量设置不同的采样周期、设置不同的滤波时间常数和热电阻、热电偶的分度号等。计算机控制装置中，采用分时方式进行采样，不同的被控变量有不同的采样周期，即使是同一采样周期的被控变量，也采用分片（又称为分相）的方式分配时间片。采用分时操作方式有利于平衡 CPU 的工作负荷，对被控变量的采样也可得以平衡。

- 信号量化和线性化。计算机中用二进制代码进行运算，处理的数据是数字量，因此，测量值和设定值都须进行量化，将模拟量转换为数字量。

设模拟量为 y，量化后的数字量为 y^*，则有

$$y=K_1qy^*+K_2 \tag{3-32}$$

式中，K_1 为变送器输出输入量程范围之比；K_2 为零点压缩；q 为量化单位，$q=\dfrac{M}{2^N}$；M 为模拟量全量程，N 为寄存器位数；y^* 是数字量，只能取整数。因此，对 8 位寄存器，转换精度为 0.5 级，对 12 位寄存器，转换精度可达 0.025 级。

【例 3-7】 模拟量量化计算。

设某电动Ⅲ型温度变送器量程 50～150℃，求温度为 100℃时对应的 8 位和 12 位寄存器的二进制代码。

电动Ⅲ型仪表输出 4～20mA，$M=20-4=16\text{mA}$

设 $N=8$，则 $q=\frac{M}{2^N}=16/256$；$K_1=\frac{150-50}{20-4}=100℃/16\text{mA}$；$K_2=50℃$；$y=100℃$

因 $y=K_1qy^*+K_2$，得 $y^*=\frac{y-K_2}{K_1q}=\frac{100-50}{100/256}=128$

因此，对应二进制代码是 $(128)_{10}$ 或二进制 1000 0000。

当 $N=12$，同样可求得：$y^*=2048$；二进制数成为 1000 0000 0000。

一些计算机控制装置将最大数字量取 4000。

则 $y^*=\frac{100-50}{150-50}\times4000=2000$，对应的二进制代码成为 0111 1101 0000。

除了对模拟量需要进行量化外，一些变送器输出信号与被控变量之间的关系不是线性关系，为此，需进行线性化处理。

线性化处理可直接采用函数关系计算，也可采用迭代公式或采用回归公式。

例如，热电偶的热电势 E 与温度 T 之间存在非线性关系，可用下列回归公式计算。

$$T=a_0+a_1E+a_2E^2+a_3E^3+a_4E^4 \tag{3-33}$$

在 400～1000℃范围内，镍铬-镍铝热电偶的有关系数为 $a_0=-2.4707112\times10$；$a_1=2.9465633\times10$；$a_2=-3.1332620\times10^{-1}$；$a_3=6.5075717\times10^{-3}$；$a_4=-3.9663834\times10^{-5}$。

● 输出。计算机输出分模拟量、脉冲量和开关量三种。

模拟量输出是经数模转换所得，模拟量经电气转换器或直接用电气阀门定位器，可操纵气动控制阀。计算机控制装置采用零阶保持器，在每个采样周期内，使输出信号被保持到下一个输出信号的到来。

脉冲量输出可直接驱动步进电机，特别适用于增量算法。步进电机可带动电位器，转换为电流信号，经电气转换驱动气动控制阀。

开关量输出用于控制阀的开关或电机的启停。常用于顺序逻辑控制和联锁控制系统。

● 手自动的无扰动切换。在计算机控制装置实现数字控制系统时，为实现无扰动切换，采用反算技术，将后级功能块的输出用反算的方法确定前级在切换时的数值。

● 故障时的安全脱落功能。当发生故障时，系统能够自动脱落到规定的安全状态，保证系统的安全。它包括故障状态的传递技术、跟踪技术和安全脱落技术。

● 初始化。为满足应用的需要，在计算机控制装置中可设置初始状态，保证系统从规定初始状态开始运行，也可经反算以确定前级的初始状态。

● 采样周期和信号滤波。不同被控对象采用不同的采样周期和不同的信号滤波时间常数。

3.4.3 开关控制

(1) 双位控制

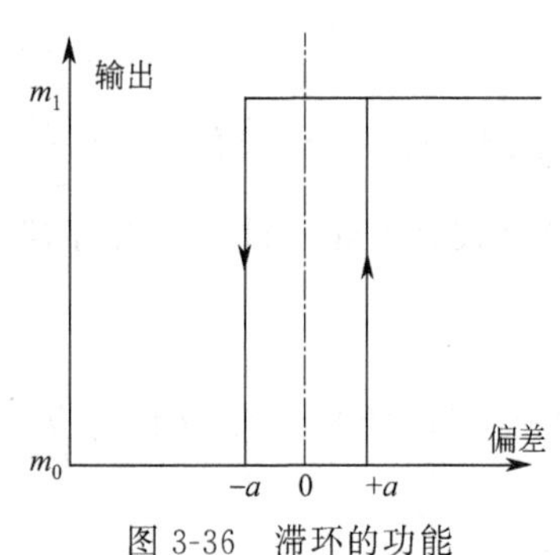

图 3-36 滞环的功能

根据偏差信号的符号，输出一个非 m_0 (%) (关) 及 m_1 (%) (开) 的信号，这种控制称为双位控制。它适用于低动态过程的控制。控制结果是测量值呈现振荡特性，控制动作产生极限环。调整 m_0 和 m_1 的大小，可使振荡幅度改变。

双位控制器实质是很大增益的比例控制器。实际应用的双位控制器（开关控制器）在设定值与控制器两个输出状态之间存在一个可检测的滞环（也称为差动间隙），如图 3-36 所示。只有偏差超过滞环宽度 a，输出状态才能改变。在高灵敏度系统中，滞环用于避免因输入信号噪声引起的不必要输出颤抖。

(2) 三位控制

这类控制有三个状态：上行（开）、停、下行（关），控制器有对应的三个动作。通常由两个开关设备组成，它们的状态切换点用死区隔离。死区用于保证开与关切换时不出现重叠，并为控制回路提供静止状态，防止出现极限环。这类控制方式存在余差，可用带积分作用控制器与该控制器串联来消除余差。

(3) 时间比例控制

开关控制会产生极限环，为此，可采用控制器两个状态输出的时间与偏差成比例的方法进行控制，即时间比例控制。控制阀开关的时间是偏差函数的控制系统称为时间比例控制系统。

实施方法：一种是将控制器开和关的总时间固定，控制器开（或关）状态的时间与偏差成比例；另一种是固定控制器开（或关）状态的时间，控制器关（或开）状态的时间与偏差成比例。

控制器开状态的时间与总周期时间之比称为占空比。调整总周期时间，可使过程振荡的幅度减少到最小。在一些精馏塔出料和回流控制中常采用第一种类型的时间比例控制；在纸浆制备等过程中常要保证全开时间，因此，常采用第二种类型的时间比例控制。

采用时间比例控制时，过程存在余差。改进方法是用比例积分控制器输出连接到该控制器。

3.5 控制器参数整定和控制系统投运

当控制系统中的被控对象、检测变送、执行器和控制器都已经确定后，控制系统的控制品质与控制器参数整定有极大关系。PID 控制器参数整定就是设置和调整 PID 参数，使控制系统过渡过程达到满意的控制品质。

3.5.1 控制器参数整定原则

根据上述控制系统的分析，假设广义对象：$G(s)=\frac{K_o}{T_o s+1}e^{-s\tau_o}$；PID 控制器参数为 K_c，T_i，T_d 和 K_d。得到自衡非振荡过程控制器的参数整定原则。

① 根据控制系统稳定运行准则，控制系统开环总增益 $K_c K_o$，当系统运行正常后，如果增大了 K_o，则需相应地减小相同倍数的 K_c。反之亦然。例如，变送器量程变小时，K_c 应减小相同倍数，执行器口径增大，K_c 应相应地减小等。

② $\frac{\tau_o}{T_o}$是广义对象的动态参数。该值越大，控制系统越不易稳定。为保证系统的稳定性应减小 K_c。同时，$\frac{T_i}{\tau_o}$和$\frac{T_d}{\tau_o}$应合适，通常取 $T_i=2\tau_o$，$T_d=0.5\tau_o$。

③ P 作用是最基本的控制作用。一般先按纯比例进行闭环调试，然后，适当引入 T_i 和 T_d。也可根据广义对象的时滞 τ_o，设置好 T_i 和 T_d，然后调整比例增益 K_c。

④ 应尽量发挥积分作用消除余差的利，尽量缩小积分作用不利于稳定性的弊。一般取 $T_i=2\tau_o$ 或 $T_i=(0.5\sim1)T_P$，T_P是振荡周期。引入积分作用后，所引入的相位滞后不应超过 40°，幅值比增加不超过 20%。为此，K_c 应比纯 P 时减小约 10%。

⑤ 引入微分作用是为解决高阶对象的容量滞后对控制品质的不利影响。对纯时滞，微分作用无能为力。一般取 $T_d=0.5\tau_o$ 或 $T_d=(0.25\sim0.5)T_i$。微分时间设置应合适，T_d 过

小，微分效果不明显；T_d 过大，造成较大相位超前，幅值比增加较多，反而导致系统稳定性下降。多数情况下，K_c 应比纯 P 时增加约 10%。

⑥ 对含有高频噪声的过程，不宜引入微分，否则，高频分量将被放大得很厉害，对过程控制不利。有些流量控制系统中，反而引入反微分，即 $K_d<1$，以削弱噪声影响。

⑦ 稳定性是控制系统控制品质的基本性能。通常，取衰减比作为稳定性指标。当有两个参数可调整，例如，PI 控制器，则除衰减比 n 外，可增加一个控制指标。在满足相同衰减比条件下，有各种 $K_c \sim T_i$ 组合。通常选取如图 3-37 所示 K_c-T_i 组合曲线$\frac{K_c}{T_i}$较大的组合点。如果$\frac{K_c}{T_i}$越大，达到同样 $u_I=\frac{K_c}{T_i}\int_0^t e(\tau)\mathrm{d}\tau$ 值，$\int_0^t e(\tau)\mathrm{d}\tau$ 就越小，即规定衰减比条件下，控制品质越好。

同样，PD 控制器中，也有无穷多组参数满足同一稳定性要求。图 3-38 是 PID 控制器的等衰减率 ψ 线。

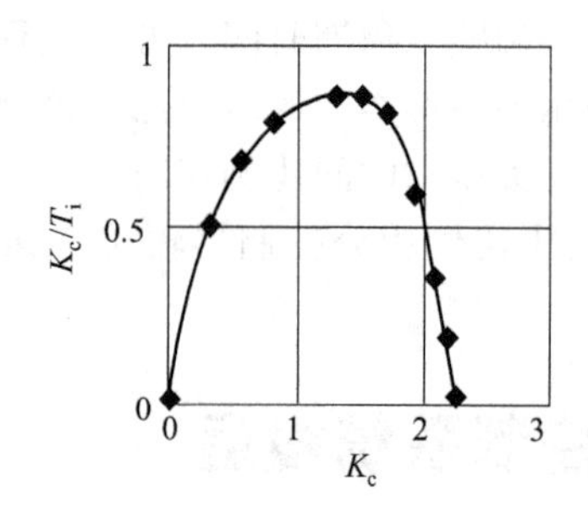

图 3-37　K_c、T_i 组合线

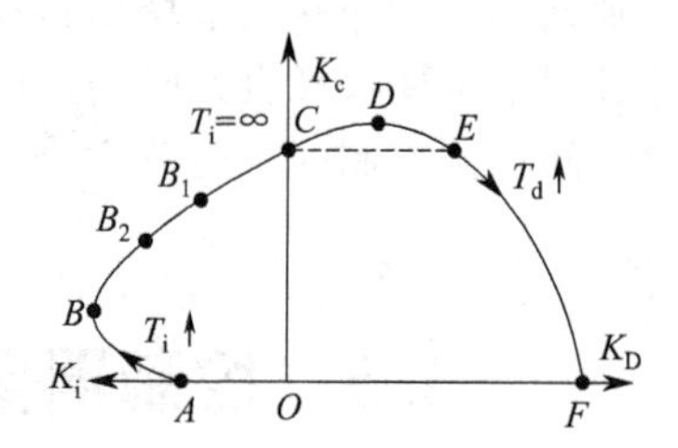

图 3-38　等衰减率线

图中，C 点表示采用纯比例控制器的增益。左半平面表示采用比例积分控制器的取值，右半平面表示采用比例微分控制器的取值。$T_i=K_c/K_i$；$T_d=K_d/K_c$。

- K_c 不变，增加 K_i，ψ 下降。因此，积分作用越强，稳定性越差。
- K_i 不变，增加 K_c，ψ 先升后降，有一个最大值。
- K_c 不变，增加 K_d，ψ 先升后降，有一个最大值。因此，微分作用要合适。
- K_d 不变，增加 K_c，ψ 下降。
- PI 控制的振荡频率最低，PD 控制的振荡频率最高。

⑧ 衰减比的选择。对随动控制系统常取衰减比 $n=10:1$，定值控制系统常取 $n=4:1$。因为，随动控制系统的 $y(\infty)-y(0)$ 值较大，即使衰减比较小，超调量仍较显著，所以，宜取 $n=10:1$，甚至达到刚好临界阻尼。从最优控制理论可知，最短时间控制系统的过渡过程通常也不振荡。定值控制系统的 $y(\infty)$ 与 $y(0)$ 相等或相近，稳定裕度可稍放松，采用衰减比 $n=4:1$ 可使 K_c 大些，加快过渡过程，并减小动态最大偏差。

⑨ 具体过程应具体分析。对其他类型的过程，可有不同的整定原则。例如，定量泵排料的液位控制系统中，增大 K_c，反而使系统稳定。

⑩ 计算机控制装置的控制算法中，K_c、T_i 和 T_d 参数没有相互干扰，因此，可分别设置。

3.5.2　控制器参数整定方法

控制器参数整定的方法有经验法、半经验法、反应曲线法和理论计算法。

(1) 经验整定法

经验整定法是根据工程技术人员长期实践总结的一种经验凑试法。根据表 3-17 的被控过程特点确定控制器参数的范围。经验整定法先设置一个比例度，确定系统振荡周期 T_p，然后，根据被控过程特点，采用PI控制时，设置：$T_i=(0.5\sim1)T_p$；对温度、成分等被控过程，采用PID控制，设置：$T_d=(0.25\sim0.5)T_i$。最后，比例度从大到小进行搜索，直到过渡过程满足工艺控制要求。

表3-17 被控过程特点和控制器参数整定

被控对象	流量、液体压力	气体压力	液位	温度、蒸汽压力	成分
时滞	无	无	无	变动	恒定
容量数	多容量	单容量	单容量	3～6	1～100
周期	1～10s	0	1～10s	min～h	min～h
噪声	有	无	有	无	往往存在
比例度	100%～500%、30%～200%	0%～5%	5%～50%	10%～100%	100%～1000%
积分作用	0.1～1min、0.4～3min	不必要	少用	3～10min	3～20min
微分作用	不用	不必要	不用	0.5～3min	1～5min

(2) 半经验法

半经验整定法先用单纯P作用进行搜索，获得所需衰减比的响应曲线，然后根据相应的参数和振荡周期等数据，用半经验公式计算PI或PID控制器的参数。

① 衰减曲线法。调整比例度，使控制系统过渡过程响应曲线的衰减比为10∶1（随动控制系统）得到上升时间（被控变量明显变化到接近第一峰值所需时间）t_r；或4∶1（定值控制系统），得到系统的振荡周期 T_p，这时的比例度为 δ_s，按表3-18整定P、PI或PID控制器的参数。衰减曲线法特点是衰减比不易读准确，过渡过程较快时更难确定，为此，可认为响应曲线振荡两周半就达衰减比4∶1。该方法调整时对工艺过程影响较小。

表3-18 半经验法整定控制器参数

控制作用	衰减曲线法			临界比例度法		
	δ/%	T_i	T_d	δ/%	T_i	T_d
P	δ_s	—	—	$2\delta_k$	—	—
PI	$1.2\delta_s$	$2t_r$ 或 $0.5T_p$	—	$2.2\delta_k$	$0.85T_k$	—
PID	$0.8\delta_s$	$1.2t_r$或$0.3T_p$	$0.4t_r$或$0.1T_p$	$1.7\delta_k$	$0.50T_k$	$0.125T_k$

② 临界比例度法。临界比例度法又称Ziegler -Nichols整定法。其特点是被控过程具有饱和特性时，振荡是有限的，与过程本身等幅振荡较难分清；此外，工艺过程通常不允许被控变量出现等幅振荡。

调整方法是先调整比例度，使过渡过程为等幅振荡，这时的比例度为临界比例度 δ_k，振荡周期为临界振荡周期 T_k，可按表3-18整定控制器参数。

【例3-8】 确定PI控制器的参数。

假设广义被控过程传递函数为 $G(s)=\dfrac{1}{(s+1)(2s+1)(5s+1)(10s+1)}$；用曲线拟合法，可近似为自衡非振荡过程，并得到 $K=1.0322$，$T=14.1229$s，$\tau=5.4992$s。

● 衰减曲线法。衰减比 $n=4:1$ 时比例度为61.8%，振荡周期35s，采用PI控制器时，比例度 $\delta=1.2\times61.8\%=74.2\%$，$T_i=0.5\times35=17.5$s。

● 临界比例度法。比例度为21.99%，振荡周期为19.35s，采用PI控制器，比例度 $\delta=2.2\times21.99\%\times1.55=74.99\%$，$T_i=0.85\times19.35=16.45$s。可见，两种整定方法结果相接近。

③ 控制度法。数字控制系统中，需确定采样周期 T_s 和控制度。与临界比例度法相同，

得临界比例增益 K_{ck} 和临界周期 T_k，并按表 3-19 整定数字控制器参数。

表 3-19　控制度法整定数字控制器参数

控制度	控制作用	T_s	K_c	T_i	T_d
1.05	PI//PID	$0.03T_k$//$0.014T_k$	$0.53K_{ck}$//$0.63K_{ck}$	$0.85T_k$//$0.49T_k$	—//$0.14T_k$
1.20	PI//PID	$0.05T_k$//$0.043T_k$	$0.49K_{ck}$//$0.47K_{ck}$	$0.91T_k$//$0.47T_k$	—//$0.16T_k$
1.5	PI//PID	$0.14T_k$//$0.09T_k$	$0.42K_{ck}$//$0.24K_{ck}$	$0.99T_k$//$0.43T_k$	—//$0.20T_k$
2.0	PI//PID	$0.22T_k$//$0.16T_k$	$0.36K_{ck}$//$0.27K_{ck}$	$1.05T_k$//$0.40T_k$	—//$0.22T_k$
模拟控制器	PI//PID	—//—	$0.57K_{ck}$//$0.70K_{ck}$	$0.83T_k$//$0.50T_k$	—//$0.13T_k$
Ziegler 和 Nichols 建议值	PI//PID	—//—	$0.45K_{ck}$//$0.60K_{ck}$	$0.83T_k$//$0.50T_k$	—//$0.125T_k$

④ 反应曲线法。根据过程阶跃响应曲线获得过程的增益 K_o，时间常数 T 和时滞 τ，按计算公式获得控制器参数的方法称为反应曲线法，有多种不同整定方法。柯恩-库恩（Cohen-Coon）数字控制器参数整定见表 3-20。

表 3-20　柯恩-库恩（Cohen-Coon）数字控制器参数整定

控制作用	K_c	T_i	T_d
P	$\frac{T}{K_o\tau}\left(1+\frac{\tau}{3T}\right)$	—	—
PI	$\frac{T}{K_o\tau}\left(0.9+\frac{\tau}{12T}\right)$	$\tau\left(\frac{30+3\tau/T}{9+20\tau/T}\right)$	—
PID	$\frac{T}{K_o\tau}\left(\frac{4}{3}+\frac{\tau}{4T}\right)$	$\tau\left(\frac{32+6\tau/T}{13+8\tau/T}\right)$	$\tau\left(\frac{4}{11+2\tau/T}\right)$

以积分指标最小的整定方法可按表 3-21 公式计算确定。

表 3-21　最小积分指标的控制器参数整定

控制作用	P		PI				PID					
	P		P		I		P		I		D	
控制系统整定计算公式	定值：$K_c=\frac{A}{K}\left(\frac{\tau}{T}\right)^B$；$T_i=\frac{T}{A}\left(\frac{T}{\tau}\right)^B$；$T_d=AT\left(\frac{\tau}{T}\right)^B$；随动：$K_c=\frac{A}{K}\left(\frac{\tau}{T}\right)^B$；$T_i=\frac{T}{A+B\tau/T}$；$T_d=AT\left(\frac{\tau}{T}\right)^B$											
定值系数	A	B	A	B	A	B	A	B	A	B	A	B
IAE	0.902	−0.985	0.984	−0.986	0.608	0.707	1.435	−0.921	0.878	0.749	0.482	1.137
ISE	1.411	−0.917	1.305	−0.959	0.492	0.739	1.495	−0.945	1.101	0.771	0.560	1.006
ITAE	0.904	−1.084	0.859	−0.977	0.674	0.680	1.357	−0.947	0.842	0.738	0.381	0.995
随动系数	—	—	A	B	A	B	A	B	A	B	A	B
IAE	—	—	0.759	−0.861	1.02	−0.323	1.086	−0.869	0.740	−0.130	0.348	0.914
ITAE	—	—	0.586	−0.916	1.03	−0.165	0.965	−0.855	0.796	−0.147	0.308	0.9292

（3）理论计算法

根据控制理论的频率法和根轨迹法也可计算出控制器参数。由于计算机应用日益普及，MATLAB 已大量应用于工业过程控制领域，因此，理论计算法可方便地求出控制器参数。

介绍衰减频率特性确定控制器增益的方法。衰减频率特性是将 $s=j\omega-m$ 代入传递函数获得的频率特性。其中，m 是衰减度。也可根据根轨迹确定。

【例 3-9】 用衰减频率特性计算控制器比例增益。假设广义对象传递函数可表示为 $G_o(s)=\frac{K}{Ts+1}e^{-\tau s}$；其中，$T=10$；$K=1$；$\tau=3$。如图 3-39 所示，原系统开环频率特性曲

线是 $K_c=1$ 的曲线（蓝色）。为使稳定裕度 $R=0.5$，得到：$K_c=2.945$，即 $\delta=33.96\%$。

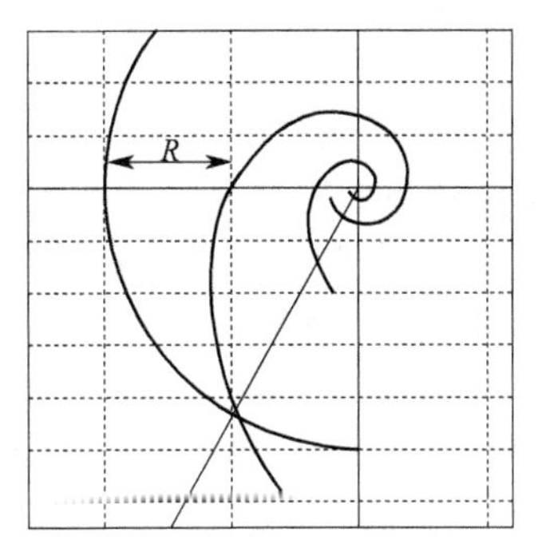

图 3-39　频率特性确定参数

（4）PID 参数自整定

PID 参数自整定的方法很多。它们利用辨识过程特性，获得过程参数，并按专家经验规则计算 PID 参数。常用的自整定控制器见表 3-22。

表 3-22　自整定控制器

自整定控制器	继电器型自整定控制器	波形识别自整定控制器
工作原理	设置两种模式：测试模式和自动模式。 ① 测试模式下，用一个滞环宽度为 h，幅值为 d 的继电器代替控制器（如下图），利用其非线性，使系统输出等幅振荡（极限环）。 ② 控制模式下，通过人工控制使系统进入稳定状态，然后将整定开关 S 切到测试模式，接通继电器，使系统输出等幅振荡；测出系统振荡幅度 A 和振荡周期 T_k，并根据公式 $\delta_k=\dfrac{\pi A}{4d}$ 求出临界比例度 δ_k。 ③ 根据 T_k 和 δ_k，用临界比例度法的经验公式，确定控制器的整定参数。 ④ 整定开关 S 切到自动模式，使控制系统正常运行	将波形分析与专家知识结合，当系统受到负荷变化或设定值变化时，控制器根据下图所示控制偏差 $e(t)$ 的时间响应曲线，确定超调量 σ、阻尼系数 ζ 和振动周期 T_p 等参数 $\sigma=-\dfrac{E_2}{E_1}$；$\zeta=\dfrac{E_3-E_2}{E_1-E_2}$；$T_p=t_3-t_1$
控制器结构或响应曲线的波形	$R(s)$　PID控制器　自动　S　被控对象　$Y(s)$　d　$-h$　h　$-d$　测试	$e(t)$　T_p　E_1　E_3　E_2　t_1　t_2　t_3　t
特点	整定方法简单、可靠，需预先设定的参数是继电器的特性参数 h 和 d；被控对象需在开关信号作用下产生等幅振荡；对时间常数较大的被控对象，整定过程费时；对扰动因素多且频繁的系统，高频噪声等扰动造成 T_k 和 δ_k 的误差较大	有自整定算法的软件包可直接计算控制器的最优参数

3.5.3　控制系统的投运和维护

（1）控制系统投运

不论是装置新建成或改建完成，或在装置全面检修后，在投运每个控制系统前必须进行下列检查工作。

① 对组成控制系统的各组成部件，包括检测元件、变送器、控制器、显示仪表、控制阀等，进行校验检查并记录，保证仪表部件的精确度。

② 对各连接管线、接线进行检查，保证连接正确。

③ 如果采用隔离措施，应在清洗导压管后，灌注测量系统中的隔离液。

④ 设置好控制器的正反作用、内外设定开关等。

⑤ 关闭控制阀的旁路阀，打开上下游的截止阀，并使控制阀能灵活开闭，安装阀门定位器的控制阀应检查阀门定位器能否正确动作。

⑥ 联动试验。用模拟信号代替检测变送信号，检查控制阀能否正确动作，显示仪表是否正确显示等，改变比例度、积分和微分时间，观察控制器输出的变化是否正确。

在工艺过程开车后应进一步检查各控制系统的运行情况，发现问题及时分析原因和解决。例如，控制阀口径是否正确，控制阀流量特性是否合适，变送器量程是否合适。当改变控制系统中某一组件时，应考虑它的改变对控制系统的影响，例如，控制阀口径改变或变送器量程改变后应相应改变控制器的比例度等。

(2) 控制系统维护

为保持系统长期稳定运行，应做好控制系统维护工作。主要包括下列内容。

① 定期和经常性的仪表维护。主要包括各仪表的定期检查和校验，要做好记录和归档工作。要做好连接管线的维护工作，对隔离液等应定期灌注。

② 发生故障时的维护。一旦发生故障，应及时、迅速、正确分析和处理；应减少故障造成的影响；事后要进行分析；应找到第一事故原因并提出改进和整改方案；要落实整改措施并做好归档工作。

控制系统的维护是一个系统工程。应从系统的观点分析出现的故障。例如，测量值不准确的原因可能是检测变送器故障，也可能是连接的导压管线问题，可能是显示仪表的故障，甚至可能是控制阀阀芯的脱落所造成。因此，具体问题应具体分析，不断积累经验，提高维护技能，缩短维护时间。

3.6　简单控制系统设计实例

3.6.1　变换炉生产工艺过程简介

合成氨生产中，一氧化碳变换过程在如图 3-40 所示的变换炉内进行。变换炉内进行煤气与蒸汽的变换反应，反应物有氢气和二氧化碳。变换反应如下：

$$CO+H_2O \longleftrightarrow CO_2+H_2+Q$$

此外，一氧化碳与氢之间还发生下列副反应：

$$CO+H_2 \longleftrightarrow C+H_2O$$

$$CO+3H_2 \longleftrightarrow CH_4+H_2O$$

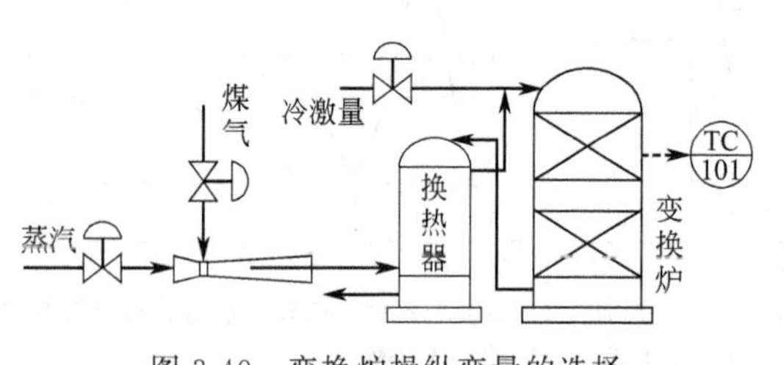

图 3-40　变换炉操纵变量的选择

由于变换反应是可逆的放热反应。因此，对一定初始组成的原料气，温度降低，平衡变换率提高，变换气中一氧化碳的平衡含量减小。此外，变换反应是等体积反应，因此，压力变化对变换反应的影响不大；增加原料量有利于反应向正方向进行。

3.6.2　控制方案分析

(1) 确定被控变量

变换炉的控制指标是一氧化碳变换率。它是直接质量指标，但因不易检测，因此，不被选为被控变量。由于变换炉温度对变换率有很大影响，因此，通常选用变换炉内温度作为被控变量，间接反映变换率。

变换炉的主要扰动有：煤气量、煤气压力、煤气温度、煤气成分、蒸汽量、蒸汽压力、变换炉中部的冷激量、触媒活性等。

（2）确定操纵变量

主要操纵变量可选冷激量、蒸汽量和煤气量。

操纵变量的选择应选用对被控变量影响较大的操纵变量，即 K_0 尽量大。某变换炉实测结果为：冷激量对变换炉温度的增益为−0.8；蒸汽量对变换炉温度的增益为 0.48；煤气量对变换炉温度的增益为 0.31。因此，选择绝对值较大（$K_0=-0.8$）的冷激量作为操纵变量。

操纵变量的选择还应考虑操纵变量对被控变量的动态响应，即过程的 τ_0/T_0 应尽量小。从控制通道的时间常数看，冷激量作为操纵变量时，变换炉的温度响应最快。因此，选择冷激量作为操纵变量。

根据上述分析，选用冷激量作为操纵变量。煤气流量和水蒸气流量用配比控制。

3.6.3 检测变送仪表和控制仪表的选型

检测变送仪表和控制仪表的选型是实现控制方案的根本，应予重视。

（1）确定 P&I D

这是一个简单温度控制系统。P&I D 上可如图 3-41 所示，通常可不画 TV-101 的圆。

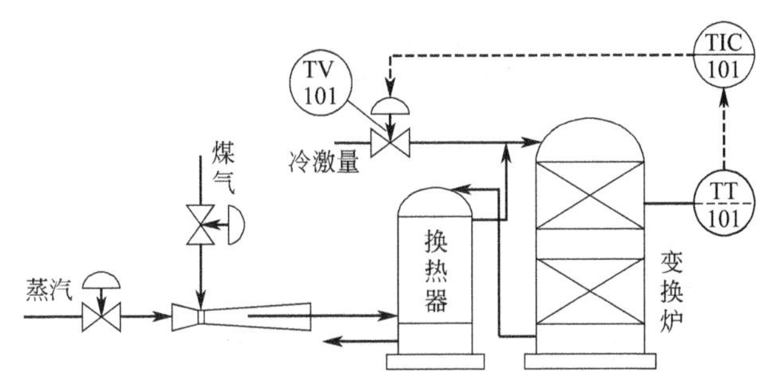

图 3-41 管道仪表图的表示

图中，TT-101 表示控制室盘后安装的温度变送器；TIC-101 表示安装在控制室仪表盘上的数字显示控制仪；TV-101 表示现场安装的气动控制阀。

（2）确定检测变送环节

① 检出元件。变换炉温度 480～530℃，压力 1.2MPa。因此，选用热电偶。根据温度范围，可选单支 K 型分度（镍铬-镍硅）固定法兰安装热电偶。水平方向插入。

因变换炉直径 2.8m，故选用型号和规格为：WRN1-430 型单支热电偶，规格为 $L\times 1$(mm)=1650×1500。保护管材质：1Cr18Ni9Ti。检出元件 TE-101 在 P&I D 一般不画出。

② 温度变送器。温度变送器安装在中控室仪表盘后，P&I D 表示为仪表符号圆的中间有一条虚线。

电动温度变送器有两线制和四线制两类。由于安装在中控室，可选两线制或四线制。本设计选用两线制 DBW-4312 型电动温度变送器。可与 K 型热电偶配套。测量范围可选用 450～550℃。

③ 补偿导线。与 K 型热电偶配套的补偿导线可选铜-铜镍 40 补偿型（KCB）或铁-铜镍 22 补偿型（KCA）补偿导线。也可选用镍铬 10-镍硅 3 延长型（KX）补偿导线。考虑成本和精度，选用代号 KCB-G 型的普通级铜-铜镍 40 补偿型补偿导线。选用单股线芯，$1\times 1.5mm^2$。使用长度根据实际距离确定。

（3）控制阀

控制阀用于控制冷激水流量。考虑泄漏量要小些，因此选气动薄膜直通型单座阀。例如，ZMAP 型。冷激水压力不高，额定压力选 1.6MPa。控制阀口径确定应根据工艺提供的数据计算。考虑到被控对象是温度对象。故选用等百分比流量特性。从安全考虑，应选用气开型（FC）。

为将控制器输出电信号转换为气信号，需设置电气转换单元。本设计选用电气阀门定位器，直接安装在控制阀上（图中未标注）。例如，ZPD-2111 型电气阀门定位器，它与气动薄膜执行机构配套，输入信号 4～20mA，输出信号 20～100kPa。此外，需配有关仪表用压缩空气配套的气动过滤器减压阀、气源球阀等。

（4）控制器和记录仪

本设计采用中控室仪表盘安装控制器，因此，可选用智能型调节仪表，例如，HNR-5100 系列单回路数字显示控制仪。面板尺寸的选择应与仪表盘其他仪表匹配。此外，可考虑选用记录仪用于记录变换炉温度。例如，无纸记录仪等。

控制器正反作用的选择应满足控制系统为负反馈的条件。该控制系统的被控对象增益 K_p 为负（<0）；检测变送环节的增益 K_m 为正（>0）；控制阀为气开型，其增益 K_v 为正（>0）；因此，选用控制器增益 K_c 为负（<0），以满足负反馈条件，即选用正作用控制器。

习题和思考题

3-1　一个简单控制系统由哪几部分组成？各有什么作用？

3-2　举例说明简单控制系统，指出在该控制系统中的被控变量、操纵变量和扰动变量。

3-3　衰减比和衰减率用于描述控制系统的什么性能？

3-4　最大动态偏差和超调量有什么不同？

3-5　增大过程增益，对控制系统控制品质指标有什么影响？过程的时间常数是否越小越好？为什么？

3-6　某温度控制系统已经正常运行，由于原温度变送器（量程 200～300℃）损坏，改用量程为 0～500℃的同分度号温度变送器，控制系统会出现什么现象？应如何解决？

3-7　控制阀的理想流量特性主要有哪几种？控制阀的正、反作用执行机构表示什么关系？

3-8　某控制系统采用线性流量特性的控制阀，投运后一直不能正常运行，出现控制阀开度小时系统输出振荡，开度大时系统输出呆滞，试分析原因，并提出改进措施。

3-9　画出等百分比流量特性控制阀的增益 K_v 随行程 l 变化的曲线。

3-10　控制阀的流量系数是如何定义的？

3-11　某系统的广义被控对象经测试后，可用传递函数 $G_o(s)=\frac{1.5}{10s+1}e^{-2s}$ 近似，用反应曲线法和理论计算法确定采用 P 及 PI 控制器的比例度和积分时间，并进行仿真比较。

3-12　纯比例控制时，比例度与临界比例度之间有什么近似关系？

3-13　PID 控制算法中，时间域表达式中有 u_0，传递函数表达式确没有，为什么？u_0 的物理意义是什么？

3-14　增大积分时间，对控制系统的控制品质有什么影响？增大微分时间，对控制系统的控制品质有什么影响？

3-15　用 Simulink 仿真方法研究 P、I 和 D 的变化对控制系统控制性能的影响。

3-16　什么是积分饱和现象？举例说明如何防止积分饱和。

3-17　某热水槽出口温度控制系统已经正常运行，后因生产规模扩大，热水槽的容积扩大一倍，如果仍用原有的控制系统，控制阀的流通能力也扩大一倍。该控制系统是否能够正常运行？如何改进？

3-18　当被控对象具有反向特性时，应如何整定控制器参数？（说明整定参数的思路）

3-19　数字 PID 控制算法有哪些改进措施？

3-20　拟采用计算机控制装置实现某温度控制系统，温度变送器的量程为 200～300℃，为保证测量分辨率为 0.5℃，确定模数转换器的字长。

3-21　某温度控制系统要求控制分辨率为 (100±0.5)℃，已经采用 12 位字长的模数转换器，试确定温度变送器的量程在什么范围比较合适。

3-22　为什么在计算机控制装置中通常采用增量式控制算法？

3-23　为什么计算机控制装置中要对输入的过程变量设置滤波时间常数？

3-24　图 3-12 所示换热器，用蒸汽将物料加热到所需温度后排出。确定：

① 影响物料出口温度的主要因素有哪些？

② 如果要设计温度控制系统，则被控变量和操纵变量应选什么？为什么？

③ 如果物料在室温下会凝结，请选择控制阀的气开或气关方式。

④ 确定控制系统中控制器的正反作用方式。

3-25　压力控制系统分为两类。一类是保证控制阀前的压力恒定，另一类是保证控制阀后的压力恒定。试说明这两类压力控制系统在设计时，对控制阀气开气关类型、控制器正反作用的选择时有什么不同。

3-26　如果液位贮罐的高度与直径之比比较大或比较小时，在液位控制系统的参数整定时，各有什么不同？为什么？

3-27　某加热炉的控制系统如图 3-42 所示。说明：

① 该加热炉由哪些控制系统组成；

② 各自的被控变量和操纵变量是什么；

③ 各控制系统主要用于克服哪些扰动变量的影响；

④ 各控制器的正、反作用如何确定。

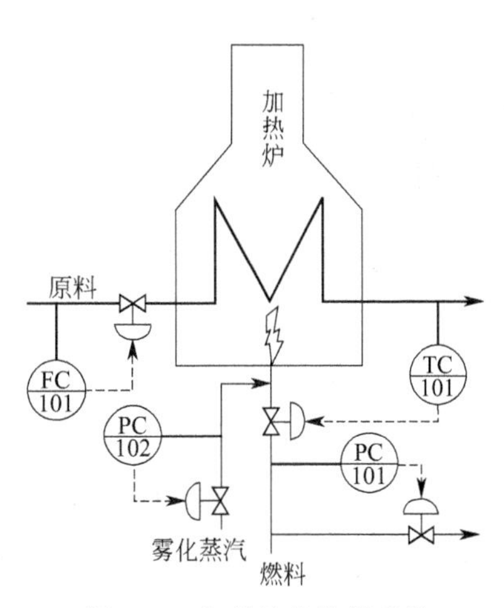

图 3-42　加热炉的控制系统

3-28　用 Simulink 进行仿真研究，已知广义被控对象：$G(s)=\dfrac{K}{Ts+1}e^{-s\tau}$，$K=0.8$，$T=20$，$\tau=3$，确定控制器的比例增益 K_c 应为多少才能满足 4∶1 衰减比要求。并用理论计算验证。

3-29　为什么增加积分控制作用，其 K_c 要比纯 P 时减小？而增加微分控制作用，其 K_c 要比纯 P 时增加？

3-30　某单回路控制系统投运后，发现系统有较大余差，应如何调整？为什么？

第4章　常用复杂控制系统

本章内容提要

大量工业生产过程中的控制系统可用单回路反馈控制系统解决。为适应对生产过程的更高操作条件的控制要求，在单回路反馈控制系统中增加计算环节、控制器或执行器等，组成称为复杂控制系统的控制系统。从输入和输出变量的关系来看，总体上仍是单一的。在20世纪50年代这些控制系统已有相当发展，它们原是经典控制理论的产物，当时用常规仪表实现，当前，它可用现代控制理论分析，并用计算机实现，在单回路控制器和DCS中更备有多种复杂控制算法的功能模块可供应用。

本章介绍串级、均匀、前馈、比值、分程、选择性、双重及基于模型计算的控制系统等，并提供控制系统设计示例。

4.1　串级控制系统

4.1.1　基本原理、结构和性能分析

(1) 基本概念和系统结构

由两个或两个以上控制器串联连接，一个控制器的输出作为另一个控制器的设定值，这类控制系统称为串级控制系统。它根据两个控制器串联连接的系统结构命名，是常用的复杂控制系统。

【例4-1】　串级控制系统示例。

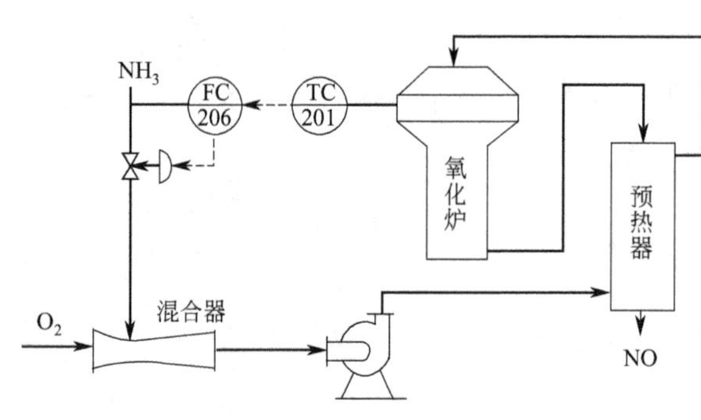

图4-1　氨氧化过程的串级控制系统

图4-1是国内最早使用串级控制系统的示例。在合成氨厂的硝酸生产过程中，由氨氧化生成一氧化氮的过程为：

$$4NH_3+5O_2 \xrightarrow[840℃]{Pt} 4NO+6H_2O+Q$$

氨气经控制阀控制其流量，与空气在混合器混合，经加压和预热后，进入氧化炉，在铂催化剂和840℃温度下反应，生成一氧化氮和水蒸气。控制氧化炉温度是控制反应转化率的关键。可选控制方案如下。

① 氨气流量定值控制。该控制方案保持氨气流量为定值，但由于氧化炉温度是开环，因此，炉温不能保持恒定。

② 炉温定值控制。该控制方案选择氧化炉温度作为被控变量，选择氨气流量作为操纵变量。

由于被控过程的滞后大，时间常数大，温度控制系统的控制品质不佳。

③ 炉温为主被控变量，氨气流量为副被控变量，氨气流量为操纵变量组成串级控制。该控制方案以炉温作为主被控变量，抓住了生产过程的主要矛盾；通过副被控变量组成的副

回路，能够及时克服氨气流量或压力的波动，大大削弱了它们的波动对炉温的影响。

串级控制系统的框图如图 4-2 所示。串级控制系统的名词和术语见表 4-1。

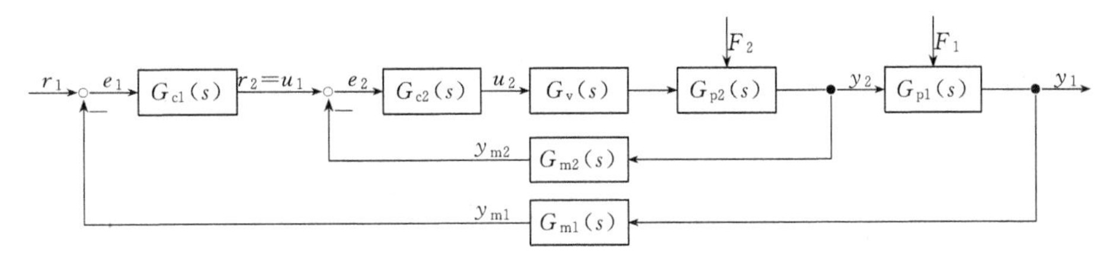

图 4-2 串级控制系统的框图

表 4-1 串级控制系统有关名词和术语

名词和术语	描述	示例
主(被控)变量	串级控制系统中要保持平稳控制的主要被控变量	$y_1(s)$
副(被控)变量	串级控制系统的辅助被控变量，它是从被控过程中引出的中间变量	$y_2(s)$
主被控对象	副被控变量到主被控变量之间的通道	$G_{p1}(s)$
副被控对象	操纵变量到副被控变量之间的通道	$G_{p2}(s)$
主控制器	其测量信号是主被控变量，输出作为副控制器的外部设定信号	$G_{c1}(s)$
副控制器	其测量信号是副被控变量，输出作为执行器的输入信号	$G_{c2}(s)$
主回路(主环)	由主控制器、副环、主被控对象和主变量检测变送环节组成的控制回路	由 $G_{c1}(s)$ $G_{副}(s)$ $G_{p1}(s)$ $G_{m1}(s)$组成的闭合回路
副回路(副环)	由副控制器、执行器、副被控对象和副变量检测变送环节组成的控制回路	由 $G_{c2}(s)$ $G_v(s)$ $G_{p2}(s)$ $G_{m2}(s)$组成的闭合回路
主环扰动	进入主环内的扰动信号	$F_1(s)$
副环扰动	进入副环内的扰动信号	$F_2(s)$

注：主回路并不只有主控制器和主被控对象，还应包括副控制器、控制阀、副被控对象等组成的副回路。

串级控制系统的调节过程：当氨气压力或流量波动时，氧化炉温还未变化，因此，主控制器输出不变，氨气流量控制器受扰动影响，使氨气流量变化，按定值控制系统的调节过程，副控制器改变控制阀开度，使氨气流量稳定。同时，氨气流量变化也影响氧化炉温度，使主控制器输出，即副控制器设定变化，副控制器设定和测量的同时变化，进一步加速控制系统克服扰动的调节过程，使主被控变量回复到设定值。

当炉温和氨气流量同时变化时，主控制器通过主环及时调节副控制器设定，使氨气流量变化，保持炉温恒定。而副控制器一方面接受主控制器的输出信号，并根据氨气流量测量值的变化进行调节，因氨气流量跟踪设定值变化，使氨气流量能根据炉温及时调整，最终使炉温迅速回复到设定值。

串级控制系统中有关变量的传递函数如下。

$$\frac{Y_1(s)}{R_1(s)}=\frac{G_{c1}(s)\dfrac{G_{c2}(s)G_v(s)G_{p2}(s)}{1+G_{c2}(s)G_v(s)G_{p2}(s)G_{m2}(s)}G_{p1}(s)}{1+G_{c1}(s)\dfrac{G_{c2}(s)G_v(s)G_{p2}(s)}{1+G_{c2}(s)G_v(s)G_{p2}(s)G_{m2}(s)}G_{p1}(s)G_{m1}(s)}$$

$$=\frac{G_{c1}(s)G_{c2}(s)G_v(s)G_{p2}(s)G_{p1}(s)}{1+G_{c2}(s)G_v(s)G_{p2}(s)G_{m2}(s)+G_{c1}(s)G_{c2}(s)G_v(s)G_{p2}(s)G_{p1}(s)G_{m1}(s)} \tag{4-1}$$

$$\frac{Y_1(s)}{F_1(s)}=\frac{G_{p1}(s)}{1+G_{c1}(s)\dfrac{G_{c2}(s)G_v(s)G_{p2}(s)}{1+G_{c2}(s)G_v(s)G_{p2}(s)G_{m2}(s)}G_{p1}(s)G_{m1}(s)}$$

$$=\frac{G_{p1}(s)+G_{c2}(s)G_v(s)G_{p2}(s)G_{p1}(s)G_{m2}(s)}{1+G_{c2}(s)G_v(s)G_{p2}(s)G_{m2}(s)+G_{c1}(s)G_{c2}(s)G_v(s)G_{p2}(s)G_{p1}(s)G_{m1}(s)} \tag{4-2}$$

$$\frac{Y_1(s)}{F_2(s)}=\frac{G_{p2}(s)G_{p1}(s)}{1+G_{c2}(s)G_v(s)G_{p2}(s)G_{m2}(s)+G_{c1}(s)G_{c2}(s)G_v(s)G_{p2}(s)G_{p1}(s)G_{m1}(s)} \tag{4-3}$$

$$\frac{Y_2(s)}{R_2(s)}=G_{副}(s)=\frac{G_{c2}(s)G_v(s)G_{p2}(s)}{1+G_{c2}(s)G_v(s)G_{p2}(s)G_{m2}(s)} \tag{4-4}$$

串级控制系统的结构特点如下。

① 由两个或两个以上的控制器串联连接，一个控制器输出是另一个控制器的设定。

② 由两个或两个以上的控制器，它们有各自测量输入（相应数量的检测变送器）和一个执行器组成。

③ 主控制回路是定值控制系统。其设定值是独立的。副控制回路对主控制器输出而言，是随动控制系统，其设定值随主控制器输出变化；对进入副回路的扰动而言，是定值控制系统。

（2）串级控制系统的性能分析

串级控制系统的主控制回路是定值控制系统，因此，在主被控变量受到扰动下的过渡过程与单回路定值控制系统的过渡过程有相同的控制品质，但由于串级控制系统增加副控制回路，使控制系统性能得到改善，表现在下列方面。

① 能迅速克服进入副回路扰动的影响。根据串级控制系统框图，串级控制系统与单回路控制系统克服扰动影响能力的比较见表 4-2。

表 4-2　串级控制系统与单回路控制系统克服扰动影响能力的比较

控制系统		串级控制系统	单回路控制系统
副环控制通道传递函数		$\frac{Y_2(s)}{R_2(s)}=G_{副}(s)=\frac{G_{c2}(s)G_v(s)G_{p2}(s)}{1+G_{c2}(s)G_v(s)G_{p2}(s)G_{m2}(s)}$	$\frac{Y_2(s)}{R_2(s)}=G_v(s)G_{p2}(s)$
副环扰动通道传递函数		$\frac{Y_2(s)}{F_2(s)}=\frac{G_{p2}(s)}{1+G_{c2}(s)G_v(s)G_{p2}(s)G_{m2}(s)}$	$\frac{Y_2(s)}{F_2(s)}=G_{p2}(s)$
比较结果	等效扰动	进入串级控制系统副环扰动通道的等效扰动是单回路控制系统中进入副环扰动通道的 $\frac{1}{1+G_{c2}(s)G_v(s)G_{p2}(s)G_{m2}(s)}$ 倍。静态时，其值为 $\frac{1}{1+K_{c2}K_vK_{p2}K_{m2}}$ 倍	
	余差	串级控制系统在副环扰动作用下，控制系统余差为单回路控制系统余差的 $\frac{K_{c2}}{1+K_{c2}K_vK_{p2}K_{m2}}$ 倍	

图 4-3 是串级控制系统和单回路控制系统的仿真比较。可见，对进入副环的扰动，串级控制系统能够及时克服。在扰动影响下，主被控变量的最大动态偏差明显减小。

当扰动进入副回路后，首先，副被控变量检测到扰动的影响，并通过副回路的定值控制作用，及时调节操纵变量，使副被控变量回复到副设定值，也使扰动对主被控变量的影响减少。即副环回路对扰动进行粗调，主环回路对扰动进行细调。因此，串级控制系统能迅速克服进入副回路扰动的影响。

串级控制系统对进入主环扰动也有克服能力。实践经验表明，同样扰动从副环进入，串级控制系统偏差要比单回路控制时小 10～100 倍；同样扰动从主环进入，则因串级控制系统工作频率提高，其积分偏差也比单回路控制要小 2～5 倍。

② 改善主控制器 G_{c1} 的广义对象特性，提高工作频率。

● 副环近似为 1∶1 的比例环节。从副环频率特性看，当副控制回路按随动控制系统整定成衰减振荡状态时，等效副回路可近似为一个二阶振荡环节，图 4-4 显示了等效副环的频率特性。可见，低频段幅值比的对数值为 1，相位移为 0°，即副环可以等效为 1∶1 的比例环节。

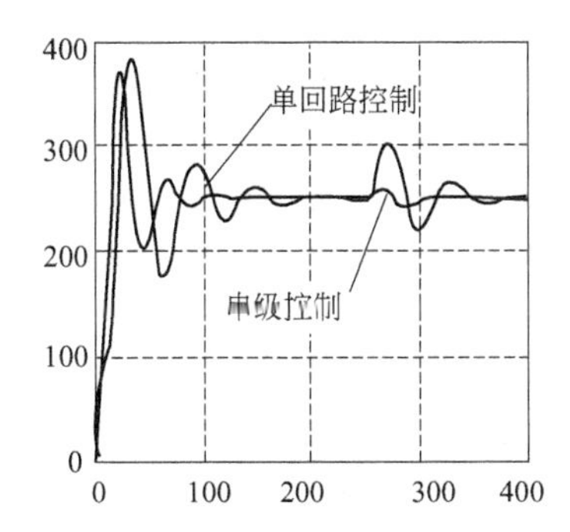

图 4-3 串级控制和单回路控制的比较

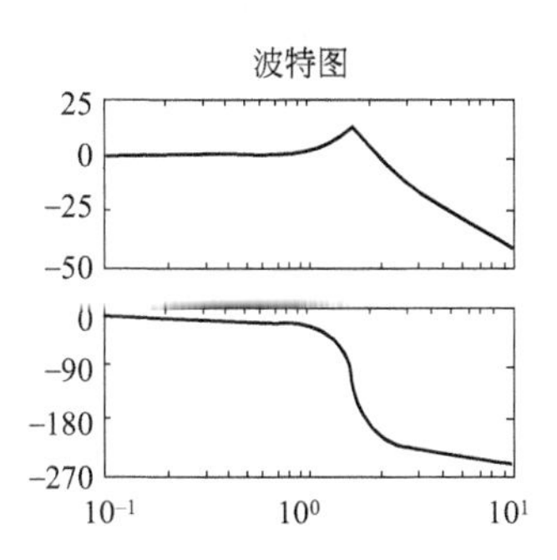

图 4-4 等效副环的频率特性

从输入输出关系看，当副控制器含 I 控制作用，静态时副环测量与设定应相等，这表示副环的输入与输出相等，即副环是 1∶1 的比例环节。

从传递函数看，副环增益为 $K_{副}=\dfrac{K_{c2}K_{v}K_{p2}}{1+K_{c2}K_{v}K_{p2}K_{m2}}$；当副控制器 K_{c2} 足够大时，$K_{副}\approx\dfrac{1}{K_{m2}}$，因此，当副环检测变送环节 K_{m2} 为 1 时，副环等效增益 $K_{副}$ 为 1。因此，串级控制系统的广义对象可近似表示为主被控对象 $G_{p1}(s)$、主被控变量的检测变送环节 $G_{m1}(s)$ 的串联，显然，广义对象动态特性得到明显改善。

● 提高系统的工作频率。假设单回路控制系统的控制器表示为 $G_{c}(s)=K_{c}$；串级控制系统其他环节均为比例环节，即 $G_{c1}(s)=K_{c1}$；$G_{c2}(s)=K_{c2}$；$G_{v}(s)=K_{v}$；$G_{m1}(s)=K_{m1}$；$G_{m2}(s)=K_{m2}$；及 $G_{p1}(s)=\dfrac{K_{p1}}{T_{p1}s+1}$；$G_{p2}(s)=\dfrac{K_{p2}}{T_{p2}s+1}$。

单回路控制系统和串级控制系统工作频率比较见表 4-3。

表 4-3 单回路控制系统和串级控制系统工作频率比较

控制系统	串级控制系统	单回路控制系统
闭环特征方程	$1+G_{c1}(s)G_{副}G_{p1}(s)G_{m1}(s)=0$ 或 $T_{p1}T_{副}s^{2}+(T_{p1}+T_{副})s+(1+K_{c1}K_{副}K_{p1}K_{m1})=0$	$1+G_{c}(s)G_{v}(s)G_{p2}(s)G_{p1}(s)G_{m1}(s)=0$ 或 $T_{p1}T_{p2}s^{2}+(T_{p1}+T_{p2})s+(1+K_{c}K_{v}K_{p2}K_{p1}K_{m1})=0$
工作频率	$\omega_{cs}=\omega_{0}\sqrt{1-\zeta_{cs}^{2}}=\dfrac{\sqrt{1-\zeta_{cs}^{2}}}{2\zeta_{cs}}\cdot\dfrac{T_{p1}+T_{副}}{T_{p1}T_{副}}$	$\omega_{s}=\omega_{0}\sqrt{1-\zeta_{s}^{2}}=\dfrac{\sqrt{1-\zeta_{s}^{2}}}{2\zeta_{s}}\cdot\dfrac{T_{p1}+T_{p2}}{T_{p1}T_{p2}}$
比较结果	$\dfrac{\omega_{cs}}{\omega_{s}}=\dfrac{1+\dfrac{T_{p1}}{T_{副}}}{1+\dfrac{T_{p1}}{T_{p2}}}$，因 $T_{p2}>T_{副}$，有 $\omega_{cs}>\omega_{s}$。即串级控制系统工作频率大于单回路控制系统工作频率。当其他参数固定后，其值随副控制器增益的增大而增大，图 4-5 显示了它们的关系	

注：$T_{副}=\dfrac{T_{p2}}{1+K_{c2}K_{v}K_{p2}K_{m2}}$，$K_{副}=\dfrac{K_{c2}K_{v}K_{p2}}{1+K_{c2}K_{v}K_{p2}K_{m2}}$。

串级控制系统工作频率的提高表明控制系统操作周期缩短，在相同衰减比条件下的回复时间缩短，因此，有利于提高控制系统动态性能。

③ 自适应能力增强，对副被控对象、控制阀的非线性特性具有较好的鲁棒性。鲁棒性

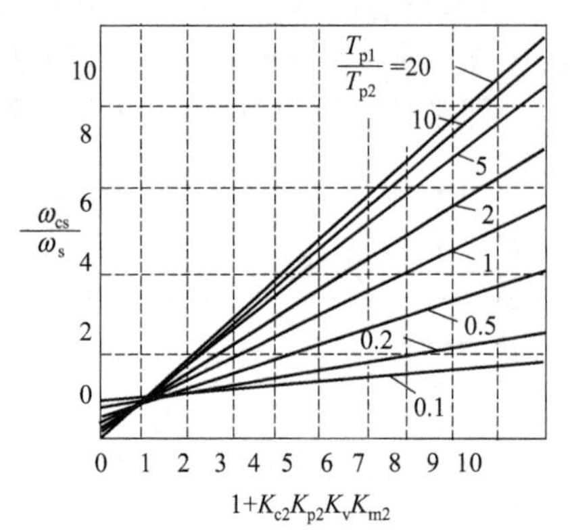

图 4-5　工作频率与其他参数的关系

指控制系统的控制品质对其特性变化的敏感程度。鲁棒性强的控制系统对控制系统内特性的变化不敏感。串级控制系统允许副回路内各环节特性在一定范围内变动，而不影响整个系统的控制品质。因此，其鲁棒性强，自适应能力强。

● 从副环参数灵敏度看，假设副环检测变送环节的增益为 1。则有

$$M_2(0)=\frac{K_{c2}K_vK_{p2}}{1+K_{c2}K_vK_{p2}} \tag{4-5}$$

当 $K_{c2}K_v$ 乘积较大时，副对象参数 K_{p2} 对 $M_2(0)$ 的影响就不大。即

$$\frac{dM_2(0)}{dK_{p2}}=\frac{K_{c2}K_v}{(1+K_{c2}K_vK_{p2})^2} \tag{4-6}$$

副环增益对副对象参数的灵敏度成为未闭合时的 $\frac{1}{(1+K_{c2}K_vK_{p2})^2}$ 倍。同理，对控制阀参数的灵敏度也减小，因此，副环各环节参数变化对副环增益的影响不大。

● 从输入输出关系看，副环近似为 1∶1 比例环节，即副环内各环节参数变化对副环增益本身影响不大。

由于串级控制系统增加副回路后，系统对副环内各环节参数变化不灵敏，因此，控制系统对负荷变化和对象参数变化的适应性增强，即串级控制系统具有较好的自适应能力。

可见，串级控制系统中，副对象非线性特性在一定程度上能通过副环加以补偿。但对主对象非线性特性，则不能通过选择合适控制阀流量特性补偿，这时，可选用非线性控制规律的控制器补偿。

④ 能够更精确控制操纵变量的流量。当副被控变量是流量时，未引入流量副回路，控制阀的回差、阀前压力的波动都会影响到操纵变量的流量，使它不能与主控制器输出信号保持严格的对应关系。采用串级控制系统后，引入流量副回路，使流量测量值与主控制器输出一一对应，从而能够更精确控制操纵变量的流量。

⑤ 可实现更灵活的操作方式。串级控制系统可以实现串级控制、主控和副控等多种控制方式。其中，主控方式是切除副回路，以主被控变量为被控变量的单回路控制；副控方式是切除主回路，以副被控变量为被控变量的单回路控制。因此，串级控制系统运行过程中，如果某些部件故障时，可灵活地进行切换，减少对生产过程的影响。

4.1.2　串级控制系统设计和工程应用中的问题

根据串级控制系统的性能分析，可得到串级控制系统的设计准则如下。

① 应使主要扰动进入副环；使尽可能多的扰动进入副环。

② 应合理选择副对象和检测变送环节的特性，使副环可近似为 1∶1 比例环节。

③ 根据副环频率特性，当副控制器参数整定不合适或副对象时间常数与主对象时间常数不匹配时，会出现共振现象。从图 4-4 的副环频率特性看，副环的工作频率处于谐振频率，其相位角接近 180°，从而使副环增益为负，即成为正反馈，并出现共振现象。因此，设计串级控制系统时应合理选择副对象，调整主、副被控对象时间常数之比，控制器参数整定要合适，防止共振现象发生。

(1) 串级控制系统主、副被控变量的选择

根据串级控制系统的设计准则，主、副被控变量的选择原则如下。

① 根据工艺过程的控制要求选择主被控变量；主被控变量应反映工艺指标。

② 副被控变量应使副环包含主要扰动，并应包含尽可能多的扰动。

③ 主、副回路的时间常数和时滞应错开，即工作频率错开，防止共振现象发生。

通常，主被控对象的时间常数与副被控对象时间常数之比在3：1或以上，可防止副环工作频率进入谐振频率，造成共振现象。

④ 主、副被控变量之间应有一一对应关系。

⑤ 主被控变量的选择应使主对象有较大的增益和足够的灵敏度。

⑥ 应考虑经济性和工艺的合理性。

【例 4-2】 串级控制系统副被控变量的选择。

对图4-6所示的冷却器，被冷却气体的出口温度是主被控变量。

图4-6方案（a）以冷却器液位为副被控变量，方案（b）以冷却器蒸发压力为副被控变量。从调节的角度看，蒸发压力的方案要比调节液位的方案灵敏。但假设冷冻机入口压力相同，则方案（b）的蒸发压力要高些，才能有调节余地，这使冷量利用不够充分，且为维持一定传热面，该方案需增加一套液位控制系统，因此，投资相对要大。方案（a）虽然不够灵敏，但对出口温度控制要求不太高时，是一个较经济的控制方案。

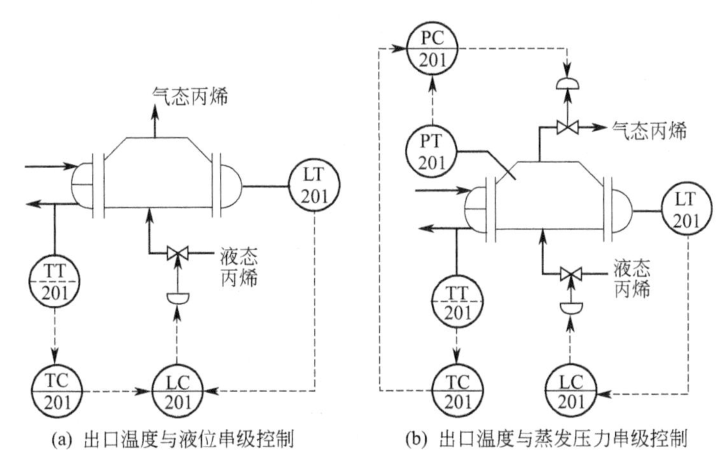

(a) 出口温度与液位串级控制　(b) 出口温度与蒸发压力串级控制

图4-6　冷却器出口温度的串级控制

（2）串级控制系统主、副控制器控制规律的选择

串级控制系统有主、副两个控制器。选择控制器控制规律应根据控制系统要求确定。

① 选择主控制器控制规律。根据主控制系统是定值控制系统的特点，为消除余差，应采用I控制规律；通常串级控制系统用于慢对象，为此，可采用D控制规律；据此，主控制器的控制规律通常为PID。

② 选择副控制器控制规律。副控制回路既是随动控制又是定值控制系统。因此，从控制要求看，通常可无消除余差的要求，即可不用I；但当副被控变量是流量，并有精确控制该流量要求时，可选用I；当副对象时间常数小，为削弱控制作用，需选用大比例度的P控制作用，有时也可加入积分或反微分；当副回路容量滞后较大时，宜加入微分；当副环包含积分环节时，有利于提高系统控制品质，其原因是由于积分环节提供−90°相位差，使副环相位滞后减小。因此，通常，副控制器的控制规律选PI。

（3）串级控制系统主、副控制器正反作用的选择

串级控制系统主、副控制器正反作用的选择应满足负反馈准则。因此，对主环和副环都必须满足总开环增益为正。假设主、副检测变送环节的增益都为正，具体选择步骤如下。

① 根据安全运行准则，选择控制阀的气开和气关型式（气开型，K_v 为正；气关型，K_v 为负）。

② 根据工艺条件确定副被控对象的特性。操纵变量增加时，副被控变量增加，K_{p2} 为正；反之为负。

③ 根据负反馈准则，确定副控制器正反作用（正作用，$K_{c2}<0$；反作用，$K_{c2}>0$）。

④ 根据工艺条件确定主被控对象的特性。副被控变量增加时，主被控变量增加，K_{p1} 为正；反之为负。

⑤ 根据负反馈准则，确定主控制器正反作用（正作用，$K_{c1}<0$；反作用，$K_{c1}>0$）。确定主控制器正反作用时，只需要满足 $K_{c1}K_{p1}K_{m1}>0$。

⑥ 根据负反馈准则确定在主控方式时主控制器正反作用是否要更换。当副控制器是反作用控制器时，主控制器从串级方式切换到主控方式时，不需要更换主控制器的作用方式。当副控制器为正作用控制器时，主控制器切换到主控时，为保证主控制系统为负反馈，应更换主控制器的作用方式。

表 4-4 是串级控制系统控制器正反作用选择的示例。

表 4-4　串级控制系统控制器正反作用选择的示例

控制方案	加热炉出口温度和炉膛温度串级控制	精馏塔提馏段温度和蒸汽流量串级控制	锅炉液位和给水量串级控制
示例图	加热炉 原料 燃料 TC 101 TC 102	FC 203 TC 202 精馏塔 V_s B	LC 301 FC 302 汽包 D W
主被控变量	加热炉出口温度	精馏塔提馏段温度	锅炉液位
副被控变量	炉膛温度	再沸器加热蒸汽流量	给水量
控制阀	根据安全运行准则，选气开阀，$K_v>0$	根据安全运行准则，选气开阀，$K_v>0$	根据安全运行准则，选气关阀，$K_v<0$
副被控对象	阀打开，燃料量增加，炉膛温度升高，$K_{p2}>0$	阀打开，蒸汽量增加，$K_{p2}>0$	阀打开，给水量增加，$K_{p2}>0$
副控制器	满足负反馈准则，选反作用控制器，$K_{c2}>0$	满足负反馈准则，选反作用控制器，$K_{c2}>0$	满足负反馈准则，选正作用控制器，$K_{c2}<0$
主被控对象	炉膛温度升高，出口温度升高，$K_{p1}>0$	蒸汽量增加，提馏段温度升高，$K_{p1}>0$	给水量增加，液位升高，$K_{p1}>0$
主控制器	满足负反馈准则，选反作用控制器，$K_{c1}>0$	满足负反馈准则，选反作用控制器，$K_{c1}>0$	满足负反馈准则，选反作用控制器，$K_{c1}>0$
主控方式切换	副控制器是反作用，主控制器从串级切换到主控时，主控制器的作用方式不更换		副控制器是正作用，主控制器从串级切换到主控时，主控制器的作用方式需更换

（4）串级控制系统的积分饱和及防止积分饱和的措施

串级控制系统中，如果控制器有 I 控制作用，并且偏差长期存在，则可能出现积分饱和现象。

【例 4-3】 串级控制系统的防积分饱和。

图 4-7 所示夹套反应釜的温度控制，采用釜温和夹套温度串级控制系统。该反应釜是间

歇生产，因此，开始时釜温比设定值低得多，反作用的主控制器 TC-201 输出不断上升，并超过上限值进入积分饱和区域。同时，使夹套温度控制器 TC-202 设定增加，当控制阀全开时仍不能使夹套温度上升到设定时，副控制器也进入积分饱和，这样，退出积分饱和将要花费更长时间。当釜温上升到设定值时，要隔较长时间才能退出饱和区域，使 $u_1=r_2$ 低于规定上限值；而副控制器的设定 r_2 降到夹套温度 y_2 以下，还要隔一定时间才能使 u_2 进入规定的界限值之内，使控制阀离开全开的位置。因此，串级控制系统中，当副控制器进入积分饱和时，比单回路控制系统进入积分饱和时的性能更差，调节更不及时。

防止串级控制系统的积分饱和，可采用图 4-8 所示的积分外反馈方法。它将副控制器的测量 y_2 作为主控制器积分外反馈。当副控制器有积分作用，稳态时，有 $y_2=r_2=u_1$，与采用 u_1 作为积分正反馈时的效果相同。动态时，$U_1(s)=K_{c1}E_1(s)+\frac{1}{T_{i1}s+1}Y_2(s)$。即主控制器的输出与主控制器的偏差成比例，比例增益为 K_{c1}，由副控制器的测量信号确定其偏置值。当达到稳态时，$Y_2(s)=U_1(s)$，控制器输出为

$$U_1(s)=K_{c1}E_1(s)+\frac{1}{T_{i1}s+1}U_1(s)=K_{c1}\left(1+\frac{1}{T_{i1}s}\right)E_1(s) \tag{4-7}$$

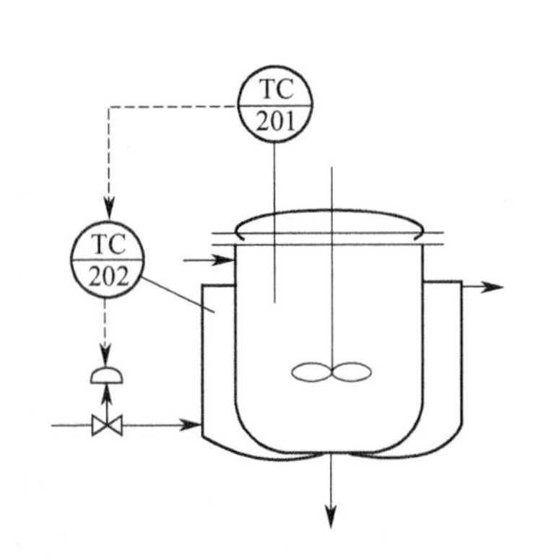

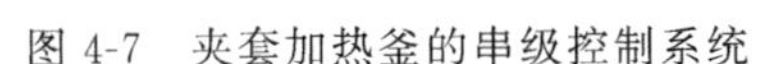
图 4-7 夹套加热釜的串级控制系统

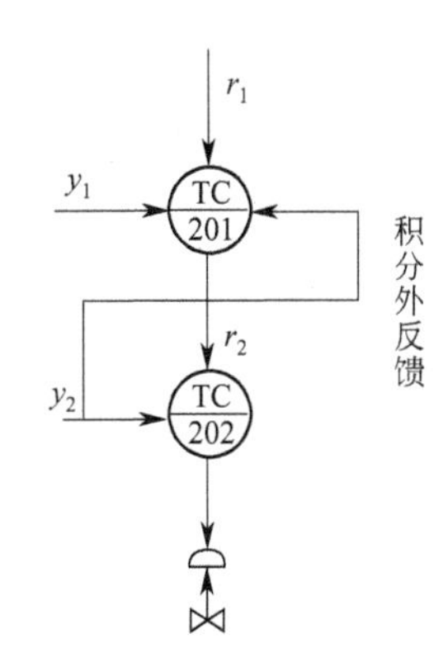

图 4-8 串级控制系统的防积分饱和

稳态时，主控制器是 PI 控制作用。当 $y_2<u_1$ 时，u_1 的增长不会超过一定极限，即不会发生积分饱和。

采用 DCS 或计算机控制装置时，通常采用类似的积分外反馈方式防止积分饱和。

(5) 串级控制系统中副环检测变送环节的非线性

当串级控制系统的副环流量检测变送环节采用非线性检测变送器，例如，副被控变量是流量，检测变送环节的输出是差压，即 $y_{m2}=K_{m2}y_2^2$，式中，y_2 是流量值，y_{m2} 是差压值，K_{m2} 是检测变送环节的增益。稳态时，测量值等于设定值，因此，副回路的稳态增益 $K_{副}(0)$ 为

$$K_{副}(0)=\frac{dy_2}{dr_2}=\frac{dy_2}{dy_{m2}}=\frac{1}{2\sqrt{K_{m2}}}\frac{1}{\sqrt{y_{m2}}}=\frac{1}{2K_{m2}y_2} \tag{4-8}$$

上式表明，副环稳态增益随副被控变量增大而减小。如图 4-9 所示。

根据稳定运行准则，单回路控制系统的被控对象出现非线性特性时，可采用控制阀的流量特性进行补偿。但在串级控制系统中，由于副环流量检测未采用开方器，造成副环输入与输出之间的非线性，它不能用控制阀流量特性补偿。因为，控制阀已经包含在副环内部。

当检测变送环节采用线性检测变送器时，由于副环输入输出间的关系是线性关系，因此，副环稳态增益为 1，即 1∶1 比例环节。如果主被控对象是线性特性，就采用线性控制

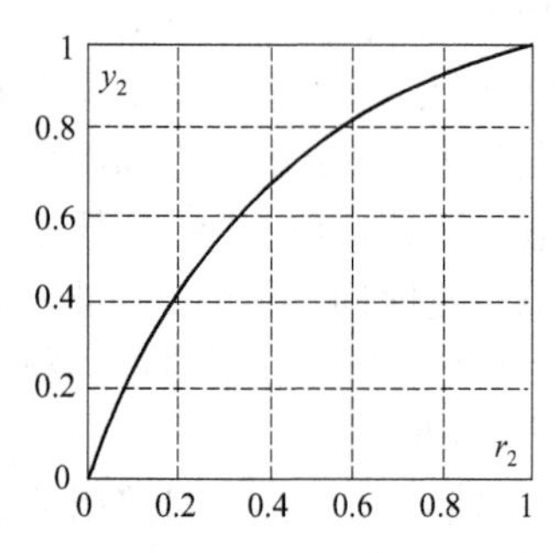

图 4-9 副环增益的非线性特性

规律；如果主被控对象是非线性特性，则需用主控制器的非线性控制规律或在其输出串接非线性环节来补偿，而不能选用控制阀流量特性进行补偿。

(6) 计算机控制装置实现串级控制系统的注意事项

采用计算机控制装置实现串级控制系统时，应注意下列问题。

① 采样周期。计算机控制装置实现串级控制系统时，主、副回路的采样周期可采用同步采样和异步采样两种方式。

大多数串级控制系统的主、副被控对象的特性相差较大，因此，采用异步采样方式，即副环和主环采用不同的采样周期，需注意，副环采样周期一般较短，主环采样周期应是副环采样周期的整倍数。

② 信号滤波。需要对被控变量信号进行滤波，以剔除高频噪声。副被控变量和主被控变量的滤波时间常数应根据被控对象特性设置。

③ 控制规律。采用计算机控制装置实现串级控制系统时，可根据被控对象的特性，设置非线性控制规律、串接非线性补偿环节和选用合适的流量特性等，实现更有效的控制，补偿被控对象的非线性。例如，在主控制器输出串接非线性补偿环节，补偿主被控对象的非线性等。

4.1.3 串级控制系统中控制器的参数整定和系统投运

从整体看，串级控制系统是一个定值控制系统，控制品质的要求与单回路控制系统控制品质的要求一致。从副回路看，应要求能够快速、准确地跟踪主控制器输出变化。

串级控制系统控制器参数整定有逐步逼近法、两步法和一步法等。逐步逼近法先断开主回路，整定副控制器参数，其次，闭合主回路，整定主控制器参数，最后，再整定副控制器参数、主控制器参数，直到控制品质满足要求。由于每次整定都向最佳参数逼近，因此，称为逐步逼近法。两步法是主控制器手动模式下，先整定副控制器参数，整定好后，主控制器切自动，整定主控制器参数。一步法是根据副被控对象的特性，按表 4-5 设置副控制器参数，然后整定主控制器参数。逐步逼近法用于对主、副被控变量都有较高控制指标的场合，两步法和一步法用于对副被控变量的控制要求不高的场合。

表 4-5 副控制器比例度的经验数据

副被控对象	流量	压力	液位	温度
增益 K_{c2}	1.25～2.5	1.4～3	1.25～5	1.7～5
比例度 $\delta_2/\%$	40～80	30～70	20～80	20～60

Austin V D 提出，可采用表 4-6 方法计算控制器的整定参数。式中，K_{c2}是副控制器增益。

表 4-6 串级控制系统参数整定的计算公式

参数	副控制器为 P 控制器		副控制器为 PI 控制器	
K_{c1}	主控制器为 PI 控制器，定值，$0.02\leqslant T_2/T_1\leqslant 0.38$	$1.4\left(\frac{1+K_{c2}K_2}{K_{c2}K_1}\right)\left(\frac{\tau_1}{T_1}\right)^{-1.14}\left(\frac{T_2}{T_1}\right)^{0.1}$	主控制器为 PID 控制器，定值，$0.02\leqslant T_2/T_1\leqslant 0.38$	$1.25\left(\frac{K_2}{K_1}\right)\left(\frac{\tau_1}{T_1}\right)^{-1.07}\left(\frac{T_2}{T_1}\right)^{0.1}$
	主控制器为 PI 控制器，随动，$0.38< T_2/T_1$	$0.84\left(\frac{1+K_{c2}K_2}{K_{c2}K_1}\right)\left(\frac{\tau_1}{T_1}\right)^{-1.14}\left(\frac{T_2}{T_1}\right)^{0.1}$	主控制器为 PID 控制器，随动，$0.02\leqslant T_2/T_1\leqslant 0.65$	$0.75\left(\frac{K_2}{K_1}\right)\left(\frac{\tau_1}{T_1}\right)^{-1.07}\left(\frac{T_2}{T_1}\right)^{0.1}$
	主控制器为 PID 控制器，随动，$0.38< T_2/T_1$	$1.17\left(\frac{1+K_{c2}K_2}{K_{c2}K_1}\right)\left(\frac{\tau_1}{T_1}\right)^{-1.14}\left(\frac{T_2}{T_1}\right)^{0.1}$	主控制器为 PID 控制器，随动，$0.02\leqslant T_2/T_1\leqslant 0.35$	$1.04\left(\frac{K_2}{K_1}\right)\left(\frac{\tau_1}{T_1}\right)^{-1.07}\left(\frac{T_2}{T_1}\right)^{0.1}$

续表

参数	副控制器为P控制器	副控制器为PI控制器
T_{I1}	T_1	T_1
T_{D1}	$(\tau_1-T_2)/2$(主控制器为PID控制器时)	$(\tau_1-T_2)/2$(主控制器为PID控制器时)

参数整定时应防止共振现象出现，一旦出现共振，应加大主控制器或副控制器的比例度，使副、主回路的工作频率错开，以消除共振。

串级控制系统的投运与参数整定的方法有关。两步法整定参数的系统投运步骤如下。

① 设置主控制器为“内给”、“手动”，设置副控制器为“外给”、“手动”。

② 主控制器手动输出，调整副控制器手动输出使偏差为零时，将副控制器切“自动”。

③ 整定副控制器参数，使副被控变量的响应满足所需性能指标，例如，衰减比指标。

④ 调整主控制器手动输出使偏差为零时，将主控制器切“自动”。

⑤ 整定主控制器参数，使主被控变量的响应满足所需性能指标，例如，衰减比指标、余差等。

串级控制系统的投运宜先副后主，由于设置副环的目的是提高主被控变量的控制品质，因此，对副控制器参数整定的结果不应作过多限制，应以快速、准确跟踪主控制器输出为整定参数的目标。当工艺过程对副被控变量也有一定控制指标要求时，例如，精确流量测量等，可采用逐步逼近法整定参数，使副被控变量也能够满足所需控制指标。

4.1.4 串级控制系统设计示例

(1) 加热炉出口温度串级控制系统

如图4-10所示，加热炉出口温度控制系统的被控变量是被加热物料的出口温度。操纵变量是燃料量。简单温度控制系统采用出口温度控制燃料量，但因该过程的时间常数大，动态响应差，因此，根据主要扰动的不同情况，可设计不同的串级控制系统。该串级控制系统的主被控变量仍是加热炉的被加热物料出口温度，操纵变量仍是燃料量。而副被控变量则根据扰动的不同而改变。加热炉的控制主要是热量控制。影响因素有燃料流量、燃料压力和热值，被加热物料的流量等。

① 副被控变量选燃料流量。当燃料量波动很大时，选用燃料流量作为副被控变量组成串级控制系统，可有效克服因燃料流量的波动造成的加热炉出口温度波动。燃料流量计安装在燃料阀上游。

② 副被控变量选进加热炉燃料的压力。当燃料的黏度较大时，采用上述控制方案造成流量测量不准，为此可选用进加热炉的燃料压力作为副被控变量，组成串级控制系统。压力检测点位于燃料控制阀下游。

③ 副被控变量选加热炉炉膛温度。当燃料热值等波动较大时，可选加热炉炉膛温度作为副被控变量，组成串级控制系统。

读者可在P&ID上绘制相应的串级控制系统。下同。

(2) 精馏塔精馏段温度的串级控制系统

如图4-11所示，为控制精馏塔轻组分的产品质量，通常将精馏塔精馏段温度作为被控变量，操纵变量可根据采用的物料平衡方式改变。当采用间接物料平衡控制方案时，操纵变量是回流量；当采用直接物料平衡控制方案时，操纵变量是塔顶采出量。温度被控对象的非线性特性，需主控制器输出串接非线性补偿环节实现。

① 副被控变量选回流量。当采用间接物料平衡控制方案时，可将回流量作为副被控变量组成串级控制系统。它对克服控制阀特性变化和管路系统的内部扰动有较好的控制效果。

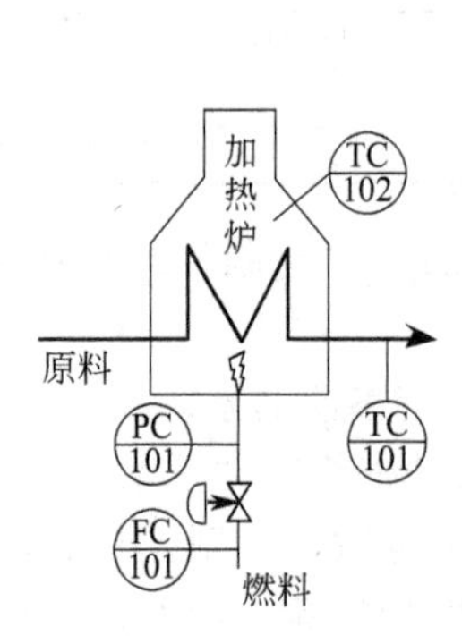

图 4-10　加热炉控制

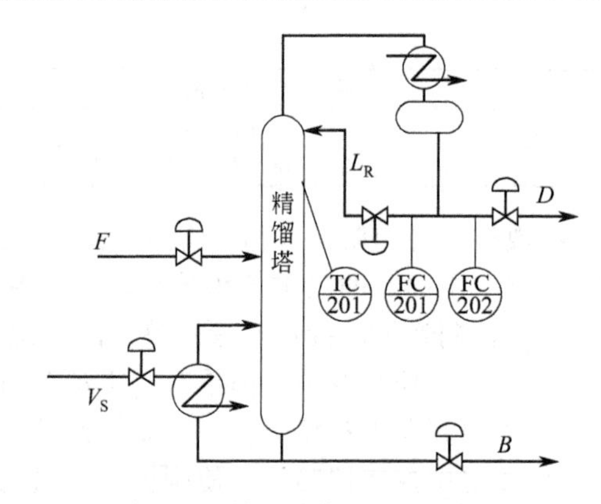

图 4-11　精馏塔精馏段温度控制

② 副被控变量选塔顶采出量。当采用直接物料平衡控制方案时，可将塔顶采出量作为副被控变量组成串级控制系统。由于直接物料平衡控制方案中，物料和能量之间的平衡关联小，因此，可有效克服内回流随环境温度变化而变化的影响。

(3) 精馏塔提馏段温度的串级控制系统

如图 4-12 所示，为控制精馏塔重组分的产品质量，通常将精馏塔提馏段温度作为被控变量，操纵变量可根据采用的物料平衡方式改变。采用间接物料平衡控制方案时，操纵变量是再沸器加热量；采用直接物料平衡控制方案时，操纵变量是塔底采出量。温度被控对象的非线性特性，需主控制器输出串接非线性补偿环节实现。

① 副被控变量选再沸器加热量。当采用间接物料平衡控制方案时，可将再沸器加热量作为副被控变量组成串级控制系统。它可有效克服再沸器加热蒸汽压力、流量等扰动的影响。

为降低投资成本，也可用加热蒸汽阀后压力作为副被控变量（图中未画出），组成串级控制系统。由于再沸器的负荷变化不大，因此，用该串级控制系统可获得与用再沸器加热蒸汽流量组成的串级控制系统类似的控制效果。

② 副被控变量选塔底采出量。当采用直接物料平衡控制方案时，可将塔底采出量作为副被控变量组成串级控制系统。

(4) 夹套反应釜釜温的串级控制系统

如图 4-13 所示，夹套反应釜釜温控制系统的被控变量是反应釜釜内温度。操纵变量可以是夹套的冷剂或热剂量，也可以是进料量。这里以夹套的冷剂或热剂量为例说明串级控制系统的设计。温度被控对象的非线性特性，需主控制器输出串接非线性补偿环节实现。

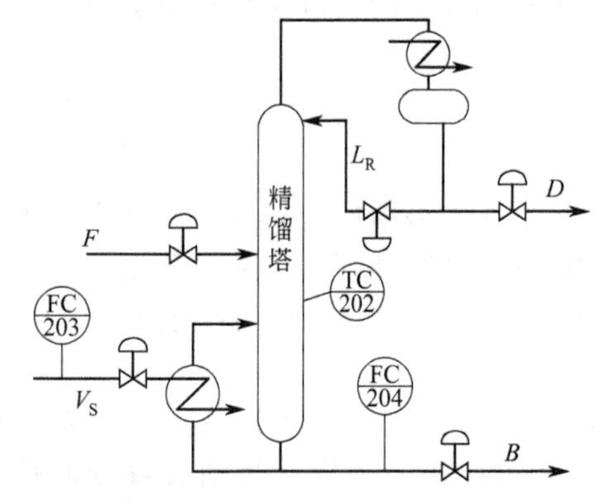

图 4-12　精馏塔提馏段温度控制

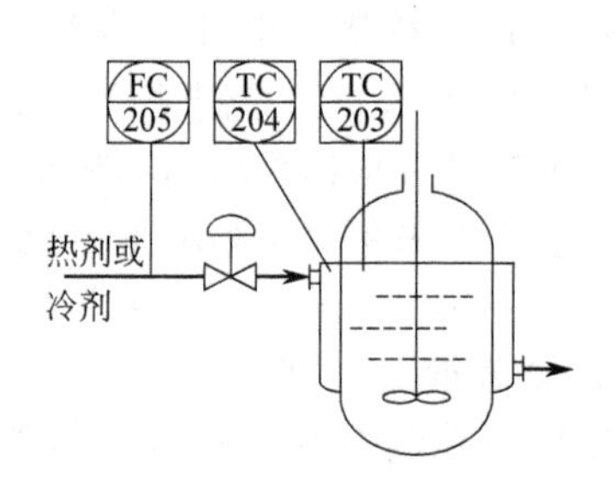

图 4-13　夹套反应釜温度控制

① 副被控变量选夹套温度。夹套温度响应快，可迅速反映釜温变化，因此，可选该变量作为副被控变量，组成串级控制系统。它对克服冷剂或热剂流量的扰动、反应釜内反应的变化有较强的克服能力。

② 副被控变量选进夹套的冷剂或热剂流量。

它主要用于克服冷剂或热剂流量、温度等影响。有时也可用冷剂或热剂的压力作为副被控变量。需注意，流量检测元件安装在控制阀上游，而压力检测点位于控制阀下游。

4.2 均匀控制系统

4.2.1 基本原理和结构

(1) 基本原理

均匀控制系统根据系统功能命名。均匀控制是指对两个被控变量控制的兼顾。它是为协调前后工序物料流量而提出。下面是一个应用示例。

精馏塔前塔塔釜的出料作为后塔的进料。当其间不设置中间贮罐进行缓冲时，从前塔操作要求看，应保持塔釜液位稳定，为此，应调节出料量；从后塔的操作要求来看，应保持进料量稳定，为此，应调节进料量稳定。如果只从前塔操作的要求考虑，前塔的塔釜液位可控制得很平稳，但出料量会有较大波动，而出料量的波动会影响后塔的平稳操作；如果只从后塔操作要求考虑，后塔进料量可控制得很平稳，但前塔塔釜液位会有较大波动，而液位的波动会影响前塔的平稳操作。均匀控制就是对这两个被控变量控制的兼顾，它的控制策略是既照顾到前塔塔釜液位的平稳，又照顾到后塔进料的平稳。因此，均匀控制是兼顾两个被控变量的控制，即通过均匀控制使液位在允许的范围内波动，而流量又能够比较平稳变化。图4-14是前后精馏塔的控制结构图。图4-15是采用简单液位控制、进料流量控制和均匀控制时液位和流量的响应曲线。

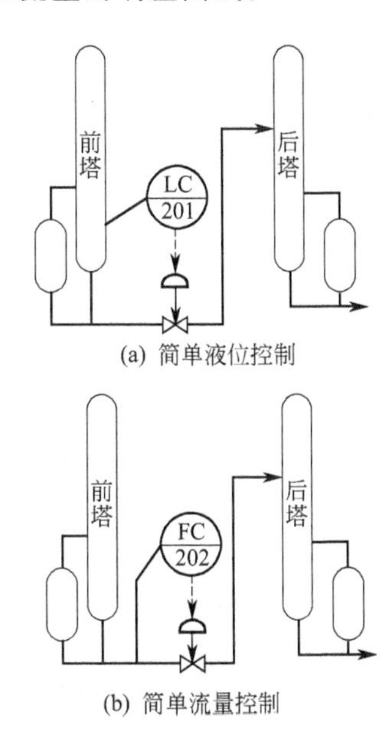

图4-14 前后精馏塔的控制

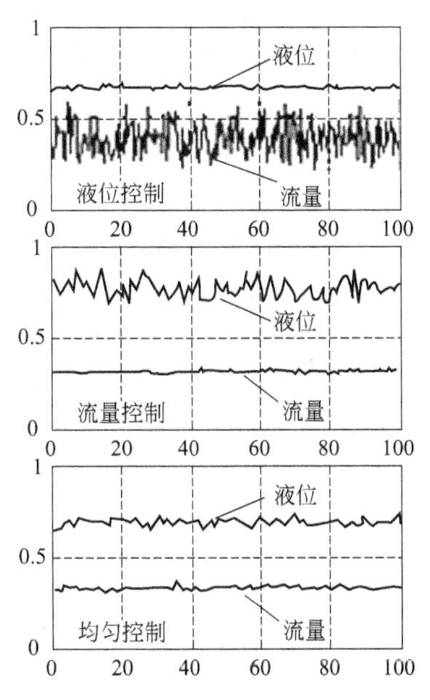

图4-15 控制效果比较

(2) 均匀控制系统的实施方案

均匀控制系统的结构与单回路或串级控制系统相同。表4-7是均匀控制系统实施方案和特性比较。

表 4-7　均匀控制系统实施方案和特性比较

类型	简单均匀控制系统	串级均匀控制系统	双冲量均匀控制系统
实施的控制方案	与简单液位控制系统相同	与液位和流量的串级控制系统相同	与串级均匀控制系统类似，将两个需兼顾被控变量的差（或和）作为被控变量
不同点	① 简单均匀控制应用于要求液位和流量都需要兼顾的场合。 ② 简单均匀控制采用大比例度和大积分时间。比例度越大，积分时间越长，对流量的兼顾越多；比例度越小，积分时间越短，对液位的兼顾越多。 ③ 简单均匀控制的液位变送器量程范围较大，以便降低液位检测的灵敏度，使对液位的控制不灵敏。 ④ 简单均匀控制系统的液位只需显示，但流量要记录。简单液位控制系统的液位通常也要记录	① 串级均匀控制系统采用大比例度和大积分时间。 ② 串级均匀控制系统副控制器采用 PI 控制作用，加入积分的目的并不是为了消除余差，而是增强控制作用。 ③ 液位变送器、显示等特性与简单均匀控制系统相同	① 控制阀安装在出口时，进控制器的测量信号是加法器的输出，它是液位信号与流量信号之差加偏置值（调节零位）。 ② 控制阀安装在入口时，进控制器的测量信号是加法器的输出，它是液位信号与流量信号之和减偏置值（调节零位）。 ③ 调整偏置值，使在正常情况下，加法器的输出在控制器的中间位置，便于调节。 ④ 液位有余差。 ⑤ 是串级控制系统的变型，其主控制器是 1∶1 比例控制器，副控制器是流量控制器
适用场合	适用于阀前后压力波动不大，液位对象自衡特性不明显，要求均匀控制的场合	适用于阀前后压力波动较大，或液位对象具有明显自衡特性，要求流量比较平稳，需要均匀控制的场合	用于控制要求较高，需要降低成本的串级均匀控制系统的场合

均匀控制系统具有下列特点。

① 用一个控制器使两个被控变量都得到控制。

② 均匀控制是通过控制器参数合理整定实现。整定原则是比例度较大些，积分时间较长些。

③ 均匀控制的控制指标是在最大扰动下液位仍在工艺操作允许的范围内波动的同时，使流量较平稳。

4.2.2　均匀控制系统中控制器的参数整定

(1) 控制规律的选择

简单均匀控制系统采用比例控制规律时，液位测量信号与控制阀开度有一一对应关系。由于均匀控制选用较大比例度，因此，控制器输出引起的流量变化不会超越输入流量的变化，但有余差。当负荷变化，工艺要求液位没有余差时，可加入 I 控制，同时，应增大比例度，使流量变化更缓慢。这也是液位波动较剧烈或输入流量急剧变化场合使用 PI 的原因。

串级均匀控制系统主控制器控制规律可按上述原则选择，副控制器可选用 PI 控制，改善动态响应。

双冲量均匀控制系统的主控制器是 1∶1 比例控制器，副控制器是流量控制器。因此，按被控对象是流量的要求设置控制作用，并增大比例度和增大积分时间。

(2) 控制器参数整定

与简单控制系统或串级控制系统的参数整定方法相同，先按纯比例进行闭环调试，然后，适当引入积分时间。均匀控制系统建议的整定参数值见表 4-8。

表 4-8 均匀控制系统建议的整定参数值

停留时间 t_c/min	比例度 δ/%	积分时间 T_i/min
<20	100～150	5
20～40	150～200	10
>40	200～250	15

注：$t_c=\frac{V\text{（容器的有效容积）}}{Q\text{（正常工况下的额定体积流量）}}$。容器有效容积相当于液位变送器测量范围内的容积。

(3) 控制器参数整定时的注意事项

均匀控制系统控制器参数整定时的注意事项如下。

① 液位被控对象近似为积分环节。采用 PI 控制器。其阻尼系数和自然频率为

$$\begin{cases}\zeta=\dfrac{K_cK_v/A}{2\sqrt{K_cK_v/(T_iA)}}=\dfrac{1}{2}\sqrt{\dfrac{K_cK_vT_i}{A}}\\ \omega_0=\sqrt{\dfrac{K_cK_v}{T_iA}}\end{cases}$$

从上式可见，控制器增益 K_c 越小，阻尼系数 ζ 越小，自然频率 ω_0 越低，振荡越剧烈。这与第 2 章自衡非振荡过程控制系统所得到“当增益增加，控制系统稳定性变差”的结论不同。积分时间 T_i 增大，控制系统自然频率 ω_0 下降，振荡加剧，这与第 2 章讨论的结论一致。因此，这类液位均匀控制系统中，有时减小增益，系统反而出现振荡周期长、衰减慢的液位振荡输出。而增大增益反而能提高衰减比，缩短振荡周期，有利于系统稳定。

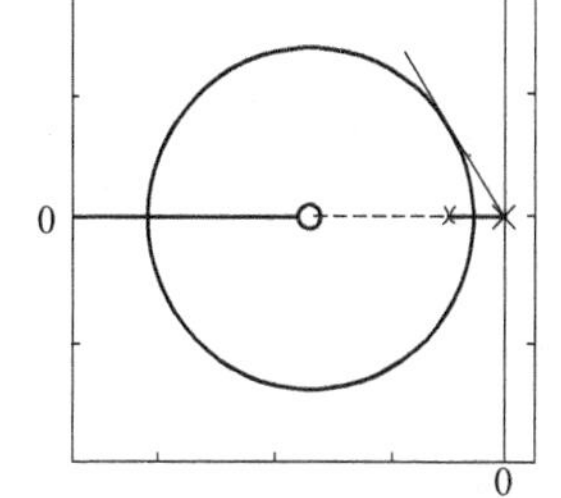

图 4-16 一阶惯性对象的根轨迹

② 液位被控对象近似为一阶惯性环节 $G_p(s)=\dfrac{K_p}{T_ps+1}$。其极点为 $-\dfrac{1}{T_p}$，采用 PI 控制器，积分时间为 T_i，该控制系统的根轨迹如图 4-16 所示。随着控制器增益的增大，控制系统的响应由不衰减振荡开始，进入衰减振荡，振荡频率由小到大，并再减小。当增益再增大时，系统又进入不衰减振荡。因此，这类液位均匀控制系统类似于条件稳定的控制系统。在均匀控制系统控制器参数整定时应予注意。

4.2.3 均匀控制系统设计示例

(1) 精馏塔冷凝器液位和液相出料的均匀控制系统

除了精馏塔塔釜出料存在不设置中间贮罐直接送后塔的操作外，精馏塔塔顶出料也存在不设置中间贮罐直接送后塔的情况。当以液相出料送后塔时，可采用图 4-17 所示的串级均匀控制系统。将前塔的塔顶冷凝器液位和出料组成均匀控制系统，以平稳后塔的进料流量，同时使前塔的冷凝器液位保持在允许的变化范围内。也可设计其他均匀控制系统类型，但一般选用串级均匀控制系统类型。

(2) 精馏塔冷凝器气相压力和气相出料的均匀控制系统

均匀控制系统中，被控变量是气体流量时，兼顾的累积量变化可用缓冲容器内的压力表征，组成压力-流量均匀控制。精馏塔冷凝器气相压力与气相出料流量的均匀控制是典型的示例。它的气相出料直接送入后塔，冷凝器液位用于调整回流量。由于外回流量的剧烈变化会破坏精馏塔塔顶气液平衡，因此，采用图 4-18 所示的冷凝器气相压力与气相出料流量的简单均匀控制系统。

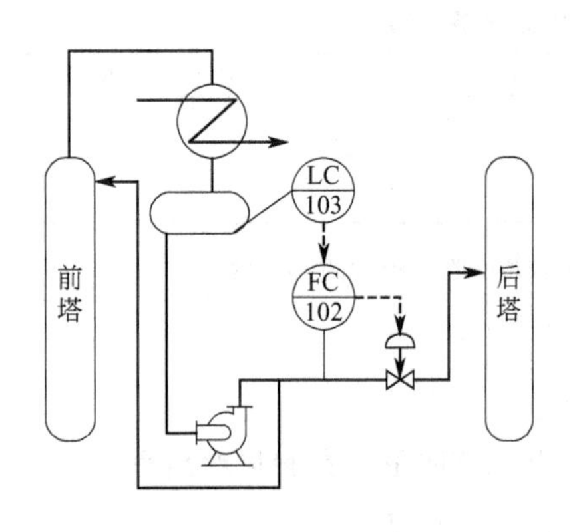

图 4-17 精馏段冷凝器液位和液相出料串级均匀控制

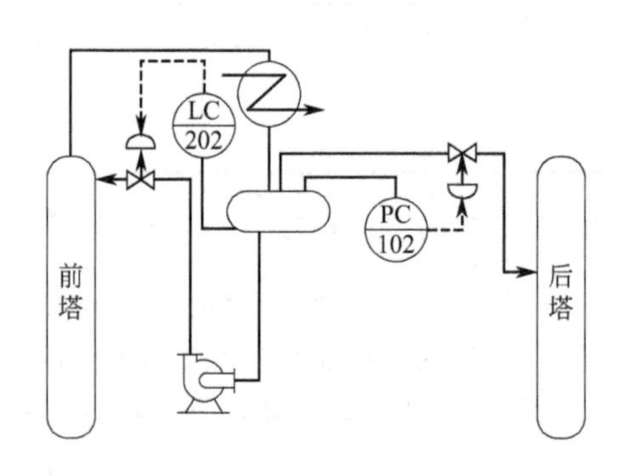

图 4-18 精馏段冷凝器压力和气相出料简单均匀控制

4.3 前馈控制系统

4.3.1 基本原理、结构和性能分析

(1) 基本原理

① 不变性原理。20 世纪三四十年代前苏联学者提出不变性原理，即在扰动影响下，系统被控变量与扰动变量之间无关或在一定精度下无关。也称为扰动补偿原理。它表示在扰动影响下，通过前馈控制的补偿，使被控变量保持不变。表 4-9 是不变性分类。根据不变性原理组成的控制系统称为前馈控制系统。

表 4-9 不变性分类

分类	描述
绝对不变性	扰动 $f(t)$作用下，被控变量 $y(t)$在整个过程中保持不变的特性。即控制过程的静态和动态偏差都为零。即 $f(t)\neq0, \lvert\Delta y(t)\rvert\equiv0$
误差不变性	扰动 $f(t)$作用下，被控变量的变化 $\Delta y(t)$在规定的范围内。即 $f(t)\neq0, \lvert\Delta y(t)\rvert\leqslant\varepsilon$。这是工程实际应用的不变性
稳态不变性	扰动 $f(t)$作用下，系统达到稳态时，被控变量与扰动无关。即 $f(t)\neq0, \lim\limits_{t\to\infty}\Delta y(t)=0$，常用于静态前馈
选择不变性	被控变量受多个扰动影响，对规定的几个主要扰动进行不变性补偿，称为选择不变性。即对若干 $f_i(t)\neq0, \lvert\Delta y(t)\rvert=0$

② 前馈控制和反馈控制。前馈控制和反馈控制的性能比较见表 4-10。

表 4-10 前馈控制和反馈控制性能比较

特性	反馈控制	前馈控制
控制方案示例	蒸汽 设定值 TC 101 TT 101 θ	$f(x)$ 蒸汽 FY 101 θ

续表

特性	反馈控制	前馈控制
示例控制过程说明	当原料流量变化、原料温度变化或蒸汽压力变化时，这些扰动就会影响出口温度，通过反馈控制系统中检测变送环节检测出口温度测量值，它与设定温度比较的偏差经反馈控制器运算后输出信号，改变控制阀开度，使出口温度恢复到设定值	如果换热器原料流量变化较大且较频繁，可将原料流量作为测量信号。当原料流量增加时，它对出口温度的影响有两个通道：通过扰动通道，原料流量增加使出口温度下降；通过前馈控制器 FY-101，和控制通道组成的前馈控制通道，原料流量增加使蒸汽控制阀打开，使出口温度上升。如果前馈控制器控制规律合适，可使出口温度保持不变
设计原理	反馈控制理论：根据偏差来消除偏差，即"治已病"	不变性原理：根据扰动消除其对被控变量的影响，即"治未病"
被测变量	被控变量	扰动量
控制作用发生时间	只有扰动引起被控变量产生偏差后才起作用，因此，控制器的动作总是落后于扰动的发生，控制不及时	扰动发生时，前馈控制就有输出，因此，对扰动引起的动、静态偏差有及时的校正作用
控制系统组态结构	闭环结构，系统中各环节稳定不能保证闭环后系统的稳定	开环结构，系统中各环节稳定，则系统稳定
控制规律	P、PI、PD、PID 及开关控制等	与扰动通道与控制通道特性之比有关，是专用的控制规律
控制规律实现	容易实现，经济	有时物理实现困难
控制校正作用范围	可克服进入闭环的各种扰动影响	仅对被前馈的扰动有校正作用，对其他扰动无校正作用
控制系统其他特点	①能消除余差； ②适应性强； ③控制器控制规律(P、I、D 等)可方便地实现	①不能保证被控变量无余差，无法检验前馈控制效果； ②它只针对特定的单一扰动； ③如果扰动不可测量就不能采用前馈控制； ④如果前馈参数不合适反而会扩大扰动的影响

③ 前馈控制规律。图 4-19 是前馈控制系统框图。与单回路控制系统分析类似，将扰动检测变送环节 $G_m(s)$、执行器 $G_v(s)$ 和被控对象 $G_p(s)$ 组成前馈控制广义对象 $G_o(s)$，并将图 4-19(a) 转化为图 4-19(b)。根据不变性原理，当扰动 $F(s)$ 变化时，被控变量与扰动变化无关。因此，有

$$Y(s)=[G_{FF}(s)G_o(s)+G_F(s)]F(s)=0 \tag{4-9}$$

得前馈控制器控制算式为

$$G_{FF}(s)=-\frac{G_F(s)}{G_o(s)} \tag{4-10}$$

式中，$G_o(s)$ 是前馈广义对象传递函数；$G_F(s)$ 是扰动通道传递函数。当 $G_o(s)$ 和 $G_F(s)$ 已知时，根据式(4-10) 可得到前馈控制器控制算式。如果该算式能精确实现，则扰动变化时对被控变量无影响。它不仅使控制系统的偏离度大大减小，提高产品质量和产量，而且降低原材料消耗，并由此获得显著经济效益。但由于下列原因，实际应用中不常采用单纯前馈控制，通常将前馈控制与反馈控制结合组成前馈-反馈控制系统。

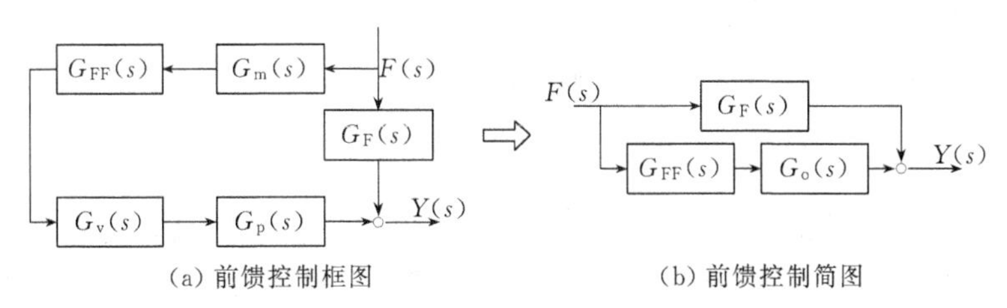

图 4-19 前馈控制系统框图

① $G_o(s)$ 和 $G_F(s)$ 不能精确获得，或具有时变特性，使 $G_{FF}(s)$ 不能精确实现，即扰动影响不能完全补偿。或者 $G_o(s)$ 和 $G_F(s)$ 可精确获得，但 $G_{FF}(s)$ 不能物理实现，例如，出现纯超前环节。

② 实际工业生产过程控制中的扰动不止一个；有些扰动不可测量或难以测量。

③ 前馈控制对被控变量的控制效果没有检验依据，不能保证被控变量无余差。

④ 前馈控制器的参数不合适反而扩大扰动的影响。

(2) 基本结构

前馈控制基本结构见表 4-11。

表 4-11　前馈控制基本结构

控制方案	单纯前馈控制(开环控制)	相乘型前馈-反馈控制	相加型前馈-反馈控制
示例图	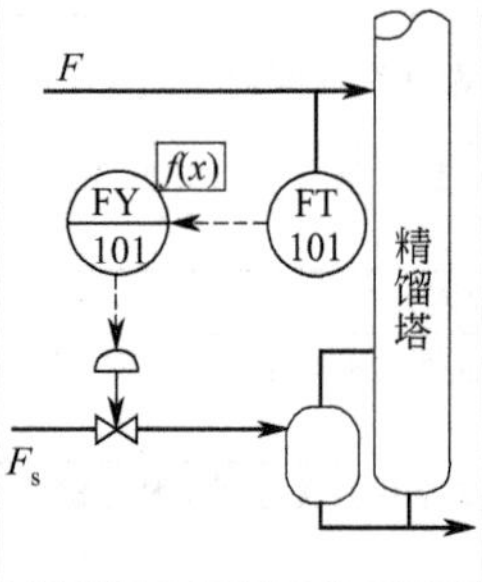	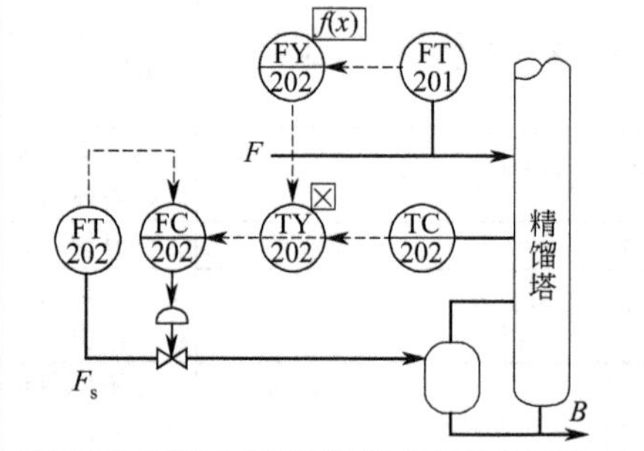	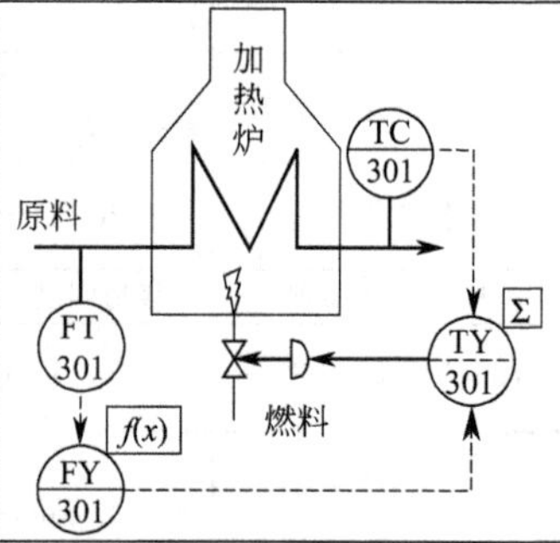
控制系统框图	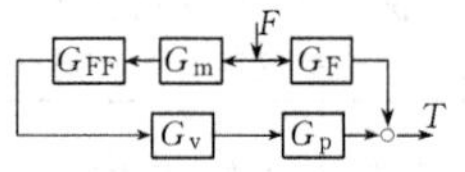	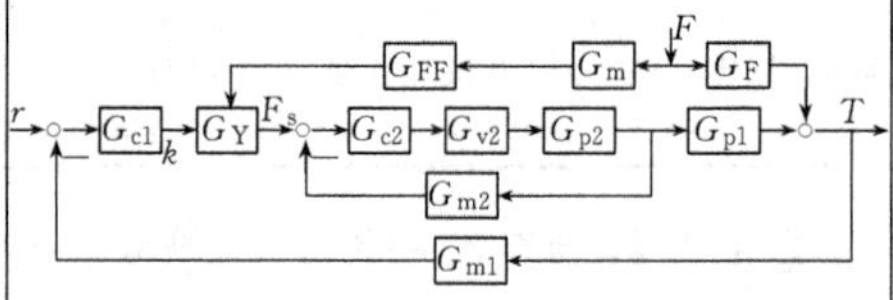	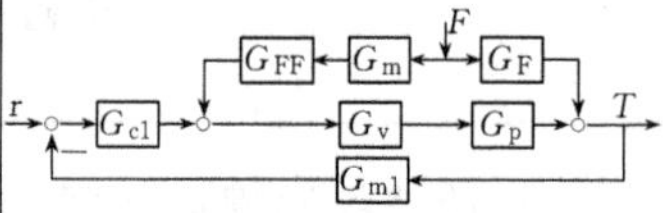
特点	根据一个流量(扰动)的变化去改变另一流量，或作为另一个流量控制系统的设定值	反馈信号和前馈信号相乘后的运算结果作为再沸器加热蒸汽流量控制器的设定	前馈和反馈信号相加后的信号作为燃料流量控制器设定值
计算公式	$F_s=G_{FF}F$(开环)	$F_s=G_{FF}Fk$(变比值 k，组成变比值控制)	$G_{FF}G_mG_vG_p+G_F=0$

(3) 性能分析

① 静态前馈。假设前馈广义对象传递函数为 $G_o(s)=\frac{K_o}{T_os+1}e^{-s\tau_o}$；扰动通道传递函数为 $G_F(s)=\frac{K_F}{T_Fs+1}e^{-s\tau_F}$；根据不变性原理，得到前馈控制器传递函数为

$$G_{FF}(s)=-\frac{G_F(s)}{G_o(s)}=-\frac{K_F}{K_o}\frac{T_os+1}{T_Fs+1}e^{-s(\tau_o-\tau_F)}=K_{FF}\frac{T_os+1}{T_Fs+1}e^{-s\tau_{FF}} \tag{4-11}$$

K_{FF} 称为静态前馈增益，静态前馈控制算式为

$$G_{FF}(s)=K_{FF}=-\frac{K_F}{K_o} \tag{4-12}$$

② 动态前馈。静态前馈根据对象静态方程确定其静态前馈增益，可保证稳态时消除扰动的影响。但其动态过程中仍有偏差。当控制通道和扰动通道的动态特性有较大差异时，宜用动态前馈。根据式(4-11)，考虑常规仪表实施时滞项 $\tau_{FF}=\tau_o-\tau_F$ 困难，或无法实现，一

般动态前馈控制算式为

$$G_{FF}(s)=K_{FF}\frac{T_{o}s+1}{T_{F}s+1} \tag{4-13}$$

根据 T_o 和 T_F 的大小，动态前馈控制器的阶跃响应曲线如图 4-20 所示。

- 当 $T_o>T_F$时，前馈控制器呈现超前特性。
- 当 $T_o<T_F$时，前馈控制器呈现滞后特性。
- 当 $T_o=T_F$时，前馈控制器呈现比例特性，即为静态前馈增益。

可将动态前馈看作为是静态前馈和动态补偿的结合。静态前馈用于稳态的扰动补偿，动态补偿用于动态过程的补偿。

③ 前馈控制的实质。从前馈控制算式可见，前馈控制实质是用前馈控制器的零点对消前馈通道广义对象的极点，用前馈控制器的部分极点对消扰动传递函数的零点。前馈控制器的增益是扰动通道增益与控制通道增益之比的负值。

由于前馈控制没有被控变量的反馈信息，因此，前馈控制的零、极点对消和增益的补偿是否合适，没有检验手段。前馈控制补偿不合适时，反而引入新的干扰。为此，常常将前馈与反馈结合，组成前馈-反馈控制系统。

4.3.2 前馈控制系统设计和工程应用中的问题

(1) 扰动变量的选择

前馈控制器的输入变量是扰动变量，扰动变量选择原则如下。

① 扰动变量必须可测量，而工艺一般不允许对其控制，例如，精馏塔进料，加热炉的原料等。

② 扰动变量应选主要扰动，其扰动变化频繁，幅度变化较大。

③ 扰动变量对被控变量影响大，用常规反馈控制较难实现所需控制要求。

④ 扰动变量虽然可控，但工艺需要经常改变其数值，进而影响被控变量。

(2) 前馈控制规律的设计

以示例说明静态和动态前馈控制规律的设计方法。

【例 4-4】 静态前馈控制规律的设计。

如图 4-21 所示换热器，已知蒸汽 W_S的汽化潜热 ΔH，被加热物料 W_H的比热 C_H，被加热物料进、出换热器的温度为 θ_i 和 θ_o；根据热量平衡方程

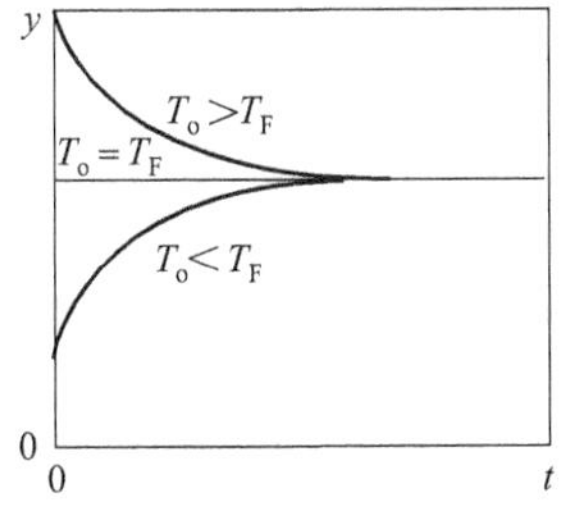

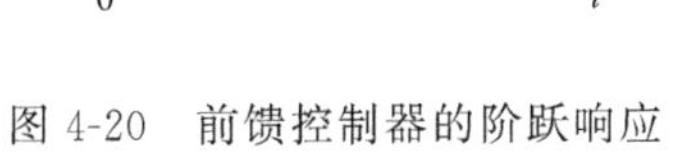

图 4-20 前馈控制器的阶跃响应

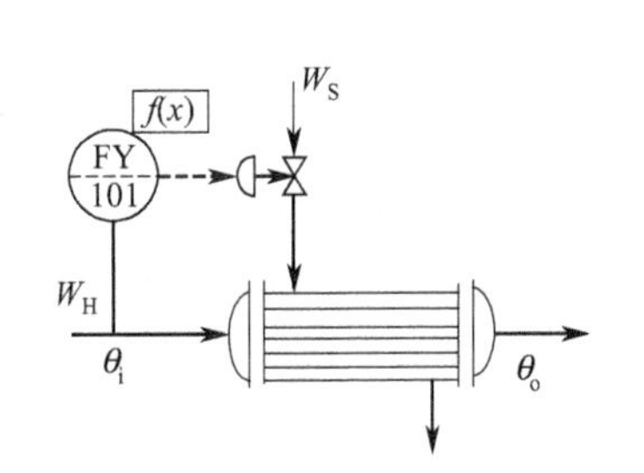

图 4-21 静态前馈控制

$$W_S\Delta H=W_HC_H(\theta_o-\theta_i) \tag{4-14}$$

得到，被加热物料出口温度

$$\theta_o=\frac{W_S\Delta H}{W_HC_H}+\theta_i \tag{4-15}$$

设计静态前馈控制，计算各环节增益为

$$K_{\mathrm{o}}=\frac{\partial\theta_{\mathrm{o}}}{\partial W_{\mathrm{S}}}=\frac{\Delta H}{W_{\mathrm{H}}C_{\mathrm{H}}} \tag{4-16}$$

$$K_{\mathrm{F}}=\frac{\partial\theta_{\mathrm{o}}}{\partial W_{\mathrm{H}}}=-\frac{W_{\mathrm{S}}\Delta H}{W_{\mathrm{H}}^{2}C_{\mathrm{H}}} \tag{4-17}$$

静态前馈控制器的控制规律为

$$K_{\mathrm{FF}}=-\frac{K_{\mathrm{F}}}{K_{\mathrm{o}}}=\frac{C_{\mathrm{H}}}{\Delta H}(\theta_{\mathrm{o}}-\theta_{\mathrm{i}}) \tag{4-18}$$

也可根据前馈控制器环节的输入输出关系，直接计算 $K_{\mathrm{FF}}=\frac{\partial W_{\mathrm{S}}}{\partial W_{\mathrm{H}}}=\frac{C_{\mathrm{H}}}{\Delta H}(\theta_{\mathrm{o}}-\theta_{\mathrm{i}})$。

【例 4-5】 动态前馈控制的设计。

锅炉汽包水位控制系统如图 4-22 所示，扰动变量是蒸汽用量 D，作为前馈信号，与水位 L 为主被控变量、给水流量 W 为副被控变量的串级组成相加型前馈-反馈控制系统。图 4-23 是控制系统框图。根据框图计算有关环节的传递函数。

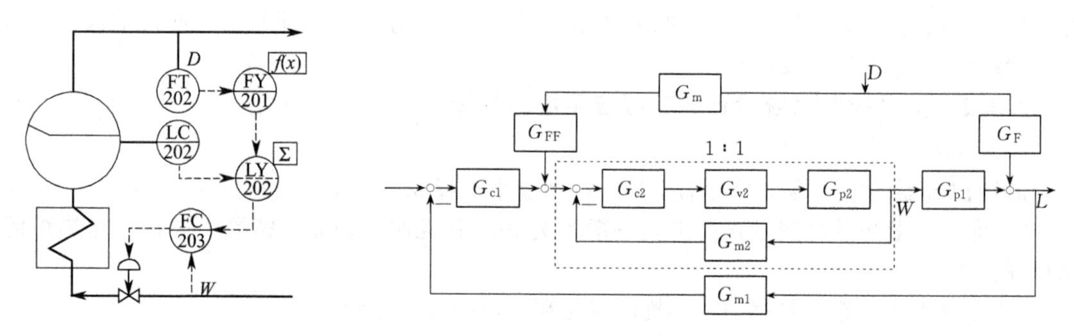

图 4-22　锅炉液位控制　　　　图 4-23　锅炉前馈-串级反馈控制系统框图

① 扰动通道传递函数。当蒸汽 D 增加时，瞬时造成汽包压力下降，使水位下的气泡迅速增加，液位虚假上升，然后，因用汽量增加，造成液位下降，其响应曲线如图 4-24(a) 所示，呈现反向特性。即

$$G_{\mathrm{F}}(s)=-\frac{k_{\mathrm{F}}}{s}+\frac{k_{2}}{T_{2}s+1} \tag{4-19}$$

② 广义主对象传递函数。对象输入为给水流量，输出为锅炉汽包水位，近似为无自衡非振荡过程。

$$G_{\mathrm{o1}}(s)=\frac{k_{\mathrm{o}}}{s}\mathrm{e}^{-s\tau_{\mathrm{o}}} \tag{4-20}$$

其响应曲线如图 4-24(b) 所示。

③ 副环传递函数。根据串级控制系统特点，副环 $G_{副}$ 可近似表示为 1∶1 比例环节。

④ 前馈控制器传递函数。根据不变性原理，得到前馈控制器传递函数为

$$G_{\mathrm{FF}}(s)=-\frac{G_{\mathrm{F}}(s)}{G_{副}G_{\mathrm{o1}}(s)}\approx\left[\frac{k_{\mathrm{F}}}{k_{\mathrm{o}}}-\frac{k_{2}s}{k_{\mathrm{o}}(T_{2}s+1)}\right]\mathrm{e}^{s\tau_{\mathrm{o}}} \tag{4-21}$$

因无法物理实现超前项，因此，不考虑该项。取 $k_{\mathrm{F}}=k_{\mathrm{o}}$，因此，动态前馈控制器采用下式实现

$$G_{\mathrm{FF}}(s)=1-\frac{k_{\mathrm{d}}s}{T_{\mathrm{d}}s+1} \tag{4-22}$$

式中，$k_{\mathrm{d}}=k_{2}/k_{\mathrm{o}}$；$T_{\mathrm{d}}=T_{2}$。可见，动态前馈控制算法是比例减微分控制算法。

动态前馈控制规律可用图 4-25 的环节实施，经转换后也可用超前滞后环节实施，在电

站锅炉控制中常被采用。

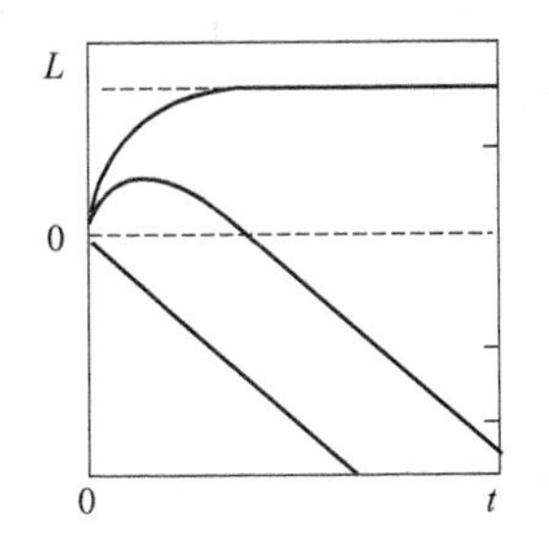

(a) 蒸汽量阶跃响应

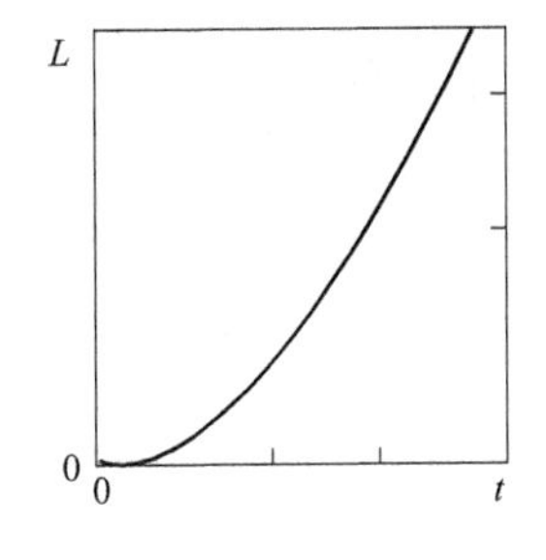

(b) 给水量阶跃响应

图 4-24 锅炉液位的阶跃响应

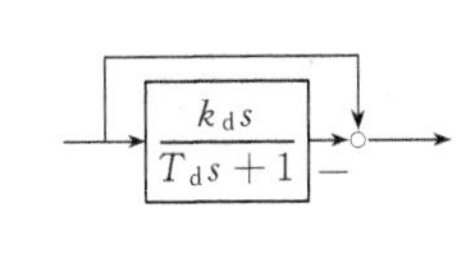

图 4-25 动态前馈环节

(3) 前馈控制规律的实现

常规仪表实施前馈控制系统时，常采用静态前馈，即用比例环节实现。当被控过程的模型和扰动模型能够较准确获得时，也可采用相应的单元组合仪表实现动态前馈控制规律。

DCS 或计算机控制装置实施时，可采用超前滞后功能模块，前馈-反馈控制算法的控制功能模块等。因计算机控制装置采用离散 PID 控制，前馈控制也需采用离散控制算法。

将连续前馈控制算法离散化可获得离散前馈控制算式，也可直接根据控制通道和扰动通道的离散差分方程确定离散前馈控制算法。假设前馈控制器的输入和输出分别是 $F(t)$ 和 $u_f(t)$，则前馈控制器可表示为

$$T_F \frac{du_f(t)}{dt}+u_f(t)=-K_{FF}\left[T_o \frac{dF(t-\tau_{FF})}{dt}+F(t-\tau_{FF})\right] \tag{4-23}$$

用差分近似上式的微分项，可得前馈控制器的差分算式

$$u_f(k+1)-(1-\frac{T_s}{T_F})u_f(k)=-K_{FF}\frac{T_o}{T_F}\left[F(k+1-d_f)-(1-\frac{T_s}{T_o})F(k-d_f)\right] \tag{4-24}$$

式中，$d_f=\frac{\tau_{FF}}{T_s}$取整。

(4) 偏置值的设置

正常工况下，扰动变量有输出，造成前馈控制器也有输出。当组成前馈-反馈控制系统时，反馈信号与正常工况下前馈信号相结合，其数值可能超出仪表量程范围。因此，采用常规仪表时，应在前馈控制器输出添加偏置信号 B，其数值应等于正常工况下扰动变量经前馈控制器后的输出，其符号应抵消正常工况的输出。即

$$B=-K_m K_{FF} F \tag{4-25}$$

式中，K_m和 K_{FF}分别是扰动量检测变送环节的增益和前馈控制器的增益；F 是正常工况时扰动信号的幅值。添加偏置值后，正常工况下，扰动引入的前馈控制器的输出信号与偏置值信号抵消。因此，送到执行器的信号仅是反馈控制信号。当扰动变量变化时，扰动变量引入的前馈信号减去偏置值后作为实际的扰动前馈信号，与反馈信号相加，实现前馈-反馈控制功能。

采用 DCS 或计算机实现前馈-反馈控制系统时，扰动信号采用增量信号，正常工况下前馈信号输出为零，因此，可不设置偏置值。锅炉三冲量控制系统中给水和蒸汽量是物料平衡的，也可不设置偏置值。

(5) 前馈控制通道中非线性环节的处理

当前馈信号是流量时，为使前馈控制增益 K_{FF} 为恒值，应采用线性检测变送器检测流

量的前馈信号，使前馈检测变送环节的输出与扰动变量成线性关系。

当前馈信号是其他信号时，对前馈检测变送环节也应采用线性化处理方法，保证该环节的输出与扰动变量成线性关系。例如，热电阻检测温度时，应线性化处理等。

(6) 前馈-反馈控制系统中流量副回路的引入

前馈-反馈控制系统中控制阀前压力或流量的波动较大时，为迅速消除这些扰动对操纵变量的影响，可发挥串级控制系统的特点，在前馈-反馈控制系统中引入流量副回路。当希望操纵变量与流量有精确的对应关系时，也可引入流量副回路。

但是如果控制阀的回差较大，干摩擦严重，或者控制阀的流量特性希望改变时，宜采用阀门定位器，而不宜采用流量副回路。

(7) 比例滞后控制

液位均匀控制系统中，液位与出料流量进行串级均匀控制。如果引入进料流量的前馈控制，可组成称为比例-滞后（PL）的控制系统，它是前馈控制系统的变型。其动态前馈控制器的控制规律为一阶滞后环节 $K_{FF}\dfrac{1}{T_{FF}s+1}$，其静态前馈增益根据不变性的要求确定，时间常数 T_{FF} 应根据均匀控制要求，有较大的数值，使出料缓慢变化。

4.3.3 前馈控制系统的参数整定和投运

(1) 前馈控制系统的参数整定

前馈控制系统参数整定包括确定静态前馈增益、设置偏置值、整定超前滞后环节的参数。

① 静态前馈增益和偏置值。可根据机理分析计算静态前馈增益，也可用下列两种实测方法确定静态前馈增益。

- 在工况下实测扰动通道的增益和控制通道的增益，然后相除得到静态前馈增益。
- 在扰动变化量 Δf 影响下，通过反馈控制系统使被控变量回复到设定值，这时，控制器输出变化量为 Δu，则静态前馈增益为

$$K_{FF}=\frac{\Delta u}{\Delta f} \tag{4-26}$$

根据已确定的静态前馈增益 K_{FF}，按式(4-25) 计算确定前馈控制系统的偏置值 B。

② 动态前馈参数的整定。

采用动态前馈时，需整定超前滞后环节的时间常数参数，常用下列方法。

- 实测法。实测扰动通道传递函数 $G_F(s)$，实测前馈广义对象的传递函数 $G_o(s)$，前馈通道广义对象包含扰动变量的检测变送环节、执行器和被控过程。然后根据式(4-10) 确定动态前馈的超前滞后环节参数。
- 经验法。根据输出响应曲线调试超前滞后环节参数。

(2) 前馈-反馈控制系统的投运

前馈控制系统的投运通常与反馈控制系统投运结合。方法一是先投运反馈控制系统，然后投运前馈控制系统；方法二是反馈控制系统和前馈控制系统各自投运，整定好参数后再把两者结合。

4.3.4 多变量前馈控制系统

当有多个扰动变量时，可组成多变量前馈控制系统。分为多输入单输出的多变量前馈控制系统和多输入多输出的多变量前馈控制系统。

当被控过程的扰动不止一个，而它们变化幅度较大且频繁时，可采用多输入单输出的多变量前馈控制系统。当被控过程是多输入多输出过程，为了消除相互之间的影响，可用多输

入多输出的多变量前馈控制系统进行控制系统的解耦。

如图 4-26 所示，假设线性定常多输入多输出系统表示为

$$\boldsymbol{P}_{c\times d}\boldsymbol{D}_{d\times 1}+\boldsymbol{P}_{c\times m}\boldsymbol{M}_{m\times 1}=\boldsymbol{C}_{c\times 1} \tag{4-27}$$

式中，$\boldsymbol{P}_{c\times d}$ 和 $\boldsymbol{P}_{c\times m}$ 是系统扰动通道和控制通道的传递函数矩阵；$\boldsymbol{D}_{d\times 1}$ 是扰动变量（d 维）；$\boldsymbol{M}_{m\times 1}$ 是控制变量（m 维）；$\boldsymbol{C}_{c\times 1}$ 是被控变量（c 维）。

采用多变量前馈控制器的传递函数矩阵为 $\boldsymbol{F}_{m\times d}$，则根据不变性原理，并在 $c=m$ 时实现完全补偿，即

$$\boldsymbol{F}_{m\times d}=-\boldsymbol{P}_{c\times m}^{-1}\boldsymbol{P}_{c\times d} \tag{4-28}$$

4.3.5　前馈控制系统设计示例

(1) 精馏塔进料流量作为前馈信号的前馈-反馈控制系统

当精馏塔进料流量波动较大时，对精馏塔的稳定操作不利，为此组成以进料流量为前馈信号的前馈-反馈控制系统。

① 精馏塔气相进料流量与塔顶产品组成的前馈-反馈控制系统。

精馏塔气相进料流量变化时，对塔顶馏出物的影响可通过进料流量为前馈信号，与塔顶馏出物的有关反馈控制系统一起组成前馈-反馈控制系统，如图 4-27 所示。例如，丙烯精馏塔进料流量波动较大，为此，将其作为前馈信号，它与塔顶丙烷浓度与回流量组成的串级控制系统结合，组成前馈-串级控制系统。当进料流量变化时，通过前馈控制信号及时调节回流量，保证塔顶获得合格的丙烯产品。类似地，乙烯精馏塔进料流量波动较大，可采用其进料流量作为前馈信号，用塔顶乙烯浓度和回流量组成的串级控制系统结合，组成前馈-串级控制系统，既保证塔顶产品质量，又能够适应进料负荷的变化。

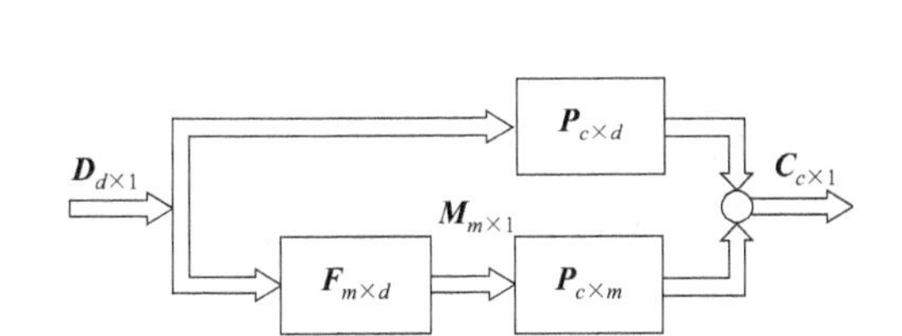

图 4-26　多变量前馈控制系统框图

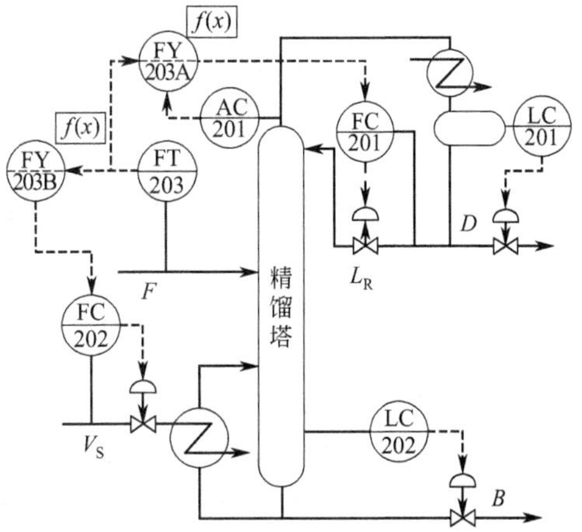

图 4-27　精馏塔进料流量的前馈-反馈控制系统

根据物料平衡关系，可得控制塔顶馏出物流量 D 时的静态前馈控制增益

$$\frac{D}{F}=\frac{z_{\mathrm{F}}-x_{\mathrm{B}}}{x_{\mathrm{D}}-x_{\mathrm{B}}} \tag{4-29}$$

和控制回流量 L_{R} 时的静态前馈控制增益：

$$\frac{L_{\mathrm{R}}}{F}=R\,\frac{z_{\mathrm{F}}-x_{\mathrm{B}}}{x_{\mathrm{D}}-x_{\mathrm{B}}} \tag{4-30}$$

② 精馏塔液相进料流量与塔釜产品组成的前馈-反馈控制系统。

精馏塔液相进料流量变化时，对塔底馏出物的影响可通过进料流量为前馈信号，与塔底

馏出物的有关反馈控制系统一起组成前馈-反馈控制系统，如图 4-27 所示。例如，脱丙烷精馏塔进料流量波动较大时，将其作为前馈信号，与用提馏段温差作为主被控变量，再沸器加热量作为副被控变量组成的串级控制系统结合，组成前馈-串级控制系统。该控制系统可有效克服液相进料流量波动对精馏塔操作的影响，及时调节加热量。系统采用检测提馏段温差，可有效克服塔压波动的影响。此外，再沸器加热量作为副被控变量，可克服加热蒸汽压力和流量等波动的影响，从而保证塔底产品的质量。

根据物料平衡关系和芬斯克方程，可列出控制再沸器加热量时的静态前馈控制增益为：

$$\frac{V_S}{F}=\beta\ln\frac{x_D(1-x_B)}{x_B(1-x_D)} \tag{4-31}$$

精馏塔进料流量作为前馈信号时，应考虑精馏塔的水力学滞后效应，因此，宜采用动态前馈控制。

(2) 换热器的前馈-反馈控制系统

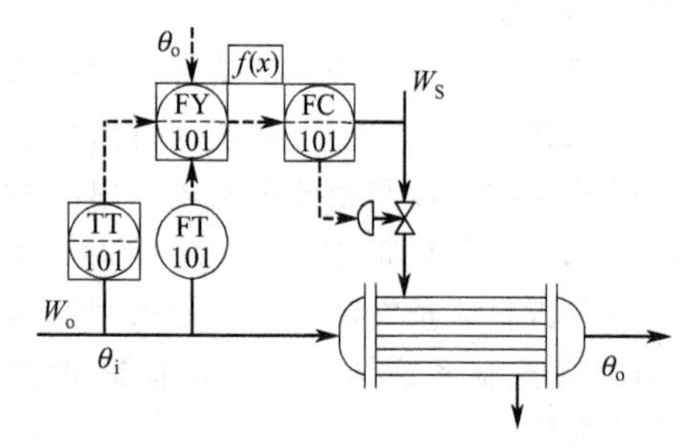

图 4-28　换热器进料前馈-反馈控制系统

换热器被加热或制冷的物料的流量和入口温度有较大波动时，可将它们作为前馈信号，组成多变量前馈-反馈控制系统，如图 4-28 所示。

根据式(4-18)，组成静态前馈控制系统时，静态前馈增益是 $K_{FF}=-\frac{K_F}{K_o}=\frac{C_H}{\Delta H}(\theta_o-\theta_i)$。式中，$\theta_o$ 是换热器出口物料温度设定。

因此，W_S 的设定值 $W_{S\text{-}SP}$ 可计算如下：

$$W_{S\text{-}SP}=W_o\frac{C_H}{\Delta H}(\theta_o-\theta_i)$$

实际应用时，如果考虑动态响应的滞后，可分别对物料流量和入口温度设置相应的动态前馈。

4.4 比值控制系统

4.4.1 基本原理、结构和性能分析

(1) 基本原理

工业生产过程中，经常需要两种或两种以上的物料按一定比例混合或进行反应。如果比例失调就可能造成产品质量不合格，甚至造成生产事故或发生危险。比值控制系统是控制两个物料流量比值的控制系统，又称为比率控制系统。比值控制系统是按功能命名的复杂控制系统。在比值控制系统中，一个物料流量需要跟随另一物料流量变化。前者称为从动量，后者称为主动量。

(2) 基本结构

比值控制系统按系统结构可分为开环比值和闭环比值两大类；按比值的分类，可分为定比值和变比值两大类；按实施的方案分为相乘和相除两大类。

从控制原理看，比值控制系统属于前馈控制系统，开环比值控制系统就是根据一个物料的流量来调节另一个物料的流量。工业生产过程中常采用闭环比值控制系统。根据主动量是否组成闭环，可分为单闭环比值控制系统和双闭环比值控制系统。根据比值是否固定，可分为定比值和变比值控制系统。表 4-12 是比值控制的基本结构。为说明比值控制系统，通常在 P&I D 中，将从动量控制器用 F_FC 表示。

(3) 性能分析

① 单闭环比值控制系统与开环比值控制系统的比较。单闭环比值控制系统不仅能使从动量流量跟踪主动量的变化而变化，实现主、从动量的精确流量比值，还能克服进入从动量控制回路的扰动影响，因此，单闭环比值控制系统比开环比值控制系统的控制质量要好。它所增加的仪表投资较少，而控制品质提高较多。这类比值控制系统被大量应用于生产过程控制。

② 双闭环比值控制系统与两个单回路控制系统的比较。

表 4-12 比值控制基本结构

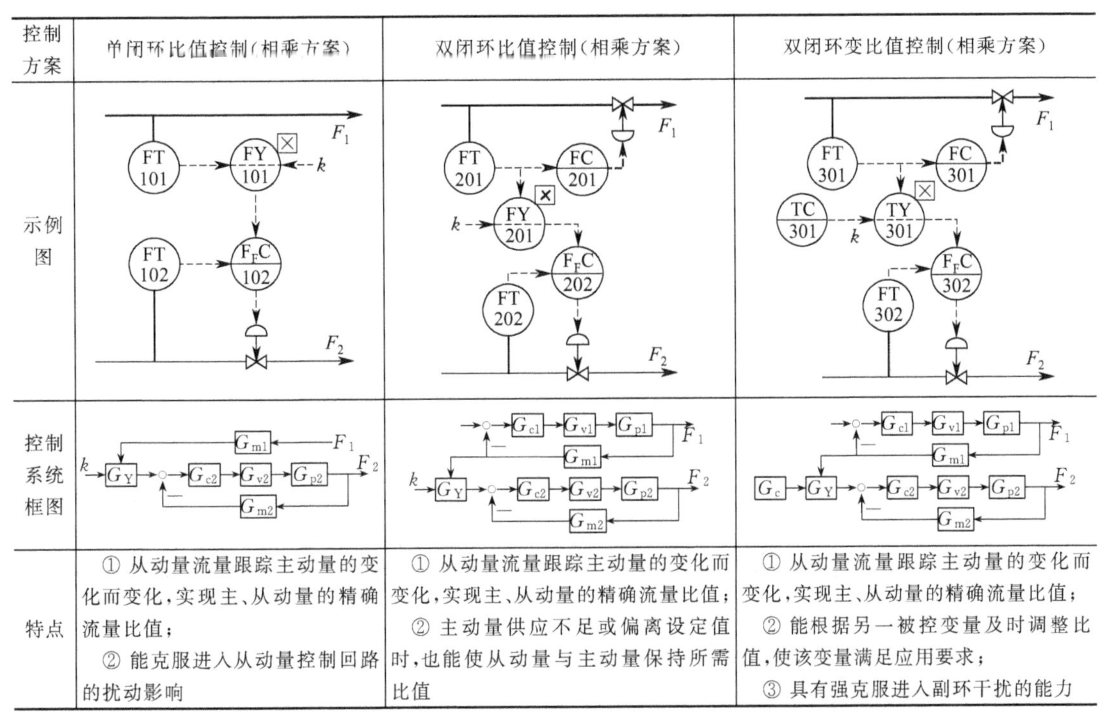

控制方案	单闭环比值控制(相乘方案)	双闭环比值控制(相乘方案)	双闭环变比值控制(相乘方案)
示例图			
控制系统框图			
特点	① 从动量流量跟踪主动量的变化而变化，实现主、从动量的精确流量比值； ② 能克服进入从动量控制回路的扰动影响	① 从动量流量跟踪主动量的变化而变化，实现主、从动量的精确流量比值； ② 主动量供应不足或偏离设定值时，也能使从动量与主动量保持所需比值	① 从动量流量跟踪主动量的变化而变化，实现主、从动量的精确流量比值； ② 能根据另一被控变量及时调整比值，使该变量满足应用要求； ③ 具有强克服进入副环干扰的能力

- 两个独立单回路控制系统。稳态时调整两个单回路设定值，可使主、从动量之间保持所需比值。
- 双闭环比值控制系统。当主动量供应不足或扰动较大使主动量偏离设定值时，仍可使从动量与主动量保持所需比值。为强调从动量控制器，常用 F_FC 表示它是比值控制器，需按随动控制系统整定参数。

③ 相乘型前馈-反馈控制和变比值控制的比较。表 4-11 相乘型前馈反馈控制系统中，根据物料和能量平衡，进料流量与加热蒸汽量应保持一定比值关系，当提馏段温度有偏差时应调整该比值，因此，这是变比值控制系统。它与相乘型前馈反馈控制系统的区别如下。

- 相乘型前馈-反馈控制系统。进料量是扰动变量，加热蒸汽量是操纵变量。前馈控制器的控制规律可用静态前馈，也可用动态前馈。
- 变比值控制系统。进料量是主动量，加热蒸汽量是从动量，它们都是操纵变量。它的比值系数为静态增益，一般为某一控制器输出。

4.4.2 比值控制系统的实施

比值控制系统有两种实施方案。相乘方案有两种类型：一种方案是主动量信号乘以比值作为从动量控制器的设定值；另一种方案是主动量信号作为从动量控制器设定，从动量测量信号乘以比值的倒数作为从动量控制器测量。相除方案也有两种类型。即将主、从动量信号相除（有主动量作为分母或分子两种类型）的信号作为比值控制器测量，比值控制器设定是所需的比值（或比值的倒数）。由于后三种控制方案都在控制回路引入非线性环节，造成该环节增益的变化，从系统稳定运行准则分析，目前已很少采用。

（1）相乘方案

设主动量流量为 F_1，从动量流量为 F_2，工艺操作所需比值为 $k=F_2/F_1$，即要求 $F_2=kF_1$。

常规仪表实施比值控制系统时，因仪表量程范围及采用仪表类型不同，通常要计算比值函数环节的仪表比值系数 K。采用 DCS 或计算机控制系统实施比值控制系统时，采用工程单位计算，不必计算仪表比值系数 K，直接根据工艺比值设置。变比值控制系统的比值由另一控制器输出确定，也不需要设置和计算。

① 采用流量变送器（线性检测变送环节）。采用常规仪表实施。仪表比值系数 K 与工艺比值系数 k 的关系为

$$K=\frac{F_2}{F_1}\frac{F_{1\max}}{F_{2\max}}=k\frac{F_{1\max}}{F_{2\max}} \tag{4-32}$$

式中，$F_{1\max}$、$F_{2\max}$分别是主、从动量变送器的最大量程。

② 采用差压变送器（非线性检测变送环节）。采用差压变送器，不加开方器，仪表比值系数 K 与工艺比值系数 k 的关系为

$$K=\frac{F_2^2}{F_1^2}\frac{F_{1\max}^2}{F_{2\max}^2}=k^2\frac{F_{1\max}^2}{F_{2\max}^2} \tag{4-33}$$

③ 仪表比值系数 $K>1$ 时的处理。如果计算所得的仪表比值系数 $K>1$，则输入到比值函数环节的信号大于该仪表的量程上限，为此，可将该比值函数环节设置在从动量控制回路，仪表比值系数用其倒数 $K'=1/K$ 代入即可。根据稳定运行准则，如果工艺过程要求比值经常变化，设置在从动量控制回路方案引起从动量控制回路开环总增益变化，影响系统稳定运行，因此，这时可改变主动量或从动量变送器量程，使 $K<1$。

④ 采用相乘控制方案的注意事项。

- 采用电动和气动仪表时，乘法器输入的比值电流 I_k 或气压 P_k 可按下列公式计算。

一般标准公式：输入信号＝仪表量程范围×K＋零点。

电动Ⅲ型组合仪表：$I_k=16K+4$　　(mA)

电动Ⅱ型组合仪表：$I_k=10K$　　(mA)

气动组合仪表：$P_k=0.08K+0.02$　　(MPa)

分流器、加法器等仪表可直接设置仪表比值系数 K。

- 实现比值函数环节的仪表可以用乘法器（配合定值器）、分流器、加法器等。
- 采用 DCS 或计算机控制系统实施时，可直接根据工艺比值系数 k，将相乘环节置于从动量设定回路，使调整 k 时不影响控制回路稳定性。
- 相乘控制方案不能直接获得实际的流量比值。

（2）相除方案

常规仪表实施时，仪表比值系数 K 的计算与相乘方案的计算相同。假设除法器实现从动量除以主动量运算，则除法器增益为

$$K_Y=\frac{dI_o}{dI_2}=K\frac{F_{2\max}}{F_2} \tag{4-34}$$

负荷 F_2 增大时，K_Y减小，即广义对象的增益 K_o减小，这表明采用除法器后，控制系统引入非线性，从而使控制系统变得不稳定。类似分析表明，采用线性或非线性检测变送环

节都不能改变这种非线性特性。改变除法器分子和分母的位置也不能改变这种非线性特性。用不同控制阀流量特性也不能补偿相除方案引入的非线性。因此，相除控制方案现已不采用。相除控制方案的唯一优点是可直接获得流量比值。

4.4.3 比值控制系统设计和工程应用中的问题

(1) 主动量和从动量的选择

比值控制系统中主动量和从动量选择依据如下。

① 主动量应选择通常可测不可控的主要物料或关键物料的流量，或物料可能供应不足的过程变量。例如，该物料来自前一工序，燃烧过程中的燃料油等。

② 从安全考虑，如该过程变量供应不足会不安全时，应选择该过程变量为主动量，例如，水蒸气和甲烷进行甲烷转化反应，由于水蒸气不足会造成析碳，因此，应选择水蒸气作为主动量。

③ 从动量选用跟踪主动量变化的物料流量。通常，选择从动量应可测且可控，及供应有余，可供调节。例如，反应过程中的空气，水或水蒸气等。

(2) 比值控制系统的结构选择

应根据工艺过程控制要求，按表 4-12 的系统特点，选用单闭环、双闭环和变比值控制系统。

① 主动量不可控或主动量可控可测，但变化不大，受到扰动较小或扰动影响不大时，选用单闭环比值控制系统，例如，主动量来自上一工序。

② 主动量可控可测，并且变化较大时，宜选双闭环比值控制系统。

③ 当比值需根据生产过程需要由另一个控制器进行调节或者当质量偏离控制指标需要改变流量的比值时，应采用变比值控制系统。变比值控制系统的第三过程变量通常选择过程的质量指标，例如，氧化炉温度、精馏段温度、混合物浓度等。

④ 当主动量作为前馈信号，它影响串级控制系统的流量副回路时，应采用变比值控制系统。例如，精馏段温度和出料量组成串级控制系统中，如进料波动较大，需将进料量作为前馈信号，采用变比值控制系统。

⑤ 比值控制系统的实施方案应选择相乘控制方案。常规仪表实施时，可调整变送器量程，使仪表比值系数 $K<1$，即比值函数环节位于从动量设定通道。需要获得主从动量流量的实际比值时，用除法器作比值运算。

(3) 比值函数环节的选择

常规仪表实施比值控制系统时，需要选择比值函数环节的仪表。比值控制系统宜用相乘方案，比值函数环节可从乘法器、分流器、加法器等仪表中选择。如果 $K>1$，为使从动量控制系统稳定运行，应调整变送器量程，使 $K<1$，即将比值函数环节设置在从动量设定通道。

计算机控制装置或 DCS 实施比值控制时，由于直接用工程单位表示流量，因此，不需要计算仪表比值系数 K，可直接采用工艺比值系数 k。它使用系统内部乘法运算模块完成比值运算（采用相乘控制方案），乘法运算模块设置在从动量设定通道。

(4) 检测变送环节的选择

采用线性检测变送环节或非线性检测变送环节时，除仪表比值系数 K 计算公式不同外，还有下列区别。

① 从检测角度看，采用线性检测变送环节，例如，采用开方器，可使显示刻度均匀，小流量时的读数也较清楚，但不见得能提高检测精确度，因流量小于全量程 25%时，检测

元件本身精确度不高，此外，引入开方器会使系统总的精确度下降。

② 从可调范围看，由于仪表比值系数在有无开方器时的计算公式不同。如果引入开方器，仪表比值系数的可调范围可增大，因此，有利于提高可调的比值范围。例如，使用开方器时，仪表比值系数的可调范围为0.25～4，未用开方器时，其可调范围缩小为0.5～2。

③ 从系统角度看，非线性检测环节影响开环总增益，造成系统运行的不稳定。

④ 从经济角度看，引入开方器需要增加投资。但采用DCS或计算机控制装置实施时，不增加投资。

综上所述，建议在比值控制系统中采用线性检测变送环节。

(5) 比值系数 K 的选用范围

理论上看，控制器的设定值可以在其工作范围的任何一个数值，考虑到仪表量程的充分使用和提高仪表控制精确度，一般要求经过比值计算后的从动量设定值在满量程的50%左右（30%～70%）。通常，可调整主、从动量流量变送器的量程来实现。

采用DCS等计算机控制装置时，直接采用工程单位和工艺比值系数 k，没有仪表比值系数选用问题。

(6) 温度压力补偿

实际运行工况温度和压力对流体密度有较大影响时，需要对流量进行温度压力补偿。

(7) 比值控制系统的动态跟踪和无限可调比

① 动态跟踪的比值控制。有些生产过程，要求两种物料在动态运行时也能够保持所需比值；或者由于从动量的被控对象有较大滞后，使从动量不能及时跟踪主动量的变化。这就要求不仅两个流量在稳态保持比值恒定，在动态也要保持比值恒定。动态跟踪是研究主、从流量的动态特性，使它们在干扰影响下，能够保持同步变化。

图4-29是动态跟踪单闭环比值控制系统框图。当传递函数为

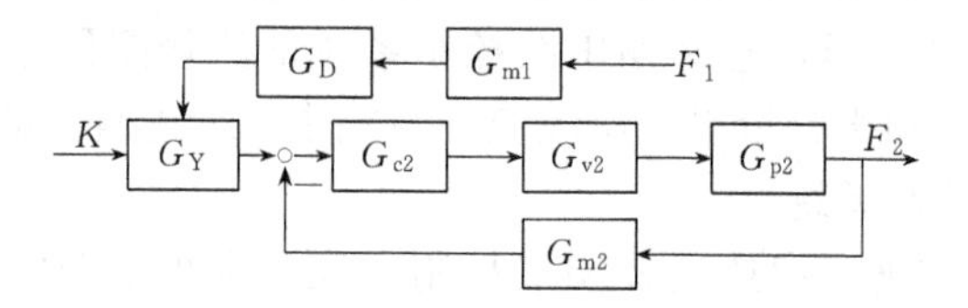

图4-29 快速跟踪单闭环比值控制系统框图

$$\frac{F_2(s)}{F_1(s)}=\frac{G_{m1}G_DKG_{c2}G_{v2}G_{p2}}{1+G_{c2}G_{v2}G_{p2}}=k \tag{4-35}$$

就能保持动态跟踪。解得动态跟踪环节 $G_D(s)$ 为

$$G_D=\frac{1+G_{c2}G_{v2}G_{p2}}{G_{m1}G_{c2}G_{v2}G_{p2}}\frac{F_{2max}}{F_{1max}} \tag{4-36}$$

生产过程中，常用动态跟踪环节的近似式

$$G_D(s)=\frac{T_ds+1}{\frac{T_d}{K_d}s+1}\frac{F_{2max}}{F_{1max}} \tag{4-37}$$

② 无限可调比的比值控制。无限可调比的比值控制系统控制方案如图4-30所示。这是一个串级比值控制系统。主控制器AC-21输出 x 表示主动量 F_1 占总流量 F 的分率。控制总流量 $F=F_1+F_2$ 为定值（由手动遥控HC输出确定）。AY-21B是乘法器，完成 Fx 的运算；AY-21A是函数运算器，完成 $F(1-x)$ 的运算。

稳态时，控制器设定与测量相等，主从动量流量之比为

$$k=\frac{F_2}{F_1}=\frac{1-x}{x} \tag{4-38}$$

主控制器 AC-21 输出 x 从 0～100%变化时，比值 k 从∞～0 变化，实现了无限可调比。此外，两个流量之和保持定值，这在调合作业中很有用。

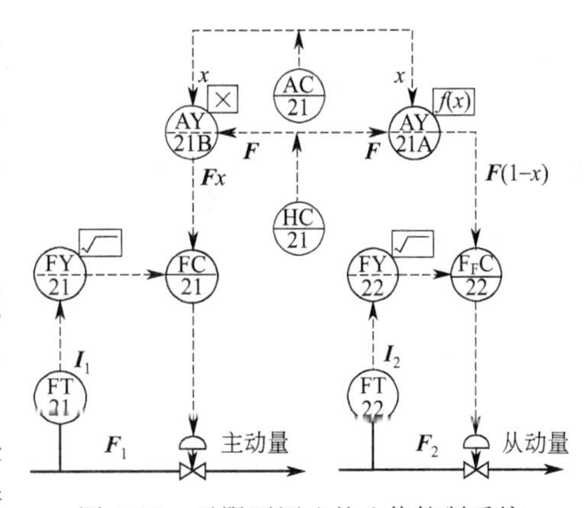

图 4-30 无限可调比的比值控制系统

4.4.4 比值控制系统的参数整定和投运

单闭环比值控制系统是随动控制系统，按照随动控制系统的整定原则整定从动量控制器参数，宜整定成非振荡或衰减比 10∶1 的过渡过程。

双闭环比值控制系统中，主动量控制系统是定值控制系统，以衰减比为 4∶1 整定主控制器参数；从动量控制系统是随动控制系统，以非振荡或衰减比为 10∶1 整定从动量控制器参数。

变比值控制系统中从动量控制系统是串级控制系统副环，按串级控制系统副环的整定方法整定参数，变比值控制系统的主动量控制系统，按串级控制系统主环整定方法整定控制器参数。

由于被控对象是流量，因此，控制器参数，例如，比例度应设置较大，并由大到小改变。采用积分控制作用时，积分时间应从大到小改变，以满足所需的衰减比等性能要求。可适当加入反微分，以稳定流量。

比值控制系统的投运可按单回路控制系统的投运方法分别投运主、从动量控制系统。变比值控制系统按串级控制系统的投运方法进行投运。

4.4.5 比值控制系统设计示例

（1）反应过程的配比控制

① 锅炉的燃烧控制。锅炉燃烧控制系统以燃料流量为主动量，以空气流量为从动量，组成单闭环或双闭环比值控制系统。为评价燃烧质量，常采用一些质量指标。例如，一些场合，采用所产蒸汽压力作为主被控变量，以燃料量作为副被控变量，组成串级控制系统，它与空燃比的比值控制系统一起实现对蒸汽压力的控制。另一些场合采用过剩空气量作为主被控变量，与空气量组成串级控制系统，再与蒸汽压力、燃料量组成逻辑提量和减量的控制系统，详见第 7 章。

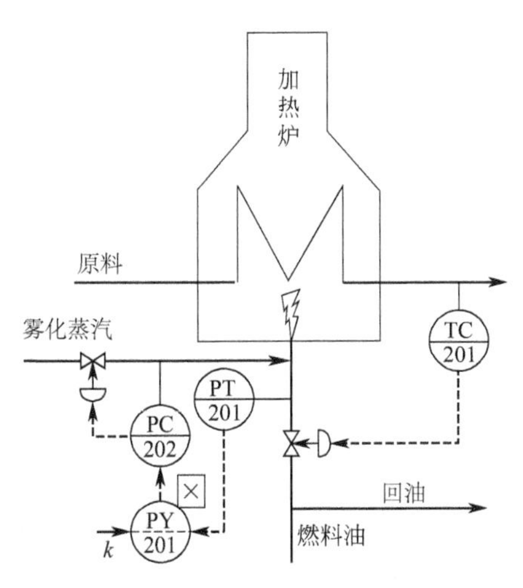

图 4-31 加热炉压力比值控制系统

② 加热炉的燃烧控制。加热炉的被控变量是被加热物料的出口温度，因此，用该变量作为主被控变量，控制燃料油（或燃料气）的流量，组成单回路控制系统。由于燃料油（或燃料气）流量检测困难，容易造成堵塞事故，一般采用检测控制阀后压力作为近似的流量信号。在炼油厂通常采用燃料油（或燃料气）压力和雾化蒸汽（或空气）压力组成压力比值控制系统，如图 4-31 所示。采用压力比值控制系统时需要注意燃烧喷嘴的堵塞会造成压力升高而误动作，因此，需设置安全保护的控制系统。

③ 一段转化炉的水碳比控制。合成氨过程转化工段的一段转化炉水碳比控制是指进口气中水蒸气和含烃原料中碳分子总数之比的控制。水碳比过低会造

成一段触媒结碳。由于分析与测定进口气中总碳有一定困难，因此，通常总碳量用进料原料气流量作为间接被控变量。一段转化炉水碳比控制有表 4-13 所示的三种比值控制方案。

表 4-13 一段转化炉水碳比控制方案

控制方案	以水定碳的水碳比控制	以碳定水的水碳比控制	水碳比的逻辑提量和减量控制
示例图			
描述	①主动量是水蒸气流量，原料气流量作为从动量，组成双闭环比值控制系统。 ②乘法器 FY-11 实现比值函数运算	①主动量是原料气流量，水蒸气流量作为从动量，组成双闭环比值控制系统。 ②增加高选器 FY-12B 和滞后环节 FY-12C	原料气流量和水蒸气流量组成提量和减量的逻辑比值控制系统，详见 4.6 节
特点	①能够保证水碳比恒定。 ②当水蒸气不足时，能够使原料气（油）随之减小	①原料气流量增加时，经高选器使水蒸气流量也增加，原料气流量减小时，滞后环节输出仍在高值，水蒸气量滞后一段时间再减小。 ②不会因水碳比过低使触媒结碳	①提量时，先增加水蒸气流量，再增加原料气流量；减量时，先减原料气流量，再减小水蒸气流量，详见 4.6 节。 ②防止触媒结碳，保证安全生产

④ 聚乙烯聚合反应的配比控制。聚乙烯聚合反应采用纯氧和乙烯反应。氧浓度影响聚合反应速度和转化率，并影响反应产品的性能。浓度高，聚合速度快，转化率高，产品熔融指数上升，产品密度、分子量和屈服强度下降。乙烯量采用整体喷嘴测量，并采用温度补偿和上游稳压，保证流量信号与质量流量成正比。氧流量采用两套热式质量流量计检测，用小量程、大量程或小量程加大量程三种组合方式来满足不同生产规模的要求。图 4-32 是配比控制系统和联锁安全系统图。

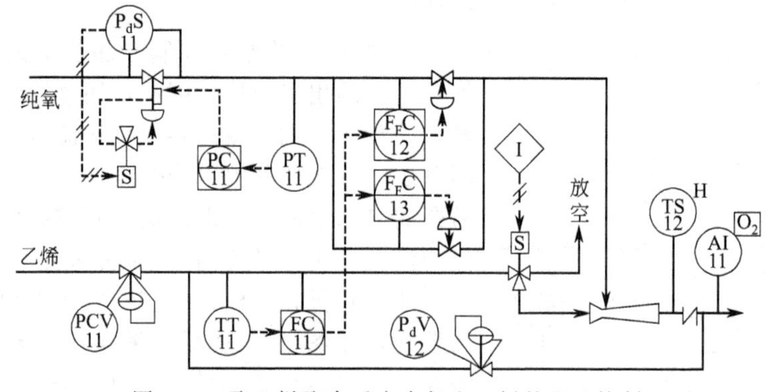

图 4-32 聚乙烯聚合反应中氧和乙烯的配比控制

由于乙烯在氧中的爆炸性混合物容积浓度范围在 30%～80%，引发剂中乙烯浓度要大于爆炸上限或接近上限运行，为防止配比失控，需设置有关联锁控制系统。

系统局部停车联锁系统先经电磁阀切断乙烯三通阀，使乙烯流量迅速降到零，并经比值系统将纯氧进料阀关闭。而氧流量停止流动后，使纯氧总管上的压力控制阀前后压降下降到零，P_dS-11 动作，经电磁阀动作来切断氧压力控制阀，为纯氧系统事故切断提供双重保险，提高整个系统的可靠性。即使系统有泄漏，还可经乙烯三通控制阀放空，防止在系统中积累，使氧浓度升高。

P_dV-12 自力式差压控制阀在两端压差大于 50kPa 时，自动打开，乙烯经旁路进入引发剂压缩机。正常运行时，压差小于 50kPa，因此，该控制阀关闭。该控制阀用于防止联锁动作时，因乙烯进料阀关闭，使压缩机入口形成负压，将空气吸入压缩机的事故。

（2）混合过程的配比控制

① 纸浆配浆控制。用于抄纸的纸浆由短纤维浆、长纤维浆、回收浆和化学添加剂等在配浆池混合。通常用浆池液位控制短纤维浆控制阀，组成液位单回路控制系统，如图 4-33 所示。其他浆和添加剂等流量作为从动量，与短纤维浆量（作为主动量）实现配比控制。从动量与主动量的配比系数可从 DCS 的操作站调整，以适应不同纸张的配比要求。

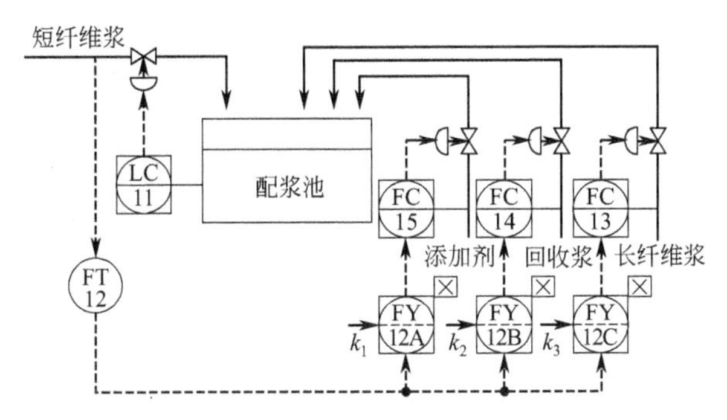

图 4-33　配浆池的纸浆配比控制系统

② 油品调合控制。油品调合过程是将性质相近的两种或两种以上石油组分或添加剂按规定比例，利用一定设备和一定方法，达到混合均匀而生产出一种新规格油品的生产过程。油品调合主要有液体石油燃料调合和润滑油调合两大类。常用油品调合分油罐调合（间歇调合）和管道调合（连续调合）两种方式。

管道调合方式是将需混合的各组分和添加剂按需要的配比同时连续地送总管和管道混合器，混合均匀的产品直接出厂的调合方式。该方式调合操作全程自动化，适合调合比例变化范围大，调合量大的各种轻质和重质油品的调合。由于减少中间操作环节，使油品蒸发和氧化减少，成品油随用随调，有较高节能效果。图 4-34 是 Honeywell 公司的汽油调合控制系统示意图。

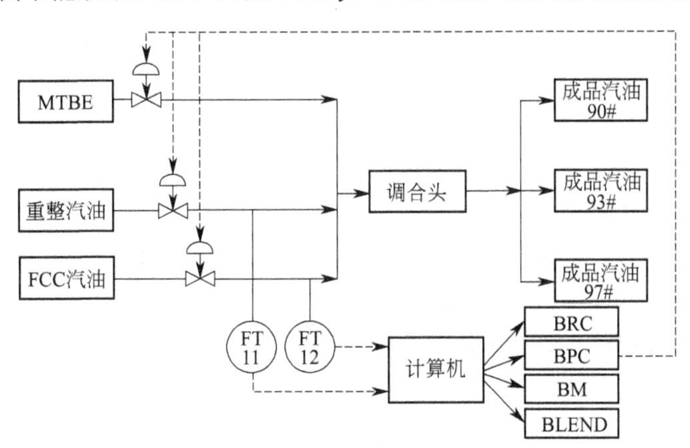

图 4-34　汽油调合控制系统示意图

该软件系统由 BRC、BPC、BM 和 BLEND 四种功能模块组成。BRC 是调合比率控制模块。用于对调合全过程进行比率控制，使被调合的油品符合配方的各项要求。BPC 是在线优化调合配方的非线性调合优化器，实现调合的属性控制。BM 是调合管理，它是决策支持系统，用于保存历史数据，提供绩效指标评估，形成业务流程的闭环。BLEND 模块是多周期多产品的调合计划和调度优化工具，为计划和调度人员提供最佳调合配方，使质量过剩最小。

油品调合过程需要根据产品的性能指标调整不同油品的黏度、辛烷值、凝固点、10%馏出温度和含硫量、十六烷值、闪点、水、灰分和机械杂质等。

4.5　分程控制系统

4.5.1　基本原理、结构和性能分析

(1) 基本原理

一个控制器的输出同时送往两个或两个以上的执行器，各执行器的工作范围不同，这样的控制系统称为分程控制系统。设置分程控制系统的目的如下。

① 不同工况需要不同控制手段。例如，釜式间歇反应器温度控制，反应初期需加热升温，反应开始后因反应放热，又需要冷却降温。同一个温度控制器要控制蒸汽和冷却水两个控制阀，因此，需要分程控制。图 4-35 是反应釜温度分程控制系统结构图。图 4-36 是分程控制系统框图。

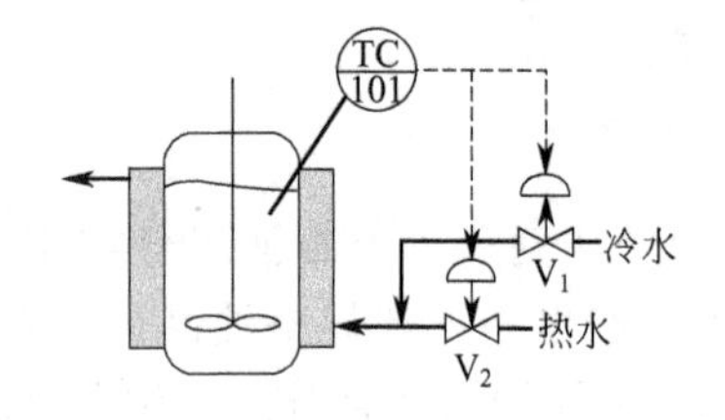

图 4-35　反应釜温度分程控制系统

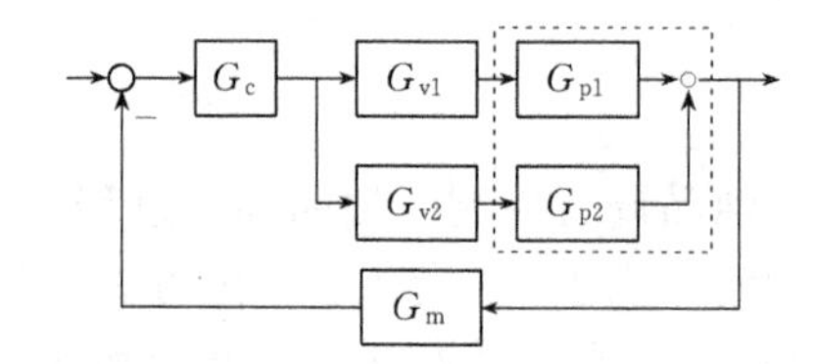

图 4-36　分程控制系统框图

② 扩大控制阀的可调范围。为了使控制系统在小流量和大流量时都能够精确控制，应扩大控制阀的可调范围 R，$R=\frac{\text{控制阀最大可调节流量}}{\text{控制阀最小可调节流量}}$，也称为可调比。

设 $R=30$，如果采用两个口径不同控制阀，实现分程后，总的可调范围可扩大。假设大阀 A 的 $Q_{\mathrm{Amax}}=100$，小阀 B 的 $Q_{\mathrm{Bmax}}=4$，则 $Q_{\mathrm{Bmin}}=4/30=0.133$；假设大阀泄漏量为其最大流量系数的 0.02%，则分程控制后，小阀的最小可调节流量为 0.133，大阀泄漏量为 0.02。因此，最大可调节流量为 100+4；最小可调节流量为 0.133+0.02=0.153。因此，$R=(100+4)/0.153=680$，是分程前 $R=30$ 的 23 倍。

(2) 基本结构和性能分析

根据执行器的气开、气关类型和分程工作范围的不同，分程控制系统可分为两大类四种不同结构类型（图 4-37）。

4.5.2　分程控制系统设计和工程应用中的问题

(1) 分程控制系统中控制阀的泄漏量

对气开控制阀，控制阀的泄漏量是控制阀膜头气压 0MPa 时流过控制阀的流体流量。控制阀膜头气压是 0.02MPa 时，流过控制阀的流体流量是控制阀的最小可调节的流量。

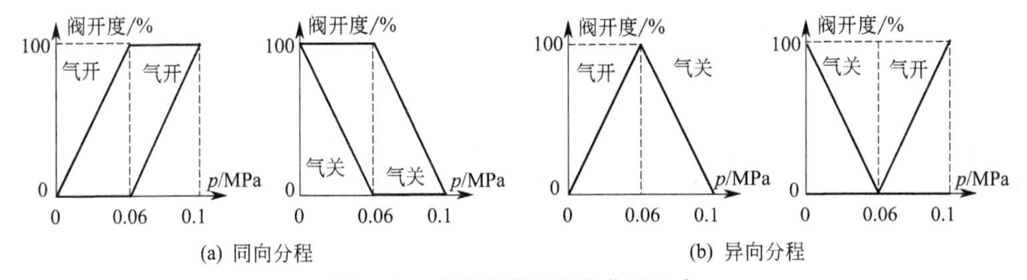

(a) 同向分程　　(b) 异向分程

图 4-37　分程控制系统的分程组合

分程控制用于扩大可调范围时，如果大阀泄漏量很大，最小可调节流量会增大，从而降低可调范围。

如上例，假设大阀泄漏量为 0.1%Q_{Amax}，即 0.1，小阀泄漏量为 0，则分程控制后，最小可调节流量为 0.233，最大可调节流量仍为 100+4；系统的可调比 $R=(100+4)/0.233=446.4$。为此，当分程控制用于扩大可调范围时，应严格控制大阀泄漏量。

(2) 分程控制工作范围的选择和实现

分程控制系统控制阀与一般控制阀工作范围不同。例如，一般气动控制阀的工作范围为 0.02～0.1MPa，而分程控制系统两个控制阀分别为 0.02～0.06MPa 和 0.06～0.1MPa，为此，可采用阀门定位器或选择不同的控制阀弹簧使控制阀分别工作在不同工作范围。例如，对图 4-37(a) 的气开-气开同向分程的情况，A 阀定位器输入信号在 0.02～0.06MPa 时，对应输出信号是 0.02～0.1MPa。B 阀定位器输入信号在 0.06～0.1MPa 时，对应输出信号是 0.02～0.1MPa。

采用 DCS 或计算机控制装置时，如用多个 AO 通道输出，也可将控制器输出 u 分为多个工作范围，然后输出到标准量程范围的控制阀。例如，气关气开异向分程的两个控制阀输入可按下式计算

$$u_2=(1-2u)(u>0.5);\ u_1=(-1+2u)(u>0.5) \tag{4-39}$$

式中，u 是控制器输出；u_1 和 u_2 是气关和气开阀的输入，工作范围都为 0～100%。

(3) 分程点广义对象特性的突变

根据稳定运行准则，可确定分程点位置及选择控制阀流量特性等问题。

① 确定分程点。

- 根据稳定运行准则。分程控制用于适应不同控制要求时，根据稳定运行准则，应有

$$|G_c(j\omega)G_{v1}(j\omega)G_{p1}(j\omega)G_m(s)|=|G_c(j\omega)G_{v2}(j\omega)G_{p2}(j\omega)G_m(s)|=\text{常数}$$

通过选择控制阀流量特性，可使频率特性的幅值恒定。假设被控对象为线性，有

$$\frac{K_{p2}}{K_{p1}}=k\text{，并得到}\frac{K_{v1}}{K_{v2}}=k$$

选用气动控制阀分程点 S 的压力为

$$P_S=0.02+0.08\frac{|k|}{1+|k|}(\text{MPa}) \tag{4-40}$$

- 连续分程法。根据单个分程阀特性寻找组合后系统总流量特性，再根据单个分程阀特性和总流量特性确定分程点、分程信号。该方法适用于分程控制阀的流量系数相差不大的场合。

【例 4-6】 采用两个线性流量特性的控制阀组成同向气开气开型分程控制系统，$C_{Amax}=200$；$C_{Bmax}=450$；$R=50$。

根据控制阀线性流量特性关系，有：$q=Kl+K_1$，需要分程控制系统总流量特性仍为线性流量特性。假设控制阀的泄漏量为 0。则 $l=L_{max}$ 时，$C_{max}=C_{Amax}+C_{Bmax}=200+450=650$。$l=0$ 时，$C_{min}=C_{Amax}/R=4$。

因此，分程控制系统的总流量特性为：$q=646l+4$。

与控制器输出 4～20mA 对应，则 $I_{\mathrm{Amax}}=4+\dfrac{C_{\mathrm{Amax}}}{C_{\max}}\times16=8.9\mathrm{mA}$

即 A 和 B 控制阀的分程范围是 4～8.9mA 和 8.9～20mA。

● 间隔分程法。预先确定分程点，并绘制分程控制阀的流量特性，舍去分程点附近流量特性的突变部分。由于它用于两个分程控制阀流量系数相差较大的场合，舍去的小阀流量特性不会影响很大。

【例 4-7】 采用两个等百分比流量特性的控制阀组成同向气开气开型分程控制系统，$C_{\mathrm{Amax}}=4$；$R_{\mathrm{A}}=50$；$C_{\mathrm{Bmax}}=100$；$R_{\mathrm{B}}=30$。

确定分程点为 12mA，即 A 控制阀的分程范围是 4～12mA，B 控制阀的分程范围是 12～20mA。

根据控制阀等百分比流量特性关系，有 $C_{\mathrm{A}}=C_{\mathrm{Amax}}R_{\mathrm{A}}^{l_{\mathrm{A}}-1}$；$C_{\mathrm{B}}=C_{\mathrm{Bmax}}R_{\mathrm{B}}^{l_{\mathrm{B}}-1}$。

控制阀输出电流与分程控制阀相对行程之间有一一对应关系，可表示为

$$l_{\mathrm{A}}=\frac{I-4}{12-4};\ l_{\mathrm{B}}=\frac{I-12}{20-12}$$

因此，$C_{\mathrm{A}}=4\times50^{0.125(I-12)}$；$C_{\mathrm{B}}=100\times30^{0.125(I-20)}$。绘制总流量特性曲线如图 4-38(a)。可见，在 12mA 处出现流量的跳变。

解决的方法是设置一个死区，例如，将 A 控制阀的分程范围是 4～11mA，B 控制阀的分程范围是 13～20mA。控制阀输出电流与分程控制阀相对行程的关系为：$l_{\mathrm{A}}=\dfrac{I-4}{11-4}$；$l_{\mathrm{B}}=\dfrac{I-13}{20-13}$。

因此，$C_{\mathrm{A}}=4\times50^{1/7(I-11)}$；$C_{\mathrm{B}}=100\times30^{1/7(I-20)}$。总流量特性曲线如图 4-38(b)。在 11～13mA 范围时流量为小阀最大流量。在 13mA 处有流量突变，但总流量特性有改善。

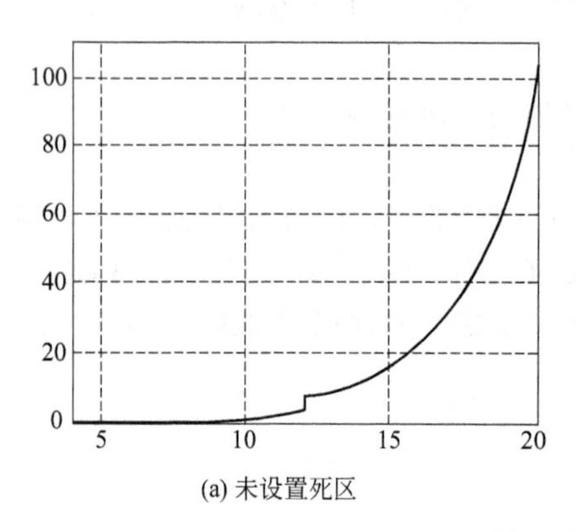

(a) 未设置死区

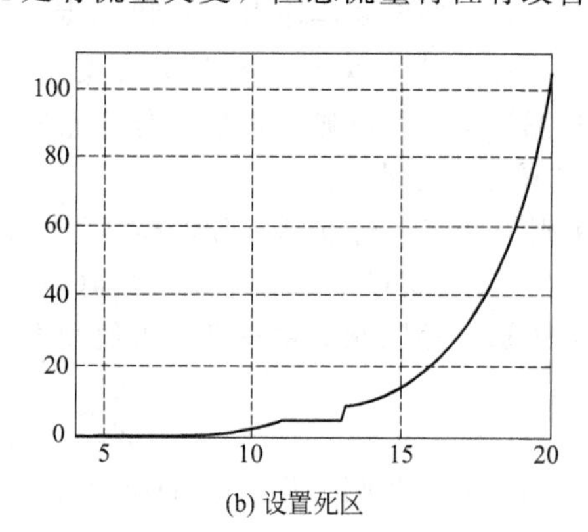

(b) 设置死区

图 4-38　间隔分程法

② 分程点广义对象特性的突变。根据稳定运行准则，应使分程点附近的增益不突变。解决方法：选择两个控制阀特性都是等百分比流量特性；采用控制阀信号交叠和死区；合理设置分程点。

(4) 分程控制系统结构确定

分程控制系统采用多个控制阀，分程类型又有四种，因此，确定分程控制系统的结构，即对应控制器输出的增加是控制阀 A 先动作还是控制阀 B 先动作，是需要解决的问题。

以图 4-35 所示夹套反应釜温度控制为例，说明分程控制系统结构的确定方法。

① 确定控制阀气开气关类型。根据安全运行准则，冷水阀选气关，热水阀选气开。即选用异向分程。

② 确定控制器正、反作用。对冷水阀 V_1，被控对象增益 K_{p1} 为负（冷水阀开大，被控温度下降）。对热水阀 V_2，被控对象增益 K_{p2} 为正（热水阀开大，被控温度上升）。根据负反馈准则，选用反作用控制器。

③ 确定分程结构。根据控制器输出增加时，先动作的分程阀在前的原则确定分程控制系统结构。本例中，当反应器温度低时，反作用控制器的输出高，工艺要求加热，因此，V_2 是在控制器输出高时动作；类似地，当反应器温度高时，控制器输出降低，应加冷水以降温，即 V_1 在控制器输出低时动作。因此，形成如图 4-37 最右所示的 V 形分程结构。即气关冷水阀 V_1 在前，气开热水阀 V_2 在后。这里的前后指随控制器输出的增加，动作的前后是先关小冷水阀，再开大热水阀。

4.5.3　分程控制系统设计示例

表 4-14 是分程控制系统的设计示例和分程类型的确定。

表 4-14　分程控制系统示例

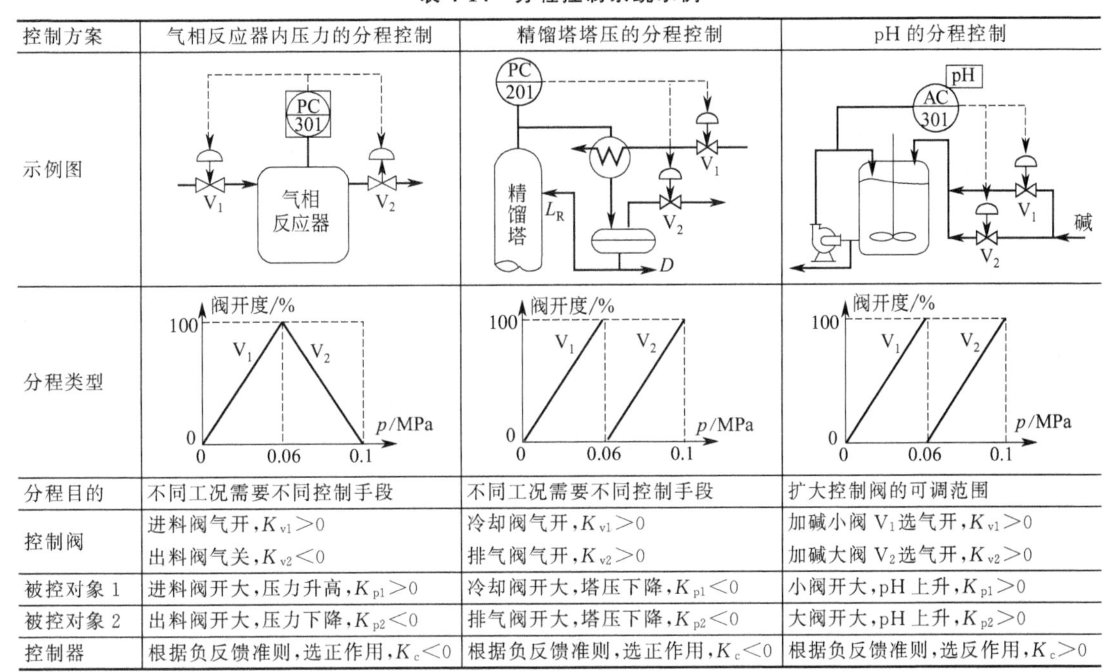

控制方案	气相反应器内压力的分程控制	精馏塔塔压的分程控制	pH 的分程控制
示例图			
分程类型			
分程目的	不同工况需要不同控制手段	不同工况需要不同控制手段	扩大控制阀的可调范围
控制阀	进料阀气开，$K_{v1}>0$ 出料阀气关，$K_{v2}<0$	冷却阀气开，$K_{v1}>0$ 排气阀气开，$K_{v2}>0$	加碱小阀 V_1 选气开，$K_{v1}>0$ 加碱大阀 V_2 选气开，$K_{v2}>0$
被控对象 1	进料阀开大，压力升高，$K_{p1}>0$	冷却阀开大，塔压下降，$K_{p1}<0$	小阀开大，pH 上升，$K_{p1}>0$
被控对象 2	出料阀开大，压力下降，$K_{p2}<0$	排气阀开大，塔压下降，$K_{p2}<0$	大阀开大，pH 上升，$K_{p2}>0$
控制器	根据负反馈准则，选正作用，$K_c<0$	根据负反馈准则，选正作用，$K_c<0$	根据负反馈准则，选反作用，$K_c>0$

为提高生产过程的控制精度，一些生产过程也可采用三分程控制系统。例如，聚氯乙烯生产过程的聚乙烯反应釜就采用热水、小量冷水、大量冷水的三分程控制。

4.6　选择性控制系统

4.6.1　基本原理、结构和性能分析

（1）基本原理

控制回路中有选择器的控制系统称为选择性控制系统。选择器实现逻辑运算，分为高选器和低选器两类。高选器（>或 HS）输出选输入信号中的高信号，低选器（<或 LS）输出选输入信号中的低信号。即

$$\text{高选器：} u_{o}=\max_{i}(u_{i1},u_{i2},\cdots) \tag{4-41}$$

$$\text{低选器：} u_{o}=\min_{i}(u_{i1},u_{i2},\cdots) \tag{4-42}$$

选择器将逻辑运算规律引入控制算法，极大丰富自动化内容和范围，成为一类基本控制系统结构。

使用选择性控制系统的目的如下。

① 生产过程中某一工况参数超过安全软限时，用另一个控制回路替代原有控制回路，使工艺过程能安全运行，这类选择性控制系统称为超驰控制系统。

② 选择生产过程中的最高、最低或中间值，用于生产过程的指导或控制，防止事故发生，这类选择性控制系统称为竞争控制系统或冗余系统。

③ 用于实现非线性控制规律。例如，逻辑提量和逻辑减量的比值控制、生产过程开停车的控制等。

(2) 基本结构和性能分析

选择性控制系统的基本结构和特点见表 4-15。

表 4-15　选择性控制系统基本结构和特点

控制方案	氨冷器温度和液位的超驰控制系统	竞争控制系统	变结构控制系统
特点	选择器位于两个控制器与一个执行器之间	选择器作为多个检测变送环节的函数	选择器用于选择多个操纵变量
示例图	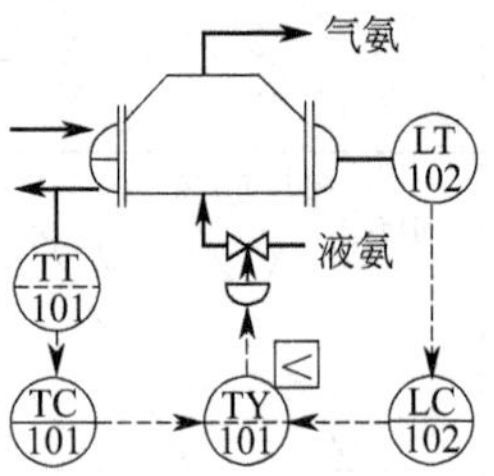	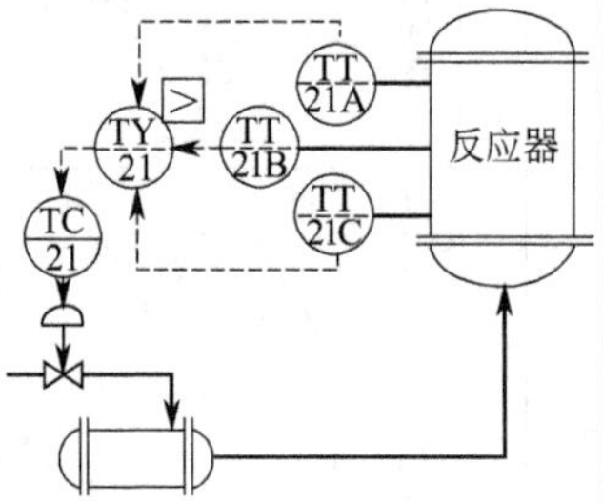	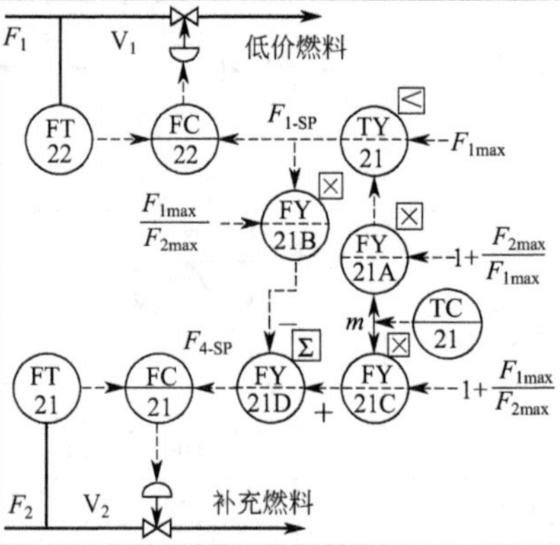
控制框图	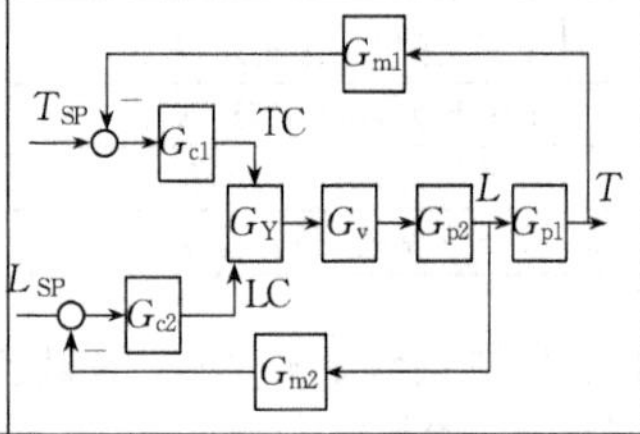	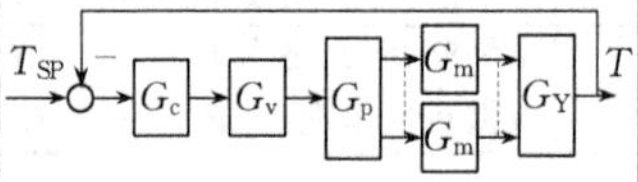	简化图 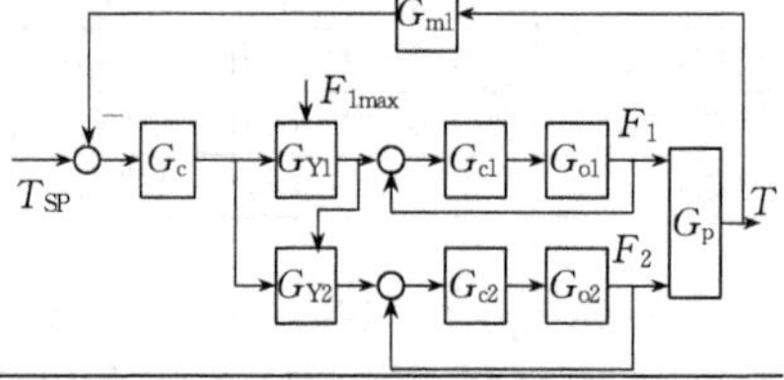
工作原理	①正常工况下，液位低于安全软限，温度控制器输出控制进入氨冷器的液氨量。 ②液位超过安全软限，液氨来不及蒸发而进入气氨管线，并进入冰机，造成冰机叶轮损坏。 ③液位超过安全软限时，可用液位控制器取代温度控制器，它的输出控制液氨进料量，使液位不致超过安全软限，防止事故发生。注：选择器图形符号的被控变量字母与正常控制器相同。例如，示例中，选择器用 TY-101 表示	竞争控制系统选择几个检测变送信号的最高、最低信号用于检测或控制 图中，为控制反应温度，选择其中高点温度用于控制。温度信号经竞争得到出线权，通过竞争，可保证反应器温度不超限	①燃料最大供应量为 $F_{1\max}$ 和 $F_{2\max}$，TC 输出 m。 低价燃料足够，低选器 TY（G_{Y1}）输出选中 $m\left(1+\frac{F_{2\max}}{F_{1\max}}\right)$，作为 $F_{1\text{-SP}}$，组成 TC 与 FC2 的串级控制系统。 ② 低价燃料供应不足，$m\left(1+\frac{F_{2\max}}{F_{1\max}}\right)>F_{1\max}$，TY 选中 $F_{1\max}$，阀 V_1 全开。G_{Y2} 完成计算 $F_{4\text{-SP}}=m\left(1+\frac{F_{1\max}}{F_{2\max}}\right)-\frac{F_{1\max}^{2}}{F_{2\max}}>0$，组成 TC 和 FC-2 的串级控制系统，调节 V_2 阀开度

4.6.2 选择性控制系统设计和工程应用中的问题

(1) 选择器类型的选择

超驰控制系统的选择器位于两个控制器输出和一个执行器之间。按下述步骤选择。

① 选择控制阀。根据安全运行准则，选择控制阀的气开和气关类型。

② 确定被控对象增益。包括正常工况和取代工况时的被控对象增益。

③ 确定正常控制器和取代控制器的正反作用。根据负反馈准则，确定控制器的正、反作用。

④ 确定选择器。根据超过安全软限时，能够迅速切换到取代控制器的选择原则，因此，超过安全软限时，取代控制器输出增大（减小），则确定选择器是高选器（低选器）。

⑤ 安全保护。当选择高选器时，应考虑事故时的保护措施。

其他类型选择性控制系统，应根据控制要求设置选择器类型。

(2) 控制器控制规律的选择

超驰控制系统要求超过安全软限时能迅速切换到取代控制器。因此，取代控制器应选择比例度较小的 P 或 PI 控制器，正常控制器与单回路控制系统的控制器选择相同。根据负反馈准则选择控制器的正反作用。

(3) 防积分饱和

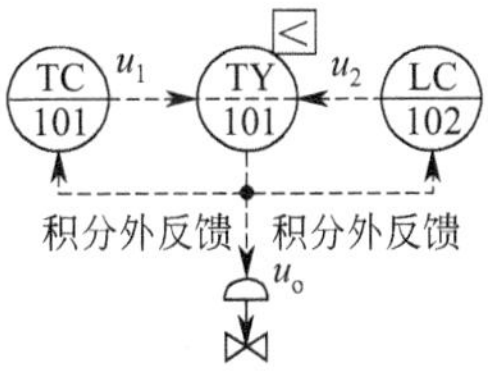

超驰控制系统中，正常工况下，取代控制器偏差一直存在，如果取代控制器有积分控制作用，就存在积分饱和。同样，取代工况下，正常控制器偏差一直存在，如果正常控制器有积分控制作用，也存在积分饱和。由于偏差为零时，选择性控制系统的控制器不能及时切换的现象称为选择性控制系统的积分饱和。

图 4-39 选择性控制系统的防积分饱和措施

防止积分饱和的方法是采用积分外反馈，即将选择器输出作为积分外反馈信号，分别送两个控制器。图 4-39 显示选择性控制系统防积分饱和的连接方法。

当控制器 TC 切换时，有 $u_1=K_{c1}e_1+u_o$。

当控制器 LC 切换时，有 $u_2=K_{c2}e_2+u_o$。

在控制器切换瞬间，偏差 $e_1=e_2=0$，因此，$u_1=u_2$，实现输出信号的跟踪和同步。

4.6.3 选择性控制系统与其他控制系统的结合

选择性控制系统为系统构成提供新的思想，它与其他复杂控制系统结合起来，可实现各种控制要求。选择性控制系统在增加系统复杂性的同时，也增强系统灵活性。

(1) 选择性控制系统与比值控制系统结合

表 4-16 是选择性控制系统与比值控制系统结合的示例。

表 4-16 选择性控制系统与比值控制系统结合的示例

控制方案	逻辑提量与减量的双闭环比值控制系统	从动量不足时的比值控制系统
示例图	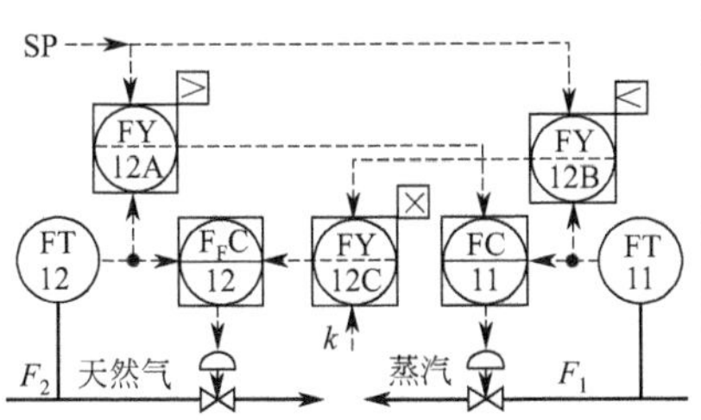	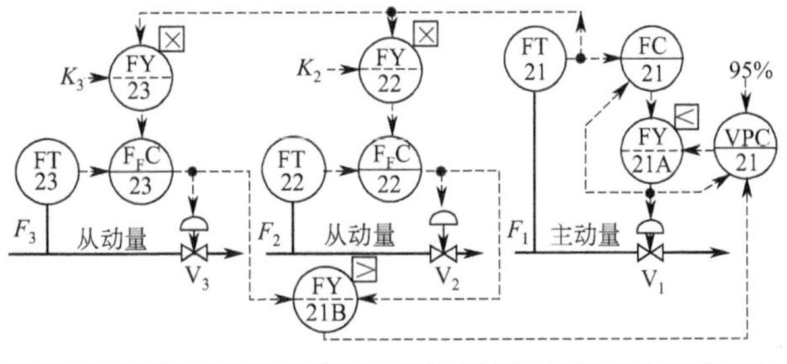

续表

控制方案	逻辑提量与减量的双闭环比值控制系统	从动量不足时的比值控制系统
工作原理	①提量时，SP↑，高选器 FY-12A 选中 SP，FC-11 调节蒸汽量使蒸汽量先↑，蒸汽流量值经检测后被低选器 FY-12B 选中，逐渐增大天然气控制器的设定值，天然气流量跟随蒸汽流量，并按所需比值增大。达到提量时先提蒸汽量，后提天然气流量的控制目的。 ②减量时，SP↓，低选器 FY-12B 选中 SP，F_FC-12 设定↓，经调节减小天然气流量，检测后按所需比值关系的信号被高选器 FY-12A 选中，使蒸汽流量相应减小。达到减量时先减天然气流量，后减蒸汽量的控制目的	①从动量供应充足：从动量按比值关系跟随主动量变化而变化。 ②从动量供应不足：减小主动量控制阀开度，使主从动量保持所需比值关系。 ③从动量流量不足的判别依据：从动量控制阀的开度，即 VPC 控制器测量值。开度大于 95%（VPC 的设定），表示从动量流量不足。 ④从动量流量不足的调节过程：从动量流量不足，VPC 输出减小，低选器 FY-21A 选中，关小主动量控制阀 V_1。主动量流量 F_1 下降，按比值关系自动减小从动量控制器的设定，使从动量也随之减小。 ⑤从动量流量不足的测量方法：从动量控制阀信号经高选器 FY-21B 选出高值，作为从动量不足的标志。 ⑥防积分饱和：采用积分外反馈信号，即图中 FY-21A 输出到两个控制器 FC-21 和 VPC-21 的外反馈信号

(2) 选择性控制系统与分程控制系统结合

表 4-17 是选择性控制系统与分程控制系统结合的示例。

表 4-17 选择性控制系统与分程控制系统结合的示例

控制方案	合成氨蒸汽减压控制系统	聚乙烯除氧器凝液贮槽液位选择性控制系统
示例图	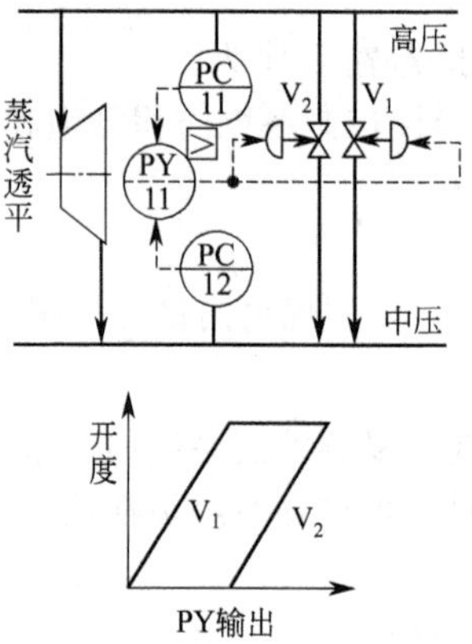	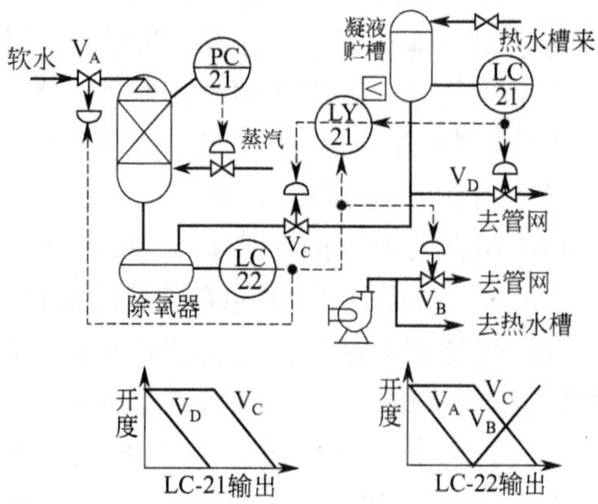
工作原理	①高压蒸汽压力正常，用蒸汽透平回收能量。 ②高压或中压蒸汽压力不正常，先用小阀 V_1，后开大阀 V_2，分程控制方式降压。 ③V_1 和 V_2 选气开，PC-11 正作用，PC-12 反作用。PY-11 高选	①正常工况：L21 低，LC-21 输出高，V_D关，LY-21 未选中，LC-21 不对 V_C 控制。L22 低，LC-22 输出低，V_C 全关，V_B 全开。 ②取代工况：L21 高，LC-21 输出低，控制 V_C，L21 再高，V_C全开，控制 V_D。L22 高，LC-22 输出高，V_A全关，V_C关小，V_B打开

4.6.4 选择控制系统设计示例

(1) 超弛控制系统示例

表 4-18 是超弛控制系统设计示例。

表 4-18 超弛控制系统设计示例

控制方案	锅炉压力和液位的选择性控制系统	压缩机排气流量和压力的选择性控制系统
示例图		
工作原理	①蒸汽压力正常，用蒸汽压力控制产出蒸汽。 ②锅炉液位低于安全软限时，锅炉液位控制器替代压力控制器，实现超弛控制，液位控制产出蒸汽量。 ③选用低选器 PY-11 实现	①正常工况：用流量控制器 FC-22 控制压缩机转速，调节排气量。 ②取代工况：当排气压力高于安全软限时，压力控制器 PC-21 替代流量控制器，根据排气压力控制转速，调节排气量。 ③选用高选器 FY-22 实现。SC-21 是串级控制系统的副控制器

(2) 竞争控制系统示例

某厂氧氯化反应中，采用常规仪表的原氧气流量控制系统采用图 4-40 所示控制方案。该控制系统由两个测量氧气流量的变送器、两个控制器、一个流量控制阀和一个低选器和检出元件孔板等组成。该控制系统是冗余控制系统，当某一个变送器或控制器发生故障时，该控制系统仍可正常工作。

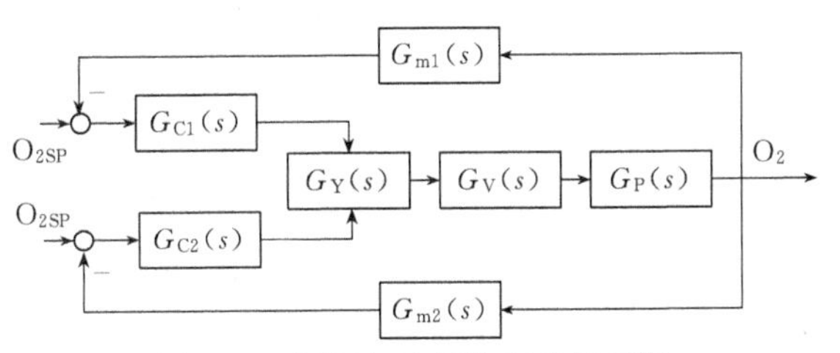

图 4-40 原氧气流量控制系统框图

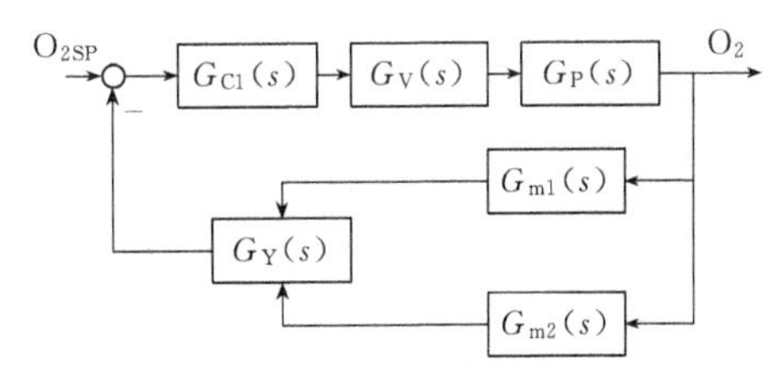

图 4-41 改进后的氧气流量控制系统框图

工作原理：当某一个变送器检出到氧气流量过高时，反作用控制器的控制输出降低，被低选器 G_Y 选中，从而保证氧气流量不会过高。如变送器故障使其输出降低，则控制器输出不会选中该信号，保证了控制系统正常运行。如变送器故障使其输出升高，则控制器输出被低选选中，从而使控制系统按该信号调节控制阀开度，使氧气流量不会超过规定的设定值，因此，该控制系统是安全控制系统。此外，用低选器输出作为两个控制器的积分外反馈信号（图中未画出），防止积分饱和。

该常规仪表实现的控制系统因系统改造，用 DCS 实施。根据对该控制系统的分析，认为该系统只需要对变送器冗余，控制器不需要冗余设置，因此，将原设计的超弛控制系统改为图 4-41 所示仪表竞争系统。该控制系统采用高选器 G_Y 检测两个变送器输出的高值作为控制器测量值。如果某一变送器输出增高，控制器就按该输出进行控制，使控制阀开度减小，保证氧气流量不会超过规定值。如果某一变送器故障使输出降低，则高选器不会选中该信号，从而使变送器故障不影响控制系统运行。

示例说明原冗余控制系统可转变为竞争控制系统。冗余控制系统的选择器是低选器，而竞争控制系统的选择器是高选器。因此，应根据控制系统的不同要求，选用选择器类型。

4.7　双重控制系统

4.7.1　基本原理、结构和性能分析

(1) 基本原理和结构

一个被控变量采用两个或两个以上的操纵变量进行控制的控制系统称为双重或多重控制系统。这类控制系统采用不止一个控制器，其中，一个控制器输出作为另一个控制器的测量信号。

系统操纵变量的选择需根据操作优化的要求综合考虑。既要考虑工艺的合理和经济，又要考虑控制性能的快速性，而两者又常常在一个生产过程中同时存在。双重控制系统是综合这些操纵变量的各自优点，克服各自弱点进行优化控制的。表 4-19 是双重控制系统基本结构的示例。

表 4-19　双重控制系统基本结构的示例

控制方案	蒸汽减压系统的双重控制系统	反应器温度的双重控制系统	喷雾干燥过程的双重控制系统
示例图	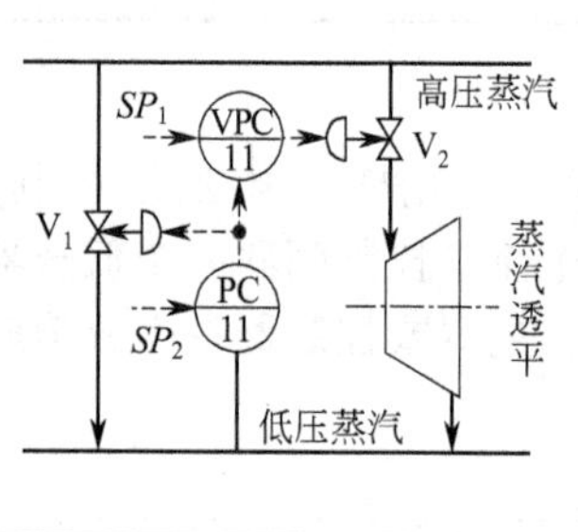	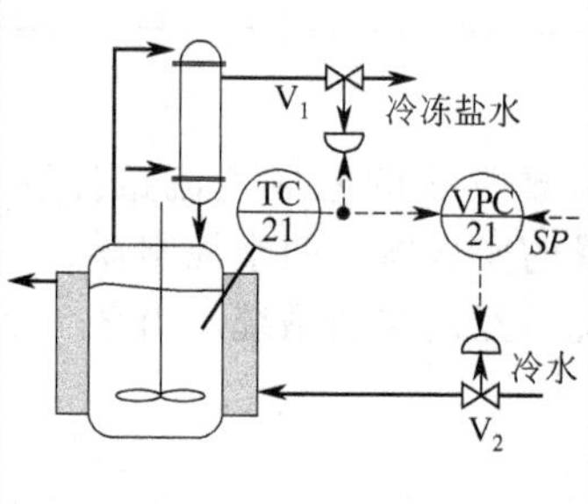	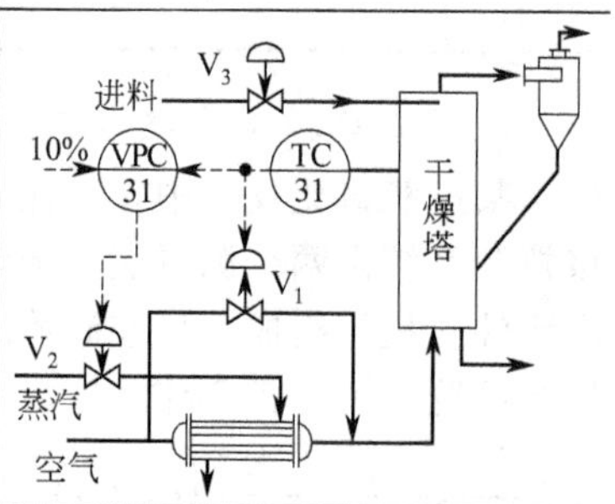
工作原理	①正常工况，蒸汽经蒸汽透平回收能量并达到减压目的。V_1 开度处于快速响应条件下尽可能小的开度(由 SP_1 确定)。 ②蒸汽用量变化，PC-11 出现偏差，先通过动态响应快的操纵变量(V_1)迅速消除偏差，同时，通过 VPC-11 逐渐改变 V_2 开度，并使 V_1 平缓地回复到原来的设定开度	①正常工况，控制冷水阀 V_2，改变进夹套冷水量调节反应釜温度。V_1 开度约 10%。 ②温度变化大，先改变冷冻水阀 V_1 开度，快速使温度恢复，同时，经 VPC-21 缓慢改变 V_2 开度，满足总冷量要求。而 V_1 也缓慢恢复到约定开度	①正常工况，控制蒸汽阀 V_2，改变换热器热量，调节进干燥器热风温度，V_1 开度约 10%。 ②干扰时，干燥器温度变化大，先改变旁路阀 V_1，使温度快速恢复，同时，缓慢改变 V_2，使干燥器温度保持在设定，而 V_1 也缓慢恢复到约定开度
控制框图	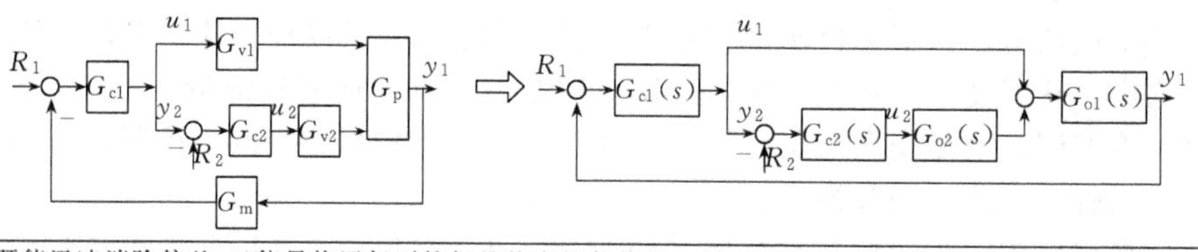		
特点	既能迅速消除偏差，又能最终回复到较好的静态性能指标。具有“急则治标，缓则治本”的控制功能		

(2) 性能分析

双重控制系统增加了副回路，与由主控制器、副控制器和慢对象组成的慢响应单回路控制系统比较，有下列特点。

① 增加开环零点，改善控制品质，提高系统稳定性。开环条件下，与慢响应单回路控制系统比较，双重控制系统增加了其位置可经 $G_{c2}(s)$ 参数的改变而调整的零点，提高了控制品质，改善了系统稳定性。

② 提高双重控制系统的工作频率。与串级控制系统的分析类似，比较结果见表4-20。

表4-20 双重控制系统与慢响应单回路控制系统的比较

控制系统	双重控制系统	慢响应单回路控制系统
工作频率	$\omega_{ds}=\omega_o'\sqrt{1-\zeta'^2}=\frac{\sqrt{1-\zeta'^2}}{2\zeta'}\frac{(T_{o1}+T_{o2}+K_{c1}KT_o)}{T_{o1}T_{o2}}$	$\omega_s=\omega_o\sqrt{1-\zeta^2}=\frac{\sqrt{1-\zeta^2}}{2\zeta}\frac{(T_{o1}+T_{o2})}{T_{o1}T_{o2}}$
比较结果	双重控制系统工作频率与慢响应单回路控制系统工作频率之比为$\frac{\omega_{ds}}{\omega_s}=1+\frac{K_{c1}K_{o1}}{1+\frac{T_{o1}}{T_{o2}}}$；因$K_{c1}K_{o1}>0$，因此，$\frac{\omega_{ds}}{\omega_s}>1$。 双重控制系统工作频率随$K_{c1}K_{o1}$数据的增大而增大，随$T_{o2}$的增大与$T_{o1}$的减小而增大	

在一定衰减比条件下，随着快响应对象时间常数T_{o1}的减小，双重控制系统的工作频率提高极快，控制品质因此得到明显改善。

③ 动静结合，快慢结合，"急则治标，缓则治本"。

由于双重控制回路的存在，一旦偏差存在，在主控制器的调节下，使主被控变量y_1尽快地回复到设定值R_1，达到"急则治标"的功效。在偏差减小的同时，双重控制系统又充分发挥副控制器的调节作用，从根本上消除偏差，使副被控变量y_2回复到R_2，达到"缓则治本"的目的。因此，双重控制系统实现了操作优化的目标。

(3) 与其他控制系统的比较

① 与串级控制系统的比较。从结构看，串级控制系统和双重控制系统都有两个控制器。但双重控制系统主控制器输出作为快速响应操纵变量的输入，同时也是副控制器的测量。串级控制系统主控制器输出是副控制器的设定。双重控制系统连接两个执行器，快速响应的执行器开度在稳态时基本不变，慢速响应的执行器开度随负荷变化而变化。串级控制系统连接一个执行器，执行器开度随负荷变化而变化。因此，串级控制系统对克服进入副环的扰动有很强的抑制能力。而双重控制系统能有效提高控制精度。

② 与分程控制系统的比较。双重控制系统与分程控制系统都有一个被控变量和多个操纵变量。但双重控制系统要求快速响应的执行器开度在稳态时基本不变（例如，在5%或95%）。根据工艺要求，分程控制系统要求执行器交替工作在不同范围。而双重控制系统的执行器同时工作。

4.7.2 双重控制系统设计和工程应用中的问题

(1) 主、副操纵变量的选择

双重控制系统通常有两个或两个以上的操纵变量，其中，一个操纵变量具有较好的静态性能，工艺合理；另一个操纵变量具有较快的动态响应。因此，主操纵变量应选择具有较快动态响应的操纵变量，副操纵变量则选择较好静态性能的操纵变量。

(2) 主、副控制器的选择

为了消除余差，双重控制系统的主、副控制器均应选择具有I控制作用的控制器，通常不加入D控制作用，但快被控对象的时间常数较大时，为加速主对象的响应，可适当加入D。对于副控制器，由于起缓慢的调节作用，因此，也可选用纯积分的控制器。在P&ID中，阀位控制器常用VPC表示。

(3) 主、副控制器正反作用的选择

双重控制系统的主、副控制回路是并联的单回路。主、副控制器正反作用的选择与单回路控制系统中控制器正反作用的选择方法相同。一般先确定控制阀的气开、气关型式，然后根据快响应被控对象的特性确定主控制器的正反作用方式，最后根据慢响应被控对象的特性确定副控制器的正反作用方式。

(4) 双重控制系统的投运和参数整定

双重控制系统的投运与简单控制系统投运相同。手自动切换应该无扰动切换。投运方式是先主后副，即先使快响应对象切入自动，然后再切入慢响应控制回路。

主控制器参数整定与快响应控制系统的参数整定相似，要求具有快的动态响应。副控制器参数整定以缓慢变化，不造成对系统的扰动为目标，因此，可采用宽比例度和大积分时间，甚至可采用纯积分作用。

4.7.3　双重控制系统设计示例

(1) 双重控制系统与选择性控制系统结合

① 从动量不足时的比值控制系统。表 4-16 中，从动量不足时的比值控制系统是双重控制系统与选择性控制系统、比值控制系统结合的示例。系统中，从动量不足判别依据是从动量控制阀的开度，即 VPC 控制器测量值。当开度大于 95%（即 VPC 设定），表示从动量流量不足。

② 加热炉的流量控制系统。如图 4-42 所示的多组加热炉流量控制系统。流体分四路并行送加热炉，假设安装后各支路的阻力相同。如果某一支路的流量比其他支路流量稍低，则因各支路吸收热量相同，造成该流量稍低支路的汽化分率增加，因体积膨胀而使其流速增加，并造成摩擦阻力和动压头损失增大。最终使温度分布不均，即流速低的支路结垢，并进一步降低流速，直到堵塞或烧坏。

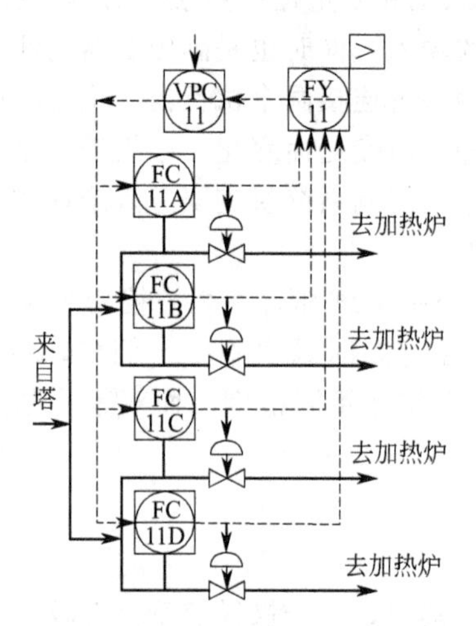

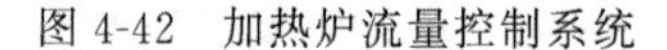
图 4-42　加热炉流量控制系统

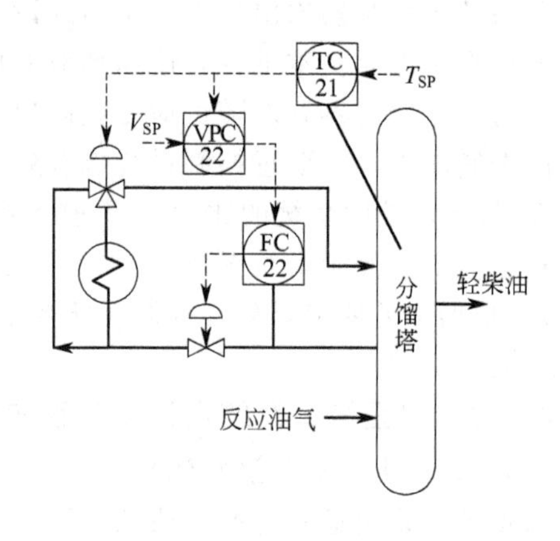

图 4-43　分馏塔温度控制系统

为此，设计双重控制系统，VPC 输出用于作为各支路流量控制器的设定，流量稍低的支路其控制阀开度增大，经高选器可使该控制阀处于接近全开位置（等于 VPC 设定），从而降低该控制阀的压力损失。它的控制框图与浮动塔压控制系统类似，仅增加了高选器。

(2) 精馏塔浮动塔压控制

精馏塔浮动塔压的双重控制系统见本书第 8.4 节。

(3) 轻柴油分馏塔抽出板的温度控制

图 4-43 所示轻柴油分馏塔抽出板温度原采用分馏塔温度控制三通阀，调节进换热器的流量和不换热分流流量的分率，回流量用 FC-22 直接控制。由于三通阀的调节能力不足，分馏塔温度波动较大，需要经常手动调节 FC-22 的设定，以保证足够热量。为此，设计双重控制系统，增设阀位控制器 VPC-22，用其输出作为回流量控制器 FC-22 设定值，从而既保证三通阀能够最大限度回收换热器热量，又能够迅速调节回流量使分馏塔稳定运行。

4.8　根据模型计算的控制系统

随着 DCS、PLC 和计算机的广泛应用，根据模型计算的控制系统被越来越多地应用于工业生产过程。因此，有必要对这类控制系统进行分析和研究。

4.8.1　根据模型计算测量值的控制系统

有些生产过程中被控变量的测量值不能直接测量获得，但可根据有关机理模型进行间接计算。这类控制系统称为根据模型计算测量值的控制系统。

(1) 质量流量的控制

当被测气体温度和压力波动时，若忽略压缩因子的变化，可采用下列数学模型计算质量流量。

$$q_m = q_1\sqrt{\frac{(p_1+101.32)(t_n+273.15)}{(p_n+101.32)(t_1+273.15)}} \tag{4-43}$$

式中，p_1、p_n、t_1、t_n分别是实际工况、设计工况下气体的表压（kPa）和摄氏温度（℃）；q_m和q_1分别是补偿后和补偿前气体的质量流量。常采用如图 4-44 所示的框图表示。

图中，计算环节 1 可采用集散控制系统的计算功能模块，或常规仪表实现。当按质量流量进行控制时，由于计算环节位于反馈回路，计算环节的增益随温度和压力的变化而变化，从而造成整个控制系统开环总增益变化，使控制系统偏离度升高，控制系统控制品质变差。

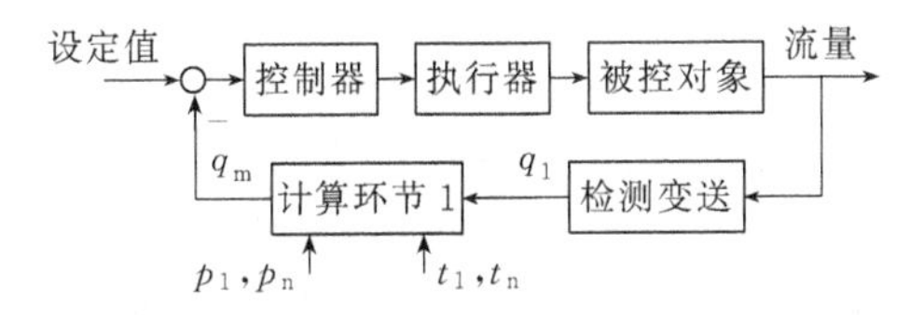

图 4-44　质量流量控制系统框图

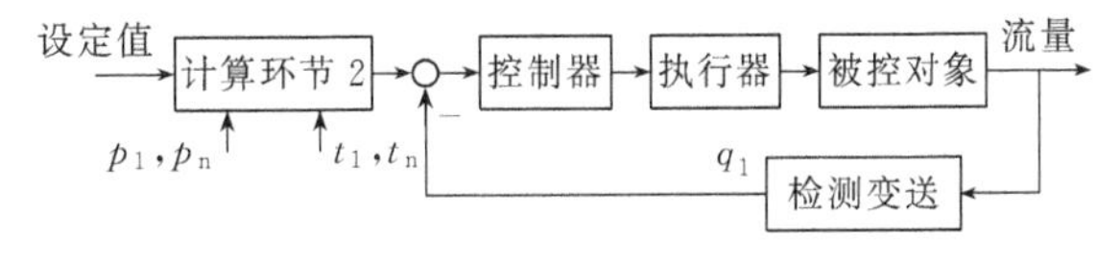

图 4-45　质量流量控制系统改进方案

为使该控制系统稳定运行，可将计算环节 2 设置在设定通道，如图 4-45 所示。

图 4-44 控制方案中，设定值是 $q_{m\text{-SP}}$，它是工艺设定的。图 4-45 控制方案中，设定值仍是 $q_{m\text{-SP}}$，但送控制器的实际设定值是 SP，即

$$SP = q_{m\text{-SP}}\sqrt{\frac{(p_n+101.32)(t_1+273.15)}{(p_1+101.32)(t_n+273.15)}} \tag{4-44}$$

它随实际温度和压力的变化而变化。为获得质量流量，可采用计算环节 1 的数学模型计算实际质量流量，用于显示。作为流量随动控制系统，宜采用线性流量特性的控制阀和按随动控制系统整定参数。

(2) 热量控制

某精馏塔再沸器加热的载热体热量控制采用如图 4-46 所示热量与流量的串级控制系统。

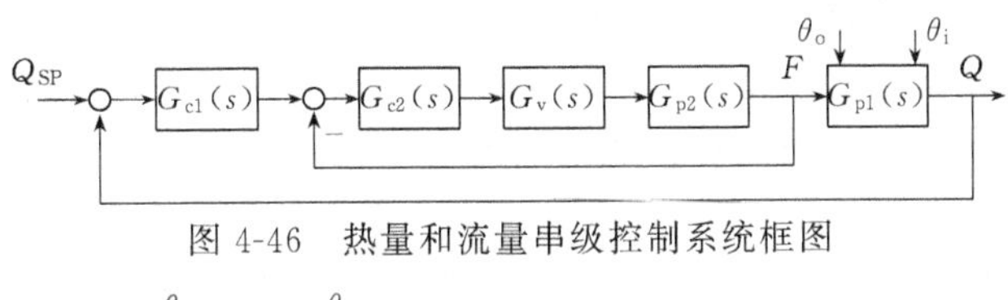

图 4-46　热量和流量串级控制系统框图

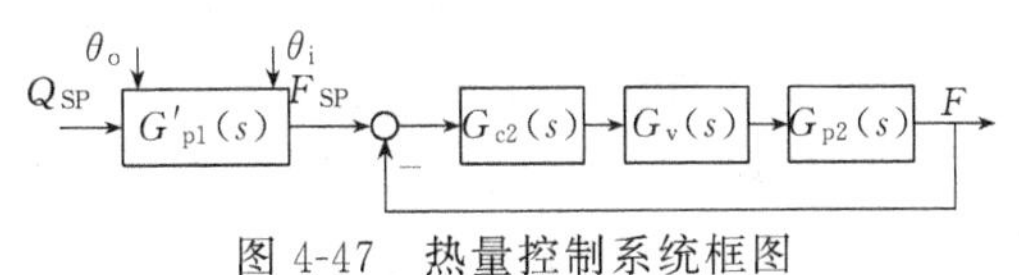

图 4-47　热量控制系统框图

控制系统的热量衡算由 $G_{P1}(s)$ 实现，采用数学模型为

$$Q=Fc(\theta_i-\theta_o) \tag{4-45}$$

式中，Q 是不发生相变流体的热量；F 是流体流量；θ_i、θ_o是进、出口温度；c 是流体比热容。由于载热体来自上工序的废热利用，主被控对象是计算单元，动态响应很快，为此，主控制器加反微分；精馏塔操作平稳时采用定值控制；流量信号超前实际热量信号，需设置时间滞后环节，对流量信号进行延时；温度变量包含在控制回路中，因此，热量控制系统控制器 $G_{c1}(s)$ 参数需整定得较宽。经运行，该控制系统能够运行，但波动较大，偏离度较大。

对控制系统进一步分析表明，因主被控对象是计算环节，它的增益随温差变化而变化，虽然，热量控制器参数整定得较宽，但控制系统控制品质仍有较大波动。为此，将原控制系统改为图 4-47 所示单回路控制系统，热量设定值经计算环节后，作为再沸器流量控制回路的设定值，即数学模型成为：

$$F_{SP}=\frac{Q_{SP}}{C(\theta_i-\theta_o)} \tag{4-46}$$

该控制系统按随动控制系统整定控制器参数，取得较满意控制效果。

(3) 应用时的注意事项

实施根据模型计算测量值的控制系统时，需注意下列事项。

① 稳定性问题。根据模型计算测量值的控制系统，计算环节位于反馈通道，该计算环节的增益随其输入信号变化，造成计算环节增益的变化。根据稳定运行准则，它将使控制系统总开环增益变化，并使控制系统稳定性变差，偏离度提高，控制品质变差。

为此，这类根据模型计算测量值的控制系统宜转换成根据模型计算设定值的控制系统。

② 当计算环节位于串级控制系统的主环时，一种改进的控制方案是将串级控制系统改为单回路控制系统，将计算环节设置在该单回路控制系统的设定通道。例如，热量控制系统。

③ 当必须采用串级控制系统方案时，有两种情况。一种情况是主被控对象的非线性是由副控制器设定通道的非线性环节补偿时，应将该非线性环节设置在设定通道。例如，智能电气阀门定位器组成的串级控制系统。另一种情况是主被控对象是线性特性，这时应将计算环节设置在串级控制系统的副环回路中，根据串级控制系统能迅速克服进入副回路扰动影响的特点，如果副环前向通道的增益很大，副环检测变送环节增益为 1 时，副环等效增益为 1，即副环近似为 1∶1 的比例环节。从而可较快克服引入的计算环节增益非线性造成的影响。

④ 仪表转换系数问题。采用常规仪表实施时，应注意乘法器、加法器输出受仪表量程范围的影响，需要进行信号匹配。因此，需计算仪表转换系数。采用 DCS 或计算机控制装置时，直接根据工程单位和数值计算。

4.8.2　根据模型计算设定值的控制系统

生产过程控制系统的设定值随过程的一些参数而变化时，例如，优化控制等，应根据模型计算控制系统的设定值，并按随动控制系统整定控制器参数。

(1) 具有压力补偿的温度控制

精馏塔温度作为间接控制指标的前提是塔压恒定。当塔压恒定时，温度和产品组分有一一对应关系，因此，可用温度控制来间接控制产品的组分。对塔压波动较大的精密精馏操作，通常采用温差或双温差控制方案，通过对温差或双温差的检测和控制来补偿塔压波动对组分的影响。也可采用塔压对灵敏板温度进行补偿计算的设定值控制系统。

经塔压补偿后的灵敏板温度设定值模型为

$$T_{S\text{-}SP}=T_{SP}+K_1(p-p_0)+K_2(p-p_0)^2 \tag{4-47}$$

式中，p 是塔压；p_0是塔压设计值；T_{SP}是灵敏板温度的设定值；$T_{S\text{-}SP}$是经塔压补偿数学模型计算后的灵敏板温度设定值。

某丙烯丙烷精馏塔采用该数学模型计算经塔压补偿后的灵敏板温度设定值，由于该精馏过程是精密精馏过程，塔压波动又较大，因此，采用一般控制方案的控制效果较差，采用该控制方案后实现了较好的分离效果。

(2) 离心压缩机的防喘振控制

离心压缩机在负荷降低到一定程度时，因排出气体流量的减少，造成气体在机壳内循环，产生强烈振荡，并造成机身剧烈振动，这种现象称为喘振现象。为防止喘振现象的发生，需设置防喘振控制系统，该控制系统中的设定值是根据喘振方程计算获得。喘振方程为

$$\frac{p_2}{p_1}=a+b\frac{Q_1^2}{\theta_1} \tag{4-48}$$

式中，下标 1 表示入口参数，2 表示出口参数；p、Q、θ 分别表示压力、流量和温度；a、b 是压缩机系数，由压缩机制造厂商提供。

由于数学模型中的流量是平方值，因此，可直接用孔板和差压变送器测量流量，减少计算环节，提高测量精度。采用差压法测量流量时的喘振方程如下

$$p_d=\frac{n}{bK_1^2}(p_2-ap_1) \tag{4-49}$$

式中，$n=\dfrac{M}{ZR}$，Z、R、M 分别为压缩系数、气体常数和分子量；p_d是入口流量对应的差压；K_1是流量常数。控制方案如图 4-48 所示。

入口节流装置测量得到的差压大于上述计算值，压缩机处于安全运行状态，旁路阀关闭。反之，当差压小于该计算值，应打开旁路控制阀，增加入口流量。该控制系统按随动控制系统整定控制器参数。为了使离心压缩机发生喘振时能及时打开旁路阀，控制阀流量特性宜采用线性特性或快开特性。防喘振控制阀两端有较高压差，不平衡力大，防喘振控制阀应选用能消除不平衡力影响、噪声及具有快开慢关特性的控制阀。应缩短连接到控制阀的气动信号传输管线。控制器比例度宜较小。当采用积分控制作用时，应考虑防积分饱和问题。

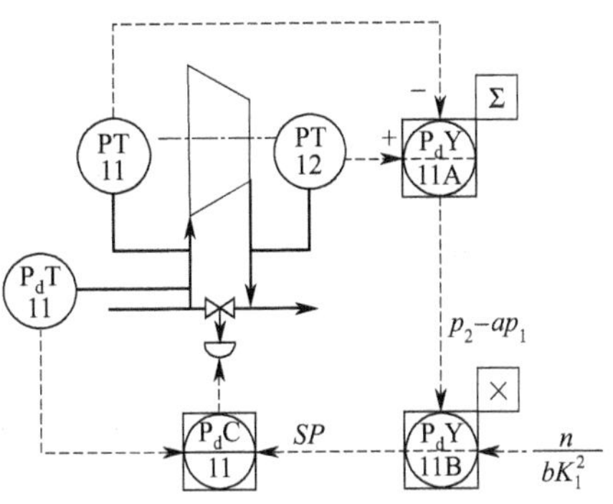

图 4-48 离心压缩机防喘振控制

(3) 应用时的注意事项

实施根据模型计算设定值的控制系统时，需注意下列事项。

① 信号滤波。数学模型的输入信号可根据信号变化情况确定设置不同滤波时间常数的滤波环节。数学模型的输出端也拟设置滤波环节，防止信号波动造成系统不稳定。

② 检测元件的安装位置应能够迅速准确反映被测变量，防止因安装不当造成的误差。

③ 数学模型至少在工作点附近应能较正确反映被控过程的特性。应具有快速、准确和可靠性。

④ 采用微分先行控制算法，使微分控制仅对控制系统偏差起作用。

⑤ 数学模型的输出变化是主要扰动，因此，应采用随动控制系统的方法整定控制器

参数。

⑥ 控制阀的流量特性应根据被控对象特性确定，见第 3.3 节。

⑦ 仪表转换系数问题。采用常规仪表实施时，应注意乘法器、加法器等计算环节的输出受仪表量程范围影响，需要进行信号的匹配和转换系数的计算。

4.8.3　非线性控制

非线性控制系统是包含非线性特性的控制系统。采用非线性控制系统的原因如下。

① 组成控制系统的被控对象、检测变送环节、控制器和执行器都不可避免地、或多或少地具有一定的非线性特性，为此，采用非线性器件，使合成后开环系统总特性呈现线性或近似线性的特性，满足稳定运行准则。

② 人为引入非线性控制规律或非线性环节，使控制系统实施变得简单或满足一定的控制要求。

（1）被控对象的非线性补偿

当被控对象的非线性特性不严重，负荷变化不大时，通常可将被控对象近似为线性对象，采用线性控制规律组成控制系统。当被控对象的非线性特性可以用控制阀流量的非线性特性补偿时，应首选采用控制阀流量特性的非线性特性来补偿。但是，有些被控对象的非线性不能用控制阀流量特性来补偿，例如，串级控制系统主对象和 pH 控制系统中 pH 对象的非线性特性等不能选用控制阀流量特性来补偿。

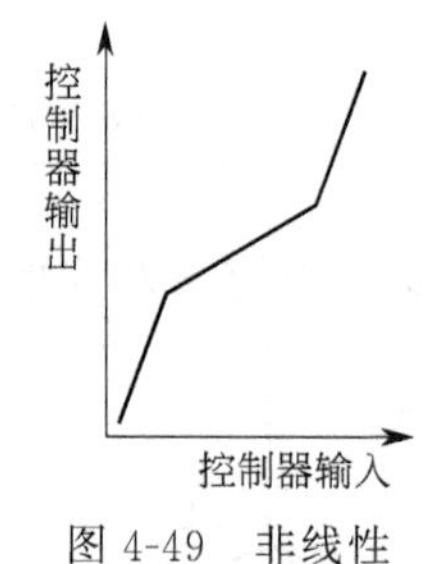

图 4-49　非线性控制器的特性

① 采用控制阀的非线性流量特性补偿。合理选择控制阀的非线性流量特性，可补偿大多数具有类似饱和非线性特性的被控对象非线性和少数需用快开特性进行补偿的被控对象非线性。

② 采用非线性控制规律补偿。实现非线性控制规律的常用方法如下。

- 采用欣斯基（Shinskey）提出的三段非线性控制规律，如图 4-49 所示。当过程增益大时，非线性控制器的增益小，反之，过程增益小时，非线性控制器的增益大，从而用控制器的非线性特性补偿过程的非线性。
- 采用乘法器或除法器等组成非线性环节。例如，pH 控制器的控制算法如下。

$$u=K_c e|e| \tag{4-50}$$

- 采用单元组合仪表或直接用电子元器件组成类似的非线性控制器，实现所需的非线性控制规律。广义的非线性 PID 控制算法可表示为

$$u=K_c f(e)\left(e+\frac{1}{T_i}\int_0^t e\,\mathrm{d}t+T_d\frac{\mathrm{d}e}{\mathrm{d}t}\right) \tag{4-51}$$

式中，$f(e)$ 是偏差 e 的非线性补偿函数。例如，简单自适应控制系统就采用类似算法。

- 智能阀门定位器中采用在设定值通道中设置多段折线的非线性环节实现非线性特性。
- DCS 或计算机控制装置提供非线性环节，例如，多段折线近似非线性特性；采用非线性函数拟合；神经网络可实现任意非线性控制规律，为非线性控制系统的应用提供了有效技术手段。

③ 采用串级控制系统。当非线性环节位于串级控制系统副环的前向通道时，由于串级控制系统副回路的补偿校正作用，可使副环近似为 1∶1 的比例环节，克服副被控对象的非线性等造成的影响。

【例 4-8】 醋酸乙烯合成反应器中部温度串级控制系统。

醋酸乙烯合成反应器中部温度控制系统被控过程的控制通道由两个换热器和一个反应器

组成，由于换热器随负荷变化呈现明显的非线性饱和特性，因此，采用反应器中部温度的单回路控制系统控制品质较差，采用控制阀流量特性进行补偿时，因换热器负荷变化，非线性特性变化，也不能满足控制要求。为此采用如图 4-50 所示串级控制系统，将两个换热器作为串级控制系统的副被控对象，使非线性特性包含在副环内部，取得较好控制品质。

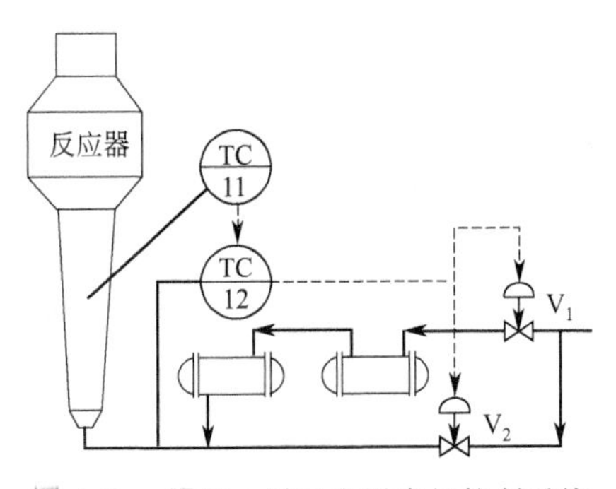

图 4-50　醋酸乙烯反应器串级控制系统

由于添加阀门定位器而组成的串级控制系统，对于控制阀的死区、库仑摩擦和黏性摩擦等非线性特性具有很好的补偿效果，这也是使用阀门定位器的一个重要原因。

非线性环节位于控制系统的反馈通道时，可用非线性环节补偿，使其成为线性。例如，采用孔板和差压变送器检测流量引入非线性特性，需加开方器进行补偿。

④ 引入中间变量，使主对象近似为线性。

【例 4-9】 蒸汽换热器的变比值控制系统。

如图 4-51 所示，换热器热量平衡关系可表示为

$$G_1 c_1 (\theta_{1o} - \theta_{1i}) = G_2 \Delta H \tag{4-52}$$

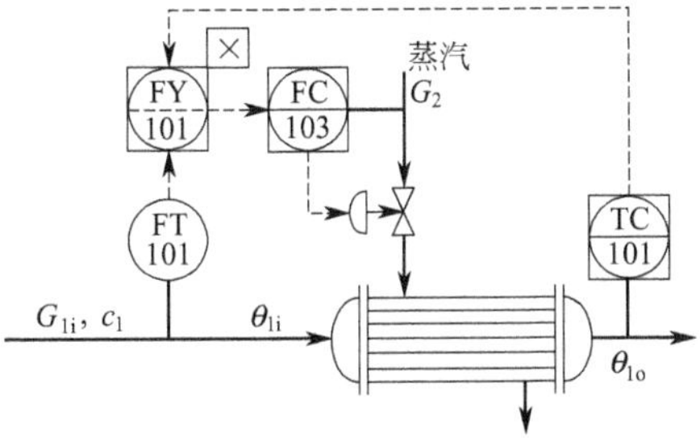

图 4-51　换热器温度变比值控制系统

式中，G_1、c_1 分别是被加热物料的质量流量和比热容；θ_{1o} 和 θ_{1i} 是被加热物料的出口和入口温度；G_2 是蒸汽质量流量；ΔH 是蒸汽汽化潜热。被控变量是 θ_{1o}，操纵变量是 G_2，因此，被控对象增益是

$$K_p = \frac{\partial \theta_{1o}}{\partial G_2} = \frac{\Delta H}{G_1 c_1} \tag{4-53}$$

随被加热物料的增加，被控对象的增益减小，呈现非线性特性。

采用换热器出口温度和蒸汽流量的串级控制系统，主被控对象增益仍如式(4-53) 所示，为非线性特性。而控制阀特性的改变也不能影响主被控对象特性。为此，引入中间变量，即被加热物料流量的前馈信号，并用乘法器实现，因被加热物料流量和蒸汽流量之间有线性关系，即温度控制器的输出 k 为

$$k = \frac{G_2}{G_1}$$

因此，有

$$\theta_{1o} = \theta_{1i} + \frac{\Delta H}{c_1} k \tag{4-54}$$

由于蒸汽汽化潜热和比热容基本不变，因此，该温度控制系统的被控对象为线性关系。它将原来换热器的非线性特性，转换为被加热物料和蒸汽流量之间比值不变（随温度控制器输出变化）的线性特性，实现了非线性补偿。

⑤ 测量变送环节的非线性补偿。控制系统中的测量变送环节也可能存在非线性。例如，采用差压变送器和孔板测量流体流量时，变送器输出与差压成正比，与被控变量的流体流量平方成正比。用热电阻测量介质温度时，测得的热电阻值与介质温度之间可表示为

$$R_t = R_0 [1 + \alpha (t - t_0) + \beta (t - t_0)^2] \tag{4-55}$$

因此，测量变送环节的非线性需要进行补偿。测量变送环节的非线性补偿方法是串联非线性元件，使合成的特性呈现线性特性。例如，将开方器串联在差压变送器的输出，使开方器输出与被测流体流量成正比。或直接用流量变送器替代差压变送器等。热电阻（或热电偶）的非线性用温度变送器内部的非线性电路来补偿等。

（2）位式控制

当被控对象具有线性特性，过程动态参数 $\tau/T<0.2$，控制要求不高时，为使控制系统简单可采用位式控制规律，组成非线性控制系统。位式控制的执行器是开关式器件，因此，这类控制也称开关控制。

位式控制器的输出是数值上不连续的位式信号，输出仅取两个值时称为两位控制，取三个值时称为三位控制，可将多个位式控制组合成为多位控制。位式控制具有结构简单的特点，被广泛地应用于民用工业，例如，电冰箱、电熨斗等温控系统中。

为了改善位式控制的控制品质，除了合理设计位式控制中的有关参数，例如，死区、位式检测元件的安装位置等以外，还可采用多位控制、时间比例控制等。

多位控制将位式控制分解，每个位式控制用于控制一定区域，从而使控制精度提高，例如，在锅炉汽包水位控制系统中，常采用多个检测点检测液位，并用多个开关阀控制给水流量。

时间比例控制是将控制器输出转换为控制阀不同长短的开或关时间的位式控制。通常，用占空比表示控制阀全开时间与总周期（开和关时间之和称为总周期）时间之比。当控制器采用比例作用时，占空比（或全开时间）与偏差成比例，因此，称为时间比例控制。时间比例控制器可采用脉冲调宽控制器或专用的时间比例控制器。采用 DCS 或计算机控制装置时，可用时间比例控制功能块或用其他功能块组合而成。

（3）满足一定控制要求而引入非线性

为满足一定控制要求，有时采用非线性特性。下面是示例。

① 在离散 PID 控制算法中，对积分控制算法进行了改进，其中，积分分离控制规律就是非线性控制规律。

② 在选择性控制系统中可采用选择器组成非线性环节。例如，精馏塔液位的非线性控制系统采用高选器和低选器组成如图 4-52 的非线性控制规律，使精馏塔既不发生液泛也不会出现漏液事故。

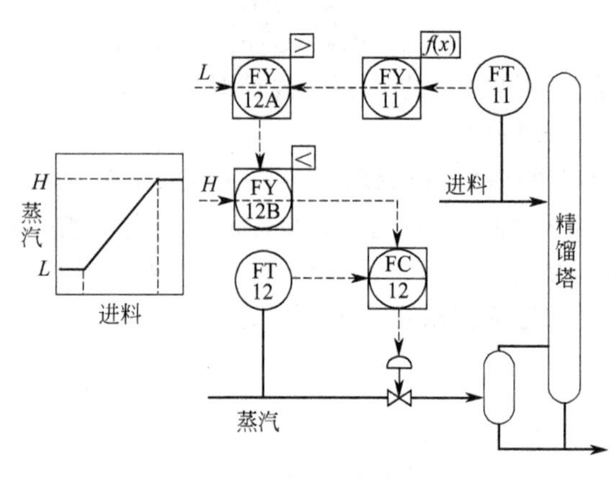

图 4-52　非线性控制规律

③ 为延长控制阀的使用寿命，在一些液位控制系统中采用带死区的 PI 控制器，当液位在某一允许的范围内时，控制器输出不发生变化，只有当液位超出上、下限值，才使控制阀动作。

4.8.4　根据模型计算的控制系统设计示例

（1）内回流控制

内回流量指精馏塔精馏段内上层塔板向下层塔板流动的液体流量，内回流控制指精馏过程中控制内回流量为恒定或按某一规律变化的控制。内回流量是在塔内流体的流量，很难直接测量，但内回流量是外回流量、回流液温度、塔顶温度的函数，可间接计算获得。内回流量数学模型为

$$F_i=F_o\left[1+\frac{c_p}{\lambda}(\theta_i-\theta_R)\right] \tag{4-56}$$

式中，F_i是内回流量；F_o是外回流量；c_p是外回流液的比热容；θ_i和θ_R是塔顶温度和外回流液温度；λ是冷凝液的汽化潜热。

当精馏塔塔顶温度与外回流液温度之间的差变化不大时，采用外回流控制外回流量可以满足精馏操作的要求。但当采用风冷或水冷式冷凝器时，受外界环境温度影响较大，使温度差变化较大，为使精馏塔操作稳定，应控制内回流量恒定。

① 根据模型计算测量值的内回流控制系统。根据内回流量数学模型，可直接设计如图 4-53(a) 所示的控制系统。

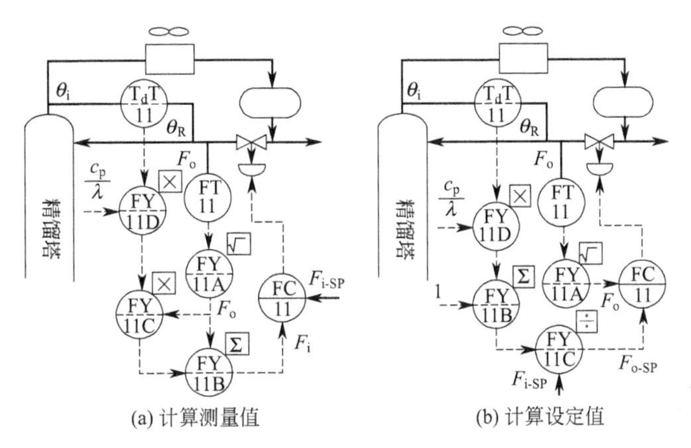

图 4-53　内回流控制系统

由于该内回流控制系统的计算环节位于反馈回路，因此，当温度差变化时，控制系统总开环增益变化，造成控制系统的非线性。一般控制工程的教材常介绍该控制方案。

② 根据模型计算设定值的内回流控制系统。将内回流量数学模型改写为

$$F_{o\text{-}SP}=\frac{F_{i\text{-}SP}}{1+\frac{c_p}{\lambda}(\theta_i-\theta_R)} \tag{4-57}$$

式中，$F_{i\text{-}SP}$是内回流流量设定值；$F_{o\text{-}SP}$是外回流流量设定值；c_p是外回流液的比热容；θ_i和θ_R是塔顶温度和外回流液温度；λ是冷凝液的汽化潜热。它根据外回流流量、回流液比热、汽化潜热和温度差计算内回流流量，组成如图 4-53(b) 所示的根据模型计算设定值的内回流控制系统。计算环节在设定通道，因此，不影响控制系统的稳定运行。

(2) pH 控制

酸碱中和反应是反应过程中常见的一类反应。它要求反应后化学溶液的酸碱度达到规定的要求。为此，定义 pH 值为溶液中氢离子浓度［H^+］的负对数。即 $pH=-\lg[H^+]$。

溶液中氢离子浓度与氢氧根离子浓度之差 x 与 pH 的关系可用下式描述

$$pH=-\lg\left(\sqrt{\frac{x^2}{4}+K_w}-\frac{x}{2}\right) \tag{4-58}$$

式中，K_w是平衡常数。图 4-54 显示溶液的 pH 值和溶液中氢离子浓度与氢氧根离子浓度之差 x 的关系。从图可见，该被控对象具有严重的非线性特性。

解决被控对象严重非线性的措施之一是采用欣斯基（Shinskey）提出的三段非线性控制

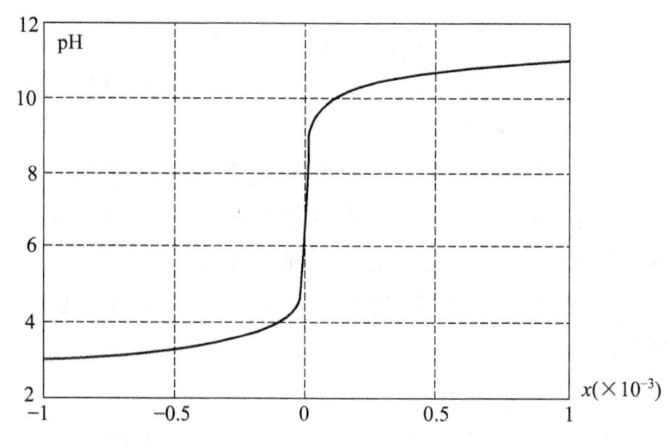

图 4-54　pH 和离子浓度差 x 的关系

规律。将非线性控制环节与 PID 控制器串联。实施时，不同区段的斜率及不灵敏段的宽度是重要调整参数。类似地，采用式(4-50) 或式(4-51) 的控制算法，组成非线性控制器或采用非线性智能阀门定位器特性，也是解决这类严重非线性被控过程的有效方法。

此外，将 pH 值转换为离子浓度差 x，即在检测变送环节（反馈通道）实现非线性补偿也是很有效的补偿方法。

习题和思考题

4-1　试述串级控制系统的工作原理，它有哪些特点？

4-2　某加热炉出口温度控制系统，经运行后发现扰动主要来自燃料流量波动，试设计控制系统克服之。如果发现扰动主要来自原料流量波动，应如何设计控制系统以克服之？画出带控制点工艺流程图和控制系统框图。

4-3　为什么可将串级控制系统的副环看作一个放大倍数为正的环节？

4-4　证明串级控制系统中，干扰作用于副环，则主或副控制器中有一个有积分控制作用，就能保证主被控变量无余差。

4-5　某加热炉出口温度串级控制系统中，副被控变量是炉膛温度，温度变送器的量程都选用 0～500℃，控制阀选用气开阀。经调试后系统已经正常运行，后因副回路的温度变送器损坏，改用量程为 200～300℃的温度变送器，对控制系统有什么影响？如何解决？

4-6　上题中，如果主回路的温度变送器损坏，问改用量程为 200～300℃的温度变送器，对控制系统有什么影响？如何解决？

4-7　为什么一些液位控制系统中，减小控制器的增益反而使系统出现持续振荡，试从理论分析之。

4-8　液位均匀控制系统与简单液位控制系统有什么异同点？哪些场合需要采用液位均匀控制系统？

4-9　比值控制系统中，相乘和相除方案有什么不同点？各有什么特点？除法器的非线性对比值控制有什么影响？

4-10　某反应器由 A 和 B 两种物料参加反应，已知，A 物料是供应有余的，B 物料可能供应不足，它们都可测可控。采用差压变送器和开方器测量它们的流量，工艺要求正常工况时，F_A=300kg/h，F_B=600kg/h，拟用 DDZ-Ⅲ型仪表，设计双闭环比值（相乘方案）控制系统，确定乘法器的输入电流 I_k，画出控制系统框图和带控制点工艺流程图。

4-11　上题中，控制系统已正常运行，后因两台差压变送器均损坏，改用相同量程的变送器

（注：量程能够满足工艺要求），控制系统应做什么改动？为什么？

4-12　某反应器由A和B两种物料参加反应，已知，$F_{Amax}=3200kg/h$，$F_{Bmax}=1600kg/h$，要求A和B两种物料之比为$k=2$，采用线性检测变送环节测量各自流量，设计控制系统，画出带控制点工艺流程图，如果不用乘法器，则应如何设计？

4-13　用仿真方法分析前馈控制系统控制器参数应如何整定。什么情况下应改变前馈放大倍数？对超前和滞后环节的时间参数应如何整定？

4-14　前馈控制和反馈控制各有什么特点？为什么实际生产过程要将前馈控制和反馈控制结合？

4-15　什么情况下前馈控制系统需要设置偏置信号？偏置信号应如何设置？

4-16　某加热炉出口温度控制系统，原采用出口温度和燃料油流量的串级控制方案，为防止阀后压力过高造成脱火事故，试设计有关控制系统，说明该控制系统是如何工作的。

4-17　某精馏塔再沸器流量控制系统，为防止液泛和漏液事故，试设计控制系统，说明设计思想。

4-18　乙烯精馏塔采用如图4-55所示的控制系统，该系统采用2℃气相丙烯作为热剂，经再沸器后进入冷凝液贮罐，如果贮罐液位过低会造成气相丙烯从冷凝液排出。画出该控制系统框图，说明控制器的正、反作用、控制阀的气开气关、选择器的类型等的选用步骤。

4-19　超驰控制系统与硬件组成的保护系统有什么区别？什么场合可采用超驰控制系统？

4-20　超驰控制系统实施时应注意什么问题？

4-21　举例说明分程控制系统应用场合。使用分程控制系统时应注意什么问题？

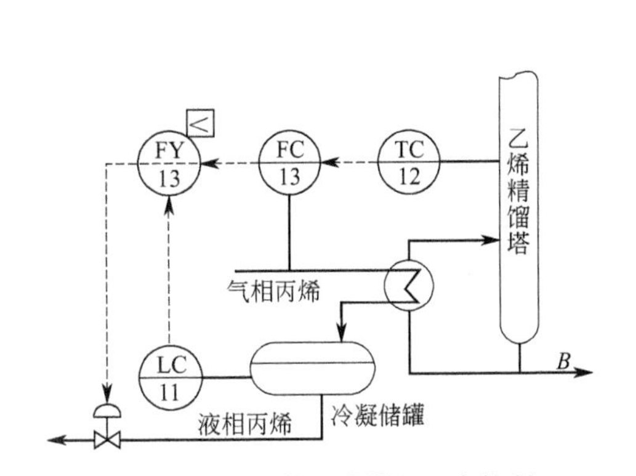

图4-55　乙烯精馏塔塔釜温度控制

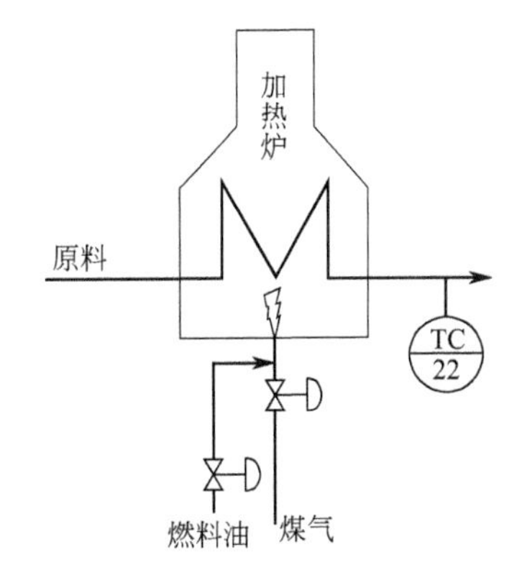

图4-56　管式加热炉的控制

4-22　如图4-56所示某管式加热炉，用煤气和燃料油加热，要求控制出口温度，为节省燃料，应尽量将煤气烧完，煤气不足时才用燃料油，设计分程控制系统实现，画出控制系统框图，说明其工作原理，分程的类型。如果要使燃料完全燃烧，需要设置燃料油或煤气与空气（图中未画出）的比值控制系统，请画出控制系统，并说明工作原理。

4-23　说明双重控制系统的工作原理，应用双重控制系统时需注意什么问题？

4-24　为什么双重控制系统中阀位控制器要有积分控制作用？而串级控制系统中副控制器可以不用积分控制作用？

4-25　双重控制系统和分程控制系统有什么不同？

4-26　基于模型的控制系统分哪几类？请举例说明。

4-27　为什么要采用非线性控制系统？有哪几种实施方法？

4-28　如图4-57所示夹套反应釜的釜温控制系统。

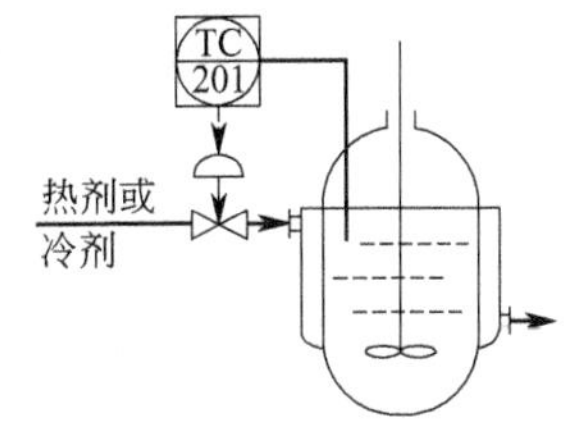

图4-57　夹套反应釜温度控制

① 当主要扰动是夹套冷却剂的压力波动时，应设计怎样的控制系统？

② 当主要扰动是夹套温度波动时，应设计怎样的控制系统？

③ 当主要扰动是反应物料量的波动时，应设计怎样的控制系统？

④ 为使反应开始能够升温，反应过程中能够降温移热，应设计怎样的控制系统？

⑤ 为使反应的放热和冷却剂的移热实现平衡，应如何设计热量控制系统？

4-29　为获得较好的温度，某人需要对家用淋浴系统设计一个温度控制系统，已经在热水和冷水管道安装了两个小流量控制阀，出口管有一个温度检测变送器，请帮助设计该控制系统。

4-30　对本章介绍的各类控制系统，用 Simulink 进行仿真研究。

第5章 先进控制系统

本章内容提要

单回路控制系统和常用复杂控制系统都以经典控制理论为理论基础，是在广泛采用常规仪表的年代发展起来的。但从20世纪60年代开始，出现新的情况：计算机技术迅猛发展，特别是微处理器芯片的发明，集散控制系统（DCS）和可编程逻辑控制器（PLC）等的出现，并迅速成为控制装置的主流；现代控制理论诞生，迅速发展，不断完善，同时，人工智能方法和技术蓬勃发展，在理论和应用上都有很大进展；过程工业向大型化和精细化两个方向发展，对自动化提出更高要求，过程本身的复杂性也在增加。

为适应工业生产过程控制的要求，一些先进控制系统，例如，解决复杂过程特性的预测控制、解耦控制、时滞补偿控制、软测量技术、推断控制、智能控制、及适应大型化和精细化控制和优化控制要求的故障检测和诊断、容错控制、监督控制、操作优化和综合自动化的理论和应用应运而生，并带来很大经济效益。

先进控制系统是一类具有比常规PID控制更好控制效果与常规PID控制不同的控制策略通称。它是在动态环境中，基于模型、充分借助于计算机能力，为工厂获得最大利润而实施的运行和技术策略。

Seborg指出，先进控制的经典技术包括增益调整、时滞补偿、解耦控制等；流行技术包括模型预测控制、统计质量控制、内模控制、自适应控制等；潜在技术包括最优控制、专家系统、非线性控制、神经网络控制和模糊控制等；研究中的技术包括鲁棒控制等。本章介绍部分常用的先进控制系统。

5.1 预测控制

5.1.1 预测控制

（1）基本概念

20世纪60年代，基于状态方程的线性系统理论和解决优化问题的线性二次型方法，为解决无约束线性系统的控制和优化提供了理论基础和实施手段。但对复杂的工业过程，它的多变量、非线性、时变性、强耦合、不确定性和和各种约束条件，使建立精确数学模型十分困难，为此，研究对模型精度要求不高、鲁棒性强、综合质量高的预测控制应运而生。

1978年Richalet等提出启发式预测控制MHPC，并转化为模型算法控制MAC，1980年Cutler和Ramaker提出动态矩阵控制DMC，1986年Garcia等提出带二次规划的动态矩阵控制QDMC，1987年Clarke等提出广义预测控制GPC，Adersa等提出预测函数控制PFC。

模型算法控制MAC首先在法国的工业控制中得到应用。其后，各种预测控制的软件被开发和应用到实际工业生产过程，并取得良好经济效益。当前，预测控制技术主要有基本预测控制器设计、非线性预测控制、自适应预测控制、具有鲁棒稳定性的预测控制和基于混合逻辑动态系统的预测控制等。

表5-1是部分国外公司的预测控制软件产品。

表 5-1　部分国外公司的预测控制软件产品

公司名	软件产品名	说明	公司名	软件产品名	说明
SetPoint	SMCA	多变量模型预测控制	Continuential Controls	MVC	多变量模型预测控制
	IDCOM-M	多变量模型预测控制	Aspen	DMCplus	动态矩阵控制非线性模型预测
Adersa	PFC	预测函数控制	DMC	DMC	动态矩阵控制
	IDCOM	多变量模型预测控制	Treiber Controls	OPC	最优预测控制
	HIECON	分层约束控制	Simulation Sciences	Connoisseur	控制与辨识软件包
Honeywell	RMPCT TPS	鲁棒多变量预测控制	Shell Global	SMOC-Ⅱ	多变量最优化控制
	PCT	预测控制	Pavillion	Process Perfecter	非线性模型预测控制
Predictive control	Connoisseur	自适应最优控制	DOT Products	Polymers NLC	非线性模型预测

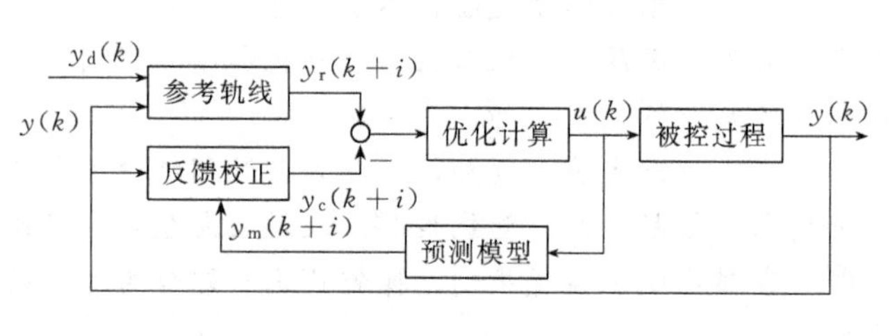

图 5-1　预测控制系统基本结构图

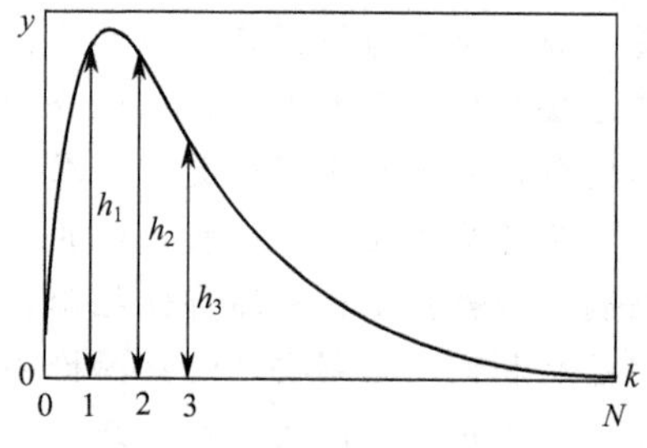

图 5-2　过程的脉冲响应曲线

预测控制是近年来一类新型控制系统的总称，它们在系统结构和基本原理上有共同的特征。这些控制算法在模型的表达方式、控制方案等方面虽然各有不同，但基本上都采用预测模型、在线优化计算、反馈校正和参考轨线等。图 5-1 是预测控制系统的基本结构图。

(2) 预测控制系统的基本原理

预测控制系统的基本算法主要由预测模型、反馈校正和滚动优化三部分及参考轨线组成。见表 5-2。

表 5-2　预测控制基本算法

预测控制基本算法	描　述	功　能　和　计　算
预测模型	描述过程动态特性的模型 非参数模型：动态矩阵控制和内模控制通常采用阶跃响应模型和脉冲响应模型 参数模型：CARMA、CARIMA、状态空间表达式	根据系统当前时刻的控制输入和过程的历史数据，通过预测模型来预测过程未来的输出值。例如，模型预测启发式控制常用的预测模型是脉冲响应模型(图 5-2) $y_m(k+i)=\sum_{j=1}^{N} h_j u(k+i-j)$ 式中，$u(*)$是第 * 拍的控制输入；h_j 是过程的脉冲响应系数，拍数 $k>N$ 后，系统输出为零
反馈校正	与反馈控制系统相似，用误差$[y(k)-y_m(k)]$对模型输出进行比例校正，组成闭环控制	$y_P(k+i)=y_m(k+i)+\beta_i[y(k)-y_m(k)]$ 对于 P 步预测，可写成向量形式：$\boldsymbol{Y}_P(k)=\boldsymbol{Y}_m(k)+\boldsymbol{\beta}e(k)$ 式中 $\boldsymbol{Y}_P(k)=[y_P(k+1)\ y_P(k+2)\ \cdots\ y_P(k+P)]^T$；$\boldsymbol{\beta}=[\beta_1\ \beta_2\ \cdots\ \beta_P]^T$ 调整校正加权向量 $\boldsymbol{\beta}$，可以使校正的强度变化。经反馈校正后的模型输出为 y_P
滚动优化	根据优化目标和已经运行的现状，滚动优化计算下一时刻的控制预测值 优化控制的目标函数 $J=\Vert \boldsymbol{Y}_P(k)-\boldsymbol{Y}_r(k)\Vert_Q^2+\Vert \boldsymbol{U}_2(k)\Vert_R^2$	①现时刻 k 只施加第一个控制作用 $u(k)$，等下一时刻 $k+1$ 时，再根据过程输出，预测模型重新优化计算，得到下一时刻控制作用，依次类推，滚动优化。 ②现时刻 k 施加前 M 个控制作用中的 n 个 $u(k),u(k+1),\cdots,u(k+n-1)$，$n<M$，等施加完最后的控制作用 $u(k+n-1)$后，重新计算下一组控制作用，如此滚动前进和优化。 ③现时刻 k 施加前 M 个控制作用 $u(k),u(k+1),\cdots,u(k+M-1)$，等施加完最后的控制作用 $u(k+M-1)$后，重新计算下一组控制作用，如此滚动前进和优化。M 是控制时域

续表

预测控制基本算法	描述	功能和计算
参考轨线	预测控制系统要求控制系统的输出按照参考轨线上升到预期的设定值 y_d	通常,以一阶指数形式上升到预期的设定值。$y_r(k+i)=\alpha^i y(k)+(1-\alpha^i)y_d, i=1,2,\cdots,P$ 式中,$\alpha^i=e^{-\frac{T_s}{\lambda}}$;$T_s$ 是采样周期;λ 是时间常数。α^i 是 0～1 之间的常数。λ 越大,设定值的变化越平缓

预测控制原理见图 5-3，说明几点。

① 确定预测模型类型。预测模型是能够根据系统输入输出的历史数据和未来输入，预测系统未来输出的一类描述系统行为的基础模型。它应具有预测功能。常用预测模型有阶跃响应模型、脉冲响应模型、移动平均自回归模型、状态空间模型等。由于阶跃响应模型和脉冲响应模型直接来自工业生产过程，容易获得数据，且数据处理方便，因此，得到广泛采用。阶跃响应模型也可转换为脉冲响应模型，即：$h_j=a_j-a_{j-1}$。a_j 是过程的阶跃响应系数。MATLAB 提供了脉冲响应模型转换为阶跃响应模型的函数 imp2step 等。

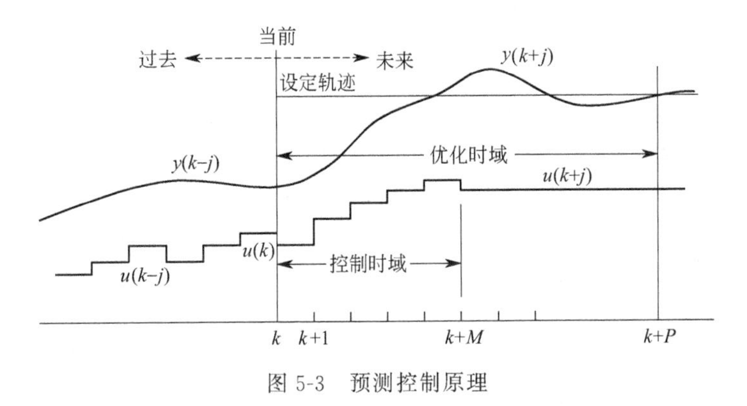

图 5-3 预测控制原理

② 滚动优化控制策略。其设计思想是每一个采样时刻，优化的性能指标仅涉及从该时刻开始到未来的一段时间内的有限时间，即优化时域。在下一时刻，优化时域同时前移。滚动优化的优点是可不断修正，及时调整，从而可减小偏差，保持实际的最优。

例如，模型预测启发式控制采用如下滚动优化控制策略。

当控制时域 M 小于优化时域 P 时，在 $M-1$ 时刻后，过程的控制输入保持不变，因此，未来过程输出的 P 步预估值为

$$y_m(k+i)=\sum_{j=1}^{N}h_j u(k+i-j),\ i=1,2,\cdots,M-1 \tag{5-1}$$

或表示为

$$y_m(k+i)=\sum_{j=1}^{i-M+1}h_j u(k+M-j)+\sum_{j=i-M+2}^{N}h_j u(k+M-j),\ i=M,M+1,\cdots,P \tag{5-2}$$

即控制输入可表示为两部分：$\boldsymbol{U}_1(k)=[u(k-N+1)\ \ u(k-N+1)\ \ \cdots\ \ u(k-1)]^T$ 表示 k 时刻以前的控制向量；$\boldsymbol{U}_2(k)=[u(k)\ \ u(k+1)\ \ \cdots\ \ u(k+M-1)]^T$ 表示未来 M 时刻的控制向量。式(5-2) 可表示为矩阵形式

$$\boldsymbol{Y}_m(k)=[\boldsymbol{H}_1\quad \boldsymbol{H}_2]\begin{bmatrix}\boldsymbol{U}_1(k)\\ \boldsymbol{U}_2(k)\end{bmatrix} \tag{5-3}$$

式中，$\boldsymbol{H}_1=\begin{bmatrix} h_N & h_{N-1} & \cdots & h_2 \\ 0 & h_N & \cdots & h_3 \\ \vdots & \vdots & \ddots & \vdots \\ 0 & 0 & 0 & h_N \end{bmatrix}$，$\boldsymbol{H}_2=\begin{bmatrix} h_1 & 0 & \cdots & 0 \\ h_2 & h_1 & \cdots & 0 \\ \vdots & \vdots & \ddots & \vdots \\ h_M & h_{M-1} & \cdots & h_1 \\ h_{M+1} & h_M & \cdots & h_1+h_2 \\ \vdots & \vdots & \ddots & \vdots \\ h_P & h_{P-1} & \cdots & \sum_{j=1}^{P-M+1} h_j \end{bmatrix}$。

优化控制的目标函数表示

$$J=\|\boldsymbol{Y}_P(k)-\boldsymbol{Y}_r(k)\|_Q^2+\|\boldsymbol{U}_2(k)\|_R^2 \tag{5-4}$$

式中，$\boldsymbol{Y}_P$是系统输出经反馈校正后的输出；$\boldsymbol{Y}_r$是设定值参考轨线；Q 和 R 分别是权函数，用于对系统输出误差和控制作用加权；$\|*\|^2$ 表示 $*$ 的 2-范数。可用最小二乘法求出最优的控制作用 $\boldsymbol{U}_2^*$。

$$\boldsymbol{U}_2^*(k)=(\boldsymbol{H}_2^{\mathrm{T}}\boldsymbol{Q}\boldsymbol{H}_2+\boldsymbol{R})^{-1}\boldsymbol{H}_2^{\mathrm{T}}\boldsymbol{Q}[\boldsymbol{Y}_r(k)-\boldsymbol{H}_1\boldsymbol{U}_1(k)-\beta e(k)] \tag{5-5}$$

式中，β 是对误差 $e(k)$ 的加权系数，误差 $e(k)=y(k)-y_m(k)$，$y(k)$是过程的输出值，$y_m(k)$是过程模型输出的预估值。

③ 预测控制是一种基于预测过程模型的控制算法，根据过程的历史信息判断将来的输入和输出。当模型与被控对象一致时，能使两者误差为零，当模型失配时，能通过反馈校正，及时调整失配程度，因此，预测控制具有良好的鲁棒性。

④ 预测控制是一种最优控制算法，它根据目标函数计算未来的控制作用。预测控制的优化过程不是一次离线完成，而是在有限的移动时间间隔内反复在线进行。优化目标随时调整，具有很强的适应性。

⑤ 预测控制是一种反馈控制算法。模型和过程匹配的误差，或因系统不确定因素引起的控制性能问题，预测控制都可以用反馈校正来补偿其误差，并根据在线辨识校正模型参数。

5.1.2　预测控制系统实施时的注意事项

(1) 稳态余差

MAC 滚动优化的优化目标函数不仅包含偏差项，还包含控制项。当目标函数最小时，并不表示偏差为零，因此，模型算法控制在稳态时存在余差。模型算法控制的控制作用是比例作用，其增益与过程的脉冲响应系数有关，因此，系统稳态时存在余差。DMC 采用增量直接作为控制量，并在控制作用中增加积分控制作用，从而可实现无余差的控制。

(2) 参数选择

预测控制系统的可调参数较多，当系统结构比较复杂时，对系统的稳定性等性能的分析都会十分困难，但是，由于预测控制系统与内模控制系统之间的可转换性，使得分析预测控制系统时，可借鉴内模控制的分析进行。

① 根据香农采样定理，选择预测控制系统的采样周期。

② 输出预估时域长度 P 影响预测控制系统的鲁棒性，计算工作量和存储容量。通常，取过程过渡时间的一半所对应的采样次数，或取 $P=2M$。

③ 优化控制时域长度 M 影响控制机动性和控制灵敏度、系统稳定性和鲁棒性。通常，$M<10$。

④ 误差加权矩阵 $\boldsymbol{Q}$ 应与控制加权矩阵 $\boldsymbol{R}$ 同时考虑。$\boldsymbol{Q}$ 是对误差重视程度的量测，通常取对角矩阵。$\boldsymbol{R}$ 是对控制作用限制程度的量测，也取对角矩阵。通常，$\boldsymbol{R}$ 取较小数值。在过程输出波动较大或开始调试时，可先取值为零，使控制作用对过程的影响减到最小，待系统

稳定后再缓慢增大。

⑤ 参考轨线的收敛系数 α 影响预测控制系统的柔性、鲁棒性和动态特性。应考虑过程的非线性、模型误差及闭环动态响应等因素，分段试凑选择。取值范围在 0～1 之间。

(3) 具有时滞或反向特性系统的预测控制

具有时滞或反向特性系统的预测模型中，由于存在时滞 τ，或存在反向特性，模型参数的前 d 拍（$\tau=dT_s$）均应设为零。因此，预测控制实施时，P、M 和 λ 均应选得较大，P 至少应大于 d，$M \leqslant P-d$。在参考轨线的设置时也应考虑 d 的影响，使成为具有时滞的一阶响应曲线。

(4) 反馈校正和过程病态的消除

输出反馈校正是预测控制的一个基本特征。反馈校正能够有效地消除系统的静态误差，需注意校正项中高频噪声的过滤。

克服过程病态输出的方法有奇异值分解的奇异值门限法（SVT）、被控变量优先权排序法（RCV）和输入变化抑制法（IMS）等。

(5) 约束的表示

过程约束可表示为硬约束（必须严格满足的约束）和软约束（可以有所偏离的约束）。其中，硬约束包括操纵变量极大和极小，变化率约束，有时，可引入加速度约束。软约束主要有输出设定点的约束等。

(6) 输入输出轨迹

通常可对控制变量设置设定值跟踪控制、区域跟踪控制、参考轨线跟踪和输出漏斗控制。设定值跟踪控制是对设定值两侧设置约束限制；区域跟踪控制是保持控制变量在区域定义的范围内；参考轨线跟踪提供控制变量的参考轨线输出特性；输出漏斗控制是在有限时间内使输出能够拉回到区域内。

5.1.3 预测控制系统设计示例

(1) 常压蒸馏塔的多变量预测控制

常压蒸馏塔的工艺流程简图如图 5-4 所示。其生产过程是将初馏塔底液相抽出的拔头原

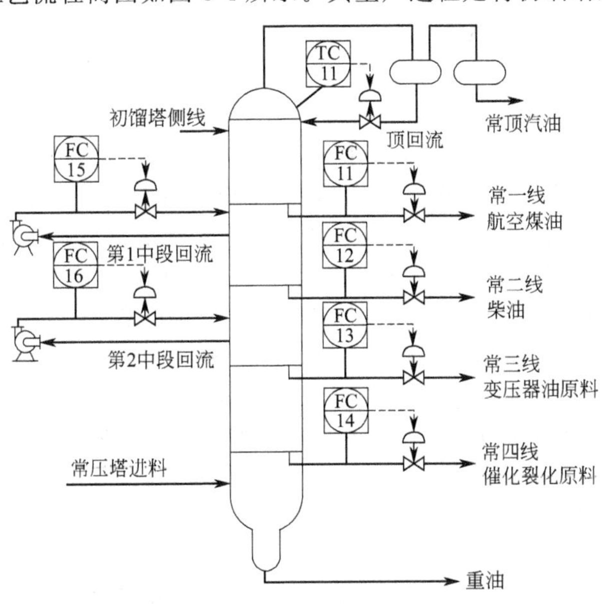

图 5-4 常压蒸馏塔工艺流程简图

油经常压加热炉加热后进入常压蒸馏塔，过热蒸汽从塔底进入，在常压塔内进行馏分的切割，从塔顶得到航空汽油，各侧线得到航空煤油、柴油、变压器原料和催化裂化原料，塔底得到重油。为保证塔内各段的气液相负荷的平衡，设置了循环回流，降低油气分压，提高常压拔出率。常压塔的质量指标对不同产品有所不同：汽油采用干点；航空煤油（简称航煤）采用初馏点、闪点、干点和冰点；轻柴油采用 90%点；变压器原料（简称变料）采用黏度和闪点；催化裂化原料（简称催料）无主要质量指标。

塔顶汽油质量指标的控制一般采用塔顶温度，而一线、二线、三线产品质量指标通过调节一线、二线、三线采出量控制，但效果不够理想，产品质量波动较大。为此，采用多变量预测控制。

根据生产装置实际情况，控制目标包括汽油的干点（℃）；航煤的初馏点、闪点和干点（℃）；轻柴油的 90%点（℃）；变料的黏度（$10^{-6}m^2/s$）；使附加值最高的航煤产率（重量分率）最大（%）；使常压加热炉能耗最小；使常压蒸馏塔处理量最大；保证常压蒸馏塔操作在操作极限之内。

该预测控制系统用上位机 VAX4100 实现多变量预测控制器 IDCOM。整个系统采用三个多变量预测控制器，分别是满足产品质量指标的产品质量控制器、切割点控制器和用于设备能力约束的加工能力控制器。多变量预测控制器框图如图 5-5 所示。

① 产品质量控制器。产品质量控制器的被控变量（CV）和操纵变量（MV）如图 5-5 所示。

被控变量的实测值来自在线质量分析仪表，它们是需控制在某一范围内的约束变量（Constraint Variable）。需控制的设定值由人工设置。

该控制器将多变量预估控制与实时优化控制结合，使航煤的产率最大，即航煤馏分的宽度最大。为此对第一个操纵变量（汽油/航煤切割点设定）设置最小理想静置值 IRV（Ideal rest value），对第二个操纵变量（航煤产率设定）设置最大理想静置值 IRV。在每个控制周期，控制器根据超过约束的被控变量个数 N_{CV} 和可调节操纵变量个数 N_{MV} 确定下面所列控制策略中的一个。

- 当 $N_{CV} > N_{MV}$ 时，对 CV 实现最小二乘法的多变量预估控制。
- 当 $N_{CV} = N_{MV}$ 时，对 CV 实现无偏差的多变量预估控制。
- 当 $N_{CV} < N_{MV}$ 时，先对 CV 实现无偏差的多变量预估控制，然后实现航煤产率的实时优化控制。

航煤产率的实时优化控制策略是：设操纵变量自由度 $N_d = N_{MV} - N_{CV}$。

- 当 $N_d \geqslant 2$ 时，用第一操纵变量和第二操纵变量跟踪相对应的 IRV 值。
- 当 $N_d \geqslant 2$ 时，用第一操纵变量和第二操纵变量实现最小二乘法的优化控制。

② 切割点控制器。切割点控制器的被控变量（CV）和操纵变量（MV）如图 5-5 所示。

被控变量的实测值由工艺实时数据经计算获得，设定值来自产品质量控制器。

扰动变量（DV）来自初馏塔侧线流量设定值。该控制器只实现多变量预估控制。在每个控制周期，根据可调节的操纵变量个数 N_{MV} 确定采用的控制。

- 当 $N_{MV} < 4$ 时，对 CV 实现最小二乘法的多变量预估控制。
- 当 $N_{MV} = 4$ 时，对 CV 实现无偏差的多变量预估控制。

③ 加工能力控制器。加工能力控制器的被控变量（CV）和操纵变量（MV）如图 5-5 所示。

被控变量的测量值除了塔压来自测量仪表外，其余均由实时工艺计算软件包计算获得。它们是需控制在某一范围内的约束变量，其设定值由人工设置。

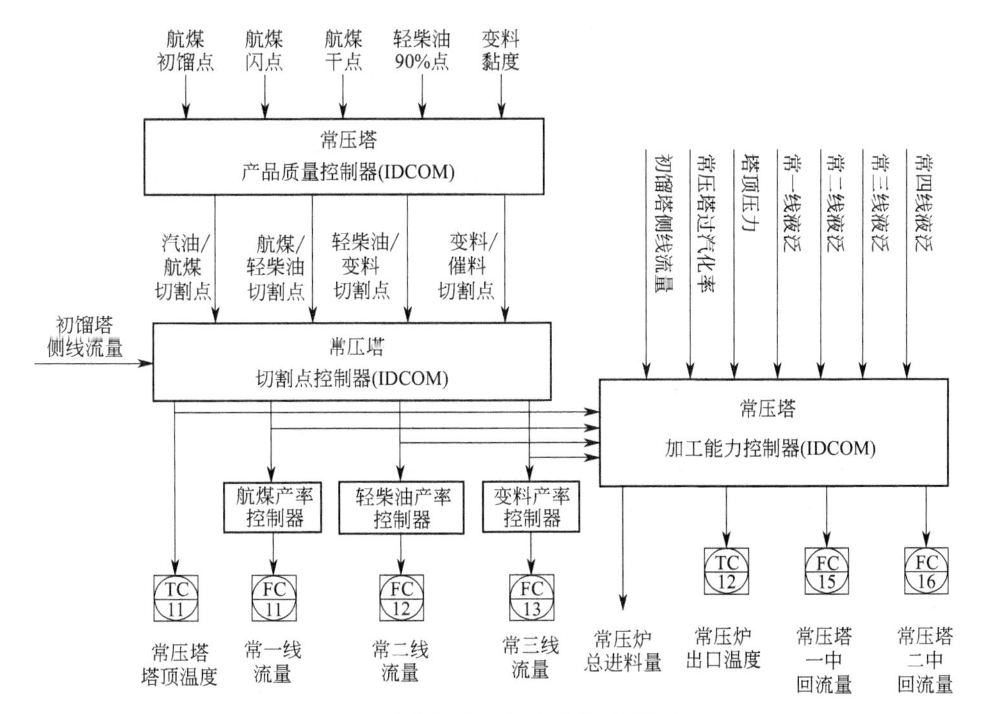

图 5-5 常压塔多变量预测控制器框图

该控制器的扰动变量（DV）如图示，它来自下列变量：

- 初馏塔侧线流量设定值（t/h）；
- 航煤产率（重量分率）设定值（%）；
- 轻柴油产率（重量分率）设定值（%）；
- 变料产率（重量分率）设定值（%）；
- 常压塔塔顶温度设定值（℃）。

除常压炉总进料量设定值经分配器后送常压炉的四路流量控制器作为它们的设定外，其余操纵变量直接送相应的控制器作为设定值。

产品质量控制器和加工能力控制器的被控变量个数少于操纵变量个数，但多数时间被控变量能够在约束范围内变化，不必控制。一般，操纵变量都有自由度，优化目标的实现是可能的。在实现优化目标后，产品质量控制器相当于航煤初馏点、闪点在约束条件下的下限卡边控制器，和航煤干点的上限卡边控制器；加工能力控制器相当于常压塔处理量设备能力约束的上限卡边控制器，和常压塔汽化率下限卡边控制器。实现了产品质量和设备能力的“卡边控制”。

产品质量控制器的被控变量实测值来自在线质量分析仪表，过程本身时滞较大，实现优化控制时，调节很缓慢（一般每次最大允许的调整量约为实现预测控制时的 0.1）。产品质量控制器的操纵变量变化也很小，对后级控制器（切割点控制器）设定的变化影响很小，因此，切割点控制器被控变量设定值的变化相对比较稳定。切割点控制器被控变量是要求保持在设定值的线性变量，其测量值由实时工艺软件包计算获得，因此，基本无时滞，当生产方案变化时，例如原油成分变化，控制器仍能够根据被控变量实测值的变化迅速响应，克服该扰动的影响，保证操作的平稳。

产品质量控制器和切割点控制器组成串级控制，对克服产品质量的波动、平稳产品质量和提高航煤产率等发挥了重要作用。它使常压塔总拔出率提高，经济效益十分可观。

（2）造纸厂流浆箱的多变量预测控制仿真研究

MATLAB 提供完整的预测控制工具箱，可方便地进行仿真研究。下面以某造纸厂为例，说明如何建立预测模型及进行仿真。

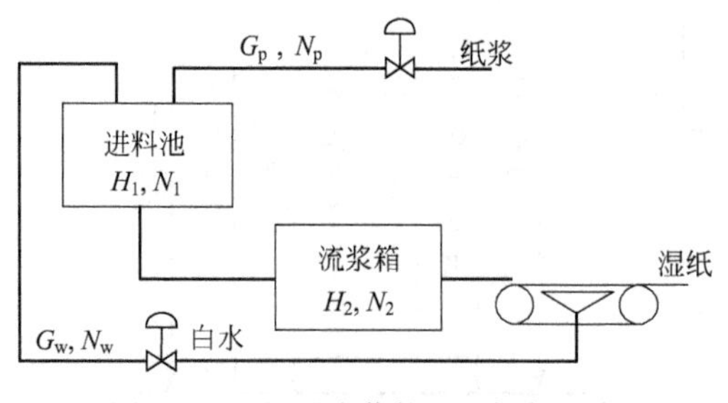

图 5-6　造纸厂流浆箱预测控制系统

如图 5-6 所示，造纸厂进料池和流浆箱的液位分别是 H_1 和 H_2，其浆液浓度用 N_1 和 N_2 表示。控制目标是保持液位 H_2 和浆浓 N_2 恒定。操纵变量是进料浆液流量 G_p（其浆浓为 N_p）和回收的白水流量 G_w（其浆浓为 N_w）。

该系统可测量的变量有 H_2、N_1 和 N_2。可测的扰动变量是 N_p，不可测的扰动变量是 N_w。该系统是双线性模型。经测试，获得操纵变量阶跃变化时的有关液位和浓度的响应曲线如图 5-7 所示。经标幺化后，列出该系统的状态方程和输出方程。

$$\begin{bmatrix}\dot{H}_1\\ \dot{H}_2\\ \dot{N}_1\\ \dot{N}_2\end{bmatrix}=\begin{bmatrix}-1.93 & 0 & 0 & 0\\ 0.394 & -0.426 & 0 & 0\\ 0 & 0 & 0.63 & 0\\ 0.82 & -0.784 & 0.413 & -0.426\end{bmatrix}\begin{bmatrix}H_1\\ H_2\\ N_1\\ N_2\end{bmatrix}+\begin{bmatrix}1.274 & 1.274 & 0 & 0\\ 0 & 0 & 0 & 0\\ 1.34 & -0.65 & 0.203 & 0.406\\ 0 & 0 & 0 & 0\end{bmatrix}\begin{bmatrix}G_p\\ N_p\\ G_w\\ N_w\end{bmatrix}$$

$$\begin{bmatrix}H_2\\ N_1\\ N_2\end{bmatrix}=\begin{bmatrix}0 & 1 & 0 & 0\\ 0 & 0 & 1 & 0\\ 0 & 0 & 0 & 1\end{bmatrix}\begin{bmatrix}H_1\\ H_2\\ N_1\\ N_2\end{bmatrix}+\begin{bmatrix}0 & 0 & 0 & 0\\ 0 & 0 & 0 & 0\\ 0 & 0 & 0 & 0\end{bmatrix}\begin{bmatrix}G_p\\ N_p\\ G_w\\ N_w\end{bmatrix}$$

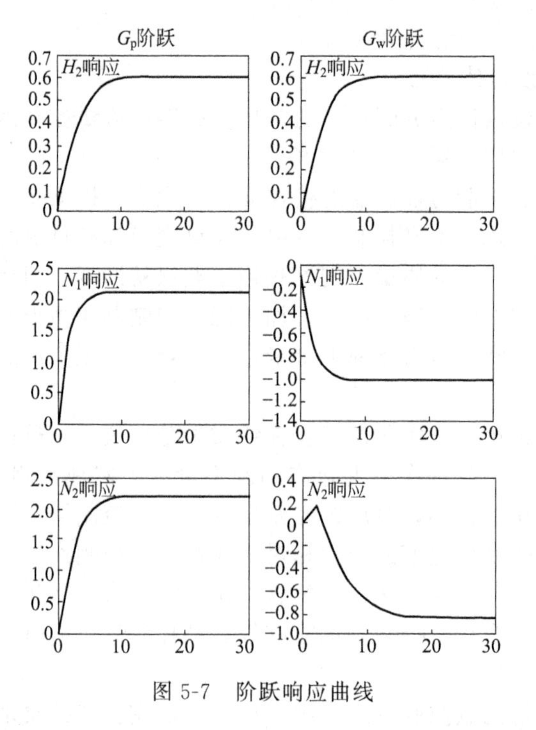

图 5-7　阶跃响应曲线

可见，进料流量和回收白水流量都对流浆箱液位和浆浓有很大影响，而白水流量对浆浓的响应显示具有反向特性。

在 MATALB 上可使用预测控制工具箱直接设计预测控制。键入 mpctool，并导入已经建立的状态空间的数学模型，显示如图 5-8 所示。

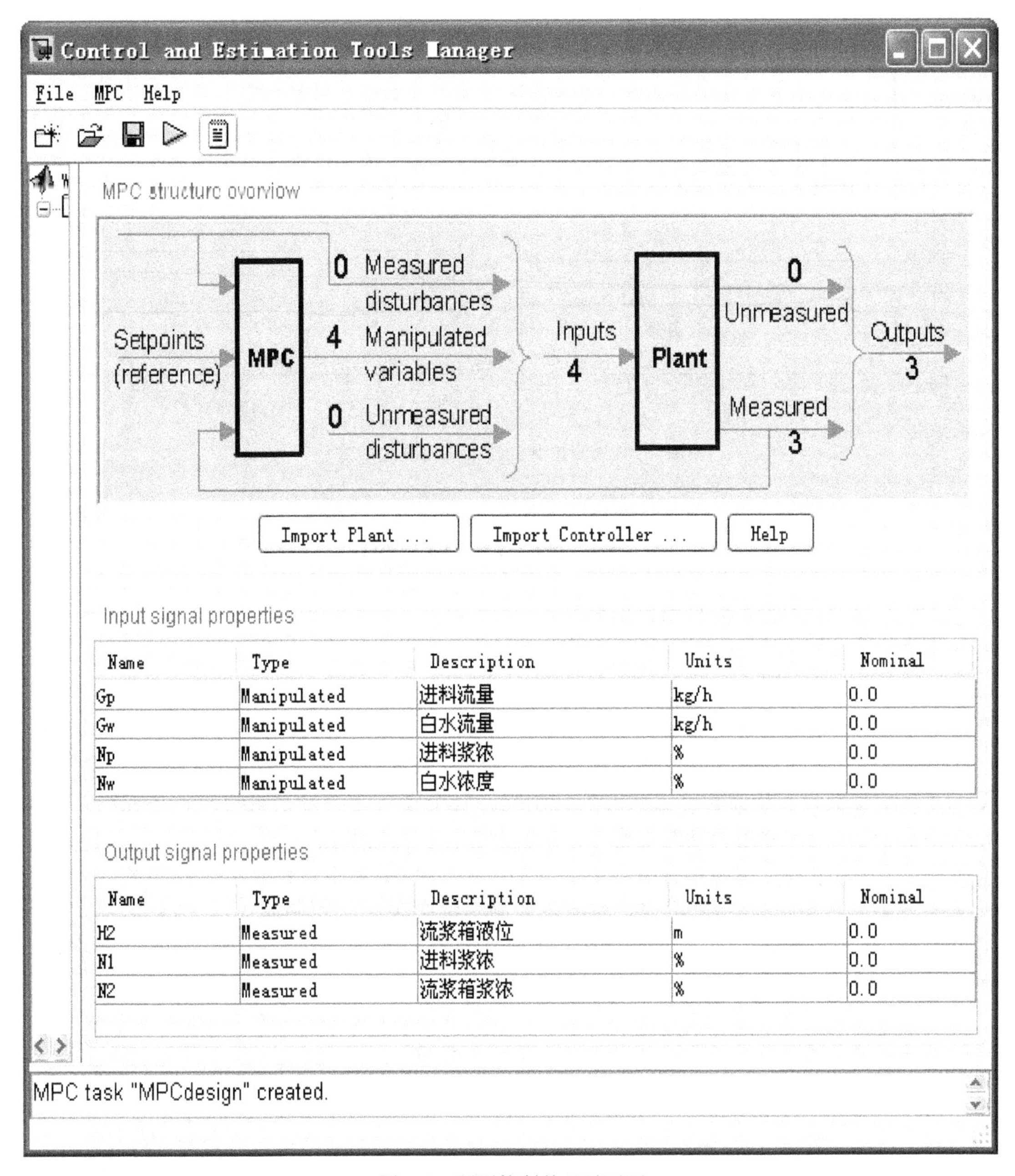

图 5-8 预测控制的显示画面

调整有关参数，观察预测控制的效果。例如，与设定值的偏差，调整时间等。详细资料可参考有关 MATLAB 书籍。

经设置有关参数，并仿真，可显示有关输入和输出变量的响应曲线，如图 5-9 所示。

此外，DCS 制造商已可提供 MPC 的功能模块。例如，Predict 预测控制软件，它采用预测模型和优化算法实现预测控制，对有耦合和复杂动态特性的过程控制有良好控制效果。

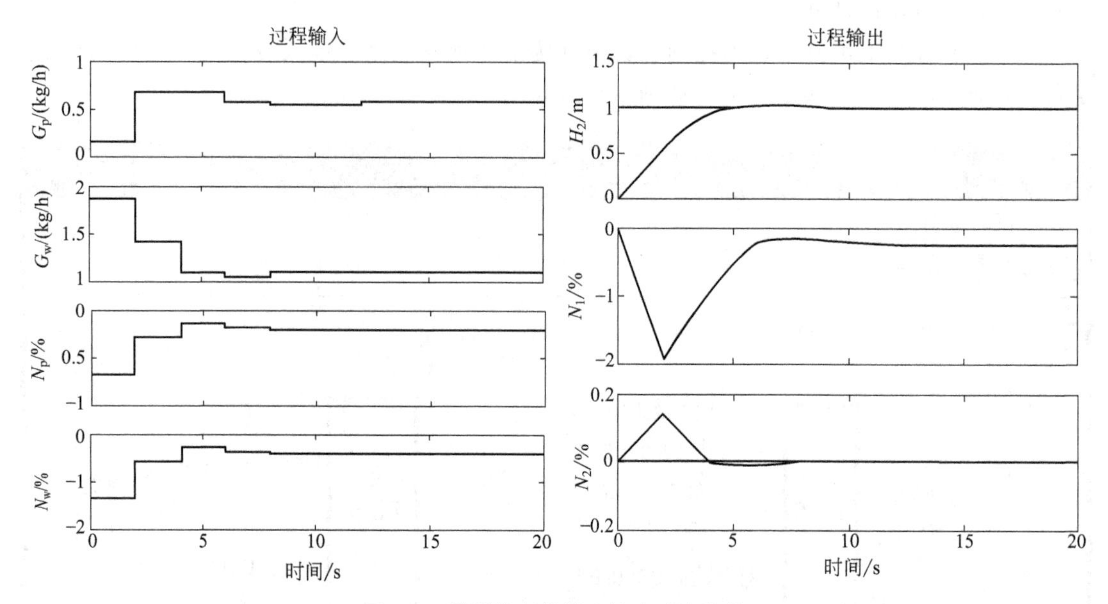

图 5-9　预测控制的输入输出响应曲线

5.2 解耦控制

5.2.1 系统关联分析和相对增益

（1）多变量控制系统的关联

生产过程中的控制系统往往不止一个，各个控制系统之间会相互影响，这种影响称为控制系统的关联或耦合。如果相互耦合的控制系统各自单独运行，它们之间没有影响，但一旦它们同时投运，可能出现相互影响的情况，严重时各系统不能正常运行。

图 5-10 是流量、压力相互关联的控制系统。两个控制系统分别投运时，各控制系统能正常运行。但两个控制系统同时运行时，控制阀 V_1 或 V_2 的开度变化，不仅对各自的控制系统有影响，也对另一个控制系统有影响。例如，由于压力 y_1 低，经压力控制系统开大控制阀 V_1，这时，流量 y_2 亦随之增大，而流量控制系统必须关小控制阀 V_2，结果又使压力升高。反之，流量控制阀 V_2 的开度变化也引起压力变化，从而使两个控制系统相互影响，不能正常运行。

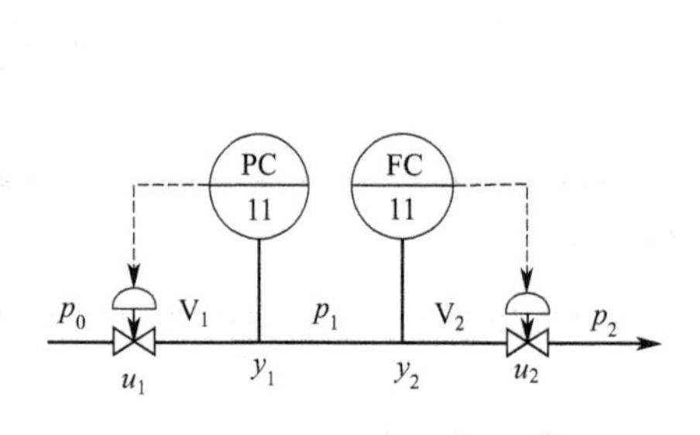

图 5-10　严重关联的控制系统

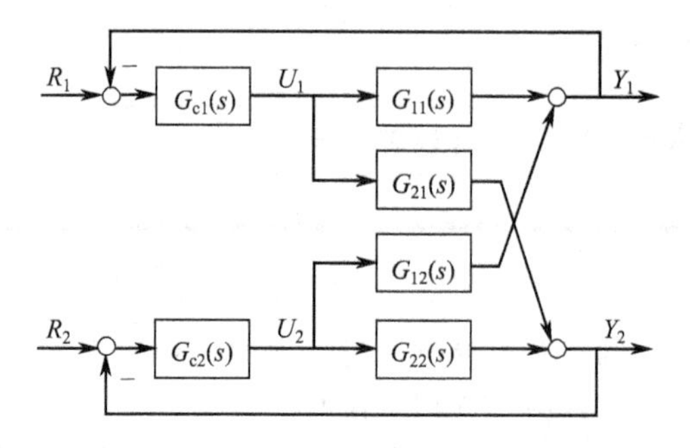

图 5-11　双输入双输出控制系统框图

控制系统之间关联程度可用传递函数矩阵表示。图 5-11 是双输入双输出控制系统的框图。被控系统的传递函数矩阵描述为

$$\boldsymbol{Y}(s)=\boldsymbol{G}(s)\boldsymbol{U}(s) \quad 或 \begin{bmatrix} Y_1(s) \\ Y_2(s) \end{bmatrix}=\begin{bmatrix} G_{11}(s) & G_{12}(s) \\ G_{21}(s) & G_{22}(s) \end{bmatrix}\begin{bmatrix} U_1(s) \\ U_2(s) \end{bmatrix}$$

如果 $G_{21}(s)$ 和 $G_{12}(s)$ 为零，则两个控制系统各自独立，没有关联。即有：$Y_1(s)=G_{11}(s)U_1(s)$；$Y_2(s)=G_{22}(s)U_2(s)$。因此，如果除被控系统传递函数矩阵的主对角线元素外，其他项元素均为零，则被控系统没有关联。从静态看，如果其他项元素增益比主对角线元素增益小得多，则被控系统关联就弱。

(2) 相对增益阵列

① 开环增益和闭环增益。1966 年布里斯托尔（Bristol）提出用相对增益阵列表示控制系统在静态时的关联程度，并定义开环增益（第一增益）和闭环增益（第二增益）。以图 5-11 所示双输入双输出控制系统为例，有：

$$Y_1=K_{11}U_1+K_{12}U_2;\ Y_2=K_{21}U_1+K_{22}U_2 \tag{5-6}$$

其中，K_{ij} 表示第 j 个输入变量对第 i 个输出变量的增益。表 5-3 是两个增益定义、计算公式和示例。

表 5-3 两个增益计算和示例

增益	定义	计算公式	双输入双输出控制系统时的计算示例
开环增益	其他控制回路处于开环，它们对该控制通道没有关联影响时，该通道的增益	输入 u_j 对输出 y_i 的开环增益：$\left.\dfrac{\partial y_i}{\partial u_j}\right\|_u$	$U_2(s)=0$，输入 u_1 到输出 y_2 的开环增益：$\left.\dfrac{\partial y_2}{\partial u_1}\right\|_{u_2}=K_{21}$
闭环增益	其他控制回路处于闭环，它们对该控制通道有关联影响时，该通道的增益	输入 u_j 对输出 y_i 的闭环增益：$\left.\dfrac{\partial y_i}{\partial u_j}\right\|_y$	$Y_1(s)=0$，输入 u_1 到输出 y_2 的闭环增益：$\left.\dfrac{\partial y_2}{\partial u_1}\right\|_{y_1}=-\dfrac{K_{11}K_{22}-K_{12}K_{21}}{K_{12}}$

② 相对增益阵列。相对增益定义为：某通道输入 u_j 对输出 y_i 的开环增益与某通道输入 u_j 对输出 y_i 的闭环增益之比。它表示系统的关联程度。用 λ_{ij} 表示。即

$$\lambda_{ij}=\frac{\left.\dfrac{\partial y_i}{\partial u_j}\right|_u}{\left.\dfrac{\partial y_i}{\partial u_j}\right|_y} \tag{5-7}$$

例如，输入 u_1 到输出 y_2 的相对增益表示为 $\lambda_{21}=\dfrac{-K_{12}K_{21}}{K_{11}K_{22}-K_{12}K_{21}}$。

对双输入双输出 MIMO 控制系统，可列出输入和输出之间的相对增益，并列写出相对增益阵列为

$$\boldsymbol{\Lambda}=\begin{bmatrix} \lambda_{11} & \lambda_{12} \\ \lambda_{21} & \lambda_{22} \end{bmatrix} \tag{5-8}$$

或表示为数阵的形式

$$\begin{array}{c|cc} & u_1 & u_2 \\ \hline y_1 & \lambda_{11} & \lambda_{12} \\ y_2 & \lambda_{21} & \lambda_{22} \end{array} \tag{5-9}$$

MIMO 控制系统各通道的相对增益可计算如下

$$\lambda_{11}=\lambda_{22}=\frac{K_{11}K_{22}}{K_{11}K_{22}-K_{12}K_{21}};\ \lambda_{12}=\lambda_{21}=\frac{-K_{12}K_{21}}{K_{11}K_{22}-K_{12}K_{21}} \tag{5-10}$$

【例 5-1】 MIMO 系统的传递函数矩阵为：$\boldsymbol{G}(s)=\begin{bmatrix}\dfrac{1}{s+1} & \dfrac{10}{s+10}\\ \dfrac{-0.4}{s+2} & \dfrac{0.8}{s+1}\end{bmatrix}=\begin{bmatrix}\dfrac{1}{s+1} & \dfrac{1}{0.1s+1}\\ \dfrac{-0.2}{0.5s+1} & \dfrac{0.8}{s+1}\end{bmatrix}$；因此，$\boldsymbol{K}=\begin{bmatrix}1 & 1\\ -0.2 & 0.8\end{bmatrix}$；$\lambda_{11}=\lambda_{22}=\dfrac{K_{11}K_{22}}{K_{11}K_{22}-K_{12}K_{21}}=\dfrac{1\times 0.8}{1\times 0.8-1\times 0.2}=0.8$；$\lambda_{12}=\lambda_{21}=\dfrac{-K_{12}K_{21}}{K_{11}K_{22}-K_{12}K_{21}}=0.2$。

对 $m\times m$ 的多变量被控系统，可设 $\boldsymbol{K}=\begin{bmatrix}k_{11} & \cdots & k_{1m}\\ \vdots & \ddots & \vdots\\ k_{m1} & \cdots & k_{mm}\end{bmatrix}$是系统的开环放大系数矩阵，它就是第一开环增益矩阵；如果 $\boldsymbol{K}$ 非奇异，则存在逆，并有：$\boldsymbol{u}=\boldsymbol{K}^{-1}\boldsymbol{y}$；其中，$\boldsymbol{K}^{-1}$ 的各元素是$\left.\dfrac{\partial u_j}{\partial y_i}\right|_y$；其转置矩阵 $\boldsymbol{C}=[\boldsymbol{K}^{-1}]^{\mathrm{T}}$ 的元素仍是$\left.\dfrac{\partial u_j}{\partial y_i}\right|_y$，则相对增益矩阵为

$$\lambda_{ij}=\left(\left.\frac{\partial y_i}{\partial u_j}\right|_u\right)\left(\left.\frac{\partial u_j}{\partial y_i}\right|_y\right) \tag{5-11}$$

因此，相对增益矩阵各元素是 $\boldsymbol{K}$ 矩阵和 $\boldsymbol{C}$ 矩阵各自元素对应相乘的结果。

【例 5-2】 已知 3×3 被控系统传递函数矩阵表示为：

$\boldsymbol{G}(s)=\begin{bmatrix}\dfrac{1.02}{11.76s+1} & \dfrac{-0.52}{10s+1} & \dfrac{0.24}{2.5s+1}\\ \dfrac{-0.54}{10.4s+1} & \dfrac{1.04}{2.6s+1} & \dfrac{0.44}{0.52s+1}\\ \dfrac{1.04}{3.5s+1} & \dfrac{0.54}{7.6s+1} & \dfrac{0.72}{0.87s+1}\end{bmatrix}$；因此，开环增益矩阵 $\boldsymbol{K}=\begin{bmatrix}1.02 & -0.52 & 0.24\\ -0.54 & 1.04 & 0.44\\ 1.04 & 0.54 & 0.72\end{bmatrix}$；

转置矩阵 $\boldsymbol{C}=\begin{bmatrix}-2.059 & -3.409 & 5.531\\ -2.030 & -1.953 & 4.397\\ 1.927 & 2.330 & -2.025\end{bmatrix}$；相对增益阵列 $\boldsymbol{\Lambda}=\begin{bmatrix}-2.1 & 1.773 & 1.327\\ 1.096 & -2.031 & 1.935\\ 2.004 & 1.258 & -2.262\end{bmatrix}$。

计算结果表明,该被控系统的关联严重。

③ 相对增益阵列特点。相对增益阵列有下列特点。

- 相对增益阵列中,每行元素和每列元素之和都为 1。即

$$\sum_{i=1}^{n}\lambda_{ij}=1;\ \sum_{i=1}^{n}\lambda_{ji}=1;\ j=1,\cdots,n \tag{5-12}$$

例如，例 5-1 中，$0.2+0.8=1$。例 5-2 中，$-2.1+1.773+1.327=1$；$1.773-2.031+1.258=1$ 等。

- 相对增益阵列中所有元素为正时，称为正耦合。图 5-11 系统中，当控制阀 V_1 或 V_2 开大时，流量和压力均增大，即 k_{11} 和 k_{22} 同为正，而流量控制阀开大，压力下降，压力控制阀开大，流量增加，即 k_{12} 和 k_{21} 异号，因此，符合上述条件，是正耦合系统。例如，例 5-1 是正耦合系统。

- 相对增益阵列中只要有一个元素为负时，称为负耦合。对双输入双输出系统，另一对元素必为大于 1 的正数。因此，当其他系统开闭环切换时负耦合系统会不稳定。例如，例 5-2 是负耦合系统。

- 双输入双输出系统中有一对 $\lambda_{ij}=1$，则该系统不存在静态关联。

● 控制系统中，如某个 λ_{ij} 接近 1，则采用第 j 个控制输入 u_j 控制第 i 个输出 y_i，可减小系统关联。

● 当某一个 λ_{ij} 接近零时，表示不宜用第 j 个控制输入 u_j 控制第 i 个输出 y_i。用这样的输入和输出配对组成的控制方案是不可取的。当某一个 λ_{ij} 在 0.3～0.7 之间或大于 1.5 时，说明该控制系统存在严重关联，必须用解耦控制系统设计方法去除耦合。

5.2.2　解耦控制系统的设计和工程应用中的问题

（1）解耦控制系统设计原则

解耦控制系统是多变量控制系统，多变量控制系统的设计原则是稳定性、非关联性和精确性。对解耦控制系统的设计应遵循这些原则，具体表现如下。

① 自治原则。对于多变量控制系统，由于系统之间的关联，因此，在设计时应合适地对被控变量与操纵变量配对，使它们的相对增益尽量接近 1。从而把多变量控制系统转化为自治的单变量控制系统。

【例 5-3】 锅炉控制系统的变量配对。

大型锅炉的被控变量有：产出的蒸汽压力 P、蒸汽温度 T、锅炉汽包水位 L、炉膛负压 P_s、过剩空气系数 α 等，操纵变量有：给水流量 W、减温水喷水流量 W_s、燃料流量 F_u、送风空气流量 F_a和引风量 F_f。经现场测试，确定各有关通道增益，计算相对增益阵列，得到系统关联最小的配对方案如表 5-4。

表 5-4　大型锅炉的被控变量和操纵变量的配对

被控变量	锅炉汽包水位 L	蒸汽压力 P	蒸汽温度 T	过剩空气系数 α	炉膛负压 P_s
操纵变量	给水流量 W	燃料流量 F_u	减温水喷水流量 W_s	送风空气流量 F_a	引风量 F_f

② 解耦原则。当控制系统中各变量之间的关联严重时，需要选择合适的解耦控制方法，详见下述。

③ 协调跟踪原则。将控制系统分解为若干具有自治功能的控制系统，可以减小系统之间的关联，但并未根本解决关联问题。为此，应对各个自治的控制系统进行协调，组成协调控制系统。例如，在电站中，锅炉和汽轮机组之间有协调关系。当用电负荷增加时，要及时协调锅炉的蒸汽产出，使整个生产过程能够平稳运行。

（2）减少与解除耦合的途径

① 被控变量和操纵变量之间正确匹配。可根据相对增益阵列，寻找具有对角线优势的变量进行匹配。

【例 5-4】 混合槽系统的被控变量是混合槽出口流量 F 和浓度 C。操纵变量是物料 A 和 B 的进料流量 F_A和 F_B。假设物料 A 的浓度为 100%，物料 B 的浓度为 0%，混合液浓度 75%。如图示，有两种被控变量和操纵变量的配对方案，如图 5-12 和图 5-13 所示。图 5-14 是方案 1 的控制框图。

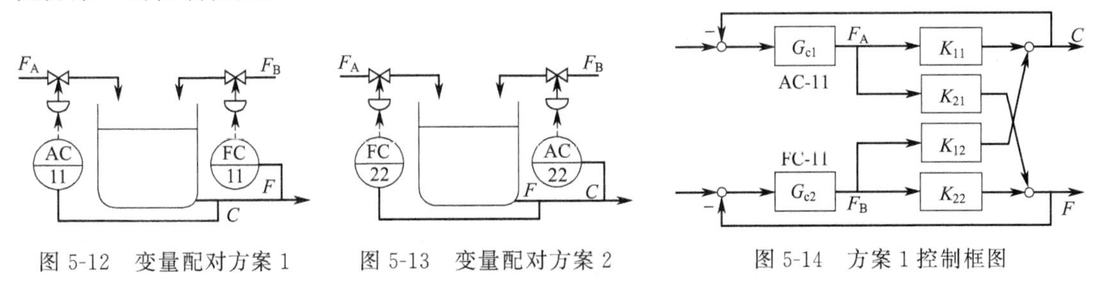

图 5-12　变量配对方案 1　　图 5-13　变量配对方案 2　　图 5-14　方案 1 控制框图

方案 1：用浓度控制器 AC-11 控制物料 A 的流量 F_A，用总流量控制器 FC-11 控制物料

B 的流量 F_B。控制要求为

$$C=\frac{F_A}{F_A+F_B}=0.75;\ F=F_A+F_B$$

计算相对增益 $\lambda_{11}=\dfrac{\left.\dfrac{\partial C}{\partial F_A}\right|_{F_B}}{\left.\dfrac{\partial C}{\partial F_A}\right|_{F}}$。其中

$$\left.\frac{\partial C}{\partial F_A}\right|_{F_B}=\left.\frac{\partial\left(\dfrac{F_A}{F_A+F_B}\right)}{\partial F_A}\right|_{F_B}=\left.\frac{\partial\left(1-\dfrac{F_B}{F_A+F_B}\right)}{\partial F_A}\right|_{F_B}=\frac{F_B}{(F_A+F_B)^2};\ \left.\frac{\partial C}{\partial F_A}\right|_{F}=\left.\frac{\partial\left(\dfrac{F_A}{F}\right)}{\partial F_A}\right|_{F}=\frac{1}{F}=\frac{1}{F_A+F_B}$$

代入得 $\lambda_{11}=\dfrac{F_B}{(F_A+F_B)}=1-0.75=0.25$；$\lambda_{22}=\lambda_{11}=0.25$；$\lambda_{12}=\lambda_{21}=1-0.25=0.75$。

方案 2：用浓度控制器 AC-22 控制物料 B 的流量 F_B，用总量流量控制器 FC-22 控制物料 A 的流量 F_A。同样，计算相对增益为：$\lambda_{11}=\lambda_{22}=0.75$；$\lambda_{12}=\lambda_{21}=0.25$。

因此，对物料 A 和 B 的浓度分别是 C_A 和 C_B 的情况，可列出混合后浓度为 $C=\dfrac{F_AC_A+F_BC_B}{F_A+F_B}$，也可列出有关的相对增益矩阵等，并进行分析。

分析表明，对低浓度配料，应采用出口浓度控制器控制浓度高的物料流量，用出口总流量控制器控制浓度低的物料流量。对高浓度配料，应采用出口浓度控制器控制浓度低的物料流量，用出口总流量控制器控制浓度高的物料流量。这样的配对，可使控制系统的关联较小。

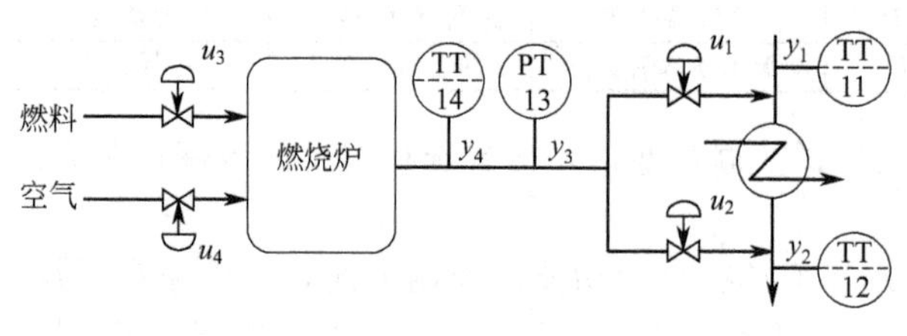

图 5-15　气流加热系统的变量配对

【例 5-5】 如图 5-15 所示的气体加热系统。气流从上而下流动，与燃烧炉加热的热空气混合，各点温度和压力受到冷空气影响。共有四个被控变量，分别用 TT-11、TT-12、PT-13 和 TT-14 检测，并用 $y_1\sim y_4$ 表示。有四个操纵变量，分别用 $u_1\sim u_4$ 表示。原采用 u_1 控制 y_1，u_2 控制 y_2 等，控制系统相互之间有关联，经测试，其相对增益矩阵为

$$\boldsymbol{\Lambda}=\begin{bmatrix}0.54 & -0.04 & 0.49 & 0\\ 0.03 & 0.42 & 0.53 & 0\\ 0.06 & -0.68 & 0.01 & 1.6\\ 0.36 & 1.3 & -0.03 & -0.6\end{bmatrix}$$

为此，可将原操纵变量组合为：$p_1=u_1+u_2$；$p_2=u_4$；$p_3=u_2-u_1$；$p_4=u_3/u_4$；经组合后的相对增益矩阵为

$$\boldsymbol{\Lambda}_1=\begin{bmatrix}1.14 & 0.22 & -0.36 & 0\\ 0.4 & 0.62 & -0.02 & 0\\ -0.54 & 0.16 & 1.38 & 0\\ 0 & 0 & 0 & 1\end{bmatrix}$$

可见，对角线优势明显，从而大大减小了控制系统之间的关联。

② 控制器参数整定。通过调整控制器的参数，使控制系统的工作频率错开，使两个控制器的控制作用强弱不同。例如，图 5-5 的压力、流量控制系统中，可取压力作为主要被控变量，则压力控制器按常规的单回路控制系统整定控制器参数。流量作为次要被控变量，因

此，流量控制器的参数应整定得“松弛”一些，即比例度大些，积分时间长些。这样，压力控制系统的控制器输出对被控变量压力的控制作用显著，而流量控制器因参数较“松弛”，对压力的影响相对较微弱，从而削弱了系统的关联。需要注意，次要被控变量的控制效果会较差。此外，由于控制系统的关联，控制器参数整定范围可能缩小。

【例 5-6】 MIMO 系统被控对象传递函数矩阵为

$$\boldsymbol{G}(s)=\begin{bmatrix}\dfrac{1}{0.1s+1} & \dfrac{5}{s+1}\\ \dfrac{1}{0.5s+1} & \dfrac{2}{0.4s+1}\end{bmatrix},\ \lambda_{11}=\lambda_{22}=\frac{K_{11}K_{22}}{K_{11}K_{22}-K_{12}K_{21}}=\frac{1\times2}{1\times2-1\times5}=-0.67;\ \lambda_{12}=\lambda_{21}=1.67$$

假设都采用比例控制作用，其增益分别是 K_{c1} 和 K_{c2}。当单独整定每一个控制回路时，回路 1（回路 2 开环）的闭环特征方程为：$1+\dfrac{K_{c1}\times1}{0.1s+1}=0$。

因此，闭环系统稳定条件是：闭环极点 $s=-10(1+K_{c1})<0$。即在回路 2 开环时，回路 1 的增益 K_{c1} 可取任意正值。

单独整定回路 2（回路 1 开环）时，回路 2 的闭环特征方程为：$1+\dfrac{K_{c2}\times2}{0.4s+1}=0$。

闭环系统稳定条件是：闭环极点 $s=-2.5(1+K_{c2})<0$。因此，在回路 1 开环时，回路 2 的增益 K_{c2} 可取任意正值。

但在两个回路都为闭环时，特征方程为：$\det(\boldsymbol{G})=0$，即

$\left(1+\dfrac{K_{c1}\times1}{0.1s+1}\right)\left(1+\dfrac{K_{c2}\times2}{0.4s+1}\right)-\dfrac{5}{s+1}\times\dfrac{1}{0.5s+1}K_{c1}K_{c2}=0$。系统不稳定条件成为：$1+2K_{c2}+K_{c1}-3K_{c1}K_{c2}<0$。这表明，$K_{c1}$ 和 K_{c2} 不能取任意正值，取值范围缩小才能满足稳定条件。

③ 减少控制回路。将控制器参数整定法推到极限，次要控制回路控制器的比例度取无穷大，则该控制回路不复存在，它对主要控制回路的关联也就消失。这也称为部分解耦。例如，精馏塔控制系统，如果工艺对塔顶和塔底产品组分均有一定控制要求时，采用如图 5-16 所示控制系统，塔顶和塔底控制回路因控制系统的关联，在扰动较大时无法正常运行。为此，通常采用减少控制回路的方法解决。即根据对产品组分的重要程度，确定取舍哪个控制回路，并增设系统关联较小的其他控制回路。例如，塔顶组成重要时，采用塔顶温度控制回路，而塔底则增设再沸器加热蒸汽流量定值控制系统。

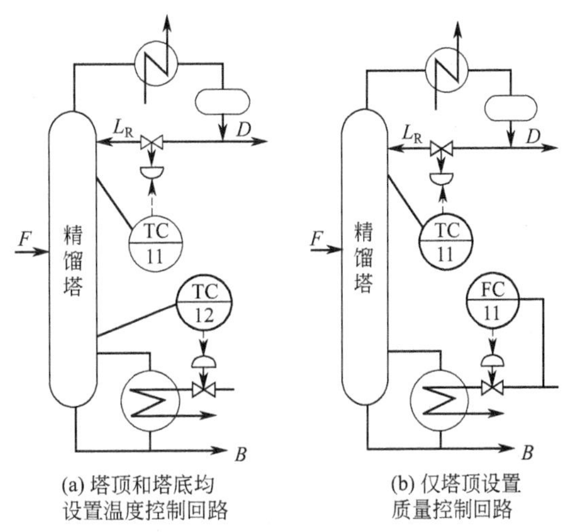

图 5-16 精馏塔控制回路

④ 串接解耦装置。串接一个解耦补偿装置，与被控过程一起构成新的广义过程 G，它具有对角线优势，即 G 的主对角线元素接近 1。串接解耦装置的设计和应用见下述。

⑤ 模态控制。考虑如下系统：

$$\dot{\boldsymbol{x}}=\boldsymbol{Ax}+\boldsymbol{Bu}+\boldsymbol{Fd}$$
$$\boldsymbol{y}=\boldsymbol{Cx}$$

当系统的状态向量、输入向量和输出向量三者的维数相同时，可采用图 5-17 所示模态控制系统。

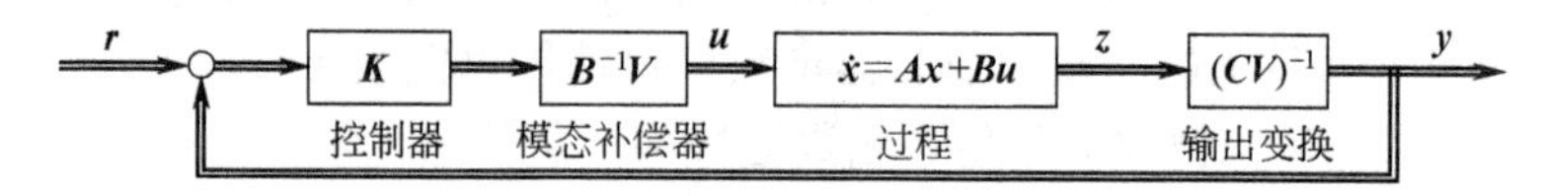

图 5-17 模态控制系统框图

设 $\boldsymbol{x}$，$\boldsymbol{y}$，$\boldsymbol{u}$ 有相同维数 n，$\boldsymbol{A}$ 的 n 个相异特征根分别是 λ_1，λ_2，…，λ_n，即：$\boldsymbol{\Lambda}=\mathrm{diag}[\lambda_1 \quad \lambda_2 \quad \cdots \quad \lambda_n]$；

因此，$\boldsymbol{A}=\boldsymbol{V\Lambda V}^{-1}$。式中，$\boldsymbol{V}=[e_1 \quad e_2 \quad \cdots \quad e_n]$是右特征矢量；$\boldsymbol{V}^{-1}=[d_1 \quad d_2 \quad \cdots \quad d_n]$是左特征矢量。

根据状态方程，可列出 $\dot{\boldsymbol{z}}=\boldsymbol{V}^{-1}\boldsymbol{AVz}+\boldsymbol{V}^{-1}\boldsymbol{Bu}$；$\boldsymbol{y}=\boldsymbol{CVz}$。假设控制器增益矩阵为 $\boldsymbol{K}=\mathrm{diag}[k_1 \quad k_2 \quad \cdots \quad k_n]$；模态补偿器为 $(\boldsymbol{V}^{-1}\boldsymbol{B})^{-1}$；设定为 $\boldsymbol{r}$。则有 $\boldsymbol{u}=\boldsymbol{r}-(\boldsymbol{V}^{-1}\boldsymbol{B})^{-1}\boldsymbol{Kz}$；即$\dot{\boldsymbol{z}}=\boldsymbol{V}^{-1}\boldsymbol{AVz}+\boldsymbol{V}^{-1}\boldsymbol{Bu}=(\boldsymbol{\Lambda}-\boldsymbol{K})\boldsymbol{z}$；对输出 $\boldsymbol{y}$ 求导，得 $\dot{\boldsymbol{y}}=\boldsymbol{CV}\dot{\boldsymbol{z}}=(\boldsymbol{CV})(\boldsymbol{\Lambda}-\boldsymbol{K})(\boldsymbol{CV})^{-1}\boldsymbol{y}$。

通过选择输出矩阵 $\boldsymbol{C}$，使 $\boldsymbol{C}=\boldsymbol{V}^{-1}$，就可有：$\dot{\boldsymbol{y}}=(\boldsymbol{\Lambda}-\boldsymbol{K})\boldsymbol{y}$。求解该微分方程，可得：$y_i(t)=\alpha_i \mathrm{e}^{(\lambda_i-k_i)t}$。

这表明，通过模态控制，可使各输出相互不影响，即实现了解耦控制目的。

【例 5-7】 已知被控系统的状态方程和输出方程的系数矩阵为：

$\boldsymbol{A}=\begin{bmatrix}-3 & 2\\ 4 & -5\end{bmatrix}$；$\boldsymbol{B}=\begin{bmatrix}2 & 1\\ 1 & 0\end{bmatrix}$；$\boldsymbol{C}=\begin{bmatrix}1 & 0\\ 2 & -2\end{bmatrix}$；$\boldsymbol{D}=\begin{bmatrix}0 & 0\\ 0 & 0\end{bmatrix}$；希望输出变量组成对角矩阵为：$\boldsymbol{L}=\begin{bmatrix}-7 & 0\\ 0 & -12\end{bmatrix}$。

$\boldsymbol{\Lambda}=\mathrm{diag}[-1 \quad -7]$；模态矩阵直接用范得蒙德矩阵，即 $\boldsymbol{V}=\begin{bmatrix}1 & 1\\ -1 & -7\end{bmatrix}$；因此，

$$\boldsymbol{V}^{-1}=\begin{bmatrix}1.1667 & 0.1667\\ -0.1667 & -0.1667\end{bmatrix}；(\boldsymbol{V}^{-1}\boldsymbol{B})^{-1}=\frac{1}{36}\begin{bmatrix}-1 & -7\\ 3 & 15\end{bmatrix}$$

$$(\boldsymbol{CV})^{-1}=\begin{bmatrix}1.3333 & -0.0833\\ -0.3333 & 0.0833\end{bmatrix}；\boldsymbol{K}=(\boldsymbol{\Lambda}-\boldsymbol{L})=\begin{bmatrix}6 & 0\\ 0 & 5\end{bmatrix}$$

实现了解耦目的。

⑥ 多变量控制器解耦。多变量控制系统设计从本质上解决系统解耦问题。代表性研究有罗森布洛克（Rosenbrock）的逆奈奎斯特阵列（INA）、麦克法伦（MacFarlane）的多变量频域法和欧文斯（Ovens）的多变量时域法等。这些方法的核心是使系统开环传递函数具有对角优势，即通过多变量控制器，使对角线元素处于主导地位。

⑦ 奇异值分解的解耦方法。可将被控对象的增益矩阵 $\boldsymbol{X}$ 进行奇异值分解，例如，用 MATLAB 的 svd 函数，求得：$\boldsymbol{X}=\boldsymbol{USV}$，其中，$\boldsymbol{S}$ 是对角线矩阵。用分解得到的右奇异矢量组成的矩阵 $\boldsymbol{V}$ 和用左奇异矢量组成的矩阵 $\boldsymbol{U}$ 作为解耦器矩阵，获得：$\boldsymbol{U}^{-1}\boldsymbol{XV}^{-1}=\boldsymbol{S}$，从而达到解耦目的。

(3) 串接解耦装置的设计

串接解耦装置 $\boldsymbol{D}(s)$ 是将解耦装置串接在控制器 $\boldsymbol{G}_{\mathrm{c}}(s)$ 和执行器之间的补偿装置。图 5-18 是双输入双输出的前馈和反馈解耦装置与广义对象串接的框图。图中，执行器、被控对象和检测变送环节作为广义对象 $\boldsymbol{G}(s)$。解耦装置用于改变所有被控变量，使系统中只

有一个对应的被控变量受到一个操纵变量的影响，实现系统关联的解除。

解耦控制的要求是使 $\boldsymbol{G}(s)\boldsymbol{D}(s)$ 成为对角矩阵。以双输入双输出控制系统为例说明，广义对象 $\boldsymbol{G}(s)=\begin{bmatrix} G_{11} & G_{12} \\ G_{21} & G_{22} \end{bmatrix}$，设解耦装置 $\boldsymbol{D}(s)=\begin{bmatrix} D_{11} & D_{12} \\ D_{21} & D_{22} \end{bmatrix}$，则常用解耦控制系统设计方法有三种，见表 5-5。

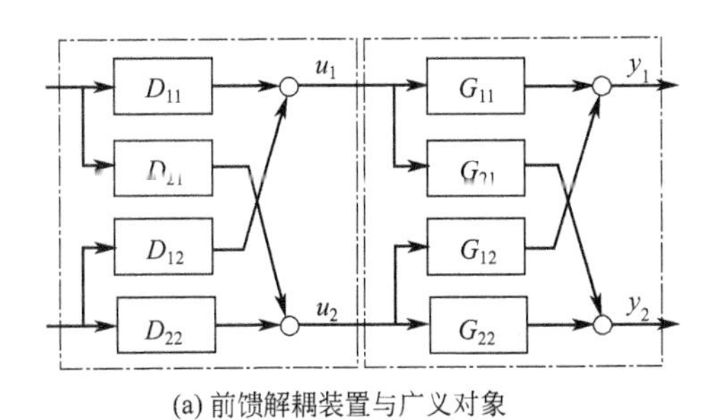

(a) 前馈解耦装置与广义对象

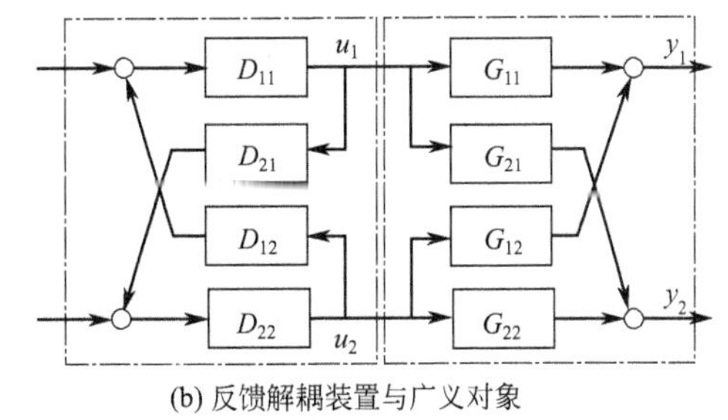

(b) 反馈解耦装置与广义对象

图 5-18 串接解耦装置

表 5-5 常用解耦控制系统设计方法

设计方法	对角矩阵法	单位矩阵法	前馈补偿法(简单解耦法)
设计要求	$\boldsymbol{G}(s)\boldsymbol{D}(s)=\mathrm{diag}[G_{ii}(s)]$	$\boldsymbol{G}(s)\boldsymbol{D}(s)=\boldsymbol{I}$	$\boldsymbol{G}(s)\boldsymbol{D}(s)=\mathrm{diag}[V_{ii}(s)]$
解耦装置传递函数	$D_{11}(s)=D_{22}(s)=\dfrac{G_{11}(s)G_{22}(s)}{G_{11}(s)G_{22}(s)-G_{12}(s)G_{21}(s)}$ $D_{12}(s)=\dfrac{-G_{12}(s)G_{22}(s)}{G_{11}(s)G_{22}(s)-G_{12}(s)G_{21}(s)}$ $D_{21}(s)=\dfrac{-G_{21}(s)G_{11}(s)}{G_{11}(s)G_{22}(s)-G_{12}(s)G_{21}(s)}$	$M(s)=G_{11}(s)G_{22}(s)-G_{12}(s)G_{21}(s)$ $\boldsymbol{D}(s)=\boldsymbol{G}(s)^{-1}=\dfrac{1}{M(s)}\begin{bmatrix} G_{22}(s) & -G_{12}(s) \\ -G_{21}(s) & G_{11}(s) \end{bmatrix}$	假设 $D_{11}(s)=D_{22}(s)=1$，则 $D_{12}(s)=-\dfrac{G_{12}(s)}{G_{11}(s)}, D_{21}(s)=-\dfrac{G_{21}(s)}{G_{22}(s)}$； 不能组成前馈补偿的两种方案是 $D_{11}(s)=D_{21}(s)=1, D_{22}(s)=D_{12}(s)=1$
特点	解耦装置传递函数相当复杂，实施困难，一般只能采用相应的近似表达	解耦后广义对象成为直通环节，解耦装置传递函数较复杂，实际应用需考虑模型失配的影响	解耦装置简单和易于实施，解耦装置若干元素为 1。采用前馈控制功能模块或用常规仪表组成超前滞后环节实施

(4) 工程应用中的注意事项

① 简单解耦时控制器输出的初始化。为实现控制器的无扰动切换，控制器需有初始值。即应满足：

$$u_1=u_{c1}-\frac{K_{12}}{K_{11}}u_{c2}\text{；}\quad u_2=u_{c2}-\frac{K_{21}}{K_{22}}u_{c1}$$

式中，u_{c1} 和 u_{c2} 分别是两个控制器的初始值。因此，需要根据切换前的控制器输出 u_1 和 u_2 反算其初始值，并设置之。

② 偏置值的设置。解耦控制系统的实质是前馈补偿控制，因此，实施时，为使控制器输出能够最大限度地使用，应设置偏置值，设置的方法与前馈控制系统的设置方法相同。多变量解耦应考虑各自的影响，然后经代数叠加后作为系统的偏置值。

③ 动态耦合的影响。与静态前馈补偿和动态前馈补偿类似，解耦也应考虑动态耦合的影响。相对增益只分析静态情况。动态耦合需要用动态相对增益分析，即考虑对象的动态特性，可得到动态相对增益。

以 MIMO 控制系统为例，系统开环传递函数为

$$Y_1(s)=G_{11}(s)U_1(s)+G_{12}(s)U_2(s)$$
$$Y_2(s)=G_{21}(s)U_1(s)+G_{22}(s)U_2(s) \tag{5-13}$$

动态相对增益定义为（以 λ_{11} 为例）

$$\lambda_{11}=\frac{\left.\dfrac{\partial Y_1(s)}{\partial U_1(s)}\right|_{s,U_2=0}}{\left.\dfrac{\partial Y_1(s)}{\partial U_1(s)}\right|_{s,Y_2=0}}=\frac{G_{11}(s)G_{22}(s)}{G_{11}(s)G_{22}(s)-G_{12}(s)G_{21}(s)}=\frac{1}{1-P(s)} \tag{5-14}$$

式中
$$P(s)=\frac{G_{12}(s)G_{21}(s)}{G_{11}(s)G_{22}(s)} \tag{5-15}$$

同样，得到其他通道的动态相对增益，组成动态相对增益矩阵为

$$\boldsymbol{\Lambda}=\begin{bmatrix}1 & -P(s)\\ -P(s) & 1\end{bmatrix}\frac{1}{1-P(s)} \tag{5-16}$$

因此，某些控制系统在静态耦合不严重，当控制回路工作频率变化后，这些系统将有很大的关联，并将可能使系统不稳定。即因工作频率改变而造成原解耦系统的不稳定。

④ 其他控制器的影响。相对增益描述控制系统的关联是在极端情况下进行的，即其他控制器全部开环或全部闭环，这对研究系统的关联是有用的，但处于自动状态运行的控制器对所研究控制回路的影响不仅与过程的增益和动态特性有关，也与控制回路参数整定等有关。对双输入双输出系统的分析表明，相对增益 λ_{ij} 越接近 1，则控制系统某通道输入 u_j 对输出 y_i 的关联对系统稳定性的影响越小。

⑤ 解耦装置的简化。精确解耦条件是过程模型要足够精确，参数变化要小，解耦控制的实现必须满足解耦装置能够物理实现。实际应用中，解耦控制需简化。

- 当系统中有快速和慢速两种类型被控对象时，可将快速对象整定得响应快些，慢速对象整定得慢些，从而减小系统间的关联。采用控制器参数整定方法减小和削弱系统的耦合影响。
- 有几个时间常数组成的被控过程模型中，可将时间常数较小（小于最大时间常数的 0.1～0.2）的项忽略，简化模型，并进一步简化解耦装置。
- 用超前滞后环节作为动态解耦装置的近似，调整超前和滞后的时间常数，从而简化解耦装置。
- 只采用静态解耦，不仅可简化解耦装置，而且实施容易。

5.2.3　解耦控制系统设计示例

(1) 单元机组负荷控制系统

① 单元机组动态特性。单元机组中，锅炉和汽轮机是两个相对独立的设备，但又共同适应电网负荷变化需要和维持机组在安全、经济工况下运行。从机组负荷（功率）控制角度看，单元机组（含机、炉各子系统）可看作为具有 MIMO 控制系统。即用下列矩阵方程表示

$$\begin{bmatrix}p_T(s)\\ N_E(s)\end{bmatrix}=\begin{bmatrix}G_{pB}(s) & G_{pT}(s)\\ G_{NB}(s) & G_{NT}(s)\end{bmatrix}\begin{bmatrix}\mu_B(s)\\ \mu_T(s)\end{bmatrix} \tag{5-17}$$

式中，p_T 是机前压力；N_E 是实发功率；μ_B 是燃烧率指令信号；μ_T 是汽轮机主蒸汽调门的开度指令信号。即操纵变量是锅炉燃料量和汽轮机主蒸汽流量。被控变量是汽轮机前压力和汽轮机实发电功率。

某国产 300MW 直流锅炉燃煤机组被控对象的传递函数：100％负荷点的动态数学模型：

$$\begin{bmatrix} p_T(s) \\ N_E(s) \end{bmatrix} = \begin{bmatrix} \dfrac{0.124(205s+1)}{(128s+1)^2(11.7s+1)} & -0.139\left(0.04+\dfrac{0.96}{70s+1}\right) \\ \dfrac{2.069(311s+1)}{(149s+1)^2(22.4s+1)} & \dfrac{4.665s(99s+1)}{(582s+50s+1)(4.1s+1)} \end{bmatrix} \begin{bmatrix} \mu_B(s) \\ \mu_T(s) \end{bmatrix} \quad (5\text{-}18)$$

70%负荷点的动态数学模型

$$\begin{bmatrix} p_T(s) \\ N_E(s) \end{bmatrix} = \begin{bmatrix} \dfrac{0.162(275s+1)}{(168s+1)^2(11.5s+1)} & -0.081\left(0.01+\dfrac{0.99}{97s+1}\right) \\ \dfrac{2.116(457s+1)}{(221s+1)^2(21.8s+1)} & \dfrac{1.483s(150s+1)}{(632s+40s+1)(2.7s+1)} \end{bmatrix} \begin{bmatrix} \mu_B(s) \\ \mu_T(s) \end{bmatrix} \quad (5\text{-}19)$$

单元机组被控过程通常具有下列特点。

● 操纵变量μ_B对压力p_T和汽轮机功率N_E的控制通道具有较大时间常数，过程响应较慢，而操纵变量μ_T对压力p_T和汽轮机功率N_E的控制通道具有较小时间常数，过程响应快。

● 由于锅炉的热惯性比汽轮机发电机组的惯性大，因此，操纵变量μ_B对压力p_T和汽轮机功率N_E的控制通道具有相接近的时间常数，即压力p_T和汽轮机功率N_E对锅炉燃料量μ_B的响应曲线很相似。

● 依据上述特性，利用汽轮机蒸汽调节门开度μ_T作为操纵变量，可以快速改变机组被控变量p_T和N_E。其实质是利用机组内部的蓄热，即锅炉内部的蓄热。机组容量越大，相对而言，蓄热能力越小。

● 直流锅炉的蓄热比自然循环锅炉的蓄热能力要小得多。反映在动态特性，表现为直流锅炉的惯性比汽包锅炉机组要小。

② 单元机组的协调控制。协调控制系统的主要任务如下。

● 接受电网中心调度所的负荷自动调度指令、运行操作人员的负荷指令和电网频差信号，及时响应负荷请求，使机组具有一定的电网调峰、调频能力，适应电网负荷变化。

● 协调锅炉和汽轮发电机的运行。负荷变化率较大时，仍能维持两者的能量平衡，保证主蒸汽压力的稳定。

● 协调机组内部各子系统（燃料、送风、炉膛压力、给水、汽温等控制系统）的控制，使负荷变化过程中，机组主要运行参数在允许的工作范围内，确保机组有较高效率和可靠的安全性。

● 协调外部负荷请求与主/辅设备实际能力的关系。能根据实际情况，限制或强制改变机组负荷，这是协调控制系统的联锁保护功能。

目前我国200MW以上机组都设计协调控制系统。但机组特性和运行方式不同，协调控制系统方案也不同。

③ 定压运行方式。无论机组负荷如何变化，始终维持主蒸汽压力和温度为额定值，通过改变汽轮机调节汽门开度来改变机组的输出功率的方式称为定压运行方式。

定压运行的主要有机跟炉、炉跟机和机炉协调方式三种。

● 炉跟机控制方式。根据负荷请求，当机组实发功率与负荷要求有偏差时，经汽轮机控制器改变汽轮机进汽阀。锅炉根据主汽压变化跟随机组变化，经锅炉控制器改变锅炉运行情况（包括给水、调燃料、调风等）。这种控制方式根据机组变化调节负荷，再改变锅炉，调节主汽压，因此，称为炉跟机控制方式。因锅炉燃料、传热和水蒸发等过程的响应时间较汽轮机调进汽阀的响应要慢，因此，会造成主汽压的波动。

这种协调控制方式的特点是可充分利用锅炉蓄热来迅速适应负荷变化，对机组调峰调频有利；在负荷变化较小，锅炉蓄热能满足负荷变化要求时有利于电网频率控制。通常，单元机组中锅炉及辅机运行正常，机组输出功率受汽轮机设备及辅机限制时，可采用炉跟机控制方式。对直流锅炉等蓄热能力较小的应用，不能采用这种控制方式。图 5-19 是炉跟机控制方式示意图。

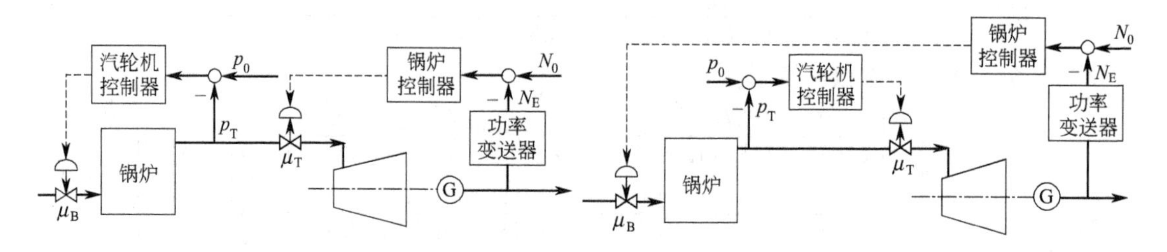

图 5-19　炉跟机控制方式示意图　　　　图 5-20　机跟炉控制方式示意图

● 机跟炉控制方式。采用锅炉调节负荷，汽轮机调节主汽压的控制方式在保证主汽压稳定情况下，锅炉供多少蒸汽，汽轮机就输出对应的功率，因此，汽轮机跟随锅炉动作。其特点是主汽压相当稳定，有利于机组安全经济运行。缺点是没有利用锅炉蓄热，要锅炉改变蒸汽量后才能改变汽轮机输出功率。因此，适应负荷变化能力较差，不利于机组带变动负荷和参加电网调频。它适用于承担基本负荷的单元机组或当机组刚投运经验不够的场合。此外，当单元机组中汽轮机设备及辅机运行正常，机组输出功率受锅炉设备急辅机限制时，也被采用。

图 5-20 是机跟炉控制方式示意图。表 5-6 是机跟炉和炉跟机方式中控制系统的被控变量和操纵变量。

表 5-6　机跟炉和炉跟机方式中控制系统的被控变量和操纵变量

变量	机跟炉方式		炉跟机方式	
	汽轮机控制器 G_M	锅炉控制器 G_B	汽轮机控制器 G_M	锅炉控制器 G_B
测量值(被控变量)	机前压力 p_T	机组输出功率 N	机前压力 p_T	机组输出功率 N
输出值(操纵变量)	汽轮机调节汽门开度 μ_B	锅炉控制量 μ_T	锅炉控制量 μ_T	汽轮机调节汽门开度 μ_B

● 机炉协调控制方式。要求改变负荷时，通过机炉主控制器对锅炉和汽轮机分别发出调节负荷的指令，同时对锅炉燃烧率和汽轮机进汽量进行调节，使主汽压变化幅度不太大，并根据主汽压与设定汽压的偏差限制汽轮机进汽阀开度和锅炉的控制作用。该协调控制过程中，可使主汽压在允许波动范围内，同时可充分利用锅炉的蓄热。当外界负荷需求改变时，同时改变机炉负荷。它既考虑机组对外界负荷的响应快速性，又不造成机前压力过度波动，使机炉间能量不平衡尽量小，时间尽量短。当单元机组参加电网调频时，应采用图 5-21 所示的机炉协调控制方式。

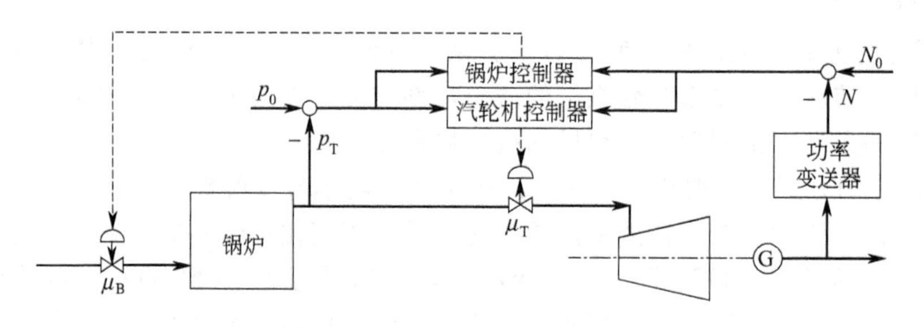

图 5-21　机炉协调控制方式示意图

单元机组协调控制系统由机组负荷控制系统（主控制系统）、常规控制系统（子控制系统）和负荷控制对象三大部分组成。

机组负荷控制系统包括机组负荷指令处理部分（机组负荷管理控制中心）和机炉主控制

器两大部分。一般称为协调控制级，即CCS。

④ 滑压运行方式。滑压运行方式是始终保持主汽门和调节汽门全开条件下，当外界负荷变化时，通过调节锅炉燃料、给水和其他输入量，使锅炉产汽量改变，进而改变汽轮机组进汽压力。在维持汽轮机温度恒定的前提下，使进汽轮机的蒸汽能量改变，从而使汽轮机发电机组输出功率适应外界负荷的需求。

负荷越低，滑压运行经济性越好。因此，滑压运行适用于大容量机组参与电网调峰过程。通常，低负荷时采用滑压运行，高负荷时定压运行，这样，可有效利用锅炉蓄热，提高对外界负荷需求响应。这种运行方式称为联合运行方式。

(2) 精馏塔两端产品质量控制系统

精馏塔两端产品质量控制的控制方案很多。但不能对两端产品质量指标均采用物料平衡控制方式。通常，只有两种基本类型：两端产品质量指标均采用能量平衡控制方式；一端产品质量控制采用物料平衡，另一端产品质量控制采用能量平衡控制。但这些控制方式存在系统关联，需进行系统解耦。

为降低塔压对组分的影响，精馏塔两端产品质量采用两端温差进行检测。并设置各自的流量作为副环组成串级控制系统。由于两端质量控制系统的相互关联，需要设置解耦控制装置。图5-22是未画出解耦控制系统时的精馏塔两端质量控制框图。

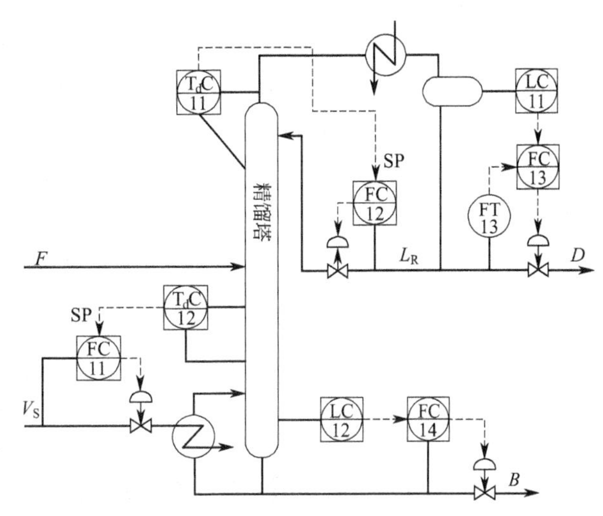

图5-22 精馏塔两端产品的质量控制

(3) 乙烯裂解炉的解耦控制系统

乙烯裂解炉原理图如图5-23所示。它有4组并联的炉管（图中仅画出一组），每组炉管对应8个烧嘴，炉体侧面墙砌成2～3层台阶，烧嘴安装在台阶上，其轴线与辐射管沿管长方向相平行，烧嘴火焰向下喷射，原料和稀释用蒸汽经对流段预热到590℃后，进入裂解炉辐射管，炉墙辐射热量使裂解原料发生反应，生成乙烯、乙烷、丙烯等。裂解温度控制系统是耦合系统。

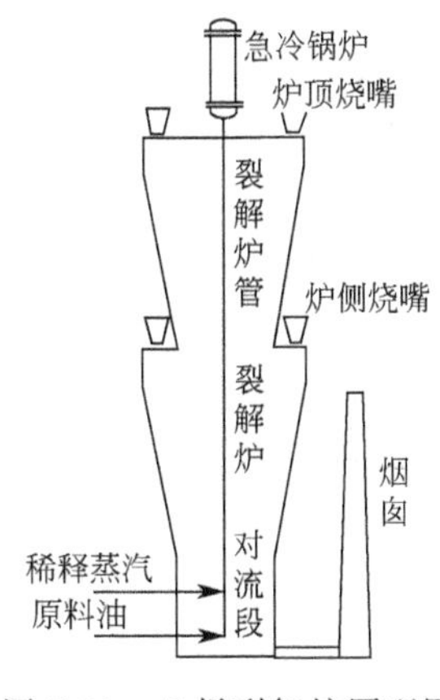

图5-23 乙烯裂解炉原理图

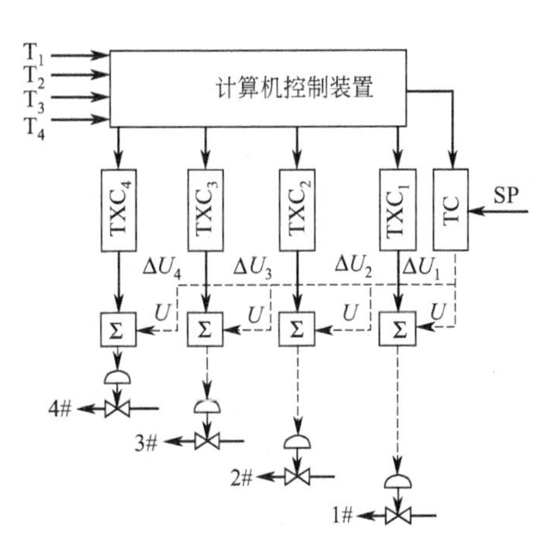

图5-24 乙烯裂解炉的解耦控制

设计的解耦控制系统如图 5-24 所示，该控制亦称为裂解炉的安定化控制。控制系统用计算机控制装置实现。系统用一个主控制器 TC，4 个偏差控制器 TXC，分别控制 4 路燃料量控制阀。四组控制阀的控制信号是主控制器输出 U 和偏差控制器输出 ΔU 之和。

经实际测试，得到出口温度 T 与控制阀信号 U 之间的关系为

$$\Delta T = \mathbf{A}\Delta U \tag{5-20}$$

式中

$$\mathbf{A} = \begin{bmatrix} 0.589 & 0.195 & 0 & 0 \\ 0.195 & 0.589 & 0.195 & 0 \\ 0 & 0.195 & 0.589 & 0.195 \\ 0 & 0 & 0.195 & 0.589 \end{bmatrix}$$

因此，当已知各炉管出口温度 T_i 及基准温度 T 的差 $\Delta T_i = T - T_i$ 后，就能根据式(5-20)确定要消除该偏差所需的控制作用 $\Delta U = \mathbf{A}^{-1}\Delta T$。而基准温度可任意选择一组炉管出口温度。基准温度与设定温度的偏差由主控制器输出 U 调整，ΔU 用于消除各炉管出口温度与基准温度的偏差，由偏差控制器来控制。即主控制器进行粗调，偏差控制器进行细调。

系统投运时注意下列事项。

① 采样时间应合适，该厂采用 5min；采样过快容易造成扰动，采样过慢使温度控制不及时。

② 对控制阀的细调不能过大，由于采样时间较短，因此，实际施加在控制阀的偏差控制信号是计算值的一半。并对各偏差输出信号进行限幅，即每次调整的变化量不超过全量程的 3%。

③ 该控制系统需与其他控制系统配合，例如，总进料裂解原料量定值控制系统、汽烃比控制系统等。

5.3　软测量和推断控制

5.3.1　软测量技术

(1) 概述

软测量技术已经有几十年历史。它是基于下列原因提出。

- 为了实现良好质量控制，必须对产品质量或与产品质量密切相关的过程变量进行控制，而这些质量分析仪表或传感器的价格昂贵，维护复杂，加上分析仪表滞后大，造成控制质量下降。

- 目前尚没有仪表可测量一些产品质量指标或与产品质量密切相关的过程变量。如精馏塔的产品成分、塔板效率、干点、闪点、反应转化率、生物发酵过程的菌体浓度等。

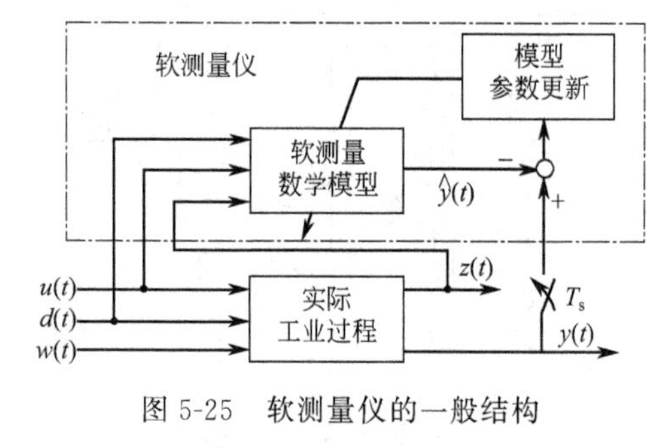

图 5-25　软测量仪的一般结构

软测量的基本思想是基于一些过程变量与过程中其他变量之间的关联性，采用计算机技术，根据一些容易测量的过程变量（称为辅助变量），推算出一些难于测量或暂时还无法测量的过程变量（称为主导变量）。推算根据辅助变量与主导变量之间的数学模型进行。

实际工业过程的输入变量分为可测可控的控制变量 $u(t)$、可测不可控的扰动变量 $d(t)$

和不可测不可控的扰动变量 $w(t)$ 三类。输出变量分为待估计系统输出变量 $y(t)$ 和可测的辅助输出变量 $z(t)$ 两类。图 5-25 是实际工业过程的输入输出变量和软测量仪的结构。

软测量仪的开发包括软测量数学模型建立（辅助变量选择、数据采集和处理）和在线校正等两部分工作。

① 软测量数学模型建立。

• 辅助变量选择。软测量仪根据辅助变量与主导变量之间的数学模型进行推算，因此，辅助变量的选择是关系到软测量仪精确度的重要内容。

辅助变量选择原则如下。

➢ 关联性。辅助变量应与主导变量有关联，最好能够直接影响主导变量；

➢ 特异性。辅助变量应具有特异性，用于区别其他过程变量；

➢ 工程适用性。应容易在工程应用中获得，能够反映生产过程的变化；

➢ 精确性。辅助变量本身有一定的测量精确度，同时，模型应具有足够的精确度；

➢ 鲁棒性。对模型误差不敏感。

为使模型方程有唯一解，辅助变量数至少等于主导变量数，通常应与工艺技术人员一起确定。同时，应根据辅助变量与主导变量的相关分析进行取舍，不宜过多，因当某一辅助变量与主导变量关联性不强时，反而会影响模型精确度。

• 数据采集和处理。需要采集的数据是软测量仪主导变量对应时间的辅助变量数据。要求采集数据的覆盖面要宽，以便使软测量技术建立的模型有更宽的适用范围。采集的过程数据应具代表性。

离线数据处理的内容包括对数据的归一处理、不良数据的剔除等。数据的归一处理包括对数据的标度换算、数据转换和设置权函数。不良数据的剔除包括分析采集数据、数据的检验和不良数据的剔除。

• 软测量模型建立。建立软测量数学模型的方法有：机理建模、经验建模、机理建模和经验建模混合建模等。机理建模可充分利用已知的过程知识，有较大适用范围，但有些过程较复杂，难于用机理方法建立模型。建立软测量数学模型的方法与建立过程数学模型的方法类似。

② 数学模型在线校正。数学模型在线校正过程是模型结构和参数的优化过程。对模型进行校正的主要原因是：由于模型是根据一定操作条件下的数据建立的，操作条件变化会造成模型的误差；建立模型时，一些过程变量因未发生变化，因此，未考虑在模型中。而应用过程中这些变量发生变化，引起模型结构或参数的变化；过程本身的时变性，例如，催化剂的老化，使模型参数变化。

在线校正方法有短期校正和长期校正两种。可根据统计过程控制的有关规则对模型进行短期校正。长期校正通常是在短期校正的误差长期存在时进行，长期校正都采用重新建模的方法。

（2）建立软测量模型

常用建模方法有回归建模和人工神经网络建模等。

① 多元逐步回归（MSR）。将过程变量逐一引入到回归方程中，在引入后计算偏回归平方，并检验其对回归方程的作用。如果作用显著，则在回归方程中保留该变量，如果不显著则剔除。当引入新变量后，对回归方程中的其他变量同样进行显著性检验，直到所有变量都不能剔除时，就得到最终回归方程。由于该建模方法不断剔除对输出变量影响小的变量，从而防止其他变量对模型的影响。MATLAB 提供 stepwise、stepwisefit 等函数用于多元逐步回归。

② 主元分析（PCA）和主元回归（PCR）。主元分析是将过程输入变量中的相关变量重新组合成互不相关的新变量，防止多元回归时不可求逆问题的出现。

该方法使用奇异值分解的方法计算主元；计算各个主元的方差及总方差和各个主元的分

方差；确定各主元的方差贡献率，并计算累积方差贡献率；得到不同累积贡献率下的主元变换矩阵，即新的输入变量。主元分析和主元回归可以消除输入变量的共线性问题，并使过程输入变量数减少。奇异值分解方法是将输入变量矩阵 $\boldsymbol{X}$ 进行分解，使 $\boldsymbol{X}=\boldsymbol{U}*\boldsymbol{S}*\boldsymbol{V}$；其中，$\boldsymbol{S}$ 是与 $\boldsymbol{X}$ 同维的以降序排列的具有非负元素的对角线矩阵，称为奇异值矩阵。奇异值分解是正交分解。MATLAB 提供了奇异值分解函数 svd，也提供了主元分析和主元回归的函数，例如，princomp、pcacov 等，可直接调用。

③ 部分最小二乘法（PLS）。部分最小二乘法由化学计量学家提出，用于解决预测建模问题。在预测控制中得到成功应用。该回归方法不仅对输入变量 $\boldsymbol{X}$ 进行正交分解，同时对输出变量 $\boldsymbol{Y}$ 进行正交分解，以获取更多的过程信息。回归采用迭代计算，提出用于确定脉冲响应的系数，MATLAB 提供了相关的函数。例如，plsr、mlr、validmod 等。

④ 人工神经网络。人工神经网络建模见有关资料。

（3）模型的校正

模型的校正包括对数据的校正和对模型的校正。数据校正包括根据统计方法进行误差显著性统计，来剔除测量数据中的显著误差数据。用数字或模拟滤波方法或非线性规划的方法对动态过程数据的校正。模型校正分长期和短期校正，以适应不同的需求。模型校正用于提高软测量模型的泛化能力，使所建立的软测量模型能够适应原料变化、操作工况等操作环境的变化。

5.3.2　推断控制系统

（1）推断控制基本原理

如工业过程中扰动不可测量，但与扰动变量有关的一些辅助变量可测量，即知道扰动变量对被控变量和辅助变量的影响，或已知它们的过程数学模型时，可用推断控制对被控变量进行控制。

Brosilow 在 20 世纪 70 年代中期提出的推断控制系统是针对主要被控变量和扰动变量都不可在线测量的一类控制系统。

图 5-26 是推断控制系统的基本结构图。表 5-7 是推断控制系统三要素。

表 5-7　推断控制系统三要素

三要素	功　能	计　算　公　式
信号分离	估计扰动变量 d 对辅助变量 y_s 的影响 $\alpha(s)$，并将它从辅助变量 y_s 中分离出来	辅助变量 y_s 受到扰动变量 d 和控制变量 u 的影响，其中，扰动变量不可测量，控制变量可测量 $\hat{\alpha}(s)=Y_s(s)-\hat{G}_{ps}(s)U(s)=\hat{A}(s)D(s)$ 式中，$\hat{G}_{ps}(s)=G_{ps}(s)$；$\hat{A}(s)=A(s)$。 根据过程模型 $G_{ps}(s)$、$A(s)$、控制变量 $U(s)$、可测量辅助变量 $Y_s(s)$，估计出扰动变量 $D(s)=\dfrac{\hat{\alpha}(s)}{\hat{A}(s)}$
确定估计器	根据估计的扰动变量 d 和模型 $B(s)$，可得到扰动变量 d 对主要被控变量 y 的影响 $\beta(s)$	$\hat{\beta}(s)=\hat{B}(s)D(s)=\dfrac{\hat{B}(s)}{\hat{A}(s)}\hat{\alpha}(s)$；估计器：$\hat{E}(s)=\dfrac{\hat{B}(s)}{\hat{A}(s)}$
推断控制器	根据扰动变量 d 对主要被控变量 y 的影响 $\beta(s)$，设计推断控制器 $G_I(s)$，使 $\beta(s)$ 对被控变量 y 的影响完全消除	不变性原理得 $Y(s)=G_I(s)G_p(s)[R(s)-\hat{\beta}(s)]+\beta(s)=0$，对定值或随动控制系统有 $G_I(s)=[\hat{G}_p(s)]^{-1}$

图中，不可测量的被控变量是 y，控制变量 u，扰动变量 d；可测量的辅助变量是 y_s，扰动变量 d 对被控变量 y 及辅助变量 y_s 通道的过程模型 $B(s)$、$A(s)$，控制变量 u 对被控变量 y 及辅助变量 y_s 通道的过程模型 $G_p(s)$、$G_{ps}(s)$ 都已知，并具有所需精度要求。

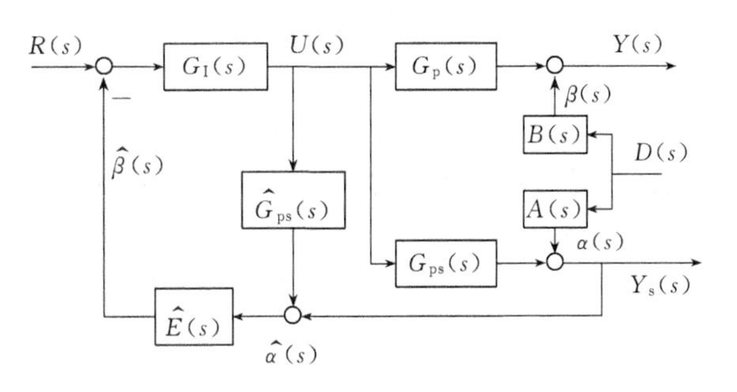

图 5-26　推断控制系统框图

单纯的推断控制是开环控制，只有当过程模型完全精确可获得时，推断控制才能使扰动影响完全补偿，使系统输出无余差，此外，实际应用的推断控制器还需要串联滤波器的增益为 1 的滤波环节，以便于物理实现。通常，推断控制与反馈控制（当 y 可测）或前馈控制（当 d 可测）结合使用。

(2) 推断反馈控制

推断控制与反馈控制结合组成推断反馈控制。表 5-8 是推断反馈控制的控制方案。

表 5-8　推断反馈控制的控制方案

控制方案	主要被控变量 y 不可测	主要被控变量 y 可测
示例图	$R(s)$, $G_c(s)$, $G_p(s)$, $Y(s)$, $B(s)$, $D(s)$, $A(s)$, $\hat{H}(s)$, $G_{ps}(s)$, $Y_s(s)$, $\hat{Y}(s)$, $\hat{E}(s)$	$G_L(s)$, $G_m(s)$, $G_c(s)$, $R(s)$, $G_I(s)$, $U(s)$, $G_p(s)$, $Y(s)$, $\beta(s)$, $B(s)$, $D(s)$, $\hat{\beta}(s)$, $A(s)$, $\hat{G}_{ps}(s)$, $G_{ps}(s)$, $\alpha(s)$, $\hat{\alpha}(s)$, $Y_s(s)$, $\hat{E}(s)$
主输出	$\hat{Y}(s)=\frac{\hat{B}(s)}{\hat{A}(s)}Y_s(s)+\left[\hat{G}_p(s)-\frac{\hat{B}(s)}{\hat{A}(s)}\hat{G}_{ps}(s)\right]U(s)$ $=\hat{E}(s)Y_s(s)+\hat{H}(s)U(s)$	$Y(s)=\frac{F(s)[G_p(s)/\hat{G}_p(s)+G_p(s)G_c(s)G_m(s)]}{1+G_p(s)G_c(s)G_m(s)}R(s)$
特点	要求过程模型有足够精确度；估计器需要能够物理实现	要求过程模型有足够精确度；反馈采用 PI 控制①，使主要输出稳态无余差；用均衡环节 $G_L(s)$ 调整响应速率②

①反馈控制器选用大比例度、大积分时间的 PI 控制器。整定控制器参数应保证反馈控制回路平稳运行。

②对定值控制系统，均衡环节 $G_L(s)=1$。对随动控制系统，因被控变量经 $G_m(s)$ 环节有较大时间常数和时滞，因此，设定变化时，也需有相对应的时间常数和时滞，以适应其变化，为此，需设置均衡环节 $G_L(s)$，均衡环节选用大时间常数的滤波环节。

5.3.3　软测量和推断控制设计示例

(1) 生化过程参数的软测量

生化过程中常用的呼吸代谢参数有氧利用率（OUR）、二氧化碳释放率（CER）等。

① 氧利用率的软测量。氧利用率是单位时间内，单位体积发酵液内细胞消耗的氧量。可根据氧的动态质量平衡关系估算。软测量数学模型为

$$r_{O_2}=\frac{F_{a,i}}{0.0224V}\left(n_{O_2,i}-n_{O_2,o}\frac{n_{i,i}}{n_{i,o}}\right)-\frac{d(C_{O_2})}{dt}+\frac{C_{O_2}F}{V} \tag{5-21}$$

式中，C_{O_2}是发酵液中溶氧浓度，mol/m³；n_{O_2}是发酵液空气中的氧体积分数；n_i是发酵液中惰性气体体积分数；V是发酵液体积；F_a是发酵液的空气在标准状态下的体积流量，m³/h；F是流加的补料速率，m³/h；下标i、o表示输入和输出；r_{O_2}是氧利用率。因此，根据已测量参数，用上述模型可估计氧利用率。

② 二氧化碳释放率的软测量。二氧化碳释放率是单位时间内，单位发酵液体积内细胞释放的二氧化碳量。亦称为二氧化碳生成率。根据系统中二氧化碳的动态质量平衡关系建立如下软测量数学模型。

$$r_{CO_2}=\frac{F_{a,i}}{0.0224V}\left(n_{CO_2,o}\frac{n_{i,i}}{n_{i,o}}-n_{CO_2,i}\right)+\frac{d(C_{CO_2})}{dt}-\frac{C_{CO_2}F}{V} \tag{5-22}$$

式中，C_{CO_2}是发酵液中二氧化碳浓度，mol/m³；n_{CO_2}是发酵液空气中的二氧化碳体积分数；r_{CO_2}是二氧化碳释放率，其他符号同上述。

(2) 丙烯精馏塔的非线性推断控制

某气分装置丙烯丙烷精馏塔的产品为聚合级丙烯，要求塔顶丙烯纯度>99.6%，塔底丙烯含量<5%。虽然温差与成分之间呈现非线性关系，但在正常操作范围内，双温差与产品成分可用单值关系描述。因此，选用双温差$\Delta^2 T$为二次变量，及将精馏段温度差ΔT_1和提馏段温度差ΔT_2作为二次变量，考虑塔压P和回流量R对塔顶成分x_D和塔底成分x_B的影响，建立如下塔顶成分和塔底成分的非线性软测量模型。

$$\begin{aligned}x_D=&-1.826378+1.448686\Delta^2 T-0.1867033(\Delta^2 T)^2\\&+\frac{3.22949}{\Delta^2 T}-1.5643\Delta T_1+\frac{0.0085\Delta P}{16s+1}+\frac{0.0013\Delta R}{36s+1}\end{aligned} \tag{5-23}$$

$$x_B=0.037014+0.007033(\Delta^2 T)^2+\frac{1.89401}{\Delta^2 T}+0.0078\Delta T_2+\frac{0.00043\Delta P}{27s+1}+\frac{0.0003\Delta R}{47s+1} \tag{5-24}$$

由于过程特性时变，必须进行在线校正。采用该厂每2小时或4小时进行的离线色谱分析值$X_d(k)$和$X_b(k)$，设估计器模型的输出为$X_{ED}(k)$和$X_{EB}(k)$，则偏差$E(k)$为

$$\begin{aligned}E_D(k)&=X_d(k)-X_{ED}(k-n)\\E_B(k)&=X_b(k)-X_{EB}(k-n)\end{aligned} \tag{5-25}$$

式中，n是色谱分析的滞后时间。

因此，经校正后的估计器输出分别为

$$\begin{aligned}X_{CD}(k)&=X_{ED}(k)+K_{CD}E_D(k)\\X_{CB}(k)&=X_{EB}(k)+K_{CB}E_B(k)\end{aligned} \tag{5-26}$$

式中，K_{CD}和K_{CB}是校正系数，反映校正过程的快慢，可根据实际过程进行调整。根据软测量模型及在线校正方法获得产品含量，并被用于控制。组成的非线性推断控制系统满足了工艺操作的控制要求，并取得明显经济效益。

5.4 时滞补偿控制

采用过程时滞τ和过程惯性时间常数T之比τ/T衡量过程时滞的影响。当过程的$\tau/T<0.3$时，称该过程是具有一般时滞的过程；当过程的$\tau/T>0.5$时，称该过程是具有大时滞的过程。一般时滞的过程可采用常规控制系统获得较好控制效果，大时滞的过程采用常规控制系统常常较难奏效。

时滞可以出现在控制系统中的不同位置，对过程控制品质的影响也不同。出现在干扰通道的时滞，不处于闭环回路中，它相当于干扰在 τ 时刻后作用于系统，其大小不影响系统的开环和闭环系统的稳定性，也不影响控制品质。出现在控制通道的时滞，对控制系统的影响见第 2.2 节。

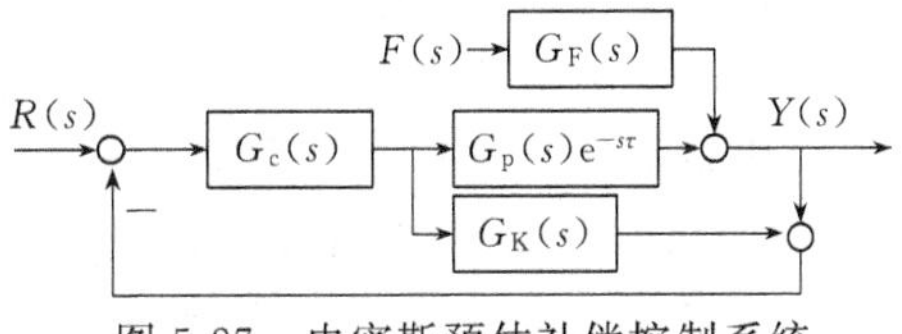

图 5-27 史密斯预估补偿控制系统

为提高控制质量，除了选择合适被控变量和操纵变量来减小对象时滞外，还应减小测量变送装置及信号传输造成的时滞。从控制看，可采用各种补偿或者先进控制方案，来减小或补偿时滞造成的不利影响。

时滞造成控制系统控制品质变差的原因是时滞使闭环特征方程成为超越方程。即闭环特征方程成为

$$1+G_c(s)G_p(s)e^{-s\tau}=0 \tag{5-27}$$

5.4.1 史密斯预估补偿控制

(1) 史密斯预估补偿控制原理

时滞补偿控制的设计思想是使含时滞系统组成的闭环系统，其闭环特征方程不含时滞项。1957 年史密斯（O J M Smith）提出了如图 5-27 所示的一种预估补偿控制方案。

该控制方案在原含时滞的系统中添加一个预估补偿器 $G_K(s)$，为使闭环特征方程不含时滞项，应要求

$$\frac{Y(s)}{R(s)}=\frac{G_c(s)G_p(s)e^{-s\tau}}{1+G_c(s)G_p(s)} \tag{5-28}$$

$$\frac{Y(s)}{F(s)}=\frac{G'_F(s)}{1+G_c(s)G_p(s)} \tag{5-29}$$

引入预估补偿器 $G_K(s)$后的闭环传递函数为

$$\frac{Y(s)}{R(s)}=\frac{G_c(s)G_p(s)e^{-s\tau}}{1+G_c(s)[G_K(s)+G_p(s)e^{-s\tau}]} \tag{5-30}$$

比较式(5-28) 和式(5-30)，可知，若 G_K (s) 满足

$$G_K(s)=G_p(s)(1-e^{-s\tau}) \tag{5-31}$$

就能使闭环特征方程成为：$1+G_c(s)G_p(s)=0$，即不含时滞项。这相当于把 $G_p(s)$作为对象，用 $G_p(s)$的输出作为反馈信号，从而使反馈信号相应地提前了 τ 时刻，因此，这种控制称为预估补偿控制。

将预估补偿器的传递函数代入式(5-30)，得

$$\frac{Y(s)}{R(s)}=\frac{G_c(s)G_p(s)}{1+G_c(s)G_p(s)}e^{-s\tau}=G_I(s)e^{-s\tau} \tag{5-32}$$

式中，$G_I(s)=\dfrac{G_c(s)G_p(s)}{1+G_c(s)G_p(s)}$表示没有时滞时的随动控制的闭环传递函数，如图 5-28 所示。

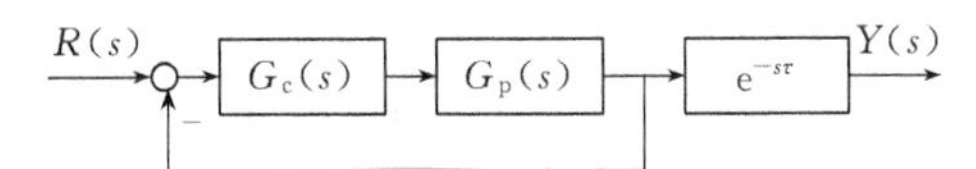

图 5-28 精确补偿时等效框图（未画扰动通道）

从图 5-28 可知，系统受到扰动时，定值控制系统的传递函数为

$$\frac{Y(s)}{F(s)}=\frac{G_F(s)[1+G_c(s)G_K(s)]}{1+G_c(s)G_p(s)}=G_F(s)[1-G_I(s)e^{-s\tau}] \tag{5-33}$$

因此，经过预估补偿后，闭环特征方程中不含时滞项，消除了时滞对控制品质的影响。

对随动控制系统，根据式(5-37)，控制过程仅在时间上推迟 τ 时间，控制系统过渡过程的形状和品质与没有时滞的系统完全相同。对定值控制系统，控制的作用比扰动的影响滞后 τ 时间，因此，控制效果并不像随动控制系统明显，且与 T_F/T_p 有关。

(2) 实施史密斯预估补偿控制时的注意事项

实施史密斯预估补偿控制时需要注意过程模型的实施和精确度问题。

① 史密斯预估补偿控制是基于过程模型已知的情况下进行的，因此，实现史密斯预估补偿控制必须已知过程的动态模型，即过程传递函数和时滞时间等，而且模型与实际过程有足够精确度。

② 对时滞较小的过程，采用史密斯预估补偿控制效果也较好。

③ 大多数过程控制的过程模型只能近似地代表实际过程，用 $G_p(s)$ 和 τ 表示实际过程，用 $\hat{G}_p(s)$ 和 $\hat{\tau}$ 表示过程模型，则闭环特征方程成为

$$1+G_c(s)[\hat{G}_p(s)-\hat{G}_p(s)e^{-\hat{\tau}s}+G_p(s)e^{-\tau s}]=0 \tag{5-34}$$

• 只有当过程模型与真实过程完全一致时，即 $\hat{G}_p(s)=G_p(s)$ 及 $\hat{\tau}=\tau$ 时，史密斯预估补偿控制才能实现完全补偿。

• 模型误差越大，即 $\hat{G}_p(s)-G_p(s)$ 及 $\hat{\tau}-\tau$ 的值越大，则史密斯预估补偿效果越差。在传递函数中，时滞是指数函数，故模型中时滞 $\hat{\tau}$ 的误差比 $\hat{G}_p(s)$ 的误差影响更大。

④ 史密斯预估补偿控制是按某一工作点而设计。当工况变化，引起实际过程的时滞变化或时间常数、增益等变化时，史密斯预估补偿的效果会变差。例如，物料流量变化造成流速变化，使时滞变化，就会使史密斯预估补偿效果变差。

⑤ 预估补偿控制系统的参数整定包括控制器 $G_c(s)$ 的参数整定和预估补偿器 $G_K(s)$ 的参数整定。控制器 $G_c(s)$ 的参数与无时滞系统的控制器参数基本一致，考虑到过程模型的误差和工作点的偏移，通常增益可稍取小些，积分时间稍取大些。预估补偿器 $G_K(s)$ 参数需严格按照实际过程的参数确定。

5.4.2 内模控制

(1) 内模控制基本结构和特点。

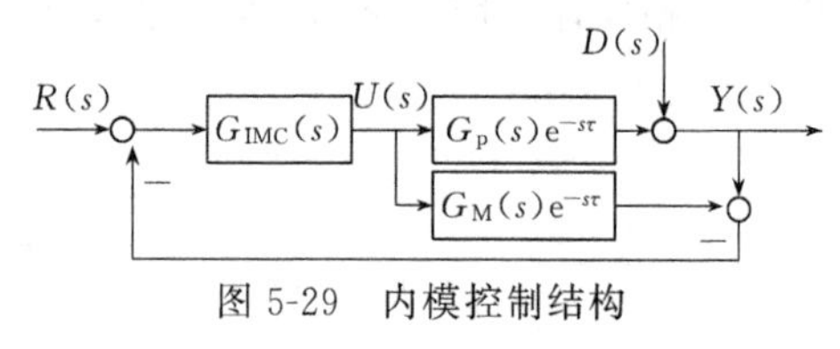

图 5-29　内模控制结构

结构上，内模控制与史密斯预估补偿控制类似，它采用称为内模的过程模型。如图 5-29 所示，与简单反馈控制系统比较，内模控制增加一个内部模型 $G_M(s)e^{-s\tau}$，采用内模控制器 $G_{IMC}(s)$。内模控制器的被控对象为实际对象与内部模型之差。一旦实际对象与内部模型精确一致，则反馈信息直接反映外部干扰。并有

$$U(s)=\frac{G_{IMC}(s)[R(s)-D(s)]}{1+G_{IMC}(s)[G_p(s)e^{-\tau_p s}-G_M(s)e^{-\tau_M s}]} \tag{5-35}$$

$$Y(s)=D(s)+\frac{G_{IMC}(s)G_p(s)e^{-\tau_p s}[R(s)-D(s)]}{1+G_{IMC}(s)[G_p(s)e^{-\tau_p s}-G_M(s)e^{-\tau_M s}]} \tag{5-36}$$

可见内模控制具有下列特点。

① 稳定性。内模控制器的实际对象与内部模型相等时，其闭环特征方程不含时滞项，消除了时滞对控制品质的影响。其闭环稳定的充分条件与开环稳定条件相同。因此，对开环不稳定系统不能用内模控制使其闭环稳定。对开环稳定系统，控制器稳定才能使组成的内模控制系统稳定。

② 无余差。对开环稳定系统，采用内模控制时，稳态无余差的实现与控制器、内部模型等有关，而与内部模型是否准确无关。当内部模型稳态增益与控制器稳态增益之积等于1，则对设定和干扰的阶跃变化，该系统可无余差。

③ 内模控制器 $G_{IMC}(s)$ 用于克服扰动 $D(s)$ 对系统输出的影响。当内部模型与过程存在误差时，$D_M(s)$ 将包含模型失配的信息，从而有利于系统鲁棒性的设计。

理想内模控制器可根据内部模型与过程完全匹配得到。设过程为 $G_o(s)=G_p(s)e^{-s\tau}$ 内部模型为

$$\hat{G}_o(s)=G_M(s)e^{-s\tau_M}$$

则有

$$G_{IMC}(s)=\hat{G}_o^{-1}(s) \tag{5-37}$$

这种内模控制器称为理想内模控制器，如果内部模型 $\hat{G}_o(s)$ 的逆存在，并可物理实现，则过程和模型一致时，不仅能够消除扰动对系统输出的影响，而且能够保证无余差。

【例 5-8】 被控实际对象 $G_o(s)$ 和内部模型 $\hat{G}_o(s)$ 用下列传递函数描述：

$G_o(s)=\dfrac{0.4e^{-50s}}{20s+1}$；$\hat{G}_o(s)=\dfrac{0.4e^{-50s}}{20s+1}$；则内模控制器应设计为：$G_{IMC}(s)=\hat{G}_o^{-1}(s)$。其中，时滞项 $e^{-s\tau}$ 和其逆无法物理实现，为此，可将该项用泰勒级数展开，表示为 $e^{-\tau s}=1+\tau s$。因此，实际内模控制器可表示为 $G_{IMC}(s)=\dfrac{20s+1}{0.4}\dfrac{1}{1+50s}$。图 5-30 是用 Simulink 仿真的结构图。其中，内部模型时间常数改为 25。

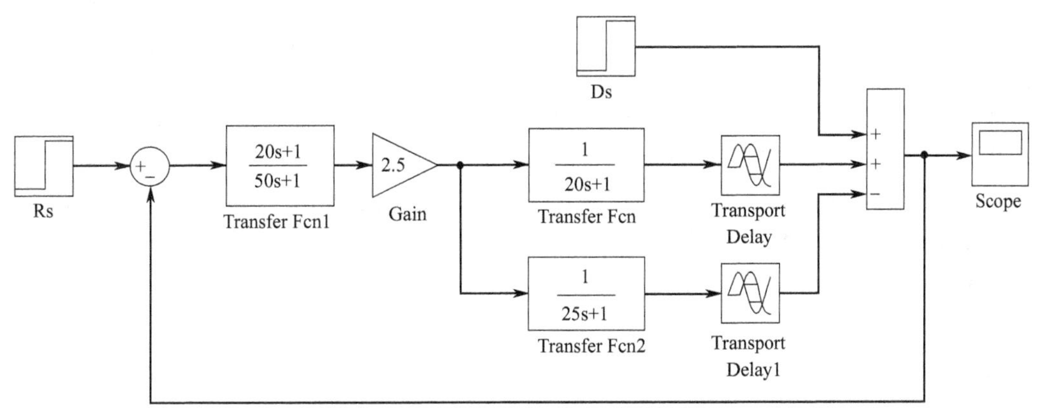

图 5-30　内模控制 Simulink 仿真结构图

改变内部模型参数和内模控制器参数进行仿真。可看到内模控制明显削弱了时滞的影响。但当模型与实际对象有较大偏差时，补偿效果变差，即内模控制系统的鲁棒性较差。

(2) 改进型内模控制

常用的改进型内模控制系统见图 5-31。它在理想内模控制系统中增加两个滤波器 $G_f(s)$ 和 $G_r(s)$。

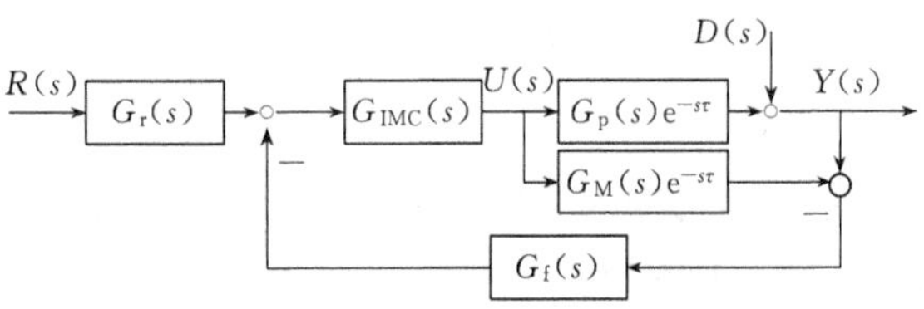

图 5-31　改进型内模控制结构

类似分析表明，系统的闭环特征方程是

$$1+G_{\mathrm{IMC}}(s)G_{\mathrm{f}}(s)[G_{\mathrm{p}}(s)\mathrm{e}^{-s\tau_{\mathrm{p}}}-G_{\mathrm{M}}(s)e^{-s\tau_{\mathrm{M}}}]=0$$

实际应用时，可选用一阶惯性环节作为滤波器，则改进型内模控制系统对内部模型失配时具有良好的适应能力，具有较强的鲁棒性，同时，也可消除余差。

5.4.3　增益自适应补偿控制

1977 年 Giles R F 和 Bartley T M 提出如图 5-32 所示增益自适应补偿控制，它将史密斯预估补偿控制系统中的减法器用除法器代替，加法器用乘法器代替，并增加一阶微分环节。

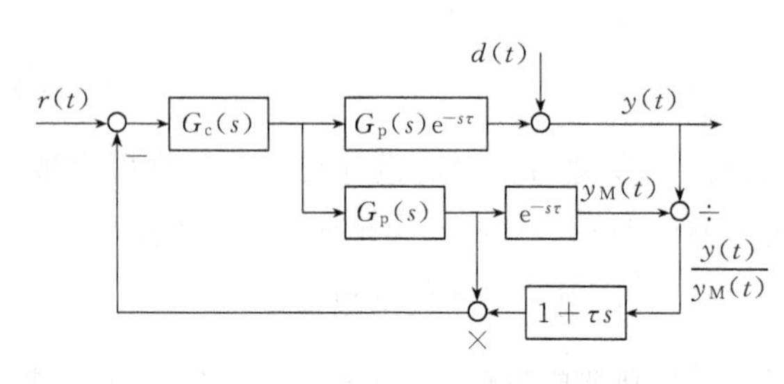

图 5-32　增益自适应补偿控制

除法器将过程输出 $y(t)$ 除以模型输出 $y_{\mathrm{M}}(t)$，一阶微分环节作为识别器，其微分时间与过程时滞相等，它使过程输出比模型输出提前 τ 时间进入乘法器，乘法器将未经时滞的模型输出与识别器输出相乘，作为控制器的测量信号，该信号表示模型输出与过程输出之间的差值，用于自动调整预估模型的增益。

理想情况下，预估模型与实际过程的动态特性完全一致时，除法器输出为 1，识别器输出为 1，这就是 Smith 预估补偿控制。

实际运行时，如果预估模型与实际过程的动态特性有误差，该控制方案能起到自适应控制作用。例如，对象增益从 K_{p} 增到 $K_{\mathrm{p}}+\Delta K_{\mathrm{p}}$，则除法器输出变化量为 $(K_{\mathrm{p}}+\Delta K_{\mathrm{p}})/K_{\mathrm{p}}$，如果实际过程的参数未变化，则识别器的微分不起作用，识别器输出变化仍为 $(K_{\mathrm{p}}+\Delta K_{\mathrm{p}})/K_{\mathrm{p}}$，乘法器输出变化为 $(K_{\mathrm{p}}+\Delta K_{\mathrm{p}})G_{\mathrm{M}}(s)$，即反馈量的变化量是 ΔK_{p}，这相当于预估模型增益变化 ΔK_{p}。因此，对象增益变化后，补偿器的预估模型自动适应该变化，也发生了相同变化，即补偿器预估模型能够进行完全的补偿。

对模型参数变化（增益变化、时滞变化和时间常数变化）等几种情况进行仿真研究，表明该控制系统对增益变化的补偿效果最好。因此，称为增益自适应补偿控制。

5.4.4　观测补偿控制

（1）基本原理

对于如图 5-33 所示的确定性系统，可通过观测器输出与系统输出之差进行闭环校正，获得系统状态变量观测值。

假设系统：$\dot{x}=Ax+Bu$；$y=Cx$

模型：$\dot{\hat{x}}=A\hat{x}+Bu$；$\hat{y}=C\hat{x}$

考虑模型失配和测量噪声的影响，采用闭环校正，因此，模型成为：$\dot{\hat{x}}=A\hat{x}+Bu-M\tilde{y}$

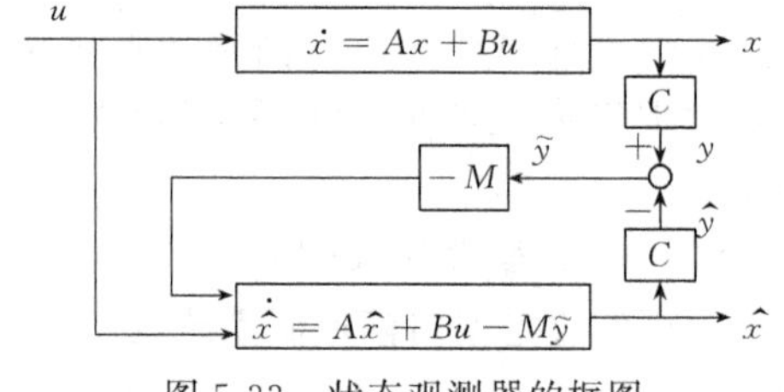

图 5-33　状态观测器的框图

状态变量的误差矢量为：

$$\dot{\tilde{x}}=\dot{x}-\dot{\hat{x}}=A(x-\hat{x})+M\tilde{y}=(A+MC)\tilde{x}$$

其解为：$\tilde{x}(t)=\mathrm{e}^{(A+MC)t}\tilde{x}(0)$

即状态变量的误差矢量 $\tilde{x}(t)$ 与输入变量 u 无关，当系统稳定条件满足时，$\tilde{x}(t)$ 趋于零，状态估计值与系统状态值相等，该系统的稳定性可通过 M 的选择来满足。

为使状态估计值与系统状态值相等，可采用图 5-34 所示增广状态反馈控制系统，添加积分环节，组成增广状态反馈观测器：$\dot{q}=e=y-\hat{y}=y-c\hat{x}$。

增广系统状态方程为：$\begin{bmatrix}\dot{\hat{x}}\\ \dot{q}\end{bmatrix}=\begin{bmatrix}A+BK_1 & BK_2\\ -C & 0\end{bmatrix}\begin{bmatrix}\hat{x}\\ q\end{bmatrix}+\begin{bmatrix}B & 0\\ 0 & 1\end{bmatrix}\begin{bmatrix}u\\ y\end{bmatrix}$

输出方程为：$\hat{y}=[C\quad 0]\begin{bmatrix}\hat{x}\\ q\end{bmatrix}$

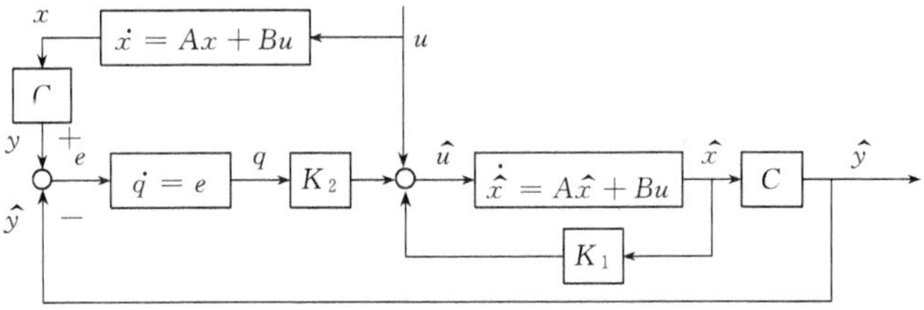

图 5-34 增广状态反馈观测控制系统

由于状态反馈可任意进行闭环极点配置，因此，可调整 K_1、K_2，满足闭环极点任意配置的要求，使闭环系统稳定。例如，状态反馈矩阵 $\boldsymbol{K}=[0\quad K_2]$；可使系统稳定，且对阶跃输入 u 和 y 均使状态变量收敛于稳态，并满足：$\lim\limits_{t\to\infty}\hat{y}(t)=y(\infty)$。

因此，采用增广状态反馈的观测器系统可以实现状态变量估计值与实际系统状态变量无余差。

(2) 观测补偿控制系统

时滞补偿控制系统设计思想是使闭环特征方程中不含时滞项。Smith 预估补偿控制用预估器抵消闭环特征方程中出现的时滞项。观测补偿控制用观测补偿控制器的小增益和大积分时间减小时滞项的影响。

表 5-9 是三类观测补偿控制方案的比较。

表 5-9 观测补偿控制方案的比较

控制方案	方案一	方案二	方案三
框图	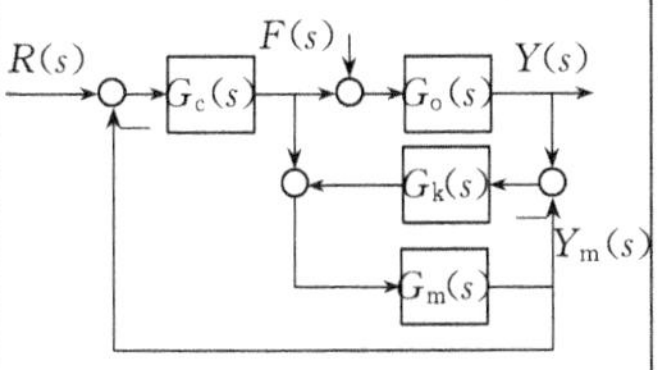	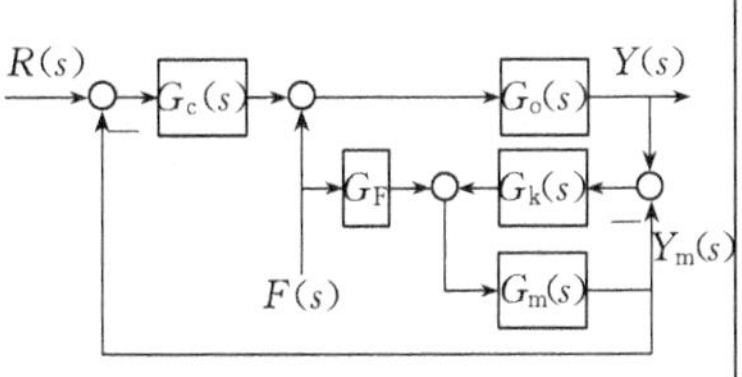	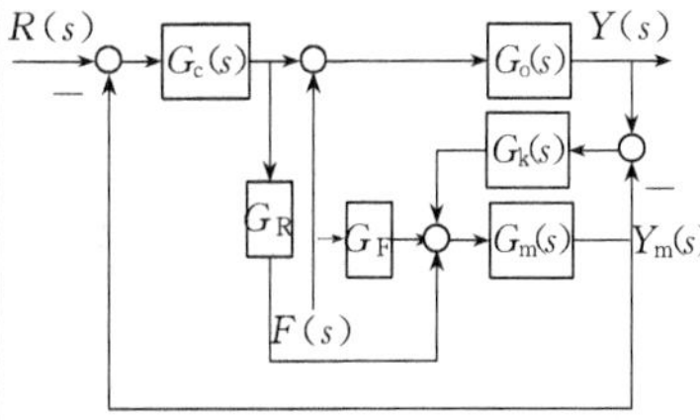
传递函数描述	$\frac{Y(s)}{R(s)}=\frac{G_c(s)G_o(s)}{1+G_c(s)G_m(s)\frac{1+G_k(s)G_o(s)}{1+G_k(s)G_m(s)}}$ $\frac{Y(s)}{F(s)}=\frac{G_o(s)\left[1+\frac{G_c(s)G_m(s)}{1+G_k(s)G_m(s)}\right]}{1+G_c(s)G_m(s)\frac{1+G_k(s)G_o(s)}{1+G_k(s)G_m(s)}}$	$\frac{Y(s)}{R(s)}=\frac{G_c(s)G_o(s)}{1+\frac{G_c(s)G_m(s)G_k(s)G_o(s)}{1+G_k(s)G_m(s)}}$ $\frac{Y(s)}{F(s)}=\frac{\frac{1+G_k(s)G_m(s)-G_FG_c(s)G_m(s)}{1+G_k(s)G_m(s)}G_o(s)}{1+\frac{G_c(s)G_m(s)G_k(s)G_o(s)}{1+G_k(s)G_m(s)}}$	$\frac{Y(s)}{R(s)}=\frac{G_c(s)G_o(s)}{1+\frac{G_c(s)G_m(s)[G_R+G_k(s)G_o(s)]}{1+G_k(s)G_m(s)}}$ $\frac{Y(s)}{F(s)}=\frac{\frac{1+G_k(s)G_m(s)(G_R-G_F)G_c(s)G_m(s)}{1+G_k(s)G_m(s)}G_o(s)}{1+\frac{G_c(s)G_m(s)[G_R+G_k(s)G_o(s)]}{1+G_k(s)G_m(s)}}$

续表

控制方案	方案一	方案二	方案三
闭环特征方程	$1+G_c(s)G_m(s)\frac{1+G_k(s)G_o(s)}{1+G_k(s)G_m(s)}=0$	$G_c(s)G_o(s)=-1-\frac{1}{G_k(s)G_m(s)}$	$1+G_c(s)G_m(s)\frac{G_R+G_k(s)G_o(s)}{1+G_k(s)G_m(s)}=0$
应用条件	满足 $G_k(s)$ 的模足够小，使 $1+G_k(s)G_o(s)\approx 1$ 及 $1+G_k(s)G_m(s)\approx 1$	判别点 $-1-\frac{1}{G_k(s)G_m(s)}$ 轨线不被频率曲线所包围，则系统稳定。扰动完全补偿条件：$1+G_k(s)G_m(s)-G_FG_c(s)G_m(s)=0$	满足 $G_k(s)$ 的模足够小，则：$1+G_c(s)G_m(s)G_R\approx 0$ 扰动完全补偿条件为：$1+G_k(s)G_m(s)-(G_R-G_F)G_c(s)G_m(s)=0$
特点	对扰动影响无调节作用，主要用于随动控制系统	稳定性优于单回路反馈控制系统。可对扰动实施前馈补偿	增加 G_R 的选择，改善系统稳定性，可对扰动实施前馈补偿

（3）实施时的注意事项

① 观测器的选择。观测器常用一阶惯性环节或比例环节实现。观测器时间常数应比对象时间常数大，观测器的增益应尽可能与对象增益保持一致。在方案二中，可根据扰动完全补偿条件确定观测器。

② 控制器的选择。主、副控制器可选用比例积分控制器。方案二中也可采用纯比例控制器。主、副控制器的作用方式应相同，从稳定性出发，满足 $K_kK_m>0$。

③ 控制器参数整定。主控制器参数根据无时滞的过程参数整定，并适当减小增益和加大积分时间。

对方案一和三，应满足 $G_k(s)$ 的模足够小，但过小增益和过大积分时间使副回路的跟踪缓慢，通常，调整副控制器参数使副回路出现临界阻尼的过渡过程。对方案二，应根据不变性原理确定副控制器参数。

5.4.5　时滞补偿控制系统设计示例

（1）精馏塔塔顶成分史密斯预估补偿控制

迈耶等人测得某精馏塔进料量 F、回流量 L_R 与塔顶成分 x_D 的模型如下。

$$x_D(s)=\frac{e^{-60s}}{1002s+1}L_R(s)+\frac{0.167e^{-486s}}{895s+1}F(s)$$

用回流量控制塔顶成分，采用 PI 控制，根据洛佩兹 IAE 法，取 $K_c=15.8$，$T_i=225s$。经实际调整，采用 $K_c=10$，$T_i=250s$。采用史密斯预估控制，时滞补偿控制算法用计算机实现。

当塔顶成分阶跃下降 1%，及进料 F 变化 22%时，系统在 PI 控制和史密斯预估补偿控制时的系统输出如图 5-35(a) 和 (b) 所示。可见，史密斯预估补偿控制的控制效果比 PI 控制的控制效果要好，史密斯预估补偿控制对随动控制有更好控制效果。

（2）过热器温度增益自适应控制

电厂过热蒸汽温度是重要控制参数，它具有大时滞特点。因此，一般采用串级控制系统，并引入负荷、给煤量等前馈信号，但实际控制效果不佳。其原因如下：

① 锅炉燃烧工况不稳定，烟气侧扰动频繁且幅度大，影响主蒸汽温度变化较快；

② 各级过热器管道较长，造成主汽温对减温水量变化反应较慢；

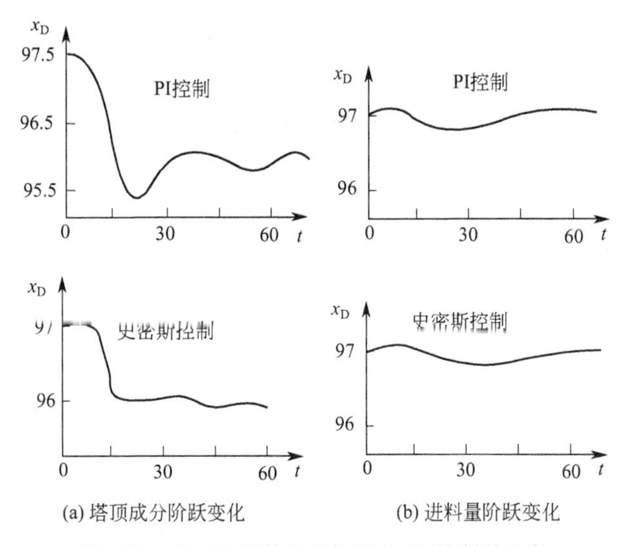

图 5-35 Smith 预估补偿控制与 PI 控制的比较

③ 外部扰动变化频繁且幅度大，使主汽温不稳定；

④ 参数整定不当，一级和二级喷水量不匹配，造成喷水量内部扰动较大，在主汽温外部扰动较小时仍较大地偏离设定值。

经现场测试，导前区和惰性区的传递函数分别是

$$G_{02}(s)=\frac{0.65e^{-50s}}{25s+1} \text{和} G_{01}(s)=\frac{0.45e^{-65s}}{35s+1}$$

将主汽温度作为主被控变量，将二级减温器出口温度作为副被控变量组成串级控制系统。其中，主控制回路采用增益自适应控制。模型采用一阶惯性环节，即 $G_p(s)=\frac{0.45}{35s+1}$；微分环节的微分时间等于其时滞时间。操纵变量是减温水量。

运行后，从静态看，发电机功率在 0%～100%范围内波动时，过热汽温度稳态偏差不超过 2℃。负荷波动时，动态偏差不超过 5℃。从动态看，在额定压力和负荷下，主汽温度设定温度下降 6℃，减温水可迅速在 1min 内减小 0.6t。同时，主汽温度在 5min 内达到设定值。实践表明该系统能够克服大时滞的影响，取得了良好的控制效果。

(3) 合成氨生产过程中氢氮比的观测补偿控制

合成氨生产过程中氢氮比控制系统是大时滞控制系统。采用修改的观测补偿控制方案三。即将过程输出与模型输出之差作为前馈信号，经 $G_A(s)$后，引入到主控制器。这时，闭环特性方程为：

$$1+G_k(s)G_m(s)+G_c(s)G_m(s)G_R[1+G_A(s)]+G_c(s)G_p(s)e^{-s\tau}[G_k(s)G_m(s)-G_A(s)]=0$$

当合适选择 $G_k(s)$、$G_m(s)$和 G_A后，可使 $G_k(s)G_m(s)-G_A\approx 0$，则闭环特性方程近似为：

$$1+G_k(s)G_m(s)+G_c(s)G_m(s)G_R(1+G_A)=0$$

上式表明，系统消除了时滞项，避免了它的不良影响。

经测试，被控对象可表示为时滞为 14min 和时间常数为 20min 的一阶惯性环节串联连接组成。控制系统以循环氢中氢含量作为被控变量，以进合成塔氮气流量为操纵变量，组成改进型观测补偿控制系统。

系统投运后，氢氮比的合格率从手动时的 50%上升到 90%。在水洗气量阶跃变化

15%时仍有很强抗干扰能力。合成塔压力降低，合成塔运行稳定，产品产量和质量得到提高。

5.5　智能控制

5.5.1　概述

智能控制是控制论、人工智能系统论和信息论等多学科的高度综合和集成，智能控制是研究与模拟人类智能活动及其控制与信息传递过程的规律，研制具有仿人智能的工程控制与信息处理系统的一门新兴分支学科。IEEE 指出智能控制必须具有模拟人类学习和自适应能力。根据其性能要求的不同，它可有各种不同的人工智能水平。智能控制的主要形式包括专家控制、模糊控制、神经网络控制、分级递阶智能控制、仿人智能控制及各种方法的综合和集成。

智能控制的研究对象具有不确定性、高度非线性和任务的复杂性等特点。人工智能是机器（计算机）执行某些与人类智能有关的复杂功能（例如判断、图像识别、理解、学习、规划和问题求解等）的能力。人工智能的研究内容十分广泛，例如，知识表示、问题求解、语言理解、机器学习、模式识别、定理证明、机器视觉、逻辑推理、人工神经网络、专家系统、智能控制、模糊控制、智能决策、自动程序设计、机器人学、机器检索系统、组合和调度等。

智能控制具有下列特点。

① 智能控制系统是具有以知识表示的非数学广义模型和以数学模型表示的混合控制系统。适用于具有复杂性、不完全性、模糊性、不确定性和不存在已知算法的生产过程控制。它根据被控动态过程的特征辨识，采用开环与闭环控制和定性与定量控制结合的多模态控制方式。

② 智能控制具有分层信息处理和决策机构。它是人的神经结构或专家决策机构的模拟。为此，通常采用符号信息处理、启发式程序设计、知识表示及自动推理和决策等相关技术。智能控制的核心在高层控制，即组织级。

③ 智能控制具有非线性特征。因为人的思维具有非线性，模拟人的智能控制也具有非线性的特征。

④ 智能控制具有变结构特点。它根据偏差、偏差变化率的大小和方向，以跳变方式改变控制器结构，改善控制系统性能。

⑤ 智能控制具有总体自寻优特点。智能控制具有在线辨识、特征记忆和拟人的特点，通过不断优化参数，寻找控制器最佳结构形式，获取整体最优的控制性能。

⑥ 智能控制是多学科的综合和集成。

本节仅介绍模糊控制和神经网络控制。

5.5.2　模糊控制

1965 年查德（Zadeh）创立模糊集理论，为描述、研究和成立模糊性现象提供了新的数学工具，1974 年曼丹尼（Mamdani）提出模糊控制器概念，把模糊语言逻辑用于蒸汽发动机控制，标志模糊控制理论的诞生。模糊控制的主要特点如下。

① 无需对被控过程建立数学模型。模糊控制是完全模仿操作人员控制经验基础上设计的控制系统，因此，不需要建立数学模型，使一些难于建模的复杂工业过程的自动控制成为可能。只要人工控制下这些过程能够正常运行，并能将人工操作的经验归纳成模糊控制规则，就能设计出模糊控制系统。

② 强鲁棒性。对被控过程的参数变化不灵敏，因此，模糊控制系统具有强鲁棒性。

③ 强实时性。模糊控制规则大多由离线计算获得，因此，在线控制时不需要再进行复杂运算，使系统实时性增强。

④ 智能性。模糊控制规则是操作人员对过程控制作用的直观描述和思维逻辑，体现了人工智能，它是人类知识在过程控制领域应用的具体体现。其本身就是简单专家系统。

(1) 概述

设 A 是论域 U 上的一个集合，对任意的 $u \in E$，令

$$C_A(u)=\begin{cases}1, & u \in A \\ 0, & u \notin A\end{cases} \tag{5-38}$$

称 $C_A(u)$是集合 A 的特征函数。

任意一个特征函数都唯一确定一个子集 $A=\{u \mid C_A(u)=1\}$，任意一个集合 A 都有唯一确定的一个特征函数与之对应。因此，集合 A 与其特征函数 $C_A(u)$是等价的。

特征函数 $C_A(u)$在 u_0处的值称为 u_0对集合 A 的隶属程度，简称隶属度。当 $u \in A$，隶属度为 100%（即 1），表示 u 绝对属于集合 A；当 $u \notin A$，隶属度为 0%（即 0），表示 u 绝对不属于集合 A。

经典集合论的特征函数只允许取 {0，1} 两个值，与二值逻辑对应，模糊数学将特征函数推广到可取闭区间 [0，1] 的无穷多个值的连续值逻辑，即隶属函数 $\mu(x)$满足：

$$0 \leqslant \mu(x) \leqslant 1 \tag{5-39}$$

或表示为：$\mu(x) \in [0,1]$。

给定论域 U 上的一个模糊子集 A，是指对于任意 $u \in U$，都指定了函数 μ_A，$\mu_A(u) \in [0,1]$的一个值。

$$A=\{u \mid \mu_A(u)\} \qquad \forall \ u \in U$$

称论域上的一个模糊子集，简称模糊集。其中，μ_A是模糊子集 A 的隶属函数（Membership Function）。$\mu_A(u)$是 u 对模糊子集的隶属度。当 μ_A 值域取值[0,1]的两个端点时，μ_A就是特征函数，A 就是普通集合，因此，普通集合是模糊集合的特殊情况。常用隶属函数有三角形、梯形、高斯型、钟形等种。MATLAB 的模糊工具箱提供了 trimf、trapmf、gaussmf、gbellmf 等 11 种隶属度函数，隶属度函数可通过模糊统计法、专家经验法等确定。

查德提出用分子分母形式表示模糊集。即

$$A=\begin{cases}\displaystyle\int_{u \in U} \frac{\mu_A(u)}{u}, & U \text{ 为连续论域} \\ \displaystyle\sum_{i=1}^{n} \frac{\mu_A(u_i)}{u_i}, & U \text{ 为离散论域}\end{cases} \tag{5-40}$$

式中，积分符号和求和符号仅表示各元素与隶属度对应的一个总括形式。其中，分子表示隶属度函数 $\mu_A(u)$，分母表示 u。

【例 5-9】 模糊集表示。

控制系统偏差论域 $E=\{e_1,e_2,e_3,e_4,e_5\}$，隶属度函数分别为 $\mu_A(e)=\{0.1, 0.4, 0.8, 0.4, 0.1\}$。则偏差的模糊集为 $A=\frac{0.1}{e_1}+\frac{0.4}{e_2}+\frac{0.8}{e_3}+\frac{0.4}{e_4}+\frac{0.1}{e_5}$。

模糊集与普通集合一样，可以进行与、或和非逻辑的运算。由于模糊集用隶属函数描述其特征，因此，它们的运算是逐点对隶属度进行相应的运算。表 5-10 是与、或和非逻辑运算的比较。其他逻辑运算关系有：限界差、限界和、限界积、蕴涵、等价等，可参考有关资料。

表 5-10　与、或和非逻辑运算的比较

运算	与逻辑	或逻辑	非逻辑
两值逻辑	A B T	A B S	A $\overline{A}$
模糊逻辑	A B T	A B S	A $\overline{A}$
模糊逻辑关系式	模糊集 A 与模糊集 B 的与运算是它们的交集 T $T=A\cap B,\mu_T(u)=\min[\mu_A(u),\mu_B(u)]$	模糊集 A 与模糊集 B 的或运算是它们的并集 S $S=A\cup B,\mu_S(u)=\max[\mu_A(u),\mu_B(u)]$	模糊集 A 的非运算是它的补集 C $C=\overline{A},\mu_C(u)=1-\mu_A(u)$

（2）模糊控制器设计

① 模糊控制器。它由模糊化、知识库、模糊推理和解模糊化等部分组成，如图 5-36 所示。

● 模糊化。用于将输入的精确量（包括系统设定、输出、状态输入信号）转化为模糊量。例如，通常将输入的测量信号按偏差和偏差变化率进行模糊化。

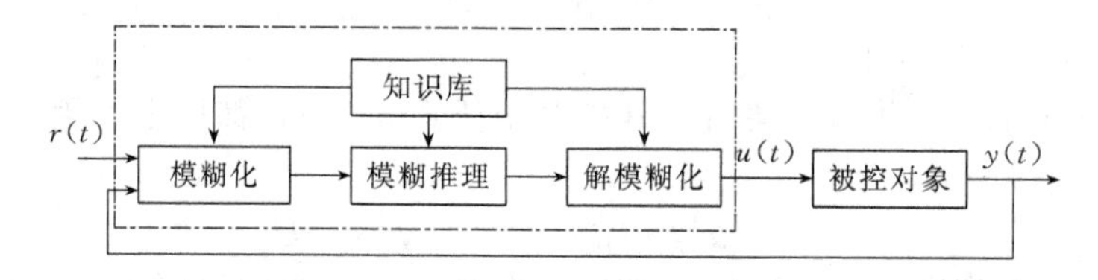

图 5-36　模糊控制系统的基本结构框图

● 知识库。由数据库和模糊控制规则库组成。用于存放各语言变量隶属度函数等和一系列控制规则。

● 模糊推理。根据模糊逻辑进行推理。

● 解模糊化。将模糊推理得到的模糊输出量转化为实际的控制量。

② 模糊语言。含有模糊概念的语言称为模糊语言。模糊语句是含有模糊概念，按给定语法规则构成的语句。有模糊陈述语句、模糊判断语句、模糊推理语句等。

模糊推理语句是最基本的模糊语句。模糊推理语句的形式是：$(A)\rightarrow(B)$，$\rightarrow$表示蕴涵关系，即“若 A，则 B”。这里的真是有一定程度的真。因此，$((A)\rightarrow(B))$对 u 的真值表示为$[1-\mu_A(u)]\cup[\mu_A(u)\cap\mu_B(u)]$。

模糊条件推理语句是描述模糊推理的语句，基本形式是 IF…THEN…形式。下面是两个示例。

IF E1 THEN U=U1；若偏差 E1 为真，则输出 U 取值 U1。

IF E1 AND DE1 THEN U=U1；若偏差 E1 和偏差变化率 DE1 为真，输出 U 取值 U1。

③ 模糊控制器设计。模糊控制器设计包括下列内容。

● 确定模糊控制器输入输出变量，通常，采用偏差和偏差变化率。

● 设计模糊控制器的控制规则：通常设计如表 5-11 所示的模糊控制规则表。

表 5-11　模糊控制规则表

<table>
<tr><th>模糊控制规则</th><th>NB(负大)</th><th>NM(负中)</th><th>NS(负小)</th><th>ZE(零)</th><th>PS(正小)</th><th>PM(正中)</th><th>PB(正大)</th></tr>
<tr><td>NB(负大)</td><td colspan="4" rowspan="2">NB(负大)</td><td rowspan="2">NM(负中)</td><td colspan="2" rowspan="2">Z(零)</td></tr>
<tr><td>NM(负中)</td></tr>
<tr><td>NS(负小)</td><td colspan="2" rowspan="3">NM(负中)</td><td colspan="2">NM(负中)</td><td>ZE(零)</td><td colspan="2">PS(正小)</td></tr>
<tr><td>NZ(负零)</td><td rowspan="2">NS(负小)</td><td rowspan="2">ZE(零)</td><td rowspan="2">PS(正小)</td><td colspan="2" rowspan="3">PM(正中)</td></tr>
<tr><td>PZ(正零)</td></tr>
<tr><td>PS(正小)</td><td colspan="2">NS(负小)</td><td>ZE(零)</td><td colspan="2">PM(正中)</td></tr>
<tr><td>PM(正中)</td><td colspan="2" rowspan="2">ZE(零)</td><td rowspan="2">PM(正中)</td><td colspan="4" rowspan="2">PB(正大)</td></tr>
<tr><td>PB(正大)</td></tr>
</table>

- 确定模糊化和解模糊化的方法：例如，输入变量变化范围$[a, b]$，模糊化变化范围$[-n_e, n_e]$，则输入变量 x 模糊化为 y 的计算公式为

$$y=\frac{2n_e}{b-a}\left(x-\frac{a+b}{2}\right) \tag{5-41}$$

- 选择输入变量和输出变量的论域，确定模糊控制器参数。
- 编制模糊控制器控制算法的应用程序。
- 合理选择模糊控制器采样时间。

MATLAB 提供 FUZZY 模糊逻辑工具箱，图 5-37 是模糊控制的用户图形组态画面。图 5-38 是某 DCS 制造商提供的 FLC 模糊逻辑控制功能模块的结构简图。

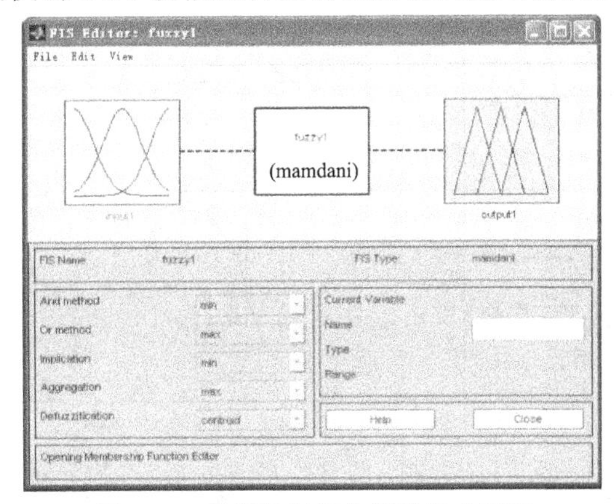

图 5-37　模糊控制用户图形组态画面

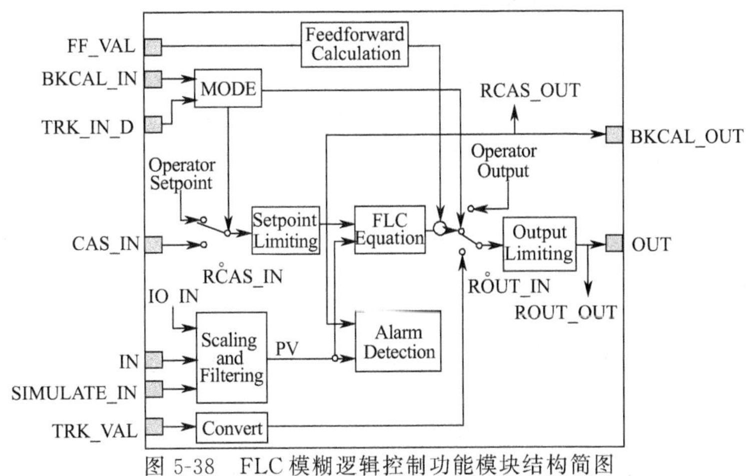

图 5-38　FLC 模糊逻辑控制功能模块结构简图

5.5.3　神经网络控制

人工神经网络（ANN）是根据人脑神经元电化学活动抽象出来的一种多层网络结构。由于人工神经网络具有并行处理、分布存储、高度容错、自学习能力、强鲁棒性和强适应性等特点，因此，它被广泛应用于模型辨识、控制器设计、优化操作、故障分析和诊断等领域，并获得成功。人工神经网络控制是一种基本不依赖模型的控制方法。较适合具有不确定性、高度非线性被控对象的控制。

（1）人工神经元

人工神经元是在对人脑神经元的主要功能和特征抽象的基础上建立的数学模型，有多种不同的神经元数学模型。一个神经元有 n 个输入 x_1，…，x_n，输入到神经元的总输入 p 为

$$p=\sum_{i=1}^{n} w_i x_i+\theta \tag{5-42}$$

式中，w_i 称为权系数；θ 称为偏置。神经元的输出 q 与总输入 p 之间的关系用：$q=f(p)$表示，$f(*)$称为激活函数或传递函数。常用的激活函数（Squashing function）见表 5-12。

表 5-12　常用激活函数

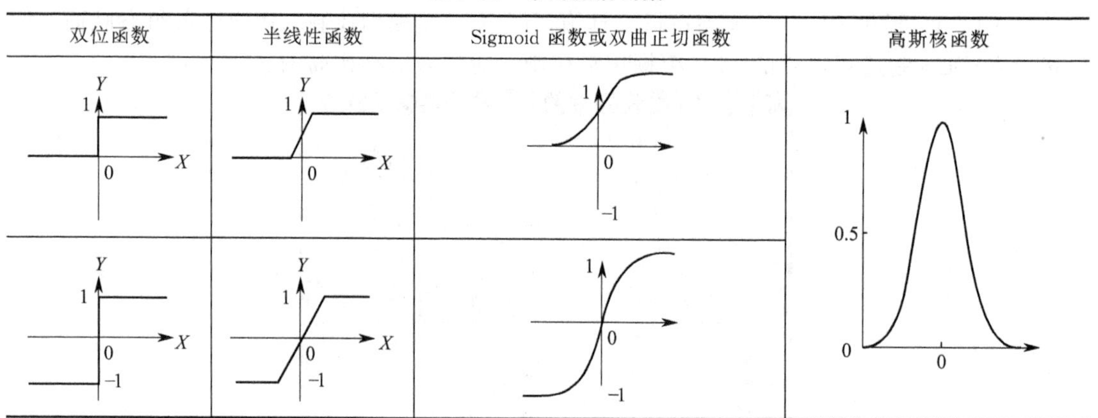

（2）人工神经网络

按拓扑结构，人工神经网络分为前向网络和反馈网络。前向网络中，信息向前逐层连接，没有向后或反馈的连接；反馈网络是信息向前连接的同时，存在向后或反馈的连接。

已经证明，任意连续函数可用含隐含层的三层前向神经网络唯一逼近。

为了使建立的神经网络能够反映任意的连续函数，需要对神经网络进行训练，即学习。学习的方法是根据神经网络输出与实际输出之间的误差调整神经元的权系数、偏置和激活函数。实际应用的学习方法有监督学习（有导师）和无监督学习（无导师）及介于两者之间的方法等。

人工神经网络的特点如下。

- 并行处理性。大量神经元的处理是并行进行的，因此，具有强大的处理速度和处理能力。
- 分布式存储。人工神经网络的信息存储在神经元的连接权系数中，只有各神经元组合起来才能获得真正的信息。
- 强容错性和联想性。信息存储在各神经元的连接权系数中，如果部分神经元的损坏使信息部分丢失，但仍可根据其他信息进行联想，使完整信息得到恢复。

● 强学习性。可通过学习获得神经元的连接结构和连接参数等。

① BP 网络。反向传播算法 BP 网络是多层前向网络。它由输入、隐含和输出层构成。隐含层可多层，但一般应用时，一层隐含层已经可以达到多层隐含层的功能。输入节点数与输入变量数相同，输出节点数与输出变量数相同，因此，设计神经网络主要是确定隐含层节点数。

已经证明，采用一层隐含层组成的三层 BP 网可以表示任意的非线性函数关系。

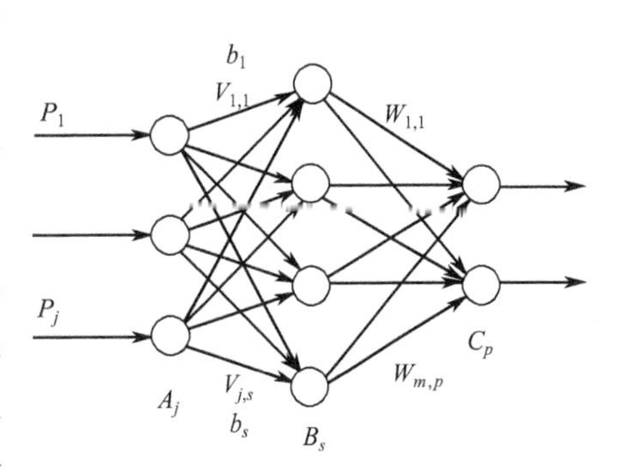

如 5-39 三层 BP 网络

输入信号 $p_j(j=1,2,\cdots,r)$ 从输入节点 A_j 进入 BP 网，并进行一定的加权 $V_{j,s}$ 和偏置 b_j 后经转移函数转移后作为隐含层 B_s 的输入，当有多层隐含层时，前一层的输出加权后作为后一层的输入，最后，隐含层的输出同样经加权和偏置并经转移函数 $W_{m,p}$ 转移后作为输出层 C_p 的输入，各输出层将隐含层的输入相加后作为该输出节点的输出。如图 5-39 所示。典型的转移函数采用 Sigmoid 函数。由于反传网络的期望输出与实际输出之间有误差，根据误差从输出向输入逐层调整加权值及转移函数，因此，该算法称为反向传播算法。权函数和转移函数的调整是在它们函数梯度的负方向进行。标准的反向传播算法是梯度下降法。

BP 网络各层的输入输出关系（正向传播）如下。

输入层：
$$\boldsymbol{X}(k)=[x_1,x_2,\cdots,x_n]^{\mathrm{T}}$$

隐含层节点 i：
$$p_i=\sum_{j=1}^{n}w_{ij}x_j+\theta_i,i=1,2,\cdots,m \tag{5-43}$$
$$q_i=f_i(p_i)$$

输出层节点 i：
$$z_i=\sum_{j=1}^{m}v_{ij}q_j+\theta_{vi},i=1,2,\cdots,r \tag{5-44}$$
$$y_i=f_i(z_i)$$

式中，输入节点数 n，输出节点数 r，隐含层节点数 m。样本数 N，k 表示第 k 个样本，$k=1,2,\cdots,n$。p_i 是隐含层节点 i 的输入加权和，z_i 是输出层节点 i 的输入加权和。q_i 是隐含层节点 i 的输出，y_i 是输出层节点 i 的输出。w_{ij} 是输入层第 j 个节点到隐含层第 i 个节点的权系数，v_{ij} 是隐含层第 j 个节点到输出层第 i 个节点的权系数。θ_i 是隐含层第 i 个节点的偏置，θ_{vi} 是输出层第 i 个节点的偏置。

反向传播学习算法是监督学习算法。它以实际输出 $y_{\mathrm{d}}(k)$ 与每个样本经神经网络的输出 $y_i(k)$ 之间的误差平方和为最小作为学习的依据。即训练的性能指标是：

$$E=\sum_{i=1}^{N}E_k=\sum_{i=1}^{N}\sum_{j=1}^{r}[y_{\mathrm{d}}(j)-y_i(j)]^2 \tag{5-45}$$

按梯度下降法，可得到权系数的修正公式为：

$$w_{ij}(k+1)=w_{ij}(k)-\eta\frac{\partial E_k}{\partial w_{ij}(k)} \tag{5-46}$$

偏置的修正公式为：

$$\theta_i(k+1)=\theta_i(k)-\eta\frac{\partial E_k}{\partial \theta_i(k)} \tag{5-47}$$

同样对输出层各节点进行权系数和偏置的修正。程序框图见图 5-40。

BP 算法收敛速度慢，容易收敛到局部最优，而非全局最优，算法需预先设置有关算法因子，例如，训练次数，转移函数等。为此有一些改进算法，例如，串级 BP 算法等。这些 BP 算法的缺点阻碍了它在在线、快速、高精度要求场合的应用。MATLAB 已提供人工神经网络的建立、训练等函数，可直接调用。

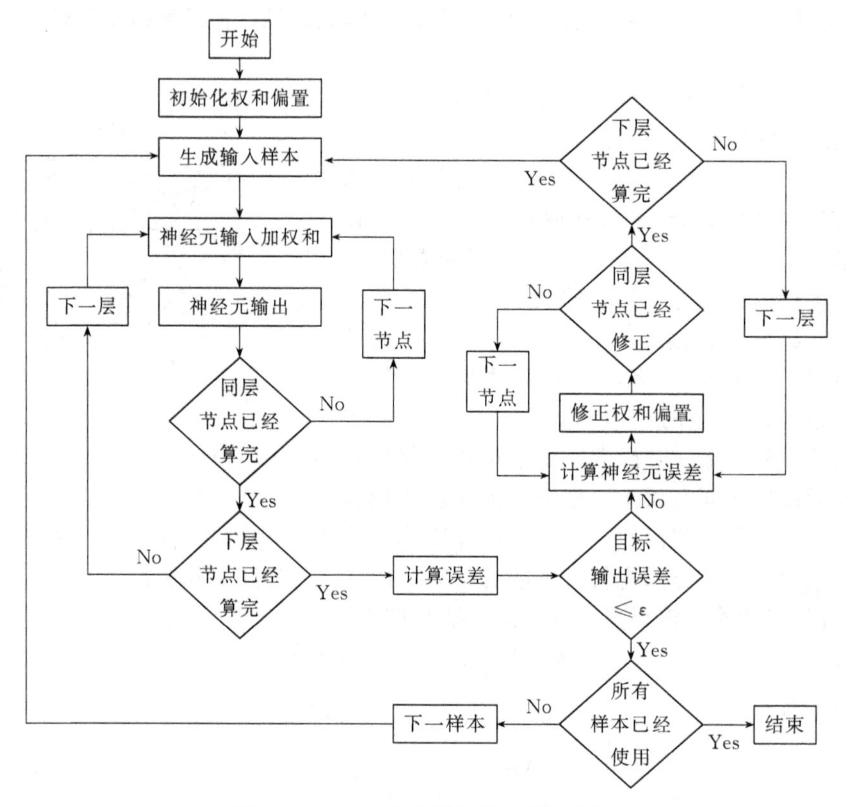

图 5-40　BP 网络的反传学习算法框图

② RBF 网络。径向基函数算法（RBF）人工神经网络是两层前向网络。输入变量数等于被研究问题的独立变量数，中间层选用径向基函数作为转移函数，径向基函数是一类局部分布的对中心点径向对称衰减的非负非线性函数。输出层是线性函数，因此，输出层也称为线性组合器。RBF 网具有训练快速，不存在局部最优，参数调整线性，收敛速度快，具有全局逼近和最佳逼近性等特点，而被广泛应用。

RBF 网络隐含层节点的高斯基函数可表示为：

$$\mu_j = \exp\left[\frac{(\boldsymbol{X}-C_j)^{\mathrm{T}}(\boldsymbol{X}-C_j)}{2\sigma_j^2}\right];\quad j=1,2,\cdots,N_{\mathrm{h}} \tag{5-48}$$

式中，μ_j 是第 j 隐层节点输出；$\boldsymbol{X}$ 是输入样本，$\boldsymbol{X}=(x_1,x_1,\cdots,x_n)^{\mathrm{T}}$；$C_j$ 是高斯函数均值；σ_j 是标准差；N_{h}是隐层节点个数。RBF 网络输出为

$$y_i = \sum_{i=1}^{N_{\mathrm{h}}} w_{ij}\mu_j\,;i=1,2,\cdots,m \tag{5-49}$$

RBF 算法径向基函数的选择需根据不同对象变化，因此，需要对不同基函数网络进行比较，基函数的中心点与训练速度有关，也影响到网络的性能，因此，要合理调整。减少迭代算法的存储量和提高运算速度仍需研究。MATLAB 提供了相关的函数，例如，newff、newrb 等函数。

(3) 人工神经网络应用

① 软测量和神经网络建模。采用人工神经网络作为软测量的数学模型，可解决一些工

业过程中难于测量的成分和物性变量等过程变量的检测和控制。

② 故障检测和诊断。人工神经网络可作为故障检测和诊断的工具。将反映过程工况的变量作为网络变量，通过网络的学习和训练，使网络输出节点反映某些故障的存在与否。

③ 神经网络控制。过程特性 $G(s)$ 是控制输入 u 和过程输出 y 之间动态关系的描述。若动态关系可逆，即 $G^{-1}(s)$ 存在，则只要设计和训练出特性为 $G^{-1}(s)$ 的神经网络即可用它和被控过程组成开环的神经网络控制系统，实现 $y=r$。需要消除余差时可添加积分环节，组成闭环控制系统，也可组成其他复杂控制系统。

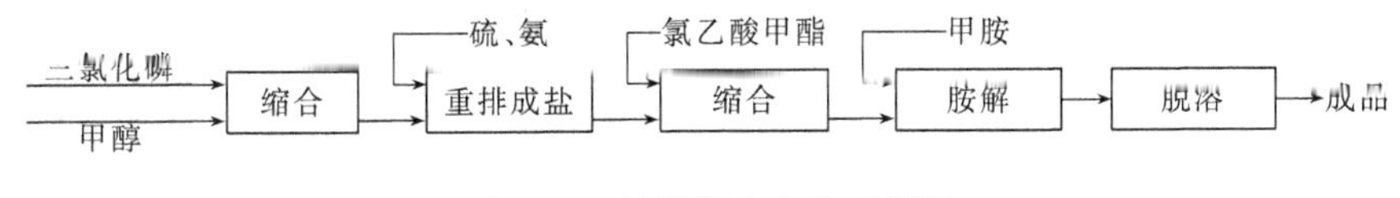

图 5-41 氧乐果生产流程框图

5.5.4 智能控制系统设计示例

(1) 氧乐果合成反应温度的智能控制

农药氧乐果合成生产过程流程如图 5-41 所示。其中，胺解（合成）工序的生产直接影响成品粗原油的收率和含量。该合成反应是剧烈的放热反应。反应物为一甲胺和精酯，生成物是氧乐果粗原油。

带冷却盘管的计量罐内的一甲胺滴注和经搅拌后，均匀地喷洒到反应釜内，与釜内精酯混合并反应放热。反应釜外壁的冷却盐水带走热量。一甲胺与精酯按一定比例（0.43～0.44）配比。

整个生产过程的扰动量有：一甲胺瞬时流量和累积流量、冷却盐水流量、精酯量、反应时间和进入反应釜的一甲胺温度、环境温度和反应起始温度等。

反应初始段，因放热量不够，反应温度较低，因此，一甲胺投放量不宜过快。当一甲胺投放累积量达总量 25%时，放热量已经超过冷却量，这时投料速度应较低，以抑制放热量的过快增长，控制放热速度。当反应温度接近－12℃后，应适当保持投料速度。当一甲胺投放累积量达总量 80%以上时，精酯已基本耗尽，应加快投料，缩短生产过程时间。

氧乐果合成反应过程具有多变量、非线性、时变和分布参数等特点。采用智能控制策略如下。

① 反应初始阶段。$G_t<G_1$，反应时间为 $[0,t_1]$。一甲胺流量控制在 420kg/h；$T\leqslant T_{sp\text{-}6}$。控制策略如下。

② 温度上升阶段。$G_1\leqslant G_t<G_2$，反应时间为 $[t_1, t_2]$。

③ 稳定反应阶段。$G_2\leqslant G_t<G-G_m$，反应时间为 $[t_2,t_3]$。

④ 反应结束阶段。$G-G_m\leqslant G_t$，反应时间为 $[t_3,t_4]$。

式中，一甲胺投放累积量 G_t；一甲胺投放总量 G；G_1、G_2、G_m 根据操作情况可改变，一般设置为 60kg、90kg 和 50kg；T 是反应温度。

反应初始阶段控制策略用下列语句实现：

```
IF T GT-20 OR TSP-6 LE T THEN L=0;
IF-21 LT T AND T LE-20 THEN L=K1 * L0;
IF-22 LE T AND T LE-21 THEN L=K2 * L0;
IF-23 LE T AND T LE-22 THEN L=K3 * L0;
IF-24 LE T AND T LE-23 THEN L=K4 * L0;
IF-25 LE T AND T LE-24 THEN L=K5 * L0;
```

IF-26 LT T AND T LE-25 THEN L=K6 * L0;
IF-27 LE T AND T LE-26 THEN L=K7 * L0;
IF-28 LE T AND T LE-27 THEN L=K8 * L0;
IF-29 LE T AND T LE-28 THEN L=K9 * L0;
IF-30 LE T AND T LE-29 THEN L=K10 * L0;
IF dT LE-30 THEN L=K11 * L0;
IF T LT 0 THEN L=1.1 * L;

程序中，$K=[1\ 1.1\ 1.15\ 1.2\ 1.25\ 1.3\ 1.35\ 1.38\ 1.4\ 1.45\ 1.48]^{\mathrm{T}}$，并可手动调整。dT 是温度变化率。GT 表示大于；LT 表示小于；LE 表示小于等于。T 是反应器温度。

为防止上升阶段超温，可采用类似初始阶段的程序。设置基本值为 L1，并设理想温升速率为：$v_{\mathrm{R}}=\dfrac{T_{\mathrm{sp}}-2-T_{20}}{t_2-t_1}$。$T_{20}$是进行第 2 阶段时的初始温度。$T_{\mathrm{sp}}$是设定温度。$t_2-t_1$约 12min。

采用 3×4×1 的 BP 网络模拟升温阶段的生产过程。输入变量是温度、温度变化率和一甲胺投放的累积量，输出为一甲胺流量。采用 27 个反应釜的数据，确定权值矩阵为：

$$\boldsymbol{W}_{ij}=\begin{bmatrix}-0.3184 & -0.9721 & 1.8169 & 0.9466\\ -0.2387 & 2.0165 & 2.3216 & -0.1485\\ 2.0338 & -0.3677 & 1.3021 & 0.8746\end{bmatrix}^{\mathrm{T}}$$

$$\boldsymbol{W}_{ij1}=[0.3914\quad -0.8513\quad 0.5413\quad -0.7614]^{\mathrm{T}}$$

稳定反应阶段应加快反应速度，可设置基本量 L2。并考虑响应曲线的斜率和斜率变化率的大小，选用反应器温度、温度响应曲线的斜率、温度斜率的变化率及一甲胺投放的累积量。同样输出变量是一甲胺流量。组成 4×5×1 的 BP 网。权重函数矩阵为：

$$\boldsymbol{W}_{ij}=\begin{bmatrix}-0.3323 & 2.1697 & 2.3317 & -0.8743 & 2.1128\\ 0.8651 & -0.6334 & -0.4211 & 1.9654 & 2.0121\\ -0.2136 & -0.3326 & 2.1014 & 1.5648 & 2.1134\\ 1.5327 & 2.3314 & -0.7659 & -0.2644 & 2.3316\end{bmatrix}^{\mathrm{T}}$$

$$\boldsymbol{W}_{ij1}=[0.3316\quad -0.4142\quad 0.5498\quad 0.3749\quad -0.3367]^{\mathrm{T}}$$

。

反应结束阶段只考虑温度和其变化率，未采用智能控制策略，直接控制一甲胺流量达到其总投放量。

经采用神经网络控制，反应温度曲线如图 5-42 所示，实现了温度的平稳控制。

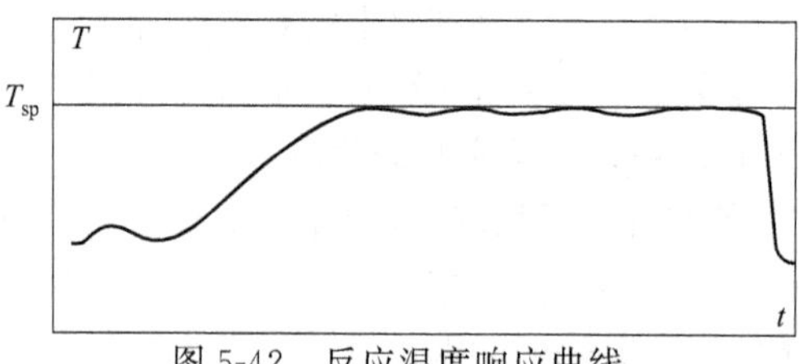

图 5-42 反应温度响应曲线

(2) 液位模糊控制系统仿真

MATLAB 提供模糊控制工具箱，可方便地进行模糊控制的设计和仿真。用 fuzzy 命令可弹出图 5-37 所示画面。

在该画面，可设置输入和输出及隶属函数等，并设置有关规则，进行仿真研究。图 5-43 是液位模糊控制系统的仿真画面。

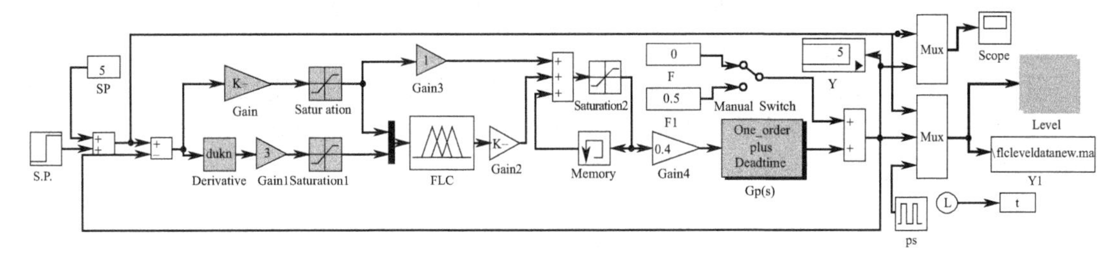

图 5-43　液位模糊控制系统的仿真画面

点击运行后，显示图 5-44 所示的动画画面和图 5-45 所示的响应曲线画面。

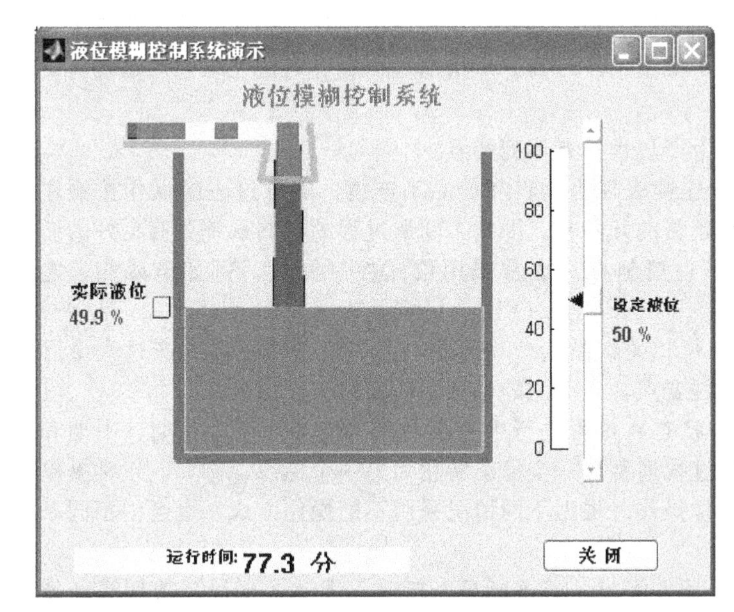

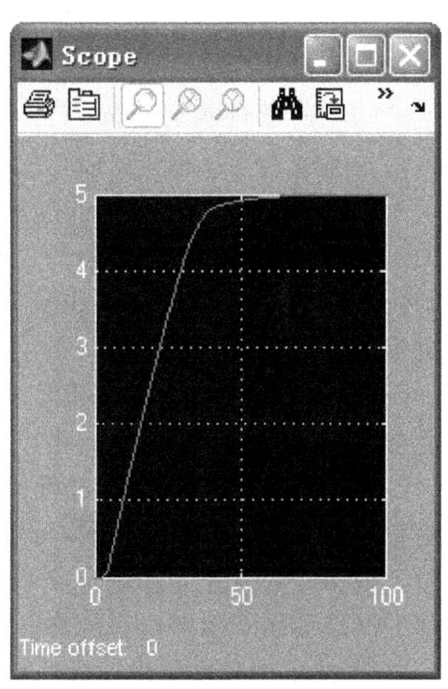

图 5-44　液位模糊控制的动画画面

图 5-45　液位响应曲线画面

该系统用偏差和偏差变化率作为模糊控制器的输入。采用不对称的三角形隶属函数分别设置两个输入变量。采用 25 条规则组成类似表 5-11 的规则表，实现了液位的模糊控制。可看到液位平稳地上升到设定值，没有出现超调。与一般 PID 控制的控制效果不同。

5.6　间歇过程的控制

5.6.1　间歇过程的特点

（1）间歇过程分类

化工生产操作可分为全间歇、半间歇、连续、半连续等方式。全间歇操作过程是整批物料一次投入设备单元，经一定时间的处理后整批输送到下一工序的操作过程；半间歇操作过程是间歇操作过程中需要逐渐加入或移除物料的间歇操作过程；连续操作过程是稳态条件下连续完成生产任务的生产过程；半连续操作过程是间歇进行的连续操作过程。通常将半连续、半间歇及全间歇操作过程统称为间歇生产过程。

采用间歇过程而不采用连续过程进行生产的原因是一些过程，例如，聚合生产过程不能够连续地按要求的质量进行生产；一些过程，例如，制药和食品工业，因为生产量小，很难采用连续生产；一些生产过程，例如，涂料和油漆等特殊产品，需要用同一设备按不同配方进行生产。常见的间歇过程有间歇反应、批量精馏和干燥等。

间歇过程是人类进行生产、生活活动使用最早的操作方式。它占用设备空间少，操作灵活而被广泛采用。间歇过程也称为批量过程。过程工业中广泛采用间歇生产过程和连续生产过程。表 5-13 是过程工业中连续生产与间歇生产的比例。

表 5-13　过程工业中连续生产与间歇生产的比例

工业部门		化工	冶金	医药	食品和饮料	玻璃和水泥	造纸
生产方式	连续生产过程	55%	65%	20%	35%	65%	85%
	间歇生产过程	45%	35%	80%	65%	35%	15%

实际生产过程常常是连续过程和间歇过程的混合，称为混杂过程。例如，精细化工生产过程中的精馏过程，从原料看，它是批量生产过程，从精馏过程看，它是连续生产过程。

（2）间歇过程的特点

与连续生产过程相比较，间歇生产过程具有下列特点。

① 不连续性。间歇生产过程不连续表现为物料和产品不连续；间歇过程的操作按顺序先后进行；设备运行是间断的，有频繁的开停车。因此，间歇过程的控制系统要有良好的控制性能，要求有防积分饱和措施等，控制方式也常采用位式控制元件，例如电磁阀、电机等。

② 不确定性。根据市场需求进行相关产品生产。因此，某一设备在不同生产过程中可能会有不同操作条件，根据生产过程要求，生产流程也会不断变化。

③ 非稳态。间歇生产过程操作状态在过程进行中不断变化。例如，反应初期、中期和终止时，反应温度各不相同，间歇过程通常从一个稳态转化为另一个稳态。例如，正常操作时，根据顺序操作方式进行，非正常操作时根据不同情况采用不同操作方式，也会因不同条件的满足而表示生产过程的终止。

④ 技术的高密集性。为适应市场的需求，要不断更新产品。因此，要尽量使用高新技术，例如，新产品的开发等；要应用复配技术，例如，化妆品所用的脂肪醇只有几种，但经复配后可以得到几百种不同的产品，为此，控制系统也应与之相适应。

⑤ 共享资源的兼用。间歇过程中不少物料需同时为不同设备所使用，同一管线在不同操作步中传送的是不同物料，因此，对共享资源的兼用有较高要求。为此，应防止物料传送过程发生错误，防止物料用尽或物料溢出等事故的发生。

表 5-14 显示间歇生产过程和连续生产过程的差别。

表 5-14　间歇生产过程和连续生产过程的差别

特征	生产操作	设备的设计和使用	输出的产品	工艺条件	DI/DO 与 AI/AO 之比	人工干预
间歇生产过程	按配方规定顺序进行	按可生产多种产品设计	批量	可变化	60∶40	正常操作的组成部分
连续生产过程	连续且同时进行	按给定的一种产品设计	连续	稳态，一般不变化	5∶95	不正常操作时干预

5.6.2　间歇过程的控制

（1）间歇过程控制系统的结构、评估和选型

根据间歇过程的控制模型和生产模型，和实际工程项目的具体情况，选择合适的间歇过程控制系统结构。图 5-46 显示一个间歇生产模型与控制模型的映射关系。表 5-15 是批量控制的结构。

间歇控制系统结构的选择原则是各设备单元和设备模块之间的通信量应尽量少，尽量与生产过程保持一致。即集中分散原则：该集中时应集中，该分散时应分散。例如，将安全联锁功能分散，使危险分散。而过程数据和并行的操作应尽量集中等。通常，低层的控制应分散，高层的管理应集中。

控制系统的结构应进行评估，选择最有利于间歇生产过程的控制系统结构。

间歇过程控制系统的选型原则如下。

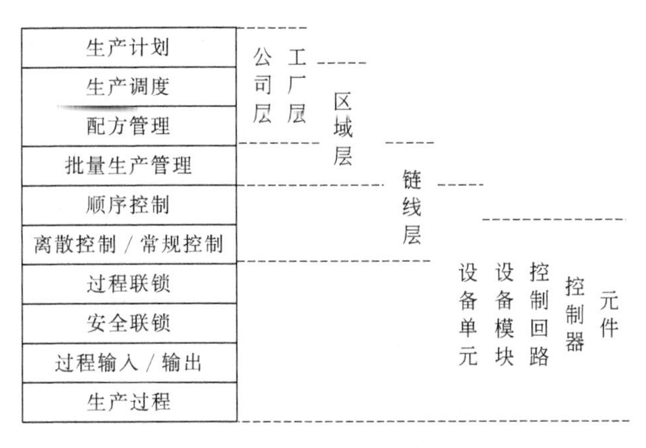

图 5-46 间歇控制模型

① 实用简单。尽量采用简单的控制系统结构，不盲目追求复杂的控制系统结构。

② 安全可靠。选择安全生产和高可靠性运行的控制系统。选择已被实践证明有效的控制系统结构。

③ 经济性。在满足工艺控制要求的前提下价格应该尽量低廉。

④ 先进性。在一定的时间内所选择的控制系统具有一定的先进性和一定的可扩展性等。

表 5-15 批量控制结构

控制名称	控制功能
基本控制 basic control	包括专门用于建立和保持装置和过程一个特定状态的控制。例如，调节控制、联锁、监控、异常处理、重复离散或顺序控制等。基本控制与连续过程中的过程控制没有差别，但在批处理环境中，对基本控制接受命令和根据命令修改其行为的能力有更高要求，例如，可响应可能影响控制输出或触发校正动作的过程条件；通过操作员命令或程序控制或协调控制来启停或修改等
程序控制 procedural control	用于指导面向装置的动作按指定顺序发生，以便执行面向过程的任务。程序控制是批量过程的特点，它使装置能够执行批量生产过程
协调控制 coordination control	指导、启动和/或修改程序控制的执行及装置实体使用的一种控制。它随时间变化，但不依据面向过程的特定任务来构建。例如，为批过程分配装置、仲裁分配请求、协调公用资源装置、选择要执行的程序元素等

(2) 安全联锁控制系统的设计

与连续生产过程相比，由于间歇生产过程的不连续和不稳定性，间歇过程需要更安全、更完善的联锁保护控制系统。间歇过程的多品种性使系统的结构更复杂。

安全联锁控制系统的设计没有现成方法，通常可采用经验法、穷举法和系统法。经验法依据设计人员的经验，同类设计的经验进行系统的设计；穷举法先根据过程中各个输出设计相应的安全联锁，然后，从整体出发，消除重复和冗余的联锁，增加因多个输出相互影响所需的联锁。系统法先辨识和分析生产过程的危险，估计所需的安全等级，然后，设计安全联锁系统，并进行安全分析。如果系统符合安全要求则设计结束，反之，需重新设计，直到满足要求。

常用的生产过程危险评估方法有故障树分析（FTA）、事件树分析（ETA）、故障模式及其影响分析（FMEA）、危险和可操作性（HAZOP）研究等。过程工业中应用最广泛的是HAZOP研究。冗余和容错技术是提高控制系统可靠性和有效率的重要方法。冗余系统一般是静态的，备份设备应在主设备发生故障并自动转换后才能工作。容错是连续的冗余，并行的控制，对后备的支持是动态的，故障由内部微处理器采用多数表决方法处理。

（3）间歇控制

间歇控制采用与间歇生产过程相类似的模块化方式控制。间歇控制通常采用常规控制和离散控制结合的方式，以适应间歇生产过程的操作。常可用顺序图表示间歇控制的过程。例如，采用流程图、状态转移图、时间顺序图、状态图、佩特利网、顺序功能表图等来描述生产过程的进展和相关的控制。根据国际标准，批量控制通常可采用图形类编程语言或文本类编程语言编程。

（4）优化控制

间歇生产过程优化控制的特点是优化值并不是恒定的稳态值，而是随时间变化的轨线。最终配方规定的工艺操作条件和生产程序，并非成本或经济效益最优的工艺操作条件和生产程序。因此，间歇生产过程的优化操作是在过程监控层完成的使过程变量和产品经济指标有关的目标函数最优的操作，它通过建模、求优化解等获得，最终实现各设备单元的局部优化。

（5）配方管理

建立、传递和维护配方是间歇控制系统的关键。配方管理包括维护一个存储主配方、控制配方，及与此有关的数据库和各种相关数据。配方管理活动向生产调度活动提供主配方和有关设备数据，向批量生产管理活动提供控制配方、阶段逻辑和设备数据。操作员根据主配方的数据和有关设备信息、阶段逻辑生成控制配方，按生产调度要求选择控制配方并进行必要修改，自动下装到间歇控制系统中。也可根据生产调度活动的要求，更新控制配方等。

5.6.3　间歇过程控制系统的特殊控制

（1）零负荷生产过程的控制

生产过程负荷指生产过程能够承载的生产能力。零负荷表示该生产过程不能承载超过规定的负荷。间歇生产过程，例如，只进不出的贮罐加料过程的液位控制，因反馈回路的延滞，使进料阀关闭延迟，造成液位过调。对连续生产过程，由于物料不断排出，因此，液位可回复到设定值。但间歇过程是零负荷过程，其液位将无法回复到设定值。又例如，放热反应釜中，由于加入的反应物超过规定，使反应温度升高，而它又反过来使反应过程更剧烈，造成温度的进一步升高。如果在反应开始进行降温控制，可压制温度的上升，但降温控制必须有提前量才能使温度不超调。提前量过早，反应过程不能正常进行，产率下降；提前量不足，则温度超调，反应产品仍不合格。

零负荷过程的被控对象是一个积分对象。因此，不能用连续过程使用的积分控制作用来消除余差，避免超调发生。对零负荷生产过程的控制，应采用比例微分控制作用，加大比例作用，并增加微分作用，使被控对象不超调，无余差。

（2）间歇过程的终点控制

连续的废水处理过程中，由于废水进入和流出中和罐的量基本固定，而添加的中和液量很少，因此，整个中和过程可认为是自衡体积过程。

由于间歇生产过程的被控对象具有积分作用，因此，是非自衡过程。例如，废水的pH作为终点的控制系统，对固定的pH偏差，其控制器比例作用的输出是固定的。由于分析仪、混合、采样系统和中和液输入系统的时滞；混合过程的pH特性的非线性；加上零负荷生产过程，使超调不可逆转，只有到废水的pH达到排放标准才允许排放。

间歇生产过程采用终点控制的难点是组成控制系统的各环节，例如，成分控制系统的采样系统和其他环节的迟延增加；操纵变量与被控变量之间呈现的非线性关系。因此，终点控制常常需要更多次地调试。由于间歇生产过程是零负荷过程，调试时不允许发生超调，因此，增加调试难度。此外，在接近中和点处为精确调节流量，宜选用等百分比流量特性的控制阀。

(3) 变体积过程的控制

间歇的发酵过程中，微生物的发酵需要不断从外部提供碳源和氮源，以作为微生物发酵的原料。当发酵过程进入产酸期时，除了要加碱液进行中和，使培养液具有合适的pH值外，还要不断流加补料，例如，葡萄糖。这时，如果仍为固定的pH偏差，则控制器比例控制作用的输出应随总培养物料的增加而增加，才能通过调节使其达到合适的pH值。即间歇发酵流加过程是一个变体积的过程。

此外，补料的流加过程中补料的加入量随发酵过程的进展先逐渐增加，然后逐渐减少，这使得变体积的过程变成非线性过程。

PVC聚合反应的终点控制根据配方程序确定，它根据反应时间、反应转换率和压力降低等获得该配方条件下的最大反应时间和最短反应时间。如果反应时间大于最短反应时间，反应才允许终止。如果反应时间大于最大反应时间，则程序自动终止反应。

(4) 间歇过程的积分饱和

积分饱和是由于控制器的偏差长期存在，控制器具有积分控制作用所造成。间歇生产过程由于偏差长期存在，使积分饱和成为间歇生产过程的常见现象。积分饱和造成被控变量的超调，使产品质量变差。

为有效克服控制器的积分饱和，可采用积分外反馈的连接方式，当出现积分饱和时及时切除积分控制。

(5) 开关控制与PID控制的结合

间歇反应过程的初期，例如，PVC聚合生产过程中，由于反应温度还未达到所需温度，为此，在反应初期先将热水阀全开，加快升温速率；当反应温度达到根据不同牌号设置的不同切换点温度值时，将开关控制切换到PID控制，进入连续控制，从而缩短生产周期。此外，还有一个最佳切换温度的设置问题。

此外，终点控制条件满足时，PID控制器要切换到手动控制，并将相关的控制阀手动调整到全关或全开（例如放空阀）。

5.6.4 间歇生产过程的生产计划和调度

(1) 计划和调度命题的意义

计划和调度分属生产管理范畴的不同层次，属于递阶关系。计划的任务是按年、季、月确定各种产品的生产量，各种原料和辅料的需要量，水、电、蒸汽（或燃料）的需要量等。调度的任务是确定计划的具体实现方案并执行，确定每个时刻每个设备的生产内容和任务，并确定原料、燃料和水、电等的调配等。

过去，计划和调度各由专业人员凭借他们的知识和经验确定。然而，对于可选择产品类型、有限资源和复杂生产流程、多变市场需求，要考虑各种各样可行方案无疑相当困难，要找出最优方案更是难以完成。如能由计算机自动给出若干可行的优良方案，供生产管理人员挑选，然后用计算机网络传递或执行所选方案，是极具吸引力的途径。

采用计算机辅助计划和调度的原因是计划和调度不像控制，需定时进行，而且操作也不像控制那样频繁，可留出足够时间供管理人员考虑。此外，进入管理层次，人的经验和知识应尽量发挥，因此，通常将计算机作为辅助工具用于生产计划和调度。

计划和调度的命题可按不同的分类方法进行分类。

① 按生产过程是否连续或离散分类。连续过程控制中，一般产品不经常调整，产品规格和种类也不经常变化。而机电制造过程或间歇生产过程，大多是离散过程，过程具有柔性，分为多产品、多目的等过程。多产品过程，亦称为 Flowshop 过程，所有产品按相同处理工艺流程顺序通过各生产设备单元，仅操作条件变化。多目的过程，亦称为 Jobshop 过程，每种产品可按不同处理工艺流程顺序通过各设备单元，操作条件也可相应变化。由于不同过程的生产要求不同，计划和调度要求也不同。

② 按预定情况的正常、稳态调度（或计划）及按实际变动情况的适应（应急性）调度分类。打乱正常调度和计划的因素有产品订单的临时插入或取消、资源供应突然变化、某些作业不能及时完成、设备临时故障等，因此，应急性调度正受到人们重视。

(2) 计划和调度的原则

处理计划和调度命题，需要解决模型、目标函数、约束条件和求解算法。

目标函数可考虑直接经济效益，要便于量化和计算，对间歇过程通常用完成时间为最小，或回收率最大等。对连续过程可采用产品产量最高，原料最省，能耗最低等。在市场经济条件下，应注意社会效益和经济效益的统一。

计划和调度是两个层次的命题，在设计时应注意下列问题。

① 市场需求。市场需求是复杂问题。应统筹兼顾，合理安排所具有的人力、物力和资源，针对市场需求，开发合适产品，扩大市场份额。要有远期和近期计划，要深谋远虑，适销对路，满足市场需求。

② 设备能力。设备最大能力取决于生产瓶颈的生产能力。要充分发挥设备潜能，分散瓶颈，合理利用，尊重现实。

③ 物流约束。原料、辅料、水、电、蒸汽或燃料等物料供应是否能够按计划得到保证，产品和废料能否及时送出等物流的约束同样是计划和调度需要考虑的问题。物流管理已经成为一个重要的控制问题。不仅关系到计划的正常执行，也关系到产品生产的排序和调度等。

④ 求解算法。合适的求解算法不仅可有效求得优化解，而且能充分发挥决策者的经验和知识，因此，合理的人机交互是重要的。求解算法的选择应考虑：求解的收敛速度、是否会进入局部最优、人机交互的操作是否良好、系统的鲁棒性、适应性和稳定性等。常用算法有：线性规划和非线性规划、随机优化的模拟退火和遗传算法、人工智能方法、动态规划、极大极小代数、成组技术等。

(3) 间歇生产过程的计划和调度

一个间歇生产的工厂有多台设备、操作单元和存储装置，它可以生产不同要求的多种产品。图 5-47 是间歇生产过程的不同过程。

如何有效组织和配置有关设备，生产有关产品，使效益最大化是间歇生产过程的优化计划和调度的重要内容。主要确定下列内容。

- 生产的产品。包括产品的数量、批次大小和批次等。
- 生产的时间。包括生产开始时间、生产周期长短、每批次的运行时间等。
- 生产的设备和流程。包括在什么设备上生产、生产场地、操作单元、存储装置、生产装置的配置和连接、生产设备的生产能力、批次产品的流向等。
- 生产的原料。包括原料和辅料的种类和数量、供应情况等。

下面以间歇反应器和间歇蒸馏塔为例说明需要注意的问题。

① 间歇反应器的优化操作。对间歇反应器，通常用反应温度作为反应转化率的间接质量指标。由于不同动力学条件下优化结果不同，因此，在间歇反应器的优化计划和调度时应注意下列几点。

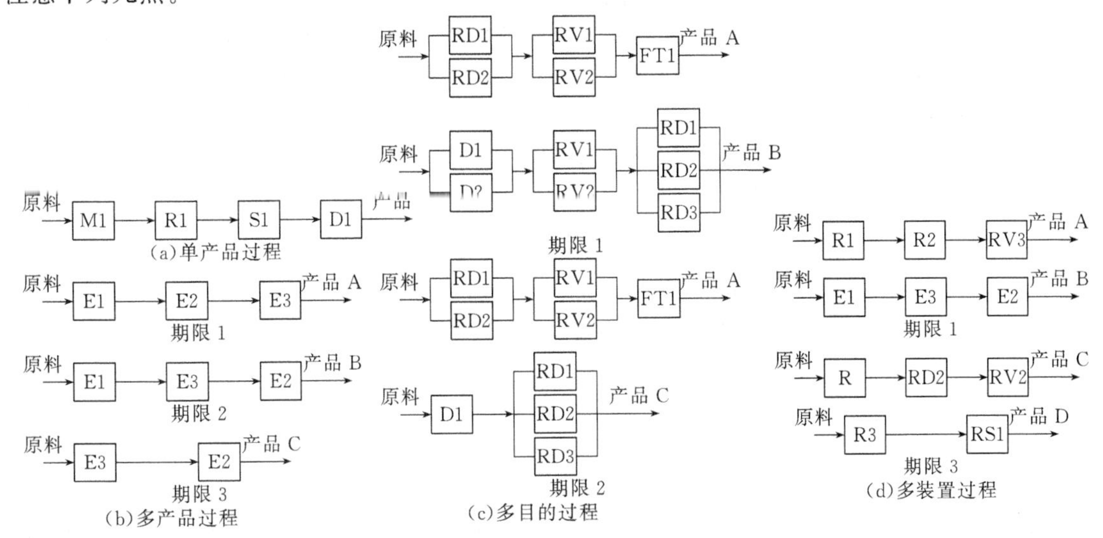

图 5-47 间歇过程的不同过程

- 为使化学反应具有最高活化能，应维持最高温度下操作。如期望反应具有最低活化能，反应时间不加限制，则应在最低温度下操作。反应时间有限制时，最优的温度设定变化轨线可以是上升或下降的斜坡或两者兼有。如果反应具有中等活化能，温度设定变化轨线可以是上升或下降的斜坡或恒定值。
- 不同级数反应同时进行时，批量产品生产过程宜采用流加方式。
- 反应器的模型可采用“趋势”模型，根据统计规律建模；优化轨线的非线性可采用多段折线或斜坡函数近似。
- 优化控制算法可采用混合型，包括反馈、前馈、智能控制和其他控制算法。

② 间歇蒸馏塔的优化操作。对间歇蒸馏塔，通常采用恒定回流比和恒定馏出液成分的操作方式。优化操作通常采用变回流比的操作。例如，采用回收一定量给定成分的馏出液所需时间最短或在一定时间内一定成分馏出液量最大等作为目标函数。研究表明，随着间歇蒸馏过程的进行，回流比应逐渐增大，才能保证最大回收率或最短时间。在间歇精馏塔的操作中也常采用时间比例控制算法以满足其应用要求。

③ 局部优化和全局优化。调整反应器或蒸馏塔的过程变量，增加产品产量和提高回收率、缩短生产周期是间歇过程的局部优化。间歇过程的全局优化是对全厂有关设备生产 N 种产品的最优设备配置、最优生产顺序计划和调度，获得最大经济效益为目标的。

(4) Gantt 图

由于产品物料在生产流程中存在级间差别，即根据连续两个设备单元间中间产品性质的不同，有四种贮存操作：无限数量的中间贮罐（UIS）、有限数量的中间贮罐（FIS）、无中间贮罐（NIS）和零等待或无等待（ZW 或 NW）。实际间歇过程中有些设备单元之间有贮罐，有些则没有贮罐，因此，多数间歇过程是 FIS、NIS 和 ZW、NW 的组合，称为混合中间存贮（MIS）。通常，用 Gantt 图表示间歇过程中各间歇级所占时间情况。图 5-48(a) 是有三个间歇级非覆盖操作的 Gantt 图。它的纵坐标表示间歇级的操作，横坐标表示时间。图中有三个间歇级：混合、反应和结晶，分别需要 2h、6h 和 4h。因此，采用非覆盖的操作，第一批产品在 12h 出料，第二批产品在 24h 出料，余类推。非覆盖操作是上一批物料未出料时不能进行第二批的进料，因此，费时长。图 5-48(b) 是覆盖操作，它在上一批物料加工结束即进入下一批的物料加工（反应），因此，可有效提高设备利用率，缩短批间隔时间。例如，上例中，非覆盖操作的批间隔时间为 12h，而覆盖操作后的批间隔时间可缩短为 6h。

平行单元是某间歇级中所设尺寸和功能完全相同的可平行操作的设备单元。为消除间歇过程中的瓶颈，有批量限制级和时间限制级两种。当该级设备的批量在设备中最小时，称该级为批量限制级，这时，整个间歇过程的批量取决于该级的最大批量；当该级设备的批间隔时间在整个设备过程中是最长时，称该级为时间限制级，这时，整个间歇过程的批间隔时间取决于该级的最短限制循环时间。图 5-48 中，步 2（反应）是时间限制级。

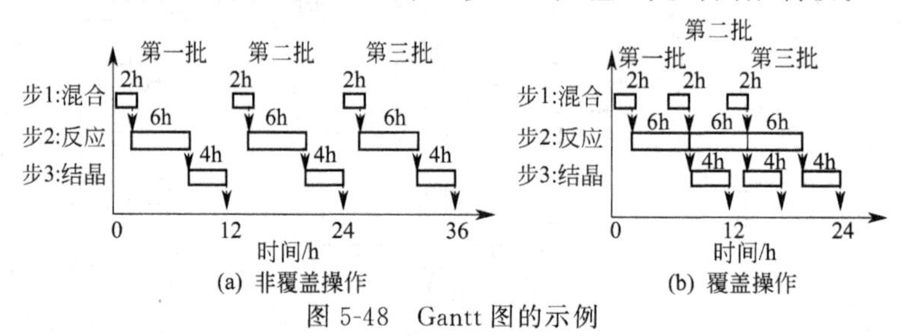

图 5-48　Gantt 图的示例

批量限制级的瓶颈可通过设置同步平行单元消除，由于该级设备数增加，因此，该级的批量增大，从而在批间隔相同的情况下增加批量，能解决瓶颈，提高产品产量。时间限制级的瓶颈可通过设置异步平行单元消除，即该设备单元的开始时间各不相同，使设备单元的闲置时间缩短，从而缩短批间隔，提高批量。

(5) Johnson 算法

多产品工厂的调度问题又称为流水作业车间（Flowshop）问题。在性能指标、中间存储策略及设备结构确定后，调度问题可分解为两个子问题：排序子问题和调度子问题。排序子问题确定在 M 个间歇设备单元中生产 N 种产品的最优产品生产的顺序；调度子问题在产品生产顺序已知时，确定各批产品在各设备单元上开始操作和完成操作的时间，即确定调度时刻表。

约翰逊算法是用于排序子问题的一种规则，是经典的两设备单元 UIS 系统的精确算法。它只适用于两个设备单元的多产品排序问题，对其他情况不适用。其规则描述为：

① N 种产品分为 P 和 Q 两组，P 组产品在第二设备单元的操作时间比在第一设备单元的操作时间长，其他产品分在 Q 组；

② P 组产品按它们在第一设备单元操作时间的递增顺序排序，Q 组产品按它们在第二设备单元操作时间的递减顺序排序；

③ P 组产品顺序和 Q 组产品顺序连在一起，组成生产周期最短的最优产品排序。

【例 5-10】　约翰逊算法示例。

已知六种产品在两个设备单元的生产时间如表 5-16 所示。建立产品排序表。

表 5-16　产品加工时间表

加工时间/h	产品 1	产品 2	产品 3	产品 4	产品 5	产品 6
第一设备单元	6	2	4	1	7	4
第二设备单元	3	9	3	8	1	5

第 2、第 4、第 6 产品在第二设备单元的操作时间比在第一设备单元的操作时间长，分在 P 组，其余分在 Q 组。P 组中，按它们在第一设备单元操作时间的递增顺序排序为：4、

2、6；Q组中，按它们在第二设备单元操作时间的递减顺序排序为：1、3、5。因此，产品生产排序为：4、2、6、1、3、5。

需要注意，产品1和产品3在第二设备单元的生产时间相同，若生产排序为4、2、6、3、1、5则批间隔时间为37h，与上述的排序比较，批间隔时间多1h。

习题和思考题

5-1 试述预测控制系统的基本设计思想。

5-2 某单输入单输出被控对象的传递函数用一阶惯性加时滞环节描述，其 $K_0=1.2$；$T_0=12$；$\tau_0=2$；控制周期2min，用预测控制方法对其进行控制，编写仿真程序，并讨论被控对象参数变化10%时，对系统预测控制的影响。

5-3 计算下列系统的相对增益矩阵。

① G=tf({1 1;1 1},{[1 1],[1 2];[1 1 0],[1 0]})；

② a=[−1 0 0;0−2−3;1 0 1];b=[1 0;0 1;0−1];c=[1 0 0;0 1 1];d=[0 0;0 0]；

5-4 系统解耦的方法有哪几种？说明常用的解耦方法。

5-5 什么是正耦合？什么是负耦合？什么是对角线优势？

5-6 对下列系统进行解耦控制设计，用对角线解耦和简单解耦方法实现。

① a= [−2 1；2−4]；b= [1 0；0 2]；c= [1 0；0 1]；d= [0 0；0 0]；

② G=tf（{1 1；1 1}，{ [1 1]，[1 2]；[1 1 0]，[1 0] }）；

5-7 对题5-6的系统，用Simulink仿真。

5-8 某混合槽，进料A的浓度是80%，进料B的浓度是10%，控制要求是：混合物出料浓度控制在70%，出料总流量恒定。现有两种控制方案：

① 出料浓度（成分）控制进料A，出料总量控制进料B；

② 出料浓度（成分）控制进料B，出料总量控制进料A；

试定量说明用哪种控制方案可减小控制系统的关联。

5-9 如图5-49所示的三物料A、B和C混合系统，A和C物料温度为100℃，B物料温度为200℃，系统配置完全对称，控制要求是混合后温度 T_{12} 和 T_{23} 和总量 F 恒定，试确定三个操纵变量 u_1、u_2 和 u_3 与三个被控变量 T_{12} 和 T_{23} 和总量 F 的正确配对。

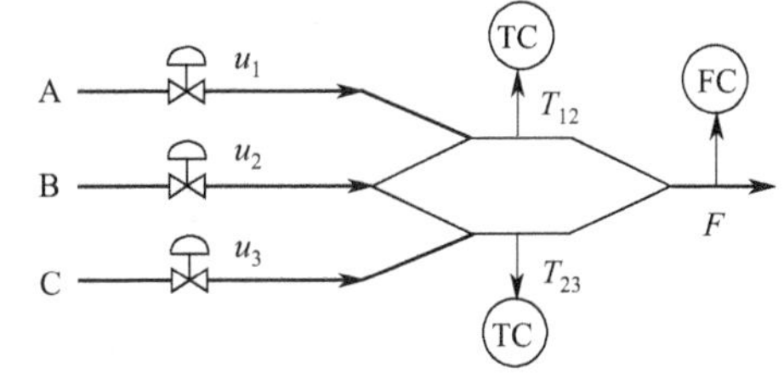

图5-49 物料混合控制系统

5-10 什么是软测量技术？建立软测量仪数学模型与建立过程动态数学模型有何异同？

5-11 说明推断控制系统的工作原理。

5-12 Smith预估补偿控制系统的设计思想是什么？

5-13 智能控制有哪几种类型？

5-14 说明模糊控制系统的基本工作原理。如何调整隶属函数参数和设计规则？

5-15 求下列模糊集的交集和并集：

① $A=\{0.8,0.6,0.4,0.7\}$；$B=\{0.7,0.4,0.6,0.5\}$。

② $A=\frac{0.5}{x_1}+\frac{0.35}{x_2}+\frac{0.4}{x_3}+\frac{0.25}{x_4}+\frac{0.3}{x_5}$；$B=\frac{0.65}{x_1}+\frac{0.3}{x_2}+\frac{0.75}{x_3}+\frac{0.15}{x_4}+\frac{0.7}{x_5}$。

5-16 人工神经网络控制中常用的神经网络有哪些？

5-17 某聚合反应器的控制要求如下：

① 反应开始，投放经称重的反应物料和其他辅助物料，反应器温度由分程控制实现，但开始时先将热水阀全开，用热水加热，并开搅拌机，反应器温度到达规定温度后，反应进行，切入 PID 控制。

② 反应器温度高时，先开小冷水阀，温度仍高时，将大冷水阀打开。使反应器温度控制在规定牌号要求的温度值。

③ 当反应器压力降低到某一规定值时，将大冷水阀和小冷水阀全开，控制系统切到手动，停止反应过程。

试根据上述控制要求画出信息流图和顺序功能表图。

5-18 与连续生产过程比较，间歇生产过程有什么特点？间歇生产过程的控制具有什么功能？

5-19 间歇生产过程的 Gantt 图有什么用途？Johnson 算法的规则是什么？它适用于解决间歇生产过程的什么问题？

5-20 物料缓和生产过程需将两种或两种以上原料混合。两种物料混合过程需要的设备包括原料进料阀 A 和 B、混合罐、搅拌电机 M、出料阀 C 和液位开关 LA（A 原料到达规定值时动作）、LB（B 原料到达规定值时动作）、和 LC（出料到达该位置时表示混合料基本排空）、启动按钮 START 和停止按钮 STOP 等。假设液位超过限值时，液位开关接点闭合。整个操作过程如下：

① 检查混合罐液位是否已排空，已排空后由操作人员按下 START 启动按钮；

② 系统自动打开物料 A 的进料阀 A，当液位达到 LA 时，自动关闭进料阀 A；

③ 系统自动打开物料 B 的进料阀 B。当液位达到 LB 时，关闭进料 B；

④ 系统自动启动搅拌机电机 M，搅拌持续 10s 后停止，并打开出料阀 C。

⑤ 当液位下降到 LC 时，表示物料已达下限，再持续 2s 后，物料已全部排空，自动关闭出料阀 C。

⑥ 整个物料混合和排放过程结束进入下次混合过程，如此循环。

⑦ 如果混合过程中，按下 STOP 停止按钮，则排空过程后关闭出料阀 C，并停止混合过程。

可用图 5-50 表示物料混合过程的信号波形。试画出二进制逻辑图，编写该过程的顺序控制程序。

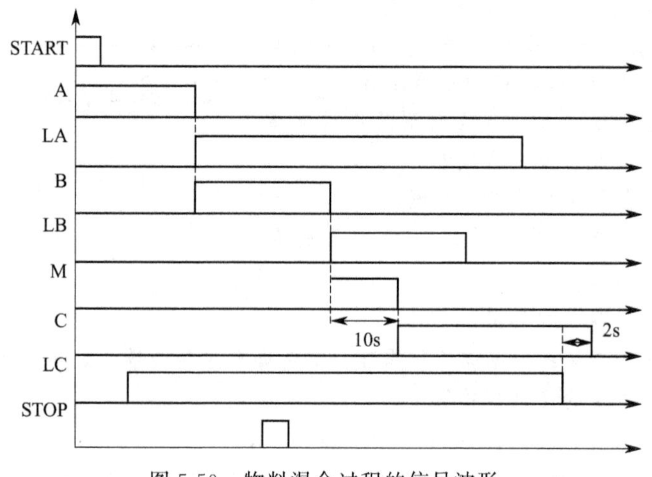

图 5-50 物料混合过程的信号波形

第6章　流体输送设备的控制

本章内容提要

本章讨论流体输送设备的控制。输送液体、提高压力的机械设备称为泵；输送气体、提高压力的机械设备称为风机和压缩机。它们通称流体输送设备。本章重点是离心机的防喘振控制和变频调速。

流体输送控制系统的特点是被控变量和操纵变量都是流量，因此，被控过程是接近1∶1的比例环节，时间常数很小。广义对象传递函数需考虑检测变送和执行器的特性，由于检测变送、执行器和流量对象的时间常数接近且数值不大，因此，组成的流量控制系统可控性较差，系统工作频率较高，控制器比例度需设置较大，如需消除余差，而引入积分，则积分时间也与对象时间常数在相同的数量级，例如，在几秒到几分钟。通常，不引入正微分，如果必要可引入反微分，并采用测量微分的接法。

流体输送控制系统一般采用节流装置检测流量，因此，对检测信号应进行高频滤波，减弱流量信号脉动和喘流的影响。为了在控制系统中不引入非线性，宜采用差压变送器和开方器或用线性检测变送仪表检测变送流量信号。流量控制阀的流量特性通常可选择线性特性。一般不宜安装阀门定位器，否则，易引起系统的共振。

变频调速已被我国列入重点组织实施的10项资源节约综合利用技术改造示范工程之一。限制性政策规定，对新建和扩建工程需要调速运行的风机和水泵，一律不准采用挡板和阀门调节流量；对采用挡板和阀门调节流量的要分期、分批、有步骤地进行调速改造。

流体输送控制系统的控制目标是被控流量保持恒定（定值控制）或跟随另一流体流量变化（比值控制）。主要扰动来自压力和管道阻力变化，可采用适当稳压措施，也可将流量控制回路作为串级控制系统的副环。

6.1　泵和压缩机的基本控制

6.1.1　离心泵的控制

工业应用的泵类设备分为离心泵和往复泵。其中，离心泵占80%。离心泵是基于离心泵翼轮旋转所产生的离心力，来提高液体的压力（俗称压头）的流体输送设备。转速越高，离心力越大，流体出口压力越高。随着出口阀开度增大，流量增大，流体的压力下降。

(1) 离心泵工作特性

离心泵压头 H、流量 Q 和转速 n 之间的关系称为离心泵工作特性，如图6-1所示。亦可表示为下列关系式

$$H=k_1n^2-k_2Q^2 \tag{6-1}$$

式中，k_1和k_2是比例系数。离心泵输送液体，当出口阀关闭时，液体会在泵体内循环，这时，压头最大，而排出流量为零。泵将机械能转化为热能，使液体发热升温，因此，在泵运转后，应及时打开出口阀。

（2）管路特性

离心泵的工作点与离心泵工作特性有关，还与管路系统的阻力，即管路特性有关。管路特性是管路系统中流体的流量与管路系统阻力的相互关系，如图 6-2 所示。

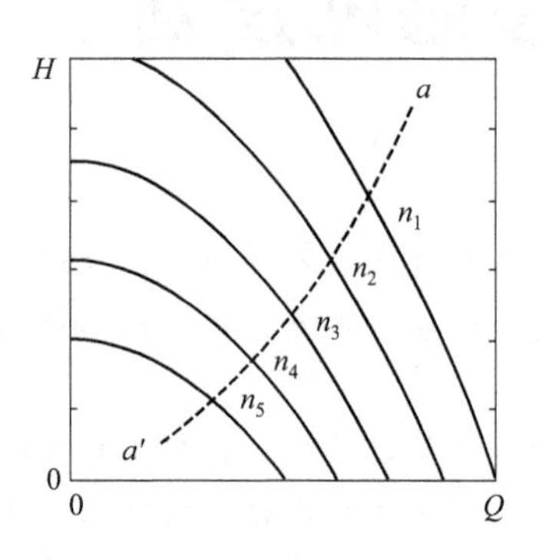

图 6-1　离心泵的工作特性

$a \sim a'$是最高效率的工作点轨迹

$n_1 > n_2 > n_3 > n_4 > n_5$

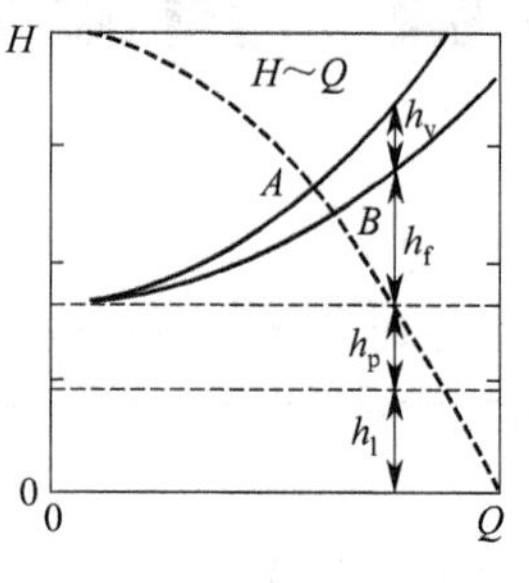

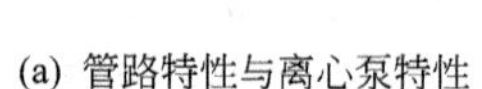

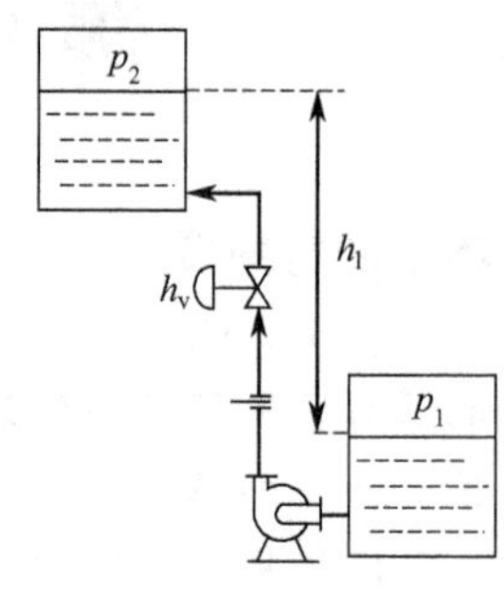

(b) 管路系统阻力分布

图 6-2　管路系统及其管路特性

图中，h_1是液体提升高度所需的压头，即升扬高度。当设备安装位置确定后，该项恒定；h_p是用于克服管路两端静压差所需的压头，即$(p_2 - p_1)/\gamma$，γ是液体重度。设备和管路安装位置确定后，$h_0 = h_1 + h_p$恒定。当设备压力稳定时，该项也变化不大。h_f是用于克服管路摩擦损耗的压头，该项与流量平方值近似成比例$h_f \approx k_f Q^2$；h_v是控制阀两端的压降，当控制阀开度一定时，与流量平方值成比例，即该项与流量和阀门开度有关，$h_v = k_v Q^2$。因此，管路压头 H 与流量 Q 之间的关系如图实线所示，可表示为

$$H = h_1 + h_p + h_f + h_v = h_0 + k_f Q^2 + k_v Q^2 \tag{6-2}$$

（3）离心泵的工作点

管路特性与离心泵工作特性的交点是离心泵的工作点。由于控制阀开度变化时，管路特性变化，因此，当控制阀开度增大时，阀两端压降降低，工作点从 A 点移到 B 点，液体排出量增大，压头下降。

（4）离心泵的控制方案和节能比较

通过改变离心泵工作点，达到控制离心泵的排出量。表 6-1 列出离心泵的常用控制方案和节能比较。

表 6-1　离心泵的常用控制方案

控制方案	直接节流	旁路控制	调节转速
示例图	FC 11	FC 21	FC 31　VSD 31　M
特点	① 控制阀两端的压差随流量而变化； ② 适用于流量较小，排出量大于正常值 30%的应用场合； ③ 总机械效率低	① 结构简单，控制阀口径相对较小； ② 能量消耗大，总机械效率较低	① 输送管线上不需安装控制阀； ② 机械效率较高； ③ 方案较复杂，所需设备费用较高

续表

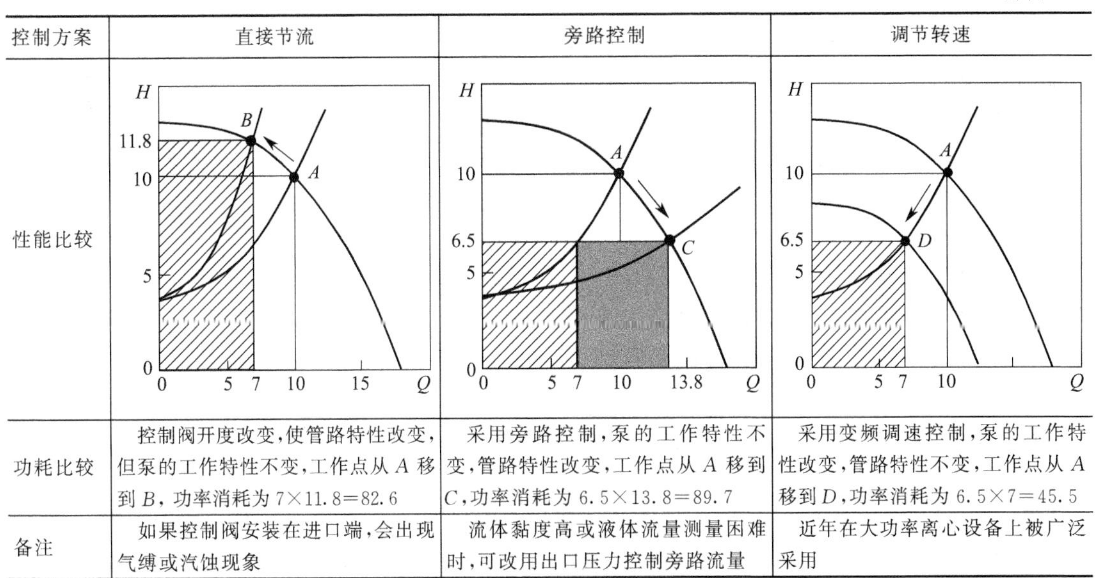

控制方案	直接节流	旁路控制	调节转速
性能比较			
功耗比较	控制阀开度改变，使管路特性改变，但泵的工作特性不变，工作点从 A 移到 B，功率消耗为 7×11.8=82.6	采用旁路控制，泵的工作特性不变，管路特性改变，工作点从 A 移到 C，功率消耗为 6.5×13.8=89.7	采用变频调速控制，泵的工作特性改变，管路特性不变，工作点从 A 移到 D，功率消耗为 6.5×7=45.5
备注	如果控制阀安装在进口端，会出现气缚或汽蚀现象	流体黏度高或液体流量测量困难时，可改用出口压力控制旁路流量	近年在大功率离心设备上被广泛采用

表中，初始工作点为 A 点，假设其流量 Q 为 $10m^3/h$，压头 H 为 10m。采用直接节流控制方案时，改变控制阀的开度，使管路特性改变。为使流量改变到 $7m^3/h$，需要提高压头到 11.8m。假设泵效率相同，则所需功率也可用 P(功率)$=Q$(流量)$\times H$(压头)描述。因此，节流控制方案所需功率为 82.6。

采用旁路控制方案时，部分流量回流到入口，工作点从 A 移到 C，部分能量（图中灰色部分）被消耗。类似地，旁路控制所需功率为 89.7。

采用变频调速控制方案时，泵的工作特性改变，转速下降，工作点从 A 移到 D。可见所需功率下降到 45.5。上述计算假设各控制方案中，泵效率相同。因此，采用变频调速控制方案具有明显的节能效果。

6.1.2　容积式泵的控制

（1）容积式泵的工作特性

容积式泵分为往复式和直接位移旋转式两类。往复泵特点是泵的运动部件与机壳之间的空隙很小，液体不能在缝隙中流动，泵的排出量与管路系统无关。往复泵排出量 Q 仅与单位时间活塞的往复次数 n、冲程 S、汽缸截面积 F 等有关。旋转泵排出量 Q 仅取决于转速 n。其流量特性如图 6-3 所示，可表示为：

图 6-3　往复泵流量特性

$n_1>n_2>n_3$

$$Q=nFS\eta(\text{往复泵});Q = kn\eta(\text{旋转泵})$$

式中，η 是泵效率；k 是旋转泵系数。

容积式泵的排出量 Q 与压头 H 关系很小。因此不能用出口管线直接节流来控制流量。如果出口阀一旦关死，将发生泵损、机毁的事故。

（2）容积式泵的控制

容积式泵主要采用调节转速、活塞往复次数和冲程的方法，也可采用旁路控制。

① 调节原动机的转速（包括往复泵的往复次数）。调速控制方法与离心泵调速控制方法相同。

② 改变往复泵冲程。该方案的控制设备复杂，仅用于一些计量泵等特殊往复泵的控制

场合。

③ 旁路控制。最常用控制方案，与离心泵旁路控制方案相同。

④ 旁路控制压力。与离心泵出口压力控制旁路控制阀的控制方案相似，通过旁路控制使泵出口压力稳定，然后，用节流控制阀控制流量，控制方案见图 6-4。通常，压力控制可采用自力式压力控制阀，但这两个控制系统有严重关联，为此，可错开控制回路的工作频率；将排出流量作为主要被控变量；压力控制器参数整定得松些，来削弱或减小系统的耦合。

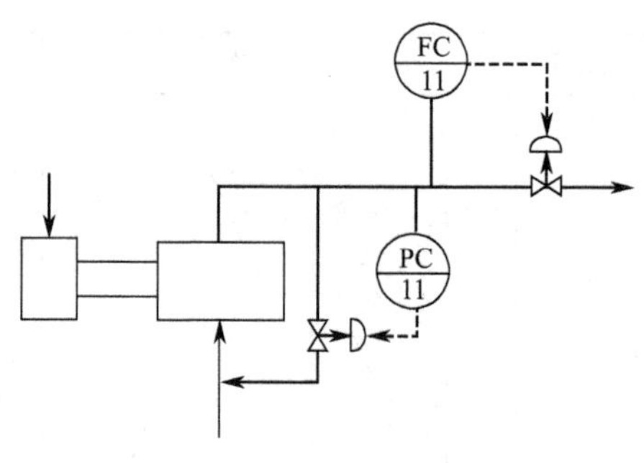

图 6-4　往复泵出口压力和流量的控制

6.1.3　风机的控制

(1) 风机的工作特性

离心式风机的工作原理与离心泵相似，通过叶轮旋转产生离心力，提高气体压头。按出口压力的不同，分为送风机（出口表压小于 10kPa）和鼓风机（出口表压在 10～30kPa）两类。其流量特性与离心泵的工作特性相似，如图 6-5 中的曲线 1 和曲线 2 所示。

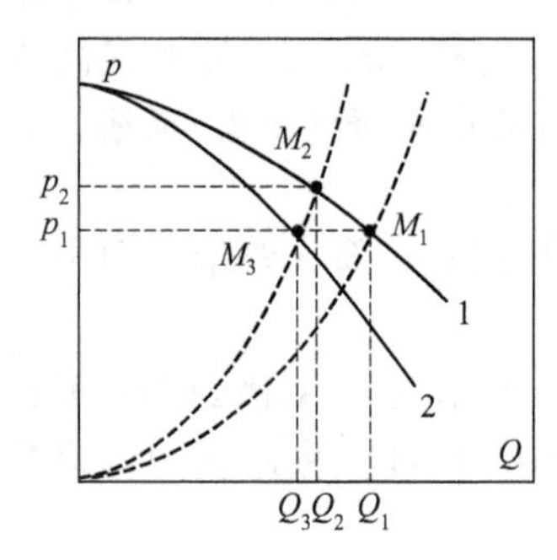

图 6-5　风机工作特性

(2) 风机的控制

离心式风机的控制类似于离心泵的控制，有下列几种。

① 调节转速。转速增大，风机工作特性从曲线 2 移到 1。该方案最经济，但设备比较复杂，常用于大功率风机，尤其是蒸汽透平带动的大功率风机的调速控制。

② 直接节流。分入口节流和出口节流两种方式。由于风机控制的流量较大，通常采用蝶阀作为执行器。采用出口节流方式时，阀门关小时，管路阻力增加，风机工作点从 M_1 移到 M_2，风量也从 Q_1 下降到 Q_2。但实际需要压力是 p_1，因此，p_2-p_1 的节流压损消耗在蝶阀挡板，节流后造成压损使管路特性左移，风机的排出量 Q 减小。采用入口节流方式时，吸入压力因控制阀关小而减小，使出口压力减小，风机工作特性从 1 移到 2，同时管路阻力变化，因此，工作点从 M_1 移到 M_3，风量也从 Q_1 下降到 Q_3。可见，控制阀的压损，采用出口节流方式时比入口节流方式时要大，即用入口节流风压损失较小。所以，出口风压较小的送风机常采用入口节流控制方案；出口风压较大的鼓风机常采用出口节流控制方案。

采用入口节流控制时，应注意入口流量不能太小，防止发生喘振。有时，可与旁路控制结合组成分程控制，如图 6-6 所示。

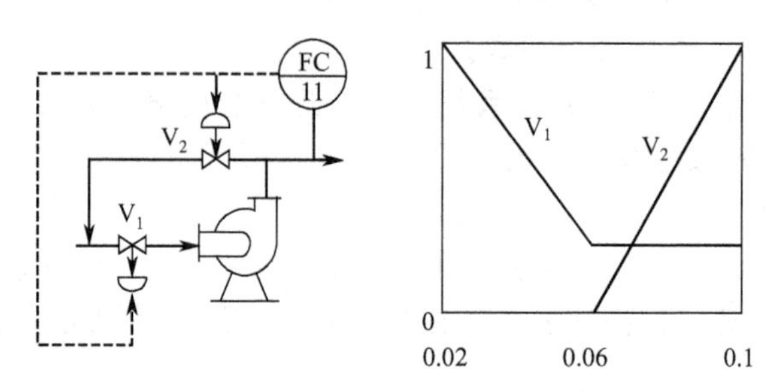

图 6-6　风机的分程控制方案

③ 旁路控制。控制方案与离心泵旁路控制方案相同。

6.1.4 压缩机的控制

压缩机是指输送较高压力气体的机械，一般出口压力大于300kPa。压缩机分为往复式压缩机和离心式压缩机等。

(1) 往复式压缩机的控制

往复式压缩机用于流量小，压缩比高的气体压缩。常用控制方案有：汽缸余隙控制；顶开阀控制（吸入管线上的控制）；旁路回流量控制；转速控制等。有时控制方案组合使用。如图6-7所示氮气往复式压缩机汽缸余隙及旁路控制流程图，该控制系统允许负荷波动范围100%～60%，是分程控制系统。即当控制器输出信号在20～60kPa时，余隙阀V_1动作，当余隙阀全部打开，压力仍高则打开旁路阀，即控制器输出信号在60～100kPa时，旁路阀V_2动作，以保持压力恒定。

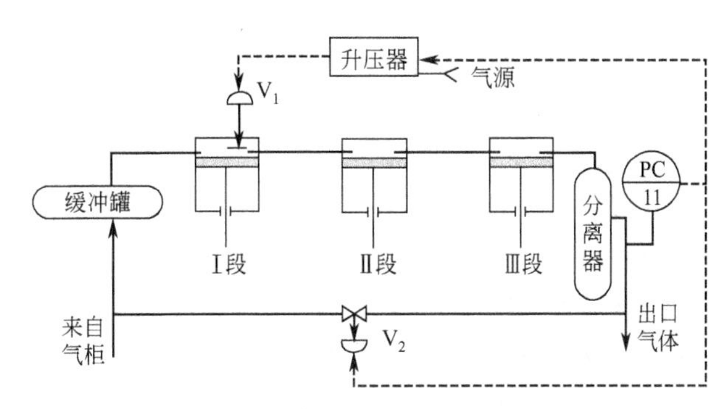

图6-7 往复式压缩机的分程控制

(2) 离心式压缩机的控制

随工业规模的大型化，离心式压缩机向高压、高速、大容量、自动化方向发展。由于离心压缩机具有体积小、流量大、重量轻、运行效率高、易损件少、维护方便、汽缸内无油气污染、供气均匀、运转平稳、经济性较好等优点，而得到很广泛应用。

但离心压缩机也存在一些技术问题需要很好解决。例如，离心压缩机的喘振、轴向推力、轴位移等。微小的偏差很可能造成严重事故，且事故出现十分迅速和猛烈，单靠操作人员处理，常常措手不及。为保证压缩机能在工艺所需工况下安全运行，必须设计一系列自动控制系统和安全联锁系统。

一台大型离心式压缩机通常有下列控制系统。

① 气量控制系统（负荷控制系统）。常用气量控制方法如下。

• 出口节流：通过改变出口导向叶片的角度，改变气流方向，从而改变流量。它比进口节流节省能量，但要求压缩机出口有导向叶片装置，因此，结构较复杂。

• 改变压缩机转速：这种方案最节能。尤其是采用蒸汽透平作为原动机的离心压缩机，容易实现调速，应用也较广泛。

• 改变入口阻力：入口设置控制挡板来改变管路阻力，但因入口压力不能保持恒定，灵敏度高，所以较少采用。

压缩机负荷控制可用流量控制实现，有时也可采用压缩机出口压力控制实现。

② 压缩机入口压力控制系统。控制方法如下。

• 吸入管压力控制转速；

• 旁路控制入口压力；

• 入口压力与出口流量的选择性控制。

③ 压缩机的防喘振控制系统。离心压缩机流量小于喘振流量时发生喘振，造成设备事故。对离心压缩机应设置防喘振控制系统。

④ 压缩机各段吸入温度及分离器液位控制系统。经压缩后气体温度升高，为保证下一段的压缩效率，进压缩机下一段前要把气体冷却到规定温度，为此需设置温度控制系统。为防止吸入压缩机的气体带液，造成叶轮损坏，压缩机各段吸入口均设置冷凝液分离罐，为防止液位过高，造成气体带液，需设置分离罐液位控制系统或高液位报警系统。

⑤ 压缩机密封油、润滑油、调速油的有关控制系统。设置各油系统的油箱液位、油冷却器后油温、油压等检测和控制系统。

⑥ 压缩机振动和轴位移的检测、报警和联锁系统。压缩机是高速运转设备，转速可达几万转/分，转子的振动或轴位移超量时，会造成严重设备事故。因此，大型压缩机组设置轴位移和振动的测量探头及报警联锁系统，用于转子振动和轴位移的检测，报警和联锁。

6.2　离心压缩机的防喘振控制

6.2.1　离心压缩机的喘振

(1) 离心压缩机的喘振

图 6-8 是离心压缩机的特性曲线。它显示压缩机压缩比与进口体积流量间的关系。当转速 n 一定时，曲线上点 C 有最大压缩比，对应流量设为 Q_p，该点称为喘振点。如果工作点为 B 点，要求压缩机流量继续下降，则压缩机吸入流量 $Q<Q_p$，工作点从 C 点突跳到 D 点，压缩机出口压力从 p_C 突然下降到 p_D，而出口管网压力仍为 p_C，因此，气体回流，流量显示为零，同时，管网压力也下降到 p_D，一旦管网压力与压缩机出口压力相等，压缩机又输送气体到管网，流量达到 Q_A。因流量 Q_A 大于 B 点的流量，因此，压力憋高到 p_B，而流量继续下降，又使压缩机重复上述过程，出现工作点从 $B \to C \to D \to A \to B$ 的反复循环。由于这种循环过程极迅速，因此，被称为“飞动”，由于飞动时机体的震动发出类似哮喘病人的喘气吼声，因此，将这种由于飞动而造成离心压缩机流量呈现的脉动现象称为离心压缩机的喘振现象。

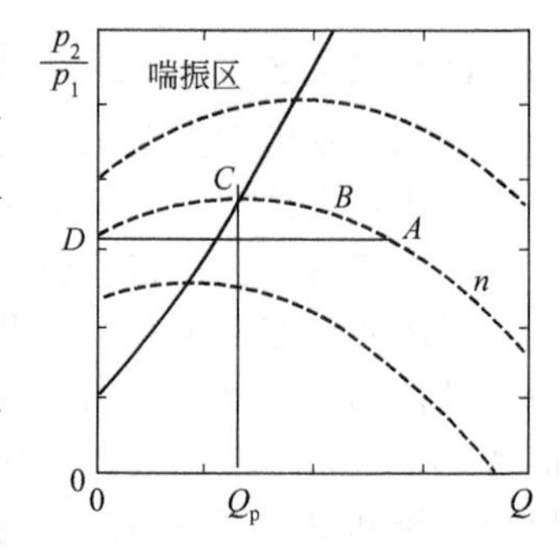

图 6-8　离心压缩机特性曲线

喘振发生时，压缩机的气体流量出现脉动，时有时无，造成压缩机转子的交变负荷，使机体剧烈震动、压缩机轴位移，并波及相连的管线，造成设备的损坏。例如，压缩机部件、密封环、轴承、叶轮、管线等设备和部件的损坏和事故。

(2) 喘振线方程

喘振是离心压缩机的固有特性。离心压缩机的喘振点与被压缩介质的特性、转速等有关。将不同转速下的喘振点连接，组成该压缩机的喘振线。实际应用时，需要考虑安全余量。喘振线方程可近似用抛物线方程描述。

$$\frac{p_2}{p_1}=a+b\,\frac{Q_1^2}{\theta_1} \tag{6-3}$$

式中，下标 1 表示入口参数，2 表示出口参数；p、Q、θ 分别表示压力、流量和温度；a、b 是压缩机系数，由压缩机制造厂商提供。喘振线可用图 6-9 表示。当一台离心压缩机用于压缩不同介质气体时，压缩机系数会不同。管网容量大时，喘振频率低，喘振的振幅大；反之，管网容量小时，喘振频率高，喘振的振幅小。

（3）振动、喘振和阻塞

喘振是离心压缩机在入口流量小于喘振流量 Q_p 时出现的流量脉动现象。

当旋转设备高速运转达到某一转速时，转轴强烈振动的现象称为振动。由于旋转设备具有自由振动的频率（称为自由振动频率），当转速达到该自由振动频率的倍数时，出现谐振（这时的频率称为谐振频率），造成转轴振动。振动发生在自由振动频率的倍数处，因此，转速继续升高或降低时，这种振动消失。

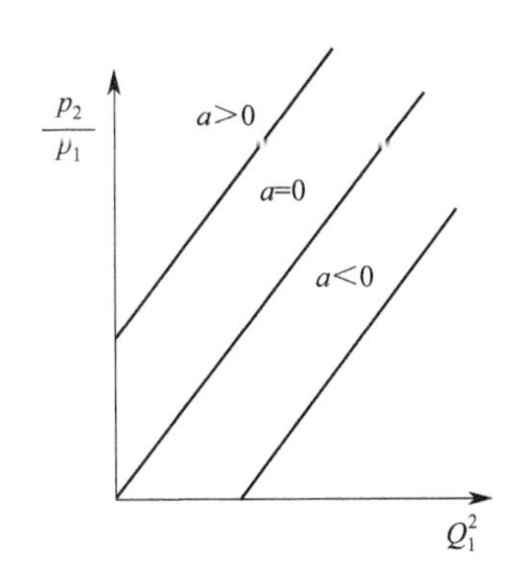

图 6-9　防喘振线

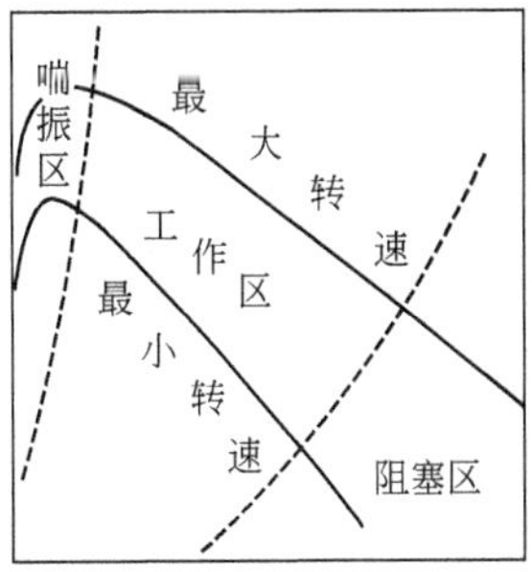

图 6-10　离心压缩机的工作区、喘振区与阻塞区

气体流速接近或达到音速（315m/s），压缩机叶轮对气体所作的功全部用于克服流动损失，使气体压力不再升高的现象称为阻塞。压缩机流量过小会发生喘振，流量过大时发生阻塞。

离心压缩机的工作区、喘振区与阻塞区见图 6-10。同样，压缩机有最小和最大的操作转速，见图示。

6.2.2　离心压缩机防喘振控制系统的设计和应用时的注意事项

要防止离心压缩机喘振，只需要工作转速下的吸入流量大于喘振点的流量 Q_p。因此，当所需的流量小于喘振点流量时，例如生产负荷下降时，需要将出口的流量旁路返回到入口，或将部分出口气体放空，以增加入口流量，满足大于喘振点流量的控制要求。

（1）固定极限流量防喘振控制

控制策略：假设在最大转速下，离心压缩机的喘振点流量为 Q_p（已经考虑安全余量），如果能够使压缩机入口流量总是大于该临界流量 Q_p，则能保证离心压缩机不发生喘振。

控制方案：当入口流量小于该临界流量 Q_p 时，打开旁路控制阀，使出口的部分气体返回到入口，使入口流量大于 Q_p 为止。图 6-11 是固定极限流量防喘振控制的结构图。它与流体输送控制中旁路控制方案的区别见表 6-2。

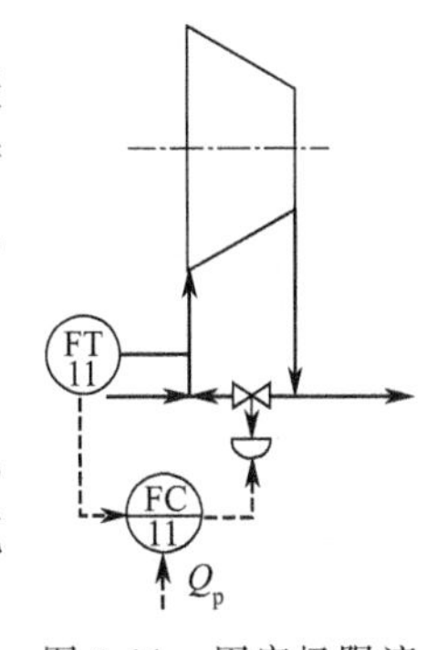

图 6-11　固定极限流量防喘振控制系统

表 6-2　防喘振控制与旁路控制的区别

区别	旁路流量控制	固定极限流量防喘振控制
检测点位置	来自管网或送管网的流量	压缩机的入口流量
控制方法	控制出口流量，流量过大时开旁路阀	控制入口流量，流量过小时，开旁路阀
正常时阀的开度	正常时，控制阀有一定开度	正常时，控制阀关闭
积分饱和	正常时，偏差不会长期存在，无积分饱和	偏差长期存在，存在积分饱和问题

固定极限流量防喘振控制具有结构简单，系统可靠性高，投资少等特点，但当转速较低时，流量的安全余量较大，能量浪费较大。适用于固定转速的离心压缩机防喘振控制。

(2) 可变极限流量防喘振控制

控制策略：根据不同转速，采用不同喘振点流量（考虑安全余量）作为控制依据。由于极限流量（喘振点流量）变化，因此，称为可变极限流量防喘振控制。离心压缩机的防喘振保护曲线如图 6-9 所示，也可用式(6-3) 的模型描述。

如果$\frac{p_2}{p_1}<a+b\frac{Q_1^2}{\theta}$，则说明流量大于喘振点处的流量，工况安全；

如果$\frac{p_2}{p_1}>a+b\frac{Q_1^2}{\theta}$，则说明流量小于喘振点处的流量，工况处于危险状态，需打开旁路阀。

采用差压法测量入口流量，则有：

$$Q_1=K_1\sqrt{\frac{p_d}{\gamma_1}}=K_1\sqrt{\frac{p_{1d}ZR\theta}{p_1M}} \tag{6-4}$$

式中，K_1、Z、R、M 分别为流量常数、压缩系数、气体常数和分子量；p_{1d}是入口流量对应的差压。因此，可得到喘振模型

$$p_{1d}\geqslant\frac{n}{bK_1^2}(p_2-ap_1) \tag{6-5}$$

式中，$n=\frac{M}{ZR}$，当被压缩介质确定后，该项是常数。当节流装置确定后，K_1确定。a 和 b 是与压缩机有关的系数，当压缩机确定后，它们也确定。

控制方案：当入口节流装置测量得到的差压大于上述计算值，压缩机处于安全运行状态，旁路阀关闭。反之，当差压小于该计算值，应打开旁路控制阀，增加入口流量。上述计算值被用于作为防喘振控制器的设定值，因此，称为根据模型计算设定值的控制系统。图 6-12 是防喘振控制系统的结构图。

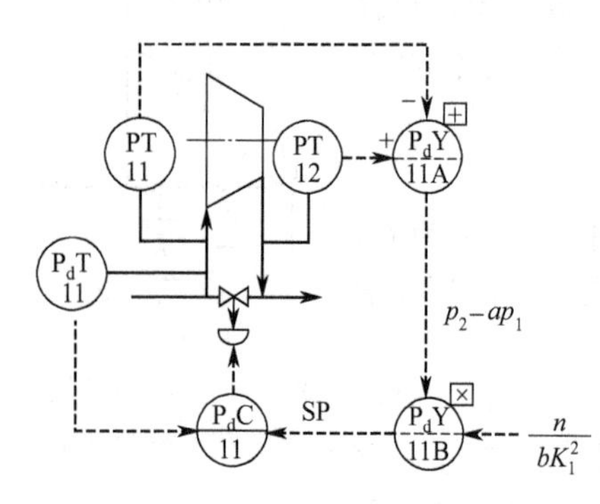

图 6-12　可变极限流量防喘振控制

图中，P_dY-11A 是加法器，完成 p_2-ap_1 的运算，P_dY-11B 是乘法器，完成 p_2-ap_1 与$\frac{n}{bK_1^2}$的相乘运算，其输出作为防喘振控制器 P_dC-11 的设定值。PT-11 和 PT-12 是压力变送器，测量离心压缩机的入口和出口压力，P_dT-11 是入口流量测量用的差压变送器，其输出作为防喘振控制器 P_dC-11 的测量值。

该控制系统的测量值是入口节流装置测得的差压值 p_{1d}，设定值是根据喘振模型计算得到的$\frac{n}{bK_1^2}$（p_2-ap_1）。当测量值大于设定值，表示入口流量大于极限流量，则旁路阀关闭；当测量值小于设定值，则旁路阀打开，保证压缩机入口流量大于极限流量，从而防止压缩机喘振的发生。

(3) 防喘振控制系统应用时的注意事项

防喘振控制系统应用时的注意事项如下。

① 压力值的转换。喘振方程中压力采用绝压，对压缩机出、入口压力的检测应采用绝对压力变送器，采用 DCS 或计算机控制装置时，也可用一般表压变送器，但在 DCS 内完成

表压到绝压的转换。

② 为保证系统安全，通常防喘振控制系统应与联锁停车和报警系统结合。

③ 具体实施方案有多种。例如，可将$\frac{p_d}{p_2-ap_1}$作为测量值，将$\frac{n}{bK_1^2}$作为设定值；或将$\frac{p_d}{p_1}$作为测量值，将$\frac{n}{bK_1^2}$（$\frac{p_2}{p_1}-a$）作为设定值等；应根据工艺过程的特点确定实施方案。通常，应将计算环节设置在控制回路外，避免引入非线性特性。也可将入口流量转换为测量出口流量。例如，有些应用场合，压缩机入口压力较低，压缩比又较大时，在压缩机入口安装节流装置造成的压降可能使压缩机为达到所需出口压力而需增加压缩机的级数，使投资成本提高。这时，为防止喘振的发生，可将测量流量的节流装置安装在出口管线。如图 6-13 所示，组成可变极限流量防喘振的变型控制系统。其喘振模型为

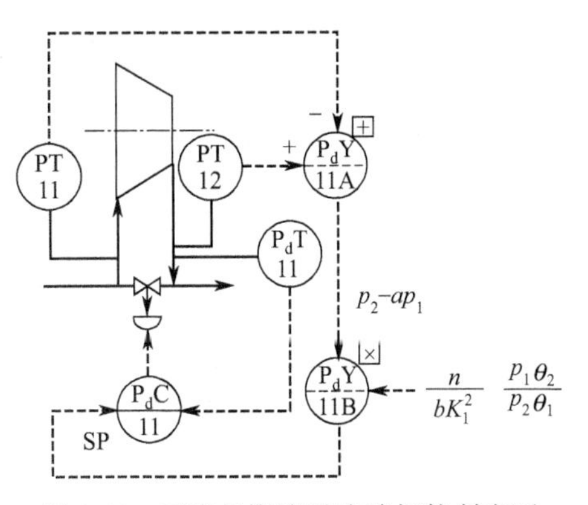

图 6-13 可变极限流量防喘振控制变型

$$p_{2d} \geqslant \frac{n}{bK_1^2}\frac{p_1\theta_2}{p_2\theta_1}(p_2-ap_1) \tag{6-6}$$

④ 流量检测。喘振方程中流量值用差压计检测，因此，入口流量［用式(6-5)］或出口流量［用式(6-6)］都应采用差压计检测。如果采用线性流量检测变送器，则需进行平方运算。

⑤ 根据压缩机的特性，可简化计算。例如，当压缩比很大，即 $p_2 \gg ap_1$时，可忽略后者 ap_1，即有 $a\approx 0$，这时，模型可简化为

$$p_{1d} \geqslant \frac{n}{bK_1^2}p_2 \text{或 } p_{2d} \geqslant \frac{n}{bK_1^2}\frac{\theta_2}{\theta_1}p_1 \tag{6-7}$$

⑥ 可变极限流量防喘振控制系统是随动控制系统，为使离心压缩机发生喘振时及时打开旁路阀，控制阀流量特性宜选用线性特性或快开特性，控制器比例度宜较小；当采用积分控制作用时，由于控制器的偏差长期存在，必须采用防积分饱和措施。

⑦ 采用常规仪表实施离心压缩机防喘振控制系统时，应考虑所用仪表的量程，进行相应的信号转换和设置仪表系数；采用计算机或 DCS 实施时，可直接根据计算式计算设定值，并自动转换为标准信号。

⑧ 为使防喘振控制系统及时动作，采用气动仪表时，应缩短连接到控制阀的信号传输管线，必要时可设置继动器或放大器，对信号进行放大。

⑨ 防喘振控制阀两端有较高压差，不平衡力大，并在开启时造成噪声、汽蚀等，为此，防喘振控制阀应选用消除不平衡力影响、噪声及具有快开慢关特性的控制阀。

(4) 离心压缩机串并联时的防喘振控制

离心压缩机可以串联或并联运行，但这将增加运行操作的复杂性，并使能量消耗增大，因此，并不推荐使用，仅当工艺压力或流量不能满足要求时才不得不采用。

① 离心压缩机串联运行时的防喘振控制。当一台离心压缩机的出口压力不能满足生产要求时，需要两台或两台以上的离心压缩机串联运行。串联运行压缩机与多级压缩相似。图 6-14 显示离心压缩机串联运行时采用的一种可变极限流量防喘振控制的控制方案。

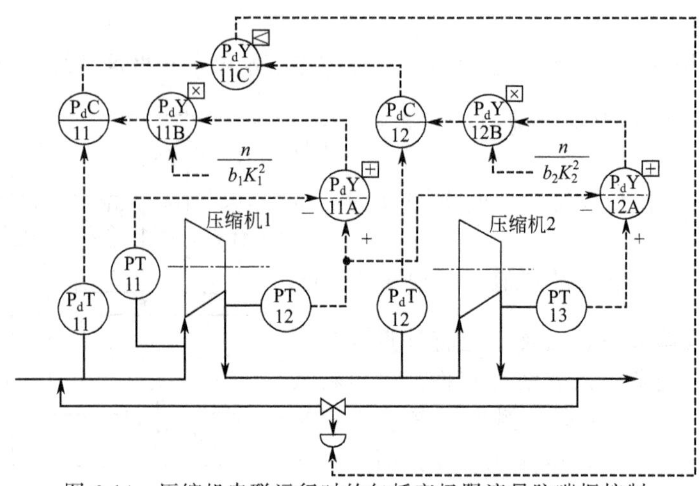

图 6-14　压缩机串联运行时的包括变极限流量防喘振控制

图中，P_dY-11A、P_dY-12A 是加法器，P_dY-11C 是低选器，P_dY-11B、P_dY-12B 是乘法器。PT-11、PT-12 和 PT-13 是压力变送器，P_dT-11、P_dT-12 是测量流量的差压变送器，P_dC-11、P_dC-12 是防喘振控制器。与单台压缩机的防喘振控制相同，对压缩机 1 和 2 都采用可变极限防喘振控制，将计算的设定值送防喘振控制器，为了减少旁路阀，增加了一台低选器，只要其中任一台压缩机出现喘振，都通过低选器，使旁路阀打开。防喘振控制器选用正作用，旁路控制阀选用气关型。图中未画出的控制器积分外反馈信号引自低选器输出，与选择性控制系统防积分饱和时的连接相同。使用时注意：离心压缩机的串联运行只适用于低压力的压缩机，对高压力压缩机，考虑压缩机机体的强度，不宜采用串联运行；为保证系统的稳定运行，对后级压缩机的稳定工况宜大于前级。

② 离心压缩机并联运行时的防喘振控制。当一台压缩机的打气量不能满足工艺要求时，需要两台或两台以上离心压缩机并联运行。如果并联运行的压缩机特性不一致，会影响负荷分配，并影响防喘振控制系统的正常运行。压缩机并联运行的防喘振控制有两种方案：一种方案是每台压缩机设置各自的防喘振控制系统，这时，任一台压缩机都能够单独运行，并可前后启动运行，但仪表设备、工艺管线投资较大，不常采用；另一种方案是采用低选器和选择开关，只用一个防喘振旁路控制阀，如图 6-15 所示。

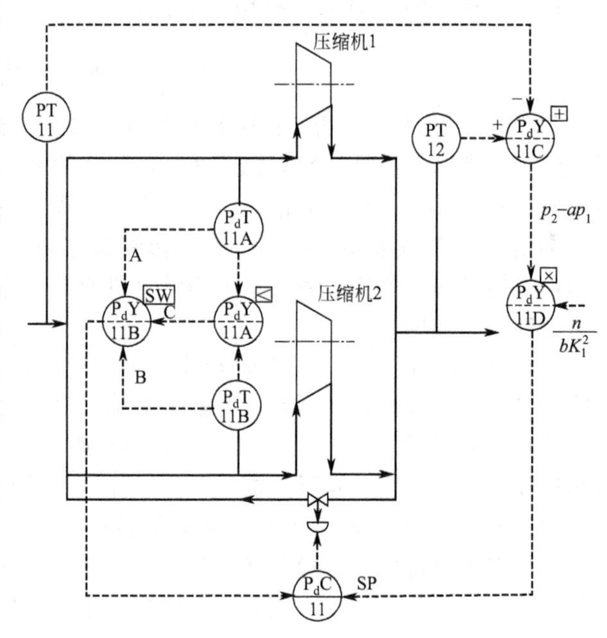

图 6-15　并联离心压缩机可变极限流量选择性防喘振控制

图中，PT-11、PT-12 是入口和出口压力变送器，P_dT-11A、P_dT-11B 是压缩机 1 和 2 的入口流量测量用差压变送器，P_dY-11C、P_dY-11D、P_dY-11A 分别是加法器、乘法器和低选器，P_dC-11 是防喘振控制器，P_dY-11B 是手动开关。当开关切换到 A，组成压缩机 1 的防喘振控制；当开关切换到 B，组成压缩机 2 的防喘振控制；当开关切换到 C，防喘振控制器的测量信号是两个压缩机入口流量的低值，即低选器的输出，因此，用于两个压缩机并联运行时的防喘振控制。防喘振控制的设定值计算采用加法器和乘法器实现。实施时注意：两个压缩机的特性应一致；不能实现两台压缩机前后启动运行；为使单台压缩机独立启动，需设置各自的手动旁路阀。

6.2.3　离心压缩机防喘振控制系统设计示例

（1）催化气压缩机的防喘振控制

图 6-16 是催化气压缩机防喘振控制系统，催化气压缩机由蒸汽透平带动，通过进入蒸汽透平蒸汽量的调节，改变转速，调整生产负荷，整个控制系统由两部分组成。

① 入口压力 p_1 的定值控制系统。通过入口压力的定值控制系统保证生产负荷的稳定。

② 防喘振控制系统。采用入口流量的压差 p_{1d} 组成防喘振控制，与上述防喘振控制系统的区别是采用了式（6-5）的方程。根据式(6-5)，两边除以入口压力 p_1，得到

$$\frac{p_{1d}}{p_1} \geqslant \frac{n}{bK_1^2}\frac{p_2}{p_1} - a\frac{n}{bK_1^2} = C_1\frac{p_2}{p_1} - C_2 \tag{6-8}$$

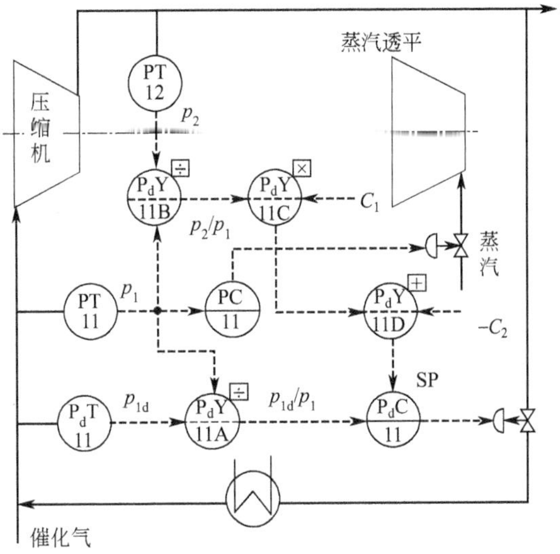

图 6-16　催化气压缩机控制方案

图中，PT-11、PT-12 分别是压缩机入口压力 p_1 和出口压力 p_2 变送器，P_dT-11、P_dC-11 是入口流量测量的差压变送器和防喘振控制器，P_dY-11A、P_dY-11B 是除法器，用于除以入口压力 p_1，P_dY-11C 是乘法器，P_dY-11D 是加法器，PC-11 是入口压力控制器。该控制方案可直接获得压缩比 p_2/p_1，由于采用压缩机入口压力的定值控制系统，因此，测量回路中虽然有非线性特性的除法器，但因除数信号定值，故对防喘振控制回路的特性影响不大，防喘振控制器的测量信号是该除法器输出 p_{1d}/p_1。该控制系统是 $a \neq 0$ 的防喘振控制系统。

（2）二氧化碳压缩机的防喘振控制

图 6-17 显示一台二氧化碳离心压缩机防喘振控制系统的控制方案。压缩机分低压段和高压段两级，由蒸汽透平带动。由于供应的二氧化碳流量不稳定，工艺允许过量时可放空，不足时应减负荷。正常时，生产负荷由蒸汽透平的转速调节。

图中，P_dY-11、P_dY-13 是低选器，ST-11 和 SC-11 是转速变送器和转速控制器。二氧化碳离心压缩机的控制系统由下列控制系统组成。

① 压力 PC-11 控制系统。正常工况下，供应的二氧化碳量大于需求量，因此，压缩机入口压力高，为此，设置入口压力定值控制系统，当压力过高时，将 CO_2 放空。

② 压力 PC-11 与流量 P_dC-11 组成选择性控制系统，与蒸汽汽轮机转速组成串级控制系统。当 CO_2 供应不足，应选择流量取代压力控制系统，正常时，入口压力 p_1 和转速 S 组成串级控制系统，当压力低时，由流量控制器 P_dC-11 替代压力控制器 PC-11，由流量和转速组成串级控制系统。P_dY-11 选用低选器，放空阀选用气关型，蒸汽控制阀选用气开型。转速控制器 SC-11 选正作用，流量控制器 P_dC-11 和压力控制器 PC-11 选反作用。

③ 高压段入口压力放空控制系统。当高压段入口压力过高，打开放空阀，PC-13 压力控制器选反作用，放空阀选气关型。

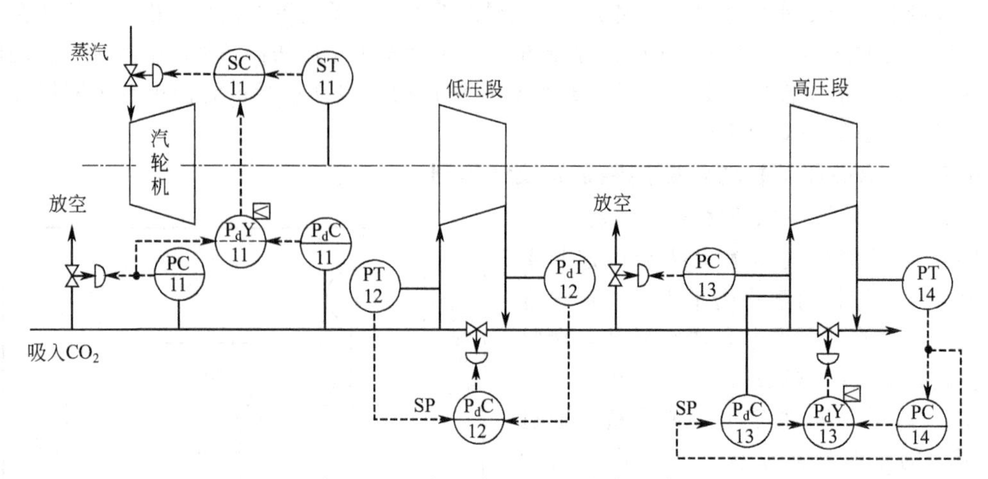

图 6-17　二氧化碳压缩机的控制方案

④ 高压段出口压力 PC-14 与高压段入口流量 P_dC-13 组成选择性控制系统。当高压段出口压力过高时，部分出口气体回流到入口，因此，PC-14 选用反作用，P_dC-13 选用正作用，旁路控制阀选气关型。

⑤ 低压段的防喘振控制系统。低压段采用出口流量，组成可变极限流量的简化控制方案（$a=0$）。防喘振控制方程为

$$p_{2d} \geqslant \frac{n}{bK_1^2} K p_1 = C_1 p_1 \tag{6-9}$$

式中，p_1是低压段入口压力，由 PT-12 压力变送器检测。

⑥ 高压段的防喘振控制系统。高压段采用入口流量，组成可变极限流量的简化控制方案（$a=0$）。防喘振控制方程为：

$$p_{3d} \geqslant \frac{n}{bK_1^2} p_2 = C_2 p_2 \tag{6-10}$$

式中，p_2是高压段出口压力，由 PT-14 压力变送器检测。

6.3　变频调速技术的应用

6.3.1　概述

（1）变频调速控制系统的重要性

根据国家《电动机调速技术产业化途径与对策的研究》报告，我国的电力消耗中，约 66%为动力电，电动机的装机容量中，有一半数量的高压电动机没有采用变频调速拖动的负载是风机和泵类设备。风机和泵类设备的年耗电量约为总耗电量的 70%。

风机和泵类设备采用变频调速控制系统的重要性如下。

① 为应用所需，采用节流和旁路控制的风机和泵类设备，一般其设计的流量裕量在 60%～90%，扬程余量在 70%～90%，因此，根据实际数据分析，设计裕量越大，采用变频调速控制系统后的节能效果越明显。

② 由流体力学可知，流量 Q 与转速 n 成正比，压头 H 与转速 n 的平方成正比，轴功率 P 与转速 n 的立方成正比。当水泵效率一定时，如果需调节的流量下降，转速 n 成比例下降，轴输出功率 P 成立方关系下降。即水泵电机的耗电功率与转速近似成立方比的关系。

例如：一台水泵电机功率为55kW，当转速下降到原转速的4/5时，其耗电量为28.16kW，省电48.8%；当转速下降到原转速的1/2时，其耗电量为6.875kW，省电87.5%。

③ 功率因数补偿节能。无功功率不仅增加线路损耗和设备的发热，而且降低功率因数导致电网有功功率的降低，使设备的使用效率降低，造成能量浪费。有功功率可表示为

$$P=S\cos\varphi$$

式中，P 是有功功率；S 是视在功率；$\cos\varphi$ 是功率因数。功率因数 $\cos\varphi$ 越大，有功功率 P 越大。普通泵类设备电机的功率因数约为0.6～0.7，采用变频调速装置后，由于变频器内部滤波电容的作用，$\cos\varphi\approx1$，从而降低无功损耗，增加电网有功功率。

④ 一般电机采用直接启动或星三角启动，起动电流约为4～7倍额定电流，它对机电设备和供电电网造成严重冲击，而且还会对电网容量要求过高，启动时产生的大电流和振动对节流挡板和阀门的冲击极大，降低设备、管路的使用寿命。采用变频调速控制系统，利用变频器的软起动功能可使启动电流从零开始，最大值也不超过额定电流，大大减轻启动过程对电网的冲击和对供电容量的要求，延长了设备和阀门的使用寿命，也节省了设备的维护费用。

⑤ 变频调速器具有不与工艺介质接触、无腐蚀、无冲蚀等优点，对具有腐蚀性、黏度大的流体输送，可大大降低节流或旁路阀门的成本。

压缩机一般设计在正常转速运转，当所需流量较小时可以采用变频调速控制。但是，一旦转速过低会使压缩机进入喘振区。因此，对离心压缩机一般不采用变频调速控制系统，而采用防喘振控制系统，防止因流量过低造成设备损坏。

（2）风机和泵类设备变频调速控制系统的特点

风机和泵类设备变频调速控制系统的负载具有二次方负载转矩特性。因此，在设计这类控制系统时，可根据不同被控对象设计不同的控制模式。

风机和泵类设备的变频调速控制系统中，被控对象指电动机转速与被控变量之间的环节，包括泵或风机设备等。被控变量是输出流量或压力。这类控制系统的控制框图如图6-18所示。

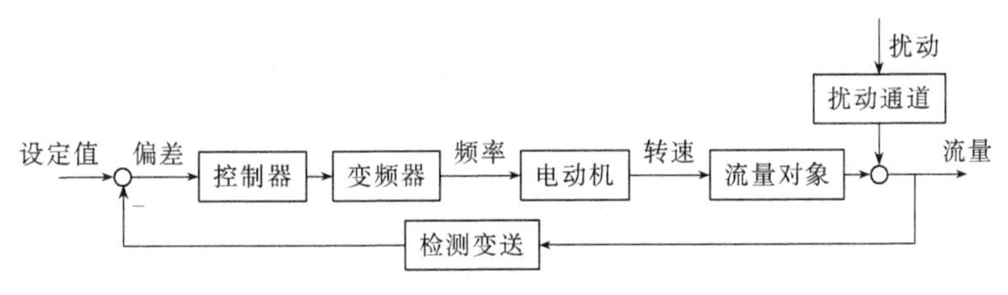

图6-18 流量控制系统框图

根据转速是否组成闭环，这类控制系统可组成单回路控制系统（转速开环控制）或串级控制系统（转速闭环控制）。变频器可采用 U/f 控制模式或矢量控制模式。在这类控制模式下，输出转速与设定具有线性关系。控制器可采用内置PID控制器、不带内置PID控制器的变频器可采用外部控制器实现PID控制。

根据转速 n 与流量 Q 具有线性关系的特点，为使开环总增益保持基本不变，被控对象应具有线性特性，因此，这类控制方案适合被控对象是流量、压力等组成的控制系统。例如，替代原有的节流控制阀组成的流量或压力控制系统，替代原有的用旁路控制阀控制流量和压力的控制系统等。

当控制精度要求较高时，可引入转速信号，组成以转速为副环的串级控制系统。转速信号可根据数学模型计算获得，也可用转速检测元件，例如，编码器等获得。

当控制精度要求较高时，也可引入转矩信号，组成以转矩为副环的串级控制系统。转矩

信号可根据数学模型计算获得，也可用转矩检测元件，例如，用扭矩传感器等获得。

6.3.2　离心风机的变频调速控制

忽略风道变化因素，根据流体机械有关规律，离心式风机和轴流风机等的风量与转速，风压与转速，机械轴功率与转速之间有如下关系。如果所需风量有裕量，节能潜力明显。

$$\frac{n_1}{n_2}=\frac{Q_1}{Q_2};\quad \frac{p_1}{p_2}=\left(\frac{n_1}{n_2}\right)^2=\left(\frac{Q_1}{Q_2}\right)^2;\quad \frac{P_{W1}}{P_{W2}}=\left(\frac{n_1}{n_2}\right)^3=\left(\frac{Q_1}{Q_2}\right)^3 \tag{6-11}$$

图 6-19 是离心式风机的风量 Q-扬程 p、转速 n-轴功率 P_W、风量 Q-轴功率 P_W 的关系曲线。

上述关系曲线表明在一定转速下，扬程与风量呈现倒二次方关系，称为风机的工作曲线，它与风道阻力等无关。不同的风道特性表现为不同的 c 曲线簇，c_1 是自然风道的阻力曲线，c_2 和 c_3 是不同挡板开度下的风道阻力曲线。风机和特定风道确定后，工作点就确定。它是风机工作曲线与风道阻力曲线的交点。

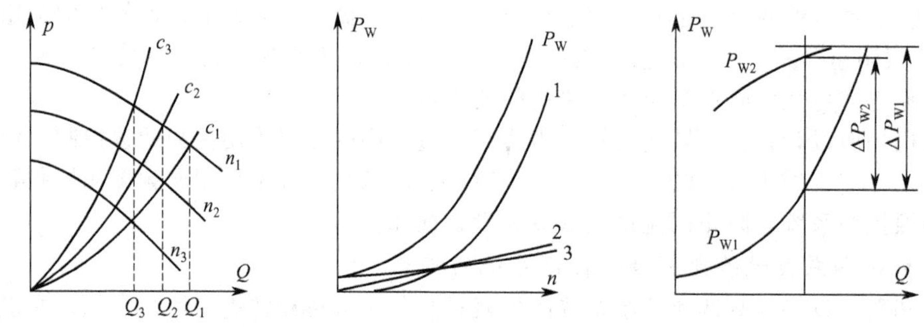

图 6-19　离心式风机的风量、转速和轴功率的关系

① 改变管路阻力。不改变风机工作曲线，通过改变调节挡板开度，改变风道阻力，使 c_1 变到 c_2 等，实现工作点的改变。这时，风量减小，扬程升高。从机械轴功率看，标准工作点附近有最大效率，随工作点移动，风机效率下降。风量下降，扬程升高，效率下降使轴功率虽然有变化，但没有风量变化明显。考虑机械损耗和电损耗，挡板调节对输入电功率的影响如 P_{W2} 所示。

② 改变转速。不改变风道阻力，改变风机转速，使风机工作曲线改变，从而使工作点改变。这时，随转速的降低，风量减小，扬程也减小。即符合风量正比于转速，扬程正比于转速的平方。转速的改变也使效率点偏离最佳点，对轴功率有影响，其综合影响见曲线 1。

由于风量与转速成正比，因此，可将输入电功率曲线表示为 P_{W1}。它与标准工作点的输入电功率之差 ΔP_{W1} 是采用调速节省的能量。同样，P_{W2} 与标准工作点的输入电功率之差 ΔP_{W2} 是采用变频调速代替挡板调节风量后节省的能量。实际需要风量与标准工作点的理论风量差距越大，节能效果越明显。

风机采用变频调速的节能效果可用下列公式计算

$$\Delta P=\left[0.4+0.6\frac{Q}{Q_e}-\left(\frac{Q}{Q_e}\right)^3\right]P_e \tag{6-12}$$

式中，Q 是实际需要风量；Q_e 是标称风量；P_e 是额定负载功率；ΔP 是节省的功率值。例如，实际需要风量/标称风量等于 0.8 时的节电率达 36.8%，等于 0.7 时的节电率为 47.7%。

要预测节能效果，需了解风量的富裕量，但多数情况不易准确预估。原采用控制阀调节，现改用变频调速，则可根据阀开度估计风量的富裕量。一般新工程，风量富裕量不低于 20%，因此，可按实际需要风量/标称风量等于 0.8 估计节能效果。锅炉的送风机和引风机，可按 0.7 估计节能效果。

与采用控制阀调节比较，变频调速控制风量的方案不仅节能，也没有控制阀死区，可实现小步距微调，调节性能提高。重要的助燃类风机，可在变频调速系统设置旁路工频备用的切换回路，当变频调速系统故障时能切换到工频运行，并用控制阀进行调节。

6.3.3　离心式泵的变频调速

（1）离心式泵变频调速控制的特点

离心式泵的工作特性与风机工作特性类似，主要区别是管路特性，即离心式泵有升扬高度。

① 如果入口由有压管道供给液体，入口压力为正值，实际升扬高度的一部分由入口压力提供，实际提升扬程大于泵升扬程。

② 如果出口封闭，即泵入一个压力系统，例如，压力容器。则出口压力为正值，泵升扬程大于实际提升扬程。

③ 如果系统全封闭，出口管道在封闭情况下连接到入口，例如，封闭的冷却循环系统，实际提升扬程为零，入口压力等于出口压力减管道损耗后的剩余压力，泵升扬程为零。

（2）离心式泵变频调速和控制阀并存的控制方案

变频调速用降低泵出口压力的方法调节流量，当流量降低到一定程度，离心泵的扬程不能满足工艺应用要求，应采用控制阀调节流量。

图 6-20 是变频调速和控制阀并存控制方案，图中，离心泵入口设备的压力 p_1，设备所需压力 p_2，提升位头为 h_2-h_1，管路和设备的压降 Δp_s，控制阀两端压降 Δp_v，流体密度 ρ，重力加速度 g，机泵扬程 H。则有

$$H=\frac{p_2-p_1}{\rho g}+h_2-h_1+\frac{\Delta p_v+\Delta p_s}{\rho g}$$

因此，当机泵等管路确定后，机泵扬程可表示为

$$H=C_1+C_2\Delta p_v \tag{6-13}$$

离心泵的变频调速和控制阀分程控制方案如图 6-20 所示。分程控制的分程设置如图 6-21所示。

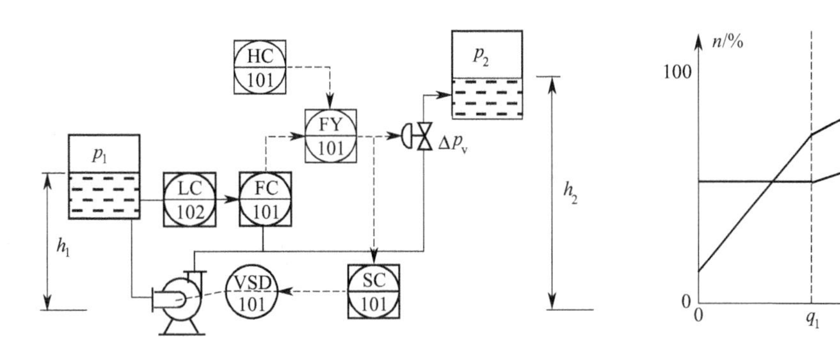

图 6-20　变频调速和控制阀并存控制方案

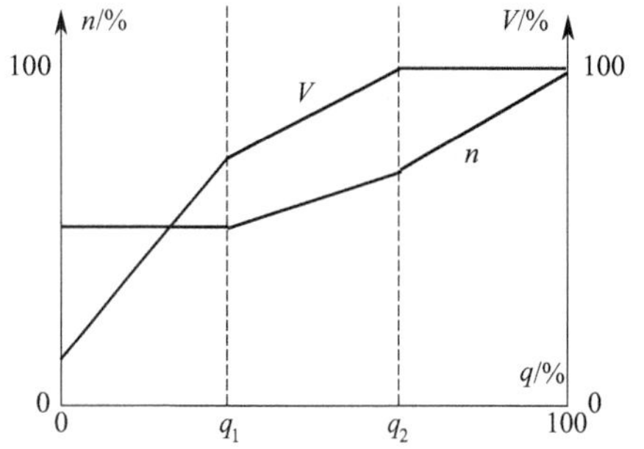

图 6-21　分程控制设置

① 实际流量 Q 小于 q_1Q_{max}时，因变频调速所提供的扬程不能满足要求，因此，变频调速系统采用某一恒定转速运行；流体流量采用控制阀调节。

② 实际流量 Q 大于 q_2Q_{max}时，控制阀已全开，用变频调速控制流体流量。

③ 实际流量 Q 在 q_1Q_{max}与 q_2Q_{max}之间，流体流量由控制阀与变频调速同时调节。

图 6-20 中的 FY-101 用于实现流量的分程控制。考虑到变频调速系统一旦故障时系统仍可

正常运行，设置了 HC-101 手动控制环节，用于实现机泵工频运行，控制阀全程控制流体流量。

变频调速可采用 U/f 控制模式，相关参数的检测信号引入变频器模拟量输入端，利用内部的 PID 控制器实现闭环控制。

风机和泵类设备的调速，主要影响系统的流量和压力，通过挡板或控制阀同样可改变系统流量和压力，是否采用变频调速，取决于经济比较，即投资回报周期的长短。小功率风机和泵采用变频的投资回报周期较长，因此，一般 30kW 以上的风机和 55kW 以上的泵可考虑采用变频调速。

采用变频调速技术的主要优点是调速效率高；调速范围宽；故障时可将变频装置退出系统；变频装置可兼作软起动设备。主要缺点是输出信号均非正弦，有高次谐波；功率开关器件的耐压不够，存在电压匹配问题等。

(3) 应用时的注意事项

① 对不设置控制阀并存的应用，应设置最低运行频率，以保证足够的升扬高度。设变频器最小运行频率 f_{min}，对应流量 Q_{min}，最大运行频率 f_{max}，对应流量 Q_{max}。则运行频率 f 时的流量 Q 为

$$Q=Q_{min}+\frac{f-f_{min}}{f_{max}-f_{min}}(Q_{max}-Q_{min}) \tag{6-14}$$

② 为防止变频器输出的频率频繁变化，对变频调速系统检测信号应设置合适的信号滤波器。

③ 检测信号的量程范围应合适，量程范围小有利于提高测量和控制精度，但使变频器输出变化频繁，通常可与 PID 控制器的比例增益一起考虑设置。

④ 需要设计变频电源自动切换到电网的电路。重要风机、泵类设备从节能出发采用变频调速时，一旦发生停电事故，应自动切换到电网供电。并保证切换过程电动机不停转。

⑤ 为防止变频调速系统加速和减速过程中发生失速，应设置过电流保护和过载保护系统。

⑥ 为防止低速起动阶段发生缺相故障，应设置外部的缺相保护电路。

6.3.4 变频调速控制系统设计示例

(1) 煤气恒压控制系统

某炭素厂阳极成型热媒锅炉由煤气加热，为热媒油供热，提高其温度。煤气供给系统的压力是保证热媒油温度恒定的重要因数。

煤气由增压风机增压后送锅炉燃烧室。煤气压力过低，会引起锅炉燃烧器熄火和热值降低，导致热媒油温度的降低或供热不足，影响阳极质量和产能；过高会造成锅炉燃烧不充分，浪费燃料。

原设计采用节流挡板控制锅炉煤气流量，实现锅炉稳定燃烧和热媒油温度控制。控制过程如下。

① 当煤气进口管道内压力低于 6.6kPa 时，煤气增压风机自动启动运行；

② 当进口煤气压力高于 6.8kPa 时，加压风机自动停机。

这种增压控制方式，虽能保证热媒锅炉所需煤气供给，但风机长期处于高转速(2924r/min)、低负载运行状态，风机机体、传动轴支撑轴承座等部件振动大，轴承磨损严重，寿命很短。一般，轴承连续运转 60～70 天就必须更换。风机的故障率高，维修频繁，维修费用高。

根据增压煤气风机的特点，结合国内外变频器的产品性能和特点，该厂设计了变频调速控制系统。变频调速控制系统流程图如图 6-22 所示。煤气风机拖动电动机的变频调速控制

系统由增压风机电动机、变频器、压力检测变送器组成。煤气入口压力经检测变送后，输出与压力相对应的标准信号，该信号连接到变频器模拟输入 AI1 端，作为压力 PID 控制器的测量信号。外部电位器连接到变频器，获得 0～10V 外部设定信号，作为压力 PID 控制器的设定信号。

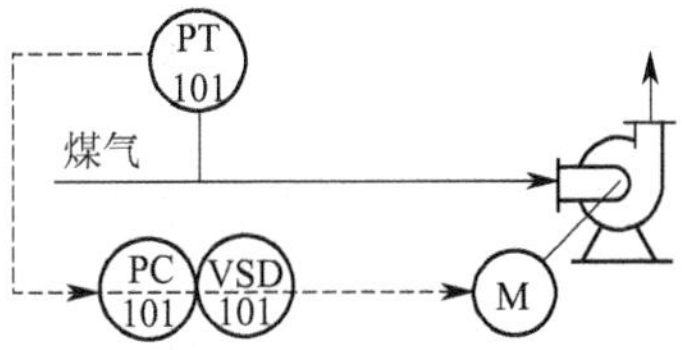

图 6-22　煤气增压变频调速控制系统

煤气压力变频调速控制系统投运后，煤气压力平稳，热媒油温度调整迅速，稳定。锅炉燃烧效率提高 9%，日节电 73kW·h。每月风机故障的停车时间从改造前的 23h 下降到 4h，风机轴承座更换周期延长到 7 个月（改造前平均 2 个月），风机维修费用（轴承座更换）每年可减少 1.8 万元。在相同煤耗量和压力条件下，电动机平均电流下降约 7.2A，电动机温度降低约 8～11℃，延长了电动机使用寿命，降低了运行成本，提高了控制精度，取得了明显经济效益。

(2) 恒液位控制系统

某带钢厂璇流井水系统用于为轧线提供生产用水，采用循环流程。图 6-23 是工艺流程示意图和恒液位控制系统框图。原系统水泵电动机为 4 极，额定功率 110kW，转速 1480rpm。

本次改造采用通用变频器，其内置 PID 控制器用于液位控制，采用超声波物位检测仪表检测璇流井液位。用 PLC 的串口连接数传电台，与远程的循环泵房实现联锁。璇流井的南、北井高液位报警信号经 PLC 和数据通信传送到循环泵房的从 PLC，实现两个水泵房的信号联锁。

(3) 300MW 汽轮机组给水泵变频调速控制

300MW 汽轮机组的给水泵控制系统分为定速给水控制和变速给水控制两类。

定速给水控制是保持给水泵特性曲线不变的条件下，通过调节给水控制阀的开度改变主给水管路阻力特性曲线，实现给水量的调节。由于节流损失大，给水泵单耗高，已经不被采用。

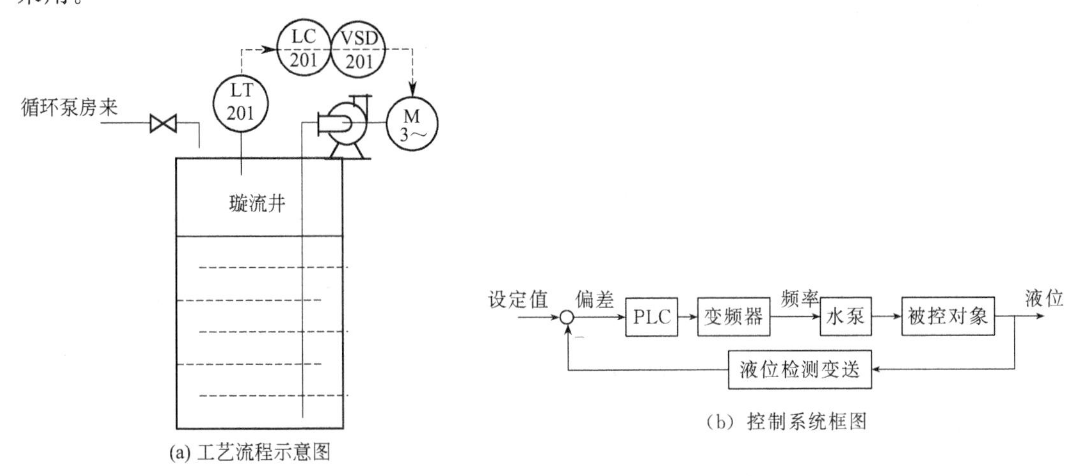

图 6-23　液位变频调速控制系统

300MW 汽轮机组给水泵采用变频调速控制系统。它的给水流程是锅炉给水经除氧器除氧后，通过前置泵和锅炉给水泵（或电动给水泵）加压后送高压加热器预热。再经主给水调门及旁路门系统进入省煤器入口和出口联箱进一步预热，最后进入锅炉汽包。考虑变频器失效后仍可用工作，因此，采用主给水调门及旁路门系统和变频调速控制并存。

300MW 汽轮机组通常配备 3 台额定容量 50%的给水泵，采用两台运行，一台备用。采用一拖三循环软起动变频调速控制系统。即用一台变频器通过切换分别实现对三台给水泵的软启动和变频调速。

控制策略：锅炉机组滑启和 50%额定负荷以下运行时，一台给水泵变频调速运行；50%～100%额定负荷时，两台给水泵运行，其中，一台工频运行，一台变频运行。工频运行的给水泵具有固定流量和扬程，变频运行的给水泵根据锅炉水位控制系统输出改变变频器输出频率，实现给水自动调节，保持锅炉水位恒定。

切换策略：变频运行的给水泵切换到工频运行时不能先断开变频开关，再合上工频开关。切换过程必须在变频运行的给水泵与该泵工频电源开关进行同步并列。当该泵的工频电源开关合闸后，再断开该泵的变频开关，实现该给水泵从变频运行到工频运行的同步平稳切换。为此，用 PLC 内的同步切换软件实现。该软件通过运行中变频调速控制系统与工频电网进行自动准同期调整，达到相序一致、电压相等、频率差小于 0.5Hz，直到相位差小于设定值，这时 PLC 发出指令，实现工频电源开关同步合闸，再经检定同步合闸正常后，断开变频开关。

习题和思考题

6-1　离心泵的流量控制有哪些形式？

6-2　离心泵和往复泵的流量控制方案有何异同点？

6-3　什么是离心压缩机的喘振现象？产生喘振的原因是什么？

6-4　离心压缩机防喘振控制方案有哪几种类型？画出防喘振控制系统图。

6-5　离心压缩机的防喘振控制与离心泵控制流量的旁路控制有什么异同？

6-6　防喘振控制系统实施时应注意什么问题？

6-7　以固定极限流量防喘振控制系统为例，说明应如何确定控制器的正反作用。

6-8　如图 6-24 所示压缩机选择性控制系统中，为防止吸入罐压力过低被吸瘪和防止压缩机喘振的双重目的，确定该控制系统中控制阀 V 的气开气闭作用方式、控制器 PC-101 和 FC-101 的正反作用和选择器 PY 的类型？

6-9　如图 6-25 所示丙烯压缩机四段吸入罐压力分程控制系统。正常工况时，通过调节 V_1 的开度控制吸入罐压力，为防止离心压缩机的喘振，阀 V_1 有最小开度 V_{1min}，当 V_1 达到最小开度时，如果吸入罐压力仍不能恢复，则打开旁路控制阀 V_2。确定压力控制器的正反作用方式，画出分程控制系统中控制器输出与阀开度的关系曲线。

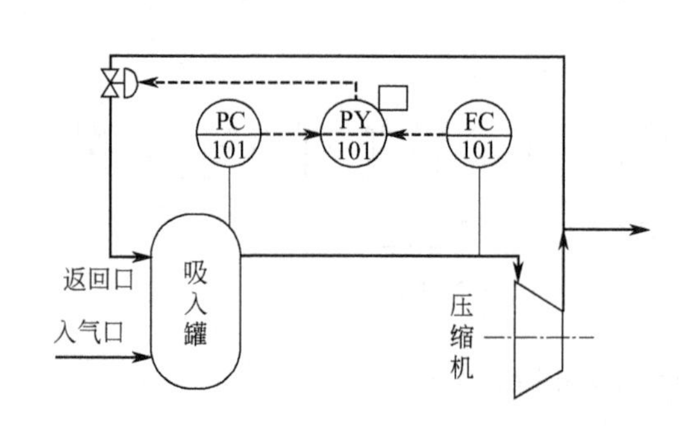

图 6-24　压缩机控制系统之一

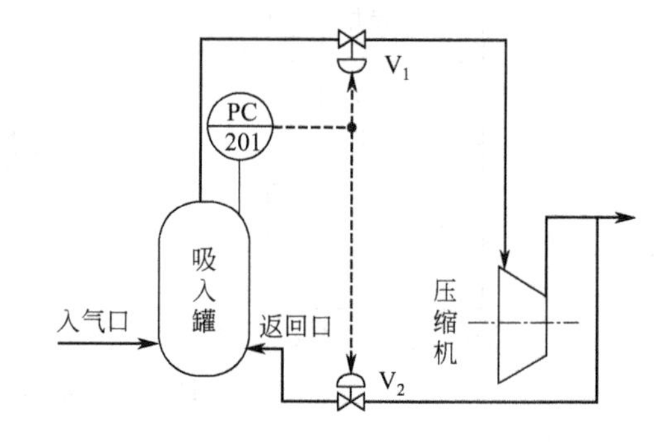

图 6-25　压缩机控制系统之二

6-10　以离心压缩机的固定极限流量防喘振控制系统为例，说明该系统为什么有积分饱和问题，应如何防积分饱和？

6-11　说明变频调速技术在风机应用时是如何节能的（与采用控制阀节流比较）。

第7章　传热设备的控制

本章内容提要

工业生产过程中用于进行热量交换的设备称为传热设备。本章讨论传热设备的控制。传热过程中冷热流体的热量交换可以发生相变或不发生相变，热量传递有热传导、热辐射或热对流等方式。实际传热过程通常是几种热量传递方式同时发生。热交换两种流体的传热根据是否接触，分为直接接触式、间壁式和蓄热式三种。传热设备简况如表7-1。

表7-1　传热设备简况表

设备类型示例	载热体示例	有无相变	工艺介质吸放热情况	传热方式
换热器	热水、冷水、空气	两侧均无相变，显热变化	无相变，温度变化	对流传热为主
再沸器	加热蒸汽或热水	两侧或一侧有相变，蒸汽冷凝放热	有相变，汽化和/或冷凝	对流传热为主
冷凝冷却器	水、盐水	一侧无相变，介质冷凝	冷凝冷却	对流传热为主
蒸汽加热器	蒸汽	一侧无相变，载热体冷凝放热	升温，无相变化	对流传热为主
加热炉	燃料气或燃料油	燃烧放热和辐射放热	汽化和升温	辐射传热为主
锅炉	煤或燃料油	燃烧放热和辐射放热	介质汽化和升温	辐射传热为主
玻璃熔窑	燃料气或燃料油	辐射放热	汽化和升温	辐射传热为主

本章讨论传热设备的特性、一般传热设备的基本控制和复杂控制，对锅炉设备、加热炉、蒸发器、工业窑炉等传热设备，根据各自特点分析了其特点和控制方案的实施等。学习时应结合前述内容，针对被控对象特点，分析和设计控制系统。

7.1　传热设备的特性

传热设备的特性应包括传热设备的静态特性和传热设备的动态特性。静态特性是稳态时设备输入和输出变量之间的关系；动态特性是动态变化过程中输入和输出之间的关系。传热设备的静态特性分析传热设备被控对象的增益变化规律。研究静态特性的目的是：

① 作为扰动分析、操纵变量选择及控制方案确定的基础；

② 作为系统分析及控制器参数整定的依据；

③ 分析不同条件下增益与操纵变量的关系，作为控制阀特性选择的依据。

7.1.1　热量传递方式

(1) 热传导

傅立叶定律指出，单位时间内热传导的热量与温度梯度、垂直于热流方向的截面积成正比。即

$$q=-\lambda A\frac{\partial T}{\partial n} \tag{7-1}$$

式中，q 是单位时间内热传导的热量，或热传导速率，W；λ 是导热系数，W/(m·℃)；A 是垂直于热流方向的截面积，m^2；$\frac{\partial T}{\partial n}$是温度梯度，℃/m。负号表示导热方向与温度梯

度方向相反。

（2）对流传热

对流传热发生在流体与固体壁之间，工业生产过程中大量的热量传递采用对流传热方式。牛顿提出的对流传热速率方程为

$$q=UA\Delta t \tag{7-2}$$

式中，q 是对流传热速率，W；U 是传热系数，W/(m^2·℃)；A 是传热面积，m^2；Δt 是壁面与壁面法线方向上流体平均温度之差，℃。

传热系数与流体类型、特性、运动状态、流体对流状态等有关。通常，蒸汽冷凝传热系数最大，液体次之，气体最小。

（3）辐射传热

辐射传热以辐射方式传递热量。它将热能转换为电磁波辐射到空间，由另一物体接收部分辐射能再转换为热能。对全部吸收辐射能的黑体，其表示为

$$q=C_0A\left(\frac{T}{100}\right)^4 \tag{7-3}$$

式中，q 是黑体单位时间内发射的能量，W；C_0是黑体发射系数，为 7.669W/(m^2·K^4)；A 是发射面积，m^2；T 是黑体热力学温度，K。

绝对黑体是不存在的，因此，辐射发射的能量只有部分被吸收，常用 ε 表示实际灰体的吸收率。

7.1.2　换热器静态特性

换热器是两侧均不发生相变的传热设备。其静态特性较简单，但具有代表性和广泛性。

（1）热量衡算式

根据载热体和冷流体流向、流程等，可将换热器分为顺流、逆流、单程、多程、列管等多种类型。这里，以单程、逆流、列管式换热器为例，分析传热设备的静态特性。

图 7-1 显示单程、逆流、列管式换热器的有关参数。因换热器两侧没有发生相变，列出热量衡算式为

$$G_2c_2(\theta_{2i}-\theta_{2o})=G_1c_1(\theta_{1o}-\theta_{1i}) \tag{7-4}$$

式中，下标 1 表示冷流体参数，2 表示载热体参数；G 和 c 分别是相应流体的重量流量(kg/hr) 和比热容 [kcal/(kg·℃)]；下标 i 和 o 分别是该流体进入传热设备和离开传热设备的参数。

（2）传热速率方程式

图 7-2 是换热器载热体、冷流体的温度分布图。换热器的传热速率方程式可表示为

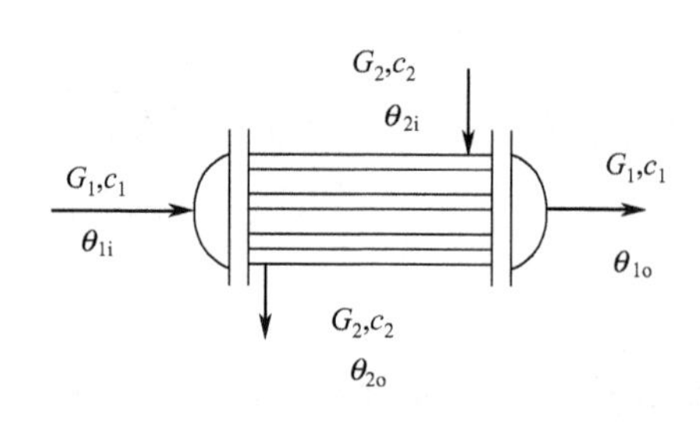

图 7-1　换热器换热原理图

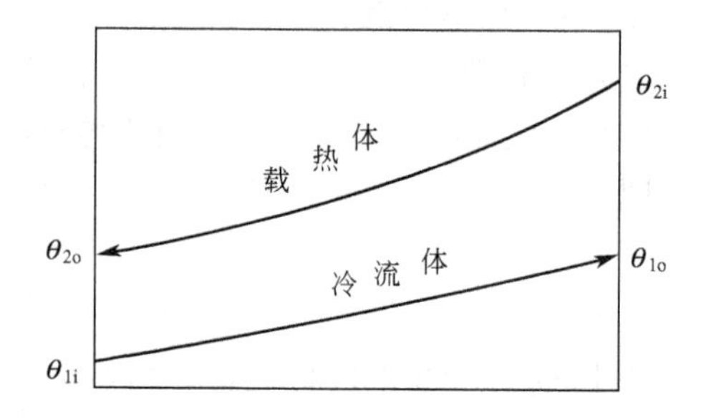

图 7-2　换热器的温度分布图

$$q=UA_{\mathrm{m}}\Delta\theta_{\mathrm{m}} \tag{7-5}$$

式中，$\Delta\theta_{\mathrm{m}}$是平均温度差，对单程、逆流换热器，采用对数平均值，即：

$$\Delta\theta_{\mathrm{m}}=\frac{(\theta_{2\mathrm{o}}-\theta_{1\mathrm{i}})-(\theta_{2\mathrm{i}}-\theta_{1\mathrm{o}})}{\ln\dfrac{\theta_{2\mathrm{o}}-\theta_{1\mathrm{i}}}{\theta_{2\mathrm{i}}-\theta_{1\mathrm{o}}}} \tag{7-6}$$

但在大多数情况下，当$\dfrac{1}{3}<\dfrac{\theta_{2\mathrm{o}}-\theta_{1\mathrm{i}}}{\theta_{2\mathrm{i}}-\theta_{1\mathrm{o}}}<3$，采用算术平均值已有足够精度，其误差小于5%。算术平均温度差表示为：

$$\Delta\theta_{\mathrm{m}}=\frac{(\theta_{2\mathrm{o}}-\theta_{1\mathrm{i}})+(\theta_{2\mathrm{i}}-\theta_{1\mathrm{o}})}{2} \tag{7-7}$$

(3) 换热器静态特性的基本方程

将式(7-7) 代入式(7-5)，并与式(7-4) 联立求解，得到换热器静态特性的基本方程

$$\frac{\theta_{1\mathrm{o}}-\theta_{1\mathrm{i}}}{\theta_{2\mathrm{i}}-\theta_{1\mathrm{i}}}=\frac{1}{\dfrac{G_1c_1}{UA_{\mathrm{m}}}+\dfrac{1}{2}(1+\dfrac{G_1c_1}{G_2c_2})} \tag{7-8}$$

假设换热器的被控变量是冷流体的出口温度$\theta_{1\mathrm{o}}$，操纵变量是载热体的流量G_2。将上式可改写为

$$\theta_{1\mathrm{o}}=\frac{\theta_{2\mathrm{i}}-\theta_{1\mathrm{i}}}{\dfrac{G_1c_1}{UA_{\mathrm{m}}}+\dfrac{1}{2}(1+\dfrac{G_1c_1}{G_2c_2})}+\theta_{1\mathrm{i}} \tag{7-9}$$

可见，影响冷流体出口温度的扰动有冷流体流量G_1、冷流体入口温度$\theta_{1\mathrm{i}}$、冷流体平均比热容c_1、载热体的平均比热容c_2、载热体流量G_2、载热体入口温度$\theta_{2\mathrm{o}}$、换热器的传热总系数U和平均传热面积A_{m}等。当冷流体、载热体确定，换热器设备确定后，c_1、c_2、U和A_{m}等确定。操纵变量是载热体流量G_2，因此，主要扰动变量是冷流体流量G_1、冷流体入口温度$\theta_{1\mathrm{i}}$和载热体入口温度$\theta_{2\mathrm{o}}$。用图 7-3 表示换热器被控变量、操纵变量和扰动变量之间的静态关系，即用静态放大系数或增益表示。

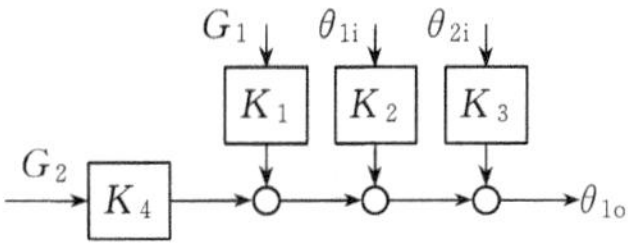

图 7-3 换热器输入输出变量的关系

各环节的静态放大系数和静态特性见表 7-2。

表 7-2 换热器各环节的静态放大系数和静态特性

增益	图形描述	计算公式	特点
冷流体流量到出口温度通道增益 K_1	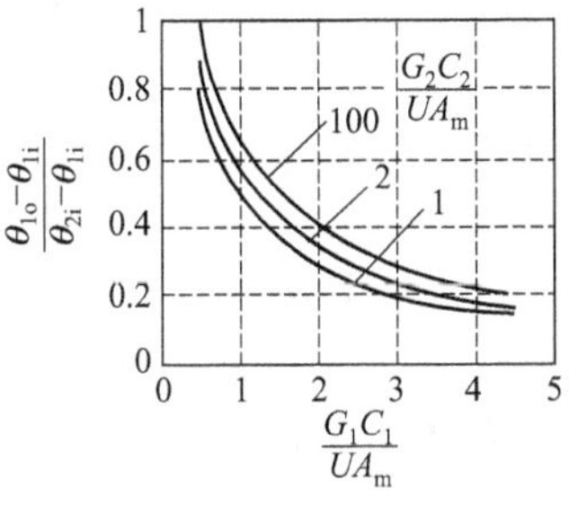	$K_1=\dfrac{\Delta\theta_{1\mathrm{o}}}{\Delta G_1}$ $=\dfrac{-(\theta_{2\mathrm{i}}-\theta_{1\mathrm{i}})}{\left[\dfrac{G_1c_1}{UA_{\mathrm{m}}}+\dfrac{1}{2}(1+\dfrac{G_1c_1}{G_2c_2})\right]^2}\left(\dfrac{c_1}{UA_{\mathrm{m}}}+\dfrac{1}{2}\times\dfrac{c_1}{G_2c_2}\right)$	①K_1是负值，$K_1<0$。即冷流体流量增大时，出口温度降低。②冷流体流量增大，供给相同的热量，增益K_1的值减小。即冷流体出口温度降低。③具有饱和非线性特性。即当冷流体流量小时，K_1的值较大，冷流体流量大时，K_1的值较小

续表

增益	图形描述	计算公式	特点
冷流体入口温度到出口温度通道增益 K_2	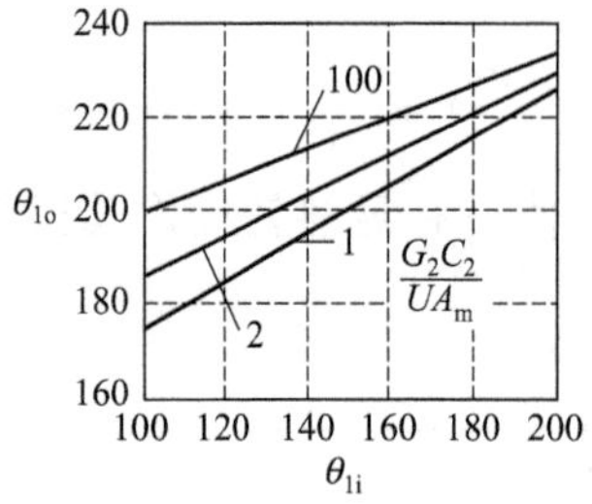 240, 220, 200, 180, 160; θ_{1o}; 100, 1, 2; $\frac{G_2C_2}{UA_m}$; 100 120 140 160 180 200; θ_{1i}	$K_2=\frac{\Delta\theta_{1o}}{\Delta\theta_{1i}}=\frac{-1}{\frac{G_1c_1}{UA_m}+\frac{1}{2}\left(1+\frac{G_1c_1}{G_2c_2}\right)}+1$	①$0<K_2<1$。即入口温度增大时，出口温度也增大。且出口温度变化小于入口温度变化。 ②K_2是常数。即冷流体入口温度有固定变化量时，相应的出口温度也应变化固定的数值。 ③相同冷流体入口温度下，增大载热体流量G_2，可使出口温度升高
载热体入口温度到出口温度通道增益 K_3	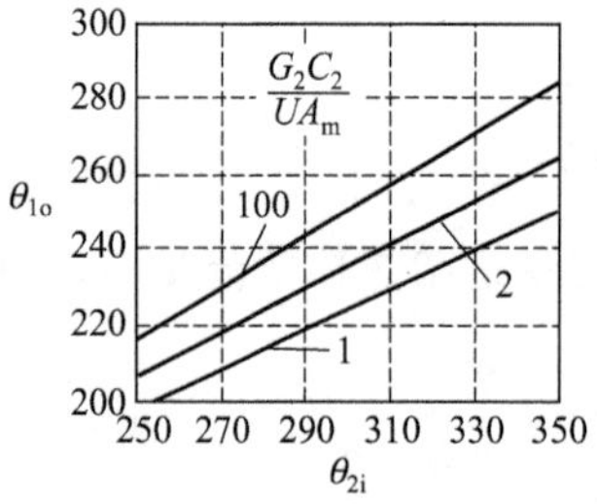 300, 280, 260, 240, 220, 200; θ_{1o}; $\frac{G_2C_2}{UA_m}$; 100, 2, 1; 250 270 290 310 330 350; θ_{2i}	$K_3=\frac{\Delta\theta_{1o}}{\Delta\theta_{2i}}=\frac{1}{\frac{G_1c_1}{UA_m}+\frac{1}{2}\left(1+\frac{G_1c_1}{G_2c_2}\right)}$	①$K_3>0$。即载热体入口温度升高时，同样条件下，冷流体的出口温度会升高。 ②K_3是常数。即载热体入口温度的变化量固定时，冷流体出口温度也有与其对应的固定变化量。 ③同样的载热体入口温度下，随载热体流量的增大，冷流体出口温度升高
载热体流量到出口温度通道增益 K_4	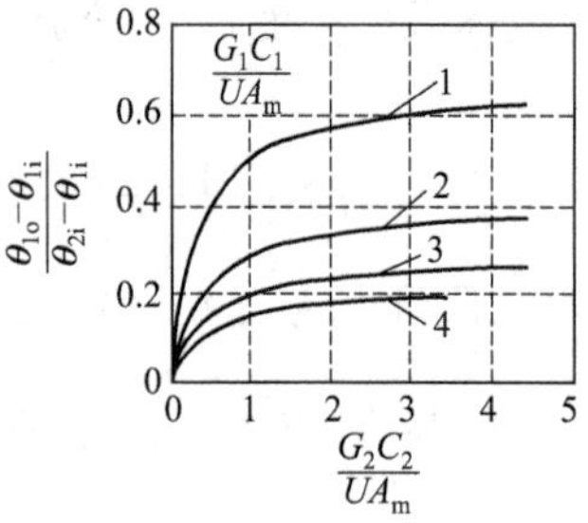 0.8, 0.6, 0.4, 0.2, 0; $\frac{\theta_{1o}-\theta_{1i}}{\theta_{2i}-\theta_{1i}}$; $\frac{G_1C_1}{UA_m}$; 1, 2, 3, 4; 0 1 2 3 4 5; $\frac{G_2C_2}{UA_m}$	$K_4=\frac{\Delta\theta_{1o}}{\Delta G_2}=\frac{\theta_{2i}-\theta_{1i}}{2\left[\frac{G_1c_1}{UA_m}+\frac{1}{2}\left(1+\frac{G_1c_1}{G_2c_2}\right)\right]^2}\times\frac{G_1c_1}{G_2^2c_2}$	①$K_4>0$，即载热体流量增大时，出口温度增大。 ②具有饱和非线性特性。随着载热体流量的增大，增益K_4的数值减小。当载热体流量较小时，增益K_4的值较大，当载热体流量较大时，增益K_4的值较小

(4) 控制方案确定和控制阀流量特性的选择

① 控制方案的确定。根据上述分析，为了控制换热器的冷流体出口温度，有四种可以影响的过程变量，其中，冷流体入口温度、载热体入口温度和冷流体流量都由上工序确定，它们不可控制，但可测量，或者因通道的增益较小，不宜作为操纵变量。因此，过程可操纵变量只有载热体流量。控制方案是以冷流体出口温度为被控变量，载热体流量为操纵变量的单回路控制系统。

由于其他三个过程变量不可控但可测量，当它们的变化较频繁，幅值波动较大时，也可作为前馈信号，组成前馈-反馈控制系统。

当载热体流量或压力波动较大时，宜将载热体流量或压力作为副被控变量，组成串级控制系统。

表 7-2 表明，换热器是非线性对象。当采用载热体流量作为操纵变量时，流量过大进入饱和非线性区，再增大载热体流量将不能很好控制冷流体出口温度，需要采用其他控制方案。

② 控制阀流量特性的选择。换热器被控对象具有非线性饱和特性，根据第 3.3 节的分析，不管是随动或定值控制系统，都应选择等百分比流量特性的控制阀。

7.2 一般传热设备的控制

一般传热设备指以对流传热为主的传热设备。例如，换热器、蒸汽加热器、氨冷器、冷凝冷却器、精馏塔的再沸器等，这些传热设备采用间壁传热，被控变量通常是工艺介质的出口温度，操纵变量则为载热体或冷却剂流量。传热设备控制的实质是对传热设备的热量平衡控制。

传热设备控制的目的如下。

① 达到工艺所需的温度。例如，反应器的入口温度等。

② 热量平衡。例如，反应过程中，除热和放热的平衡。

③ 改变物料的相态。例如，氨冷却器将液氨汽化为气氨。

④ 余热利用。

7.2.1 一般传热设备的基本控制

一般传热设备基本控制方案如表 7-3 所示。

表 7-3 一般传热设备的基本控制

控制方式	调节载热体流量	改变载热体的汽化温度	工艺介质分路	调节传热面积
控制方案	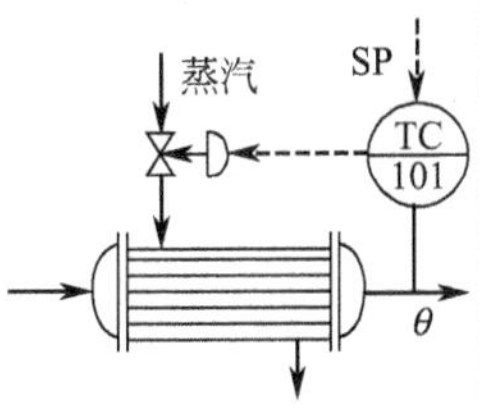 蒸汽 SP TC 101 θ	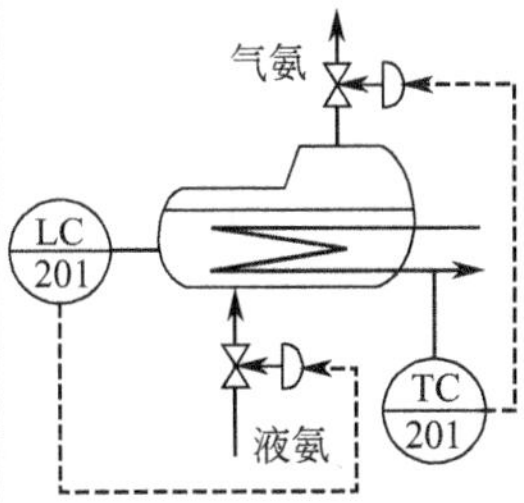 气氨 LC 201 TC 201 液氨	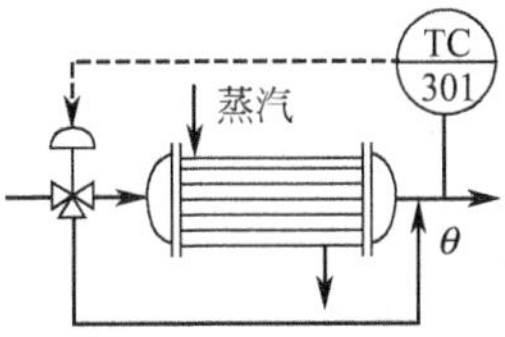 TC 301 蒸汽 θ	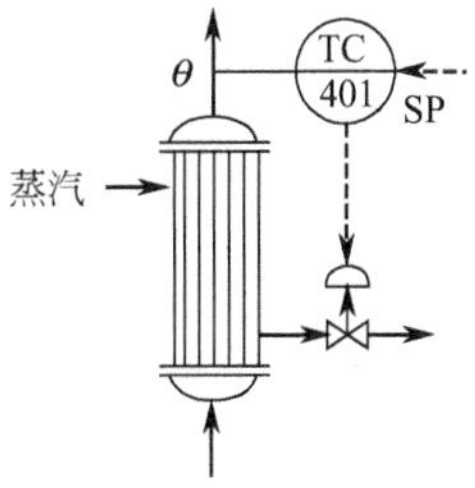 θ TC 401 SP 蒸汽
工作原理	改变载热体流量，引起传热总系数 U 和平均温度差 $\Delta\theta_m$ 的变化。 流量增大，平均温度差增大，传热面积足够时，系统工作在非饱和区，通过改变载热体流量可控制冷流体出口温度	引起平均温度差 $\Delta\theta_m$ 的变化。 控制阀开度变化，气相压力变化，引起汽化温度变化，使平均温度差变化，来改变传热量，控制出口温度	将热流体和冷流体混合后温度作为被控变量，热流体温度大于设定温度，冷流体温度低于设定温度，控制冷热流体流量配比，使混合后温度等于设定温度	改变传热面积，可改变传热速率，使传热量发生变化，达到控制出口温度的目的。 改变冷凝液的积蓄量(液位)来调节传热面积
特点	①传热面积足够时，可有效控制出口温度。 ②需要载热体流量变化对出口温度的增益大。如果进入饱和区，则控制效果差。 ③被控对象时间常数大，控制不够及时	①系统响应快，应用较广泛。 ②为了保证足够蒸发空间，需增设液位控制系统，增加设备投资费用。 ③为使控制阀能有效控制出口温度，设备需较高气相压力。为此，需要增大压缩机功率，对设备耐压有更高要求，设备投资费用增加	①用于载热体流量较大，冷流体流量较小场合。 ②动态响应快。 ③需要载热体热量足够，经济性差	①控制阀安装在冷凝液管线，蒸汽压力可保证，不会出现负压，出现冷凝液的脉冲式排放和被加热介质温度的周期波动。 ②被控过程具有积分和非线性特性，控制器参数整定困难。 ③该控制方案的控制性能不佳

续表

控制方式	调节载热体流量	改变载热体的汽化温度	工艺介质分路	调节传热面积
改进方案	①压力、流量或液位波动较大，可增加压力、流量或液位副环，组成串级控制系统。 ②原料流量(冷流体流量)等波动较大时，可采用前馈-反馈控制系统。 ③传热面积不足时，采用调节载热体流量控制方案时，应增设信号报警或联锁控制系统。 ④液位(气压)超安全软限时，采用温度和液位(气压)的超驰控制系统	①气氨压力波动较大时，可采用气氨压力作为副环的串级控制系统。 ②液氨流量或压力波动较大时，可采用相应扰动变量的前馈-反馈控制系统	①采用三通控制阀直接实现，也可采用两个控制阀(其中，一个为气开型，一个为气关型)实现。 ②一般采用分流(安装在入口)，也可合流(安装在出口)方式。 ③生产负荷变化较频繁时，可采用双重控制系统	①为改善过程时间常数较大的影响，可采用温度和液位串级控制系统。 ②为保证足够蒸发空间，应设置液位高限报警系统。 ③为克服蒸汽压力或流量波动影响，可采用蒸汽压力或流量的前馈-反馈控制系统

实施基本控制方案时，应注意下列事项。

① 被控变量是温度，为减小检测变送环节造成的时滞和减小时间常数，宜选用快响应检测元件。

② 操纵变量是流量，被控过程具有较大时间常数和时滞，具有非线性饱和特性，因此，控制阀宜选用等百分比流量特性。

③ 控制器控制规律选用 PI。I 控制作用用于消除余差，可采用积分分离等措施实现防积分饱和。过程增益一般较小，因此，选用的比例度一般较小。当时间常数较大时宜添加 D 控制，改善过程动态控制性能。

7.2.2　一般传热设备的复杂控制

如上述，传热设备的控制以单回路控制为主，但当控制性能不能满足时，可根据过程扰动分析，设置复杂控制系统或先进控制系统。例如，传热设备的前馈-反馈控制、基于模型计算的控制和选择性控制等。

表 7-4 是一般传热设备应用复杂控制系统的示例。

表 7-4　复杂控制系统应用示例

控制系统	与流量组成串级控制系统	与压力组成串级控制系统	前馈-反馈控制系统
控制方案	FC 101 SP TC 102 蒸汽 θ	SP 蒸汽 FC 201 TC 202 θ	f(x) PY 303 PT 303 气氨 Σ TY 302 TC 302 液氨
应用场合	蒸汽流量和压力波动较大场合	阀后压力波动较大场合	气氨压力波动较大场合

续表

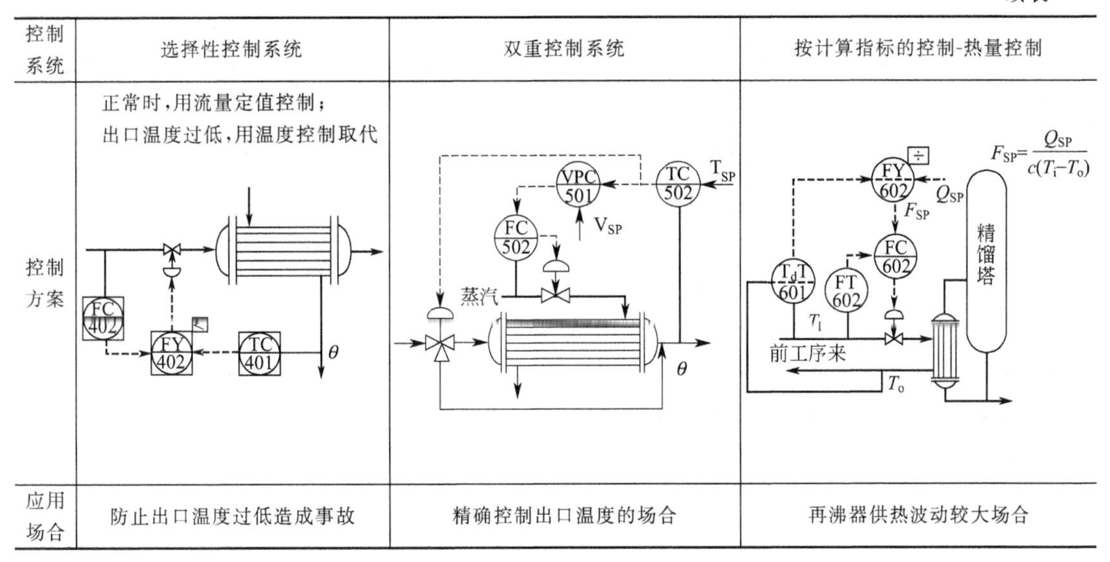

控制系统	选择性控制系统	双重控制系统	按计算指标的控制-热量控制
控制方案	正常时，用流量定值控制； 出口温度过低，用温度控制取代		
应用场合	防止出口温度过低造成事故	精确控制出口温度的场合	再沸器供热波动较大场合

7.3 锅炉设备的控制

锅炉是工业生产过程中必不可少的动力设备。它所产蒸汽不仅供生产过程作为热源，而且还作为蒸汽透平动力源。随着工业生产过程规模不断扩大，生产过程不断强化，作为全厂动力和热源的锅炉设备，亦向大容量、高参数、高效率方向发展。为确保锅炉生产的安全操作和稳定运行，对锅炉设备自动控制提出更高要求。

按锅炉设备所使用燃料的种类、燃烧设备、炉体形式、锅炉功能和运行要求的不同，锅炉生产有各种不同的流程。但其蒸汽发生和处理的系统基本相同。常见锅炉设备的工艺流程如图 7-4 所示。

给水经给水泵、给水控制阀、省煤器进入锅炉的汽包。燃料与经预热的空气按一定配比混合，在燃烧室燃烧产生热量，传递到汽包生成饱和蒸汽，经过热器形成过热蒸汽，汇集到蒸汽母管，并经负荷分配后供生产过程使用。燃烧过程的废气将饱和蒸汽变成过热蒸汽，并经省煤器预热锅炉的给水和燃烧用的空气，最后烟气经引风机送烟囱排空。

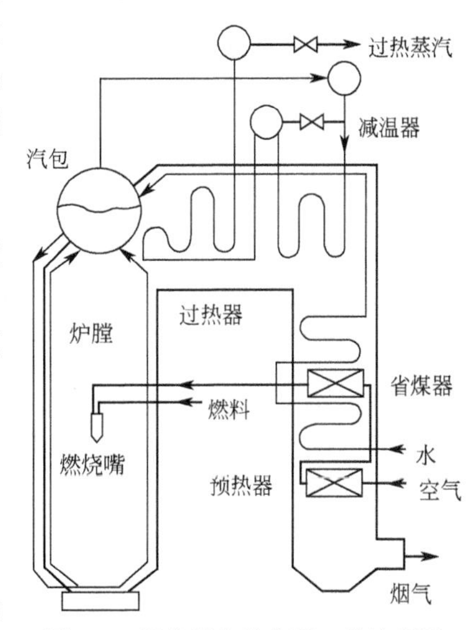

图 7-4 锅炉设备的主要工艺流程图

锅炉设备的主要控制要求如下。

① 供给蒸汽量应适应负荷变化需要或保持给定负荷；

② 锅炉供给用汽设备的蒸汽压力保持在一定范围内；

③ 过热蒸汽温度保持在一定范围内；

④ 汽包水位保持在一定范围内；

⑤ 保持锅炉燃烧的经济性和安全运行；

⑥ 炉膛负压保持在一定范围内。

根据上述控制要求，锅炉设备的主要控制系统如表 7-5。

表 7-5　锅炉设备的主要控制系统

控制系统	被控变量	操纵变量	控制目的
锅炉汽包水位控制系统	锅炉汽包水位	给水流量	锅炉内产出的蒸汽和给水的物料平衡
蒸汽过热控制系统	过热蒸汽温度	喷水流量	过热蒸汽的温度和安全性
锅炉燃烧控制系统	蒸汽出口压力 烟气成分(燃料流量/送风流量) 炉膛负压	燃料流量 送风流量 引风流量	蒸汽负荷的平衡 燃空比控制,实现燃烧的完全和经济性 引风与排风的适应,以保证锅炉运行的安全性

7.3.1　锅炉汽包水位的控制

保持锅炉汽包水位在一定范围内是锅炉稳定安全运行的主要指标。水位过高造成饱和蒸汽带水过多，汽水分离差，使后序的过热器管壁结垢，传热效率下降，过热蒸汽温度下降，当用于蒸汽透平的动力源时，会损坏汽轮机叶片，影响运行的安全与经济性；水位过低造成汽包水量太少，负荷有较大变动时，水的汽化速度过快，而汽包内水的全部汽化将导致水冷壁的损坏，严重时发生锅炉的爆炸。

(1) 锅炉汽包水位的动态特性

锅炉汽水系统如图 7-5 所示。影响汽包水位的因素有：汽包（包括循环水管）中储水量和水位下气泡容积。而水位下气泡容积与锅炉的负荷、蒸汽压力、炉膛热负荷等有关。锅炉汽包水位主要受到锅炉蒸发量（蒸汽流量 D）和给水流量 W 的影响。

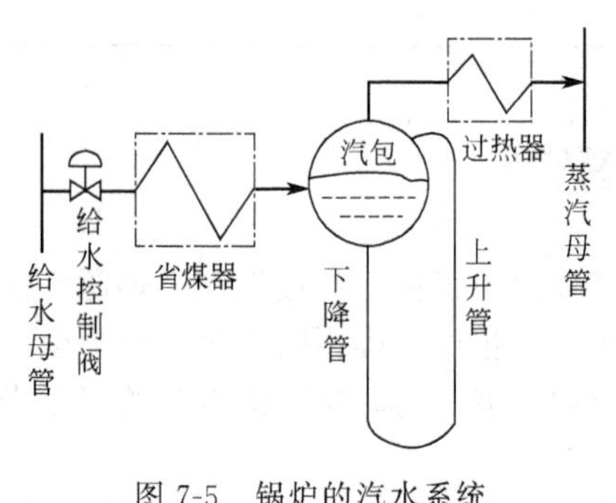

图 7-5　锅炉的汽水系统

当蒸汽用量增加时，由于汽包中气泡容积的增加，使水位出现先增加的现象称为虚假水位。但因蒸汽用量增加，大于给水流量，因此，最终水位应下降。这种因虚假水位造成的过程特性称为反向特性。虚假水位的变化幅度与锅炉的工作压力和蒸发量有关。例如，100～200t/h 的中高压锅炉在蒸汽负荷变化 10%时，能够引起虚假水位的变化达 30～40mm。

表 7-6 给出锅炉汽包水位的动态特性。

表 7-6　锅炉汽包水位的动态特性

动态特性	响应曲线	动态特性近似的传递函数描述	说　　明
给水流量 W 对汽包水位 H 的动态特性		$\frac{H(s)}{W(s)}=\frac{k_0}{s}e^{-s\tau}$ k_0:响应速度,即给水流量作单位流量变化时,水位的变化速度,(mm/s)/(t/h); τ:时滞,s	给水流量 W 增加时,因给水温度低于汽包内饱和水温度,需从饱和水中吸收部分热量,因此,水位下气泡容积减少,只有当水位下气泡容积变化达到平衡后,给水量增加才与水位 H 变化成比例增加。表现在响应曲线初始段,水位增加较缓慢,可用时滞特性近似描述。 给水温度越低,时滞也越大。非沸腾式省煤器锅炉时滞约 30～100s,沸腾式省煤器锅炉时滞约 100～200s。 响应时间 T_0 是给水流量变化 100%时,水位变化所需的时间,s。$T_0=1/k_0$

续表

动态特性	响应曲线	动态特性近似的传递函数描述	说明
蒸汽流量 D 对汽包水位 H 的动态特性	D, 0, t; H, H_2, H, 0, H_1, 0, t	$\frac{H(s)}{D(s)}=\frac{H_1(s)}{D(s)}+\frac{H_2(s)}{D(s)}=-\frac{k_f}{s}+\frac{k_2}{T_2 s+1}$ k_f：响应速度，即蒸汽流量作单位流量变化时，水位的变化速度，(mm/s)/(t/h)； k_2：响应曲线 H_2 的增益； T_2：响应曲线 H_2 的时间常数	蒸汽流量 D 阶跃变化时，根据物料平衡关系，蒸汽量 D 大于给水量 W，水位应下降，如图中响应曲线 H_1 所示。 由于蒸汽用量增加，使汽包压力下降，汽包内的水沸腾加剧，水中气泡迅速增加，由于气泡容积的增加造成水位的变化如图中的响应曲线 H_2 所示。 因此，实际汽包水位的响应曲线 H 是 H_1 和 H_2 的合成

(2) 锅炉汽包水位的控制

锅炉汽包水位的控制系统中，被控变量是汽包水位，操纵变量是给水流量。主要扰动变量如下：

① 给水方面的扰动。例如，给水压力、减温器控制阀开度变化等。

② 蒸汽用量的扰动。包括管路阻力变化和负荷设备控制阀开度变化等。

③ 燃料量的扰动。包括燃料热值、燃料压力、含水量等。

④ 汽包压力变化。通过汽包内部汽水系统在压力升高时的"自凝结"和压力降低时的"自蒸发"影响水位。

表 7-7 是常见的三种锅炉汽包水位控制方案的比较。

表 7-7 锅炉汽包水位控制方案的比较

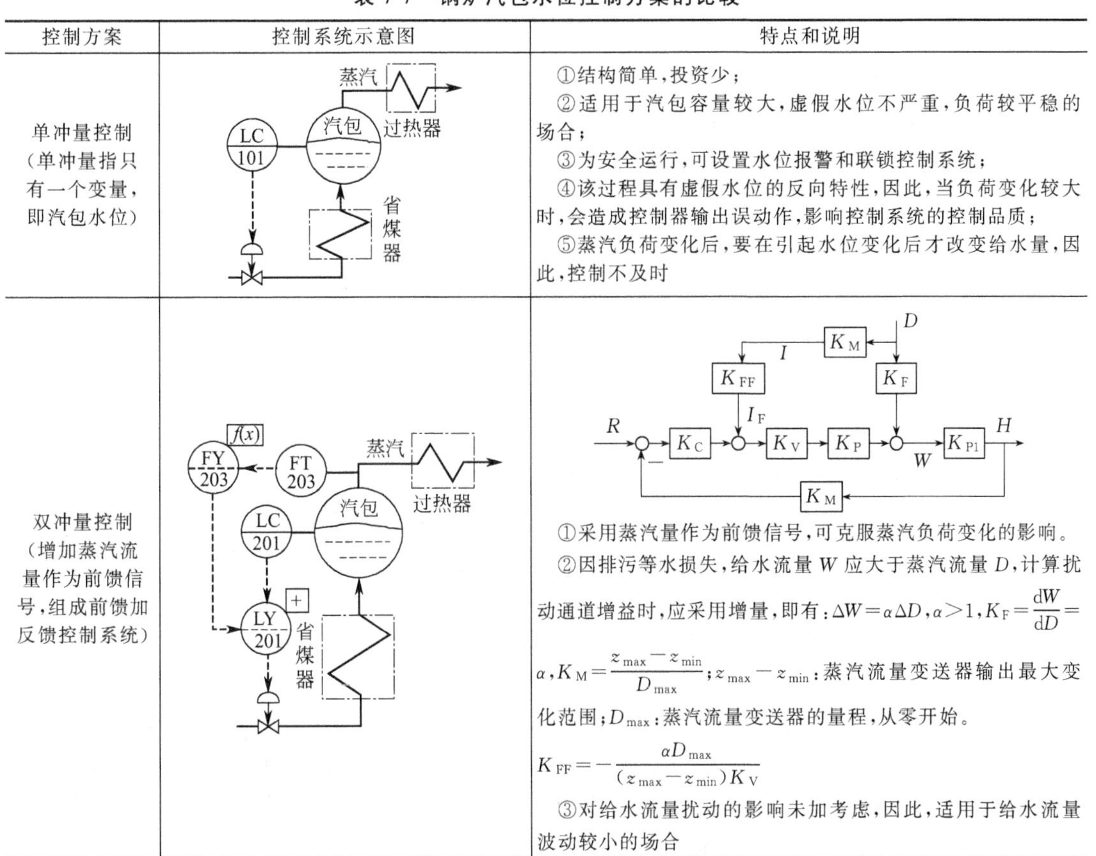

控制方案	控制系统示意图	特点和说明
单冲量控制（单冲量指只有一个变量，即汽包水位）		①结构简单，投资少； ②适用于汽包容量较大，虚假水位不严重，负荷较平稳的场合； ③为安全运行，可设置水位报警和联锁控制系统； ④该过程具有虚假水位的反向特性，因此，当负荷变化较大时，会造成控制器输出误动作，影响控制系统的控制品质； ⑤蒸汽负荷变化后，要在引起水位变化后才改变给水量，因此，控制不及时
双冲量控制（增加蒸汽流量作为前馈信号，组成前馈加反馈控制系统）		①采用蒸汽量作为前馈信号，可克服蒸汽负荷变化的影响。 ②因排污等水损失，给水流量 W 应大于蒸汽流量 D，计算扰动通道增益时，应采用增量，即有：$\Delta W=\alpha\Delta D$，$\alpha>1$，$K_F=\frac{dW}{dD}=\alpha$，$K_M=\frac{z_{max}-z_{min}}{D_{max}}$；$z_{max}-z_{min}$：蒸汽流量变送器输出最大变化范围；$D_{max}$：蒸汽流量变送器的量程，从零开始。 $K_{FF}=-\frac{\alpha D_{max}}{(z_{max}-z_{min})K_V}$ ③对给水流量扰动的影响未加考虑，因此，适用于给水流量波动较小的场合

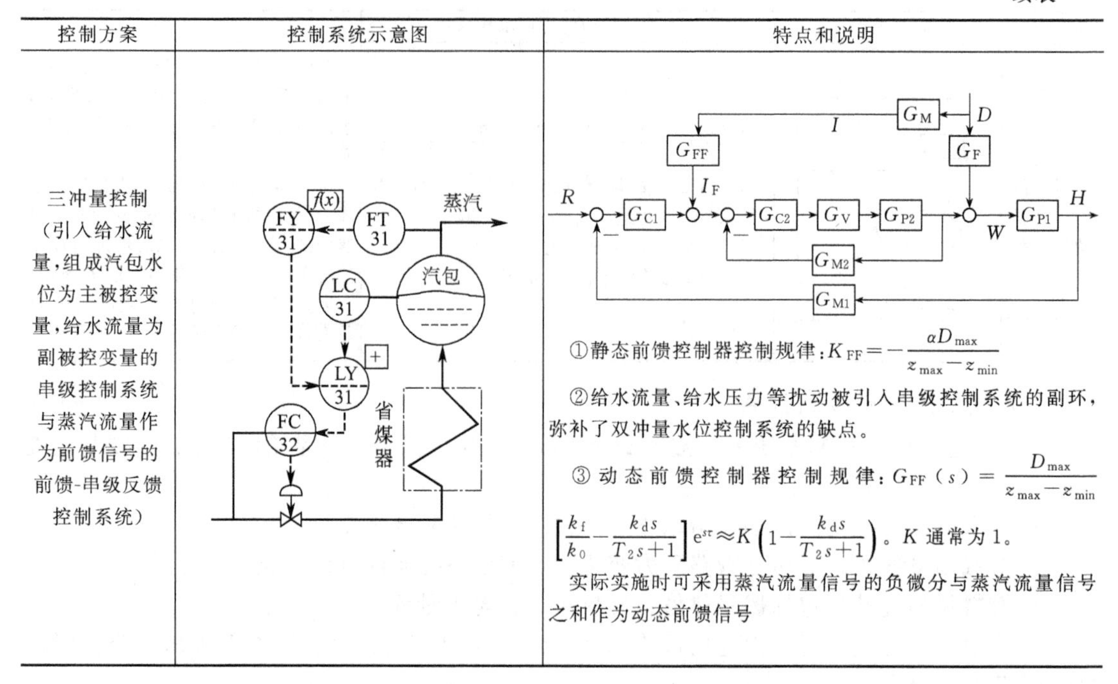

续表

控制方案	控制系统示意图	特点和说明
三冲量控制（引入给水流量，组成汽包水位为主被控变量，给水流量为副被控变量的串级控制系统与蒸汽流量作为前馈信号的前馈-串级反馈控制系统）		①静态前馈控制器控制规律：$K_{FF}=-\frac{\alpha D_{max}}{z_{max}-z_{min}}$ ②给水流量、给水压力等扰动被引入串级控制系统的副环，弥补了双冲量水位控制系统的缺点。 ③动态前馈控制器控制规律：$G_{FF}(s)=\frac{D_{max}}{z_{max}-z_{min}}\left[\frac{k_f}{k_0}-\frac{k_d s}{T_2 s+1}\right]e^{s\tau}\approx K\left(1-\frac{k_d s}{T_2 s+1}\right)$。K 通常为 1。 实际实施时可采用蒸汽流量信号的负微分与蒸汽流量信号之和作为动态前馈信号

(3) 应用示例

锅炉汽包水位控制系统可采用计算机控制装置实现。图 7-6 是采用现场总线控制系统实施时的功能模块组态图。图中，各功能模块的功能见表 7-8。

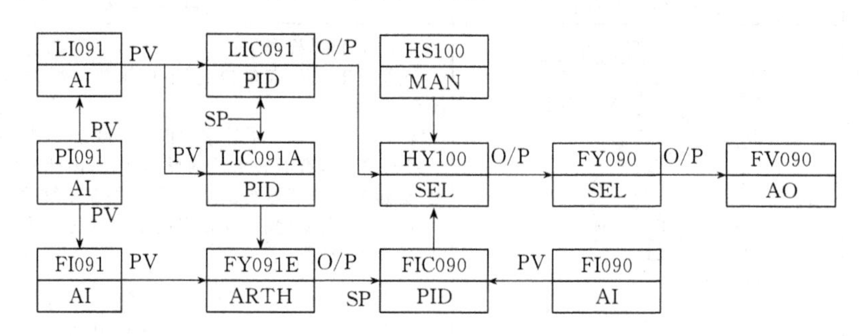

图 7-6　锅炉气包水位控制系统组态图

控制方案主要包括下列内容。

① 单冲量与三冲量水位控制系统的切换。开停车或负荷不正常时，控制系统应切换到单冲量水位控制系统，为此，使用 HY100 切换，单冲量控制时，由 LIC091 作为水位控制器，调节给水流量控制阀。三冲量控制时，给水流量信号经内部开方运算后，直接送水位控制器 LIC091A，作为给水流量控制器 FIC090 的设定，其前馈信号来自蒸汽量 FI091，用 FY091E 实现前馈信号的前馈运算，并与反馈信号相加。组成蒸汽流量前馈-锅炉汽包水位和给水流量的串级控制系统。

② 无扰动切换。在现场总线控制系统中，AUTO 状态时，FIC090 输出跟踪 FY091E 输出。为实现控制系统的无扰动切换，应使 HY100 输出等于 LIC091 的输出。根据图示，HY100 输出等于 FIC090 输出与 LIC091 输出之一，因 FIC090 输出跟踪 FY091E 输出，因此，HY100 输出也跟踪 FIC090 输出。

表 7-8 功能模块的功能和描述

仪表位号	LI091	PI091	FI091	LIC091	LIC091A	FY091E
功能模块	AI	AI	AI	PID	PID	ARTH
描述	汽包水位检测	汽包压力检测	蒸汽量检测	单冲量水位控制器	三冲量水位控制器	前馈+反馈
仪表位号	HS100	HY100	FIC090	FY090	FV090	FI090
功能模块	MAN	SEL	PID	SEL	AO	AI
描述	手动控制模式切换	自动控制模式切换	给水量控制器	手自动切换开关	给水控制阀	给水量检测

7.3.2 蒸汽过热系统的控制

蒸汽过热系统的控制任务是使过热器出口温度维持在允许范围内，并保护过热管管壁温度不超过允许的工作温度。过热蒸汽温度检测点位于锅炉汽水通道中最高温度处。过热蒸汽温度过高，过热器易损坏，造成汽轮机内部器件过度热膨胀，严重影响运行安全。过热蒸汽温度过低，设备效率下降，汽轮机最后几级蒸汽湿度增加，造成汽轮机叶片磨损。

影响过热器出口温度的主要因素有：蒸汽流量、燃烧工况、引入过热器的蒸汽热焓（减温水量）、流经过热器的烟气温度和流速等。

通常采用减温水流量作为操纵变量，过热器出口温度作为被控变量，组成单回路控制系统。但控制通道的时滞和时间常数都较大，因此，也可引入减温器出口温度作为副被控变量，组成如图 7-7 所示的串级控制系统。有时，也可组成双冲量控制系统，即前馈-反馈控制系统，它将减温器出口温度的微分信号作为前馈信号，与过热器出口温度相加后作为过热器温度控制器测量。当减温器出口温度有变化时，才引入前馈信号。稳定工况下，该微分信号为零，与单回路控制系统相同。双冲量控制系统见图 7-8 所示。图中，TY-211 是微分器。

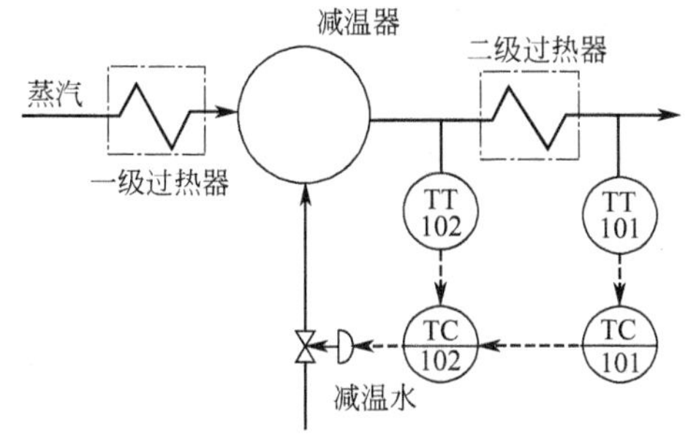

图 7-7 过热蒸汽串级控制系统

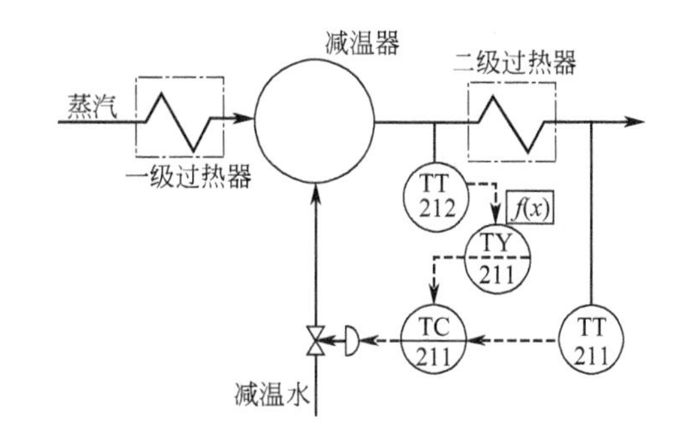

图 7-8 过热蒸汽的双冲量控制系统

7.3.3 锅炉燃烧控制系统

锅炉燃烧控制系统的基本任务是使燃料燃烧所产生的热量，适应蒸汽负荷的需求，同时，保证锅炉经济和安全运行。燃烧过程的任务和被控变量、操纵变量见表 7-5。

为适应蒸汽负荷的变化，应及时调节燃料量；为完全燃烧，应控制燃料量与送风量的比值，使过剩空气系数满足要求；为防止燃烧过程中火焰或烟气外喷，应控制抽风量使炉膛负压运行。这三项控制任务相互影响，应消除或削弱它们的关联。此外，从安全考虑，需设置防喷嘴背压过低的回火和防喷嘴背压过高的脱火措施。

（1）燃烧过程基本控制

燃烧过程的基本控制方案见表 7-9。

表 7-9　燃烧过程的基本控制方案

方案	基本控制方案一	基本控制方案二	逻辑提量和逻辑减量控制方案
控制系统描述	①蒸汽压力为主被控变量，燃料量为副被控变量组成的串级控制系统。 ②燃料量为主动量，空气量为从动量的比值控制系统	①蒸汽压力为主被控变量，燃料量为副被控变量组成的串级控制系统。 ②蒸汽压力为主被控变量，空气量为副被控变量的串级控制系统	逻辑提量和逻辑减量比值控制系统：在蒸汽负荷提量时，能够先提空气量，后提燃料量；负荷减量时能先减燃料量，后减空气量，保证燃料的完全燃烧
特点	①确保燃料量与空气量的比值关系，当燃料量变化时，空气量能够跟踪燃料量变化。 ②送风量的变化滞后于燃料量的变化	①通过燃料控制器和空气控制器的正确动作，间接保证燃料量与空气量的比值关系。 ②能够保证蒸汽压力恒定	既能保证蒸汽压力恒定，又可实现燃料的完全燃烧（保持燃料量与空气量的比值关系）
控制方案	蒸汽 PT 111；燃料 FT 101；空气 FT 102；k；FY 102；PC 111；FC 101；F_FC 102；燃料阀；空气阀	燃料 FT 211；蒸汽 PT 211；空气 FT 212；k；× FY 212；PC 211；FC 211；F_FC 212；燃料阀；空气阀	FT 31 燃料；PT 31 蒸汽；FT 32 空气；PC 31；× FY 32；k；FC 31；< PY 31A；> PY 31B；F_FC 32；燃料阀；空气阀

（2）双交叉燃烧控制

双交叉燃烧控制是以蒸汽压力为主被控变量，燃料和空气量并列为副被控变量的串级控制系统。其中，两个并列的副环具有逻辑比值功能。使该控制系统在稳定工况下能够保证空气和燃料在最佳比值，也能在动态过程中尽量维持空气、燃料配比在最佳值附近，因此，具有良好经济效益和社会效益。

双交叉燃烧控制系统如图 7-9 所示。控制系统可方便地在计算机控制装置中实现。

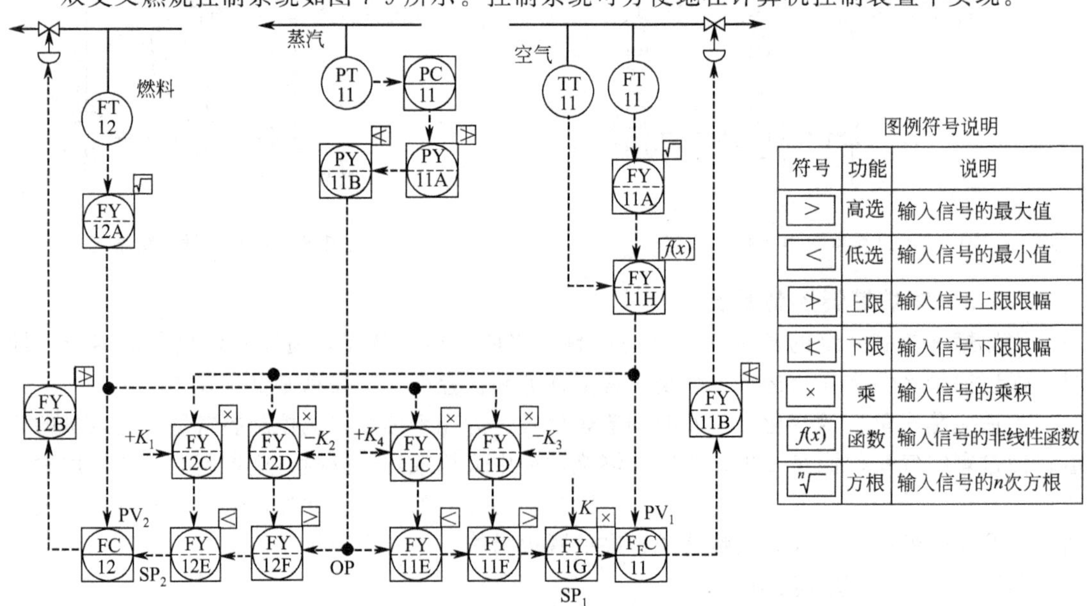

图 7-9　双交叉燃烧控制系统

① 稳定工况。蒸汽压力在设定值，压力控制器 PC-11 输出经上、下限限幅器后，分别经燃料系统的高选和低选，作为燃料流量控制器的设定 SP_2，经空气系统的低选和高选，并乘以比值系数 K 后，作为空气流量控制器设定 SP_1，因此，稳定工况时有：$SP_1=K\times SP_2$。

由于两个流量控制器具有积分控制作用，稳态时，设定值与测量值应相等，无余差，即：$F_2=SP_2$；$F_1=SP_1$；因此，有：$KF_2=F_1$，这表明，稳定工况下，燃料流量与空气流量能够保持所需的比值 K。

稳定工况下，系统中所有高选和低选、上限和下限都不起作用，它们的输出都是蒸汽压力信号值 OP。

② 负荷增加。蒸汽用量增加时，蒸汽压力下降，反作用控制器 PC-11 的输出增加，即 OP 增加，引起 SP_1 和 SP_2 同时增加，但 SP_2 受下值限幅，最大增量为 K_1，SP_1 受下值限幅，最大增量为 KK_4，设置 $K_4>K_1$，使 SP_2 的增加不如 SP_1 明显，即达到先增空气量，后增燃料量的控制目的。

双交叉限幅的作用是使空气和燃料的增加是交叉进行。即空气流量增加后，PV_1 增大，经 K_1 后，使低限限幅值增大，设定 SP_2 也随 PV_1 增大而增大，即燃料量增大。反之，燃料量增大后，PV_2 增大，经 K_4 后，使下限限幅输出增大，又反过来增大空气量，这种交叉的限幅值增加，使动态过程中也能保证燃料和空气流量比值在接近最佳比值。

③ 负荷减小。蒸汽用量减小时，蒸汽压力增加，PC-11 控制器输出减小，与上述相似，OP 减小，但因受上限限幅器的限幅，SP_2 的最大减量为 K_2，SP_1 的最大减量是 KK_3，设置 $K_2>KK_3$，使 SP_1 的减少不如 SP_2 明显，因此，达到减量时先减燃料量，后减空气量的控制目的。

同样，由于减量时，双交叉限幅控制使燃料量和空气量也交替减小，因此，燃料量和空气量在减量的动态过程中能够保证工作在接近最佳比值。

(3) 燃烧过程中烟气氧含量闭环控制

燃烧过程控制保证燃料和空气的比值关系，并不保证燃料的完全燃烧。燃料的完全燃烧与燃料的质量（含水量、灰分等）、热值等因素有关。不同锅炉负荷下，燃料量和空气量的最佳比值也不同。因此，常用烟气中含氧量作为检查燃料完全燃烧的控制指标，并根据该指标控制送风量。

① 锅炉热效率的控制。锅炉热效率主要反映在烟气成分（主要是含氧量）和烟气温度，常用含氧量 A_O 表示。用过剩空气系数 α 表示过剩空气量，定义为实际空气量 Q_P 与理论空气量 Q_T 之比，即

$$\alpha=\frac{Q_P}{Q_T} \tag{7-10}$$

过剩空气系数很难直接测量，它与烟气中含氧量 A_O 有关

$$\alpha=\frac{21}{21-A_O} \tag{7-11}$$

图 7-10 显示过剩空气系数 α 与烟气含氧量 A_O、锅炉效率的关系。当 α 在 1～1.6 范围内时，过剩空气系数 α 与烟气含氧量 A_O 接近直线关系。

② 烟气含氧量控制系统。烟气含氧量控制系统与锅炉燃烧控制系统一起实现锅炉的经济燃烧，如图 7-11 所示。

烟气含氧量闭环控制系统是在原逻辑提量和减量控制系统基础上，将原来的定比值改变为变比值，比值由含氧量控制器 AC-11 输出。为快速反映烟气含氧量，常选用二氧化锆氧量仪表检测烟气中含氧量。

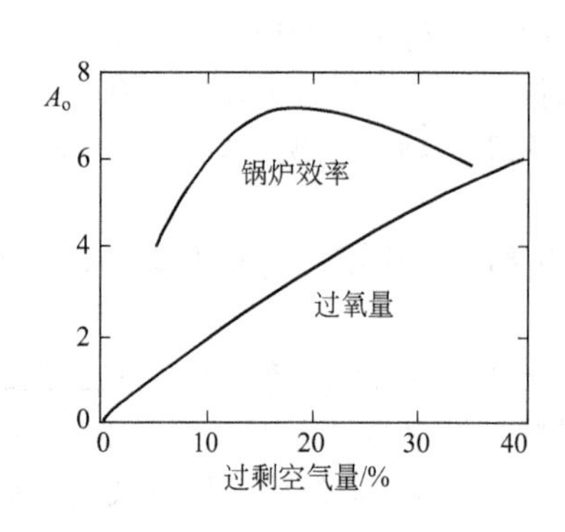

图 7-10　过剩空气量与烟气含氧量、锅炉效率的关系

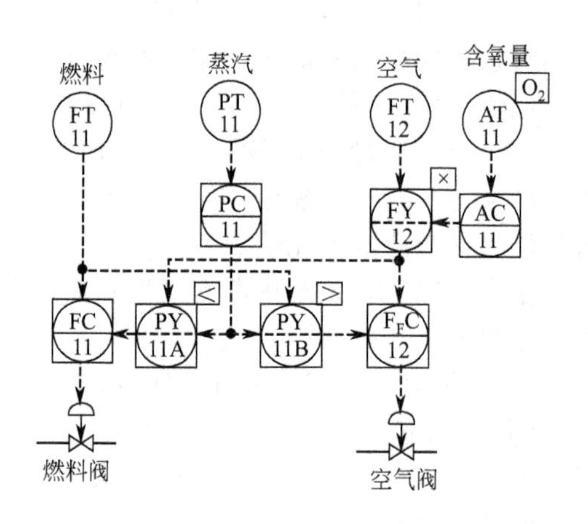

图 7-11　烟气含氧量的闭环控制系统

(4) 炉膛负压控制及安全控制系统

① 炉膛负压控制系统。炉膛负压控制系统中被控变量是炉膛压力（控制在负压），操纵变量是引风量。当锅炉负荷变化不大时，采用单回路控制系统。

当锅炉负荷变化较大时，应引入扰动量的前馈信号，组成前馈-反馈控制系统。蒸汽压力变动较大时，可引入蒸汽压力的前馈信号；扰动来自送风机系统时，可将送风量作为前馈信号，组成前馈-反馈控制系统。

② 安全联锁控制系统

● 防止回火的联锁控制系统。当燃料压力过低，炉膛内压力大于燃料压力时，发生回火事故。可设置如图 7-12(a) 所示的联锁控制系统防止回火。它采用压力开关 PSA，当压力低于下限设定值时，使联锁控制系统动作，切断燃料控制阀的上游切断阀，防止回火。也可采用选择性控制系统，防止回火事故发生。

● 防止脱火的选择性控制系统。燃料压力过高，燃料流速过快，易发生脱火事故。可设置如图 7-12(b) 所示燃料压力和蒸汽压力的选择性控制系统。正常时，燃料控制阀根据蒸汽负荷的大小调节；一旦燃料压力超过安全软限，燃料压力控制器的输出减小，经低选器，PC-21 取代 PC-22，防止脱火事故发生。

将防止回火和脱火的系统组合，设置如图 7-13 所示控制系统。防止脱火采用低选器，防止回火采用高选器，Q_{min}表示防止回火的最小流量对应的仪表信号。

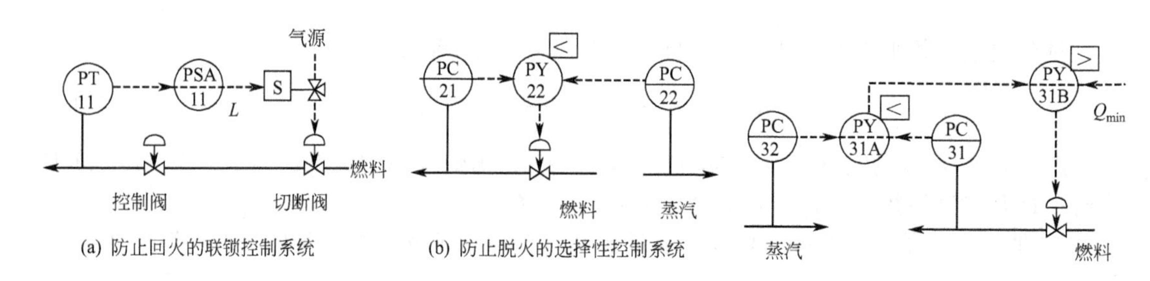

图 7-12　安全控制系统

图 7-13　防止脱火和回火的选择控制系统

● 燃料量限速控制系统。当蒸汽负荷突然增加时，燃料量也会相应增加，当燃料量增速

过快时，会损坏设备。为此，在蒸汽压力控制器输出设置限幅器，使最大增速在允许范围内，防止设备损坏事故的发生。锅炉安全控制系统还包括其他一些限速控制系统。

7.4　加热炉的控制

常见箱式、立式和圆筒式管式加热炉是传热设备的一种。其传热过程是炉膛灼热火焰辐射热量给炉管，经热传导、热对流传热给工艺介质。被控对象具有更大的时间常数和更大的时滞。炉膛越大，停留时间越长，则时间常数和时滞越大。因加热炉辐射热占总热负荷70%～80%，对流传热占总热负荷20%～30%，因此，加热炉传热过程较复杂。工艺介质在炉管内被加热升温并汽化，出口温度控制过高，物料易分解，结焦直至炉管烧坏。温度过低则不能满足后一工序的操作条件。为此，加热炉操作的平稳十分重要。

7.4.1　加热炉的简单控制

影响加热炉出口温度的主要扰动是被加热介质进料温度、流量、组分，燃料油（气）压力和热值、燃烧状况、空气过量情况、烟尘抽力等。

加热炉的简单控制是以加热炉出口温度为被控变量，以燃料油（气）流量为操纵变量组成的单回路控制系统。辅助控制系统包括被加热物料进料流量定值控制；燃料油（气）总压控制；雾化蒸汽（或空气）压力控制等。图7-14是简单控制系统和辅助控制系统示意图。

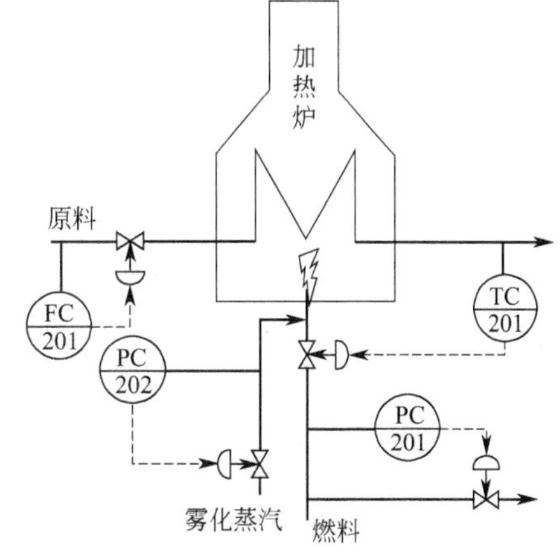

图7-14　加热炉的简单控制系统

当燃料油（气）压力波动较大时，可采用燃料油阀后压力与雾化蒸汽压力差来控制雾化蒸汽，或采用燃料油阀后压力与雾化蒸汽压力的比值控制，以保证良好的雾化。

7.4.2　加热炉的复杂控制

（1）串级控制

加热炉常用串级控制系统见表7-10。

表7-10　加热炉常用串级控制系统

类型	出口温度和炉膛温度串级	出口温度和燃料流量串级	出口温度和燃料阀后压力串级	出口温度和浮动阀组成串级
特点	①用于热负荷大，热强度小，炉膛温度控制要求高的场合。 ②主要扰动是燃料热值，组分变化。 ③由于炉膛温度较平稳，对同一炉膛的其他炉管也有较好控制效果。 ④炉膛温度检测点应反应快，位置合适，并耐高温。 ⑤副控制器参数设置应较松	①用于燃料流量波动较大场合。 ②采用差压式流量计容易堵塞导压管。 ③流量副环参数应整定较松，并可加反微分	①用于燃料流量检测困难或容易堵塞，且流量波动较大场合。 ②压力检测比较方便，可降低成本。 ③喷嘴堵塞造成阀后压力升高，因此，需要设置安全联锁系统	①采用浮动阀可节省压力变送器和压力控制器。 ②用于气体燃料。 ③阀后压力应适应气动仪表要求，必要时需增设继动器。 ④浮动阀的气动薄膜的材质应适合燃料要求。 ⑤浮动阀将阀后压力直接引入气动薄膜执行机构

续表

类型	出口温度和炉膛温度串级	出口温度和燃料流量串级	出口温度和燃料阀后压力串级	出口温度和浮动阀组成串级
控制方案	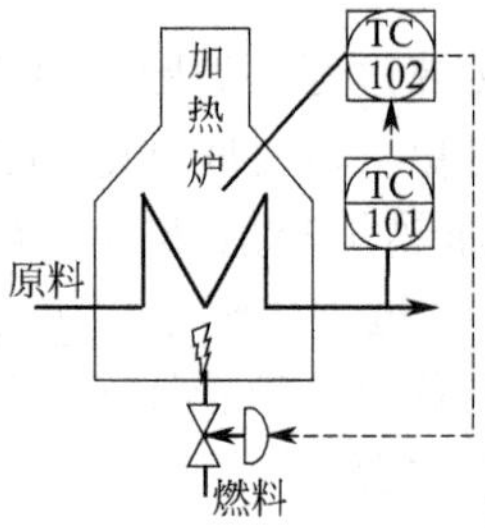 加热炉 TC 102 TC 101 原料 燃料	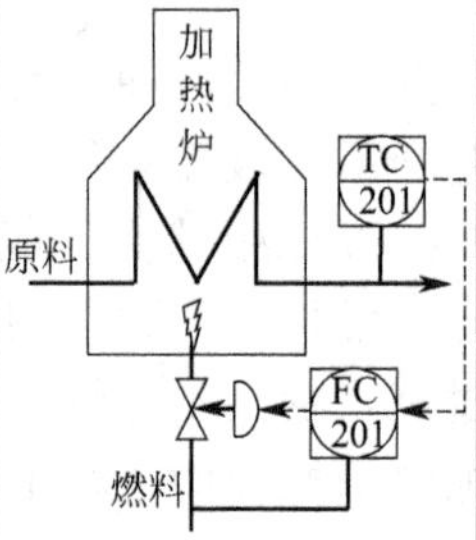 加热炉 TC 201 原料 FC 201 燃料	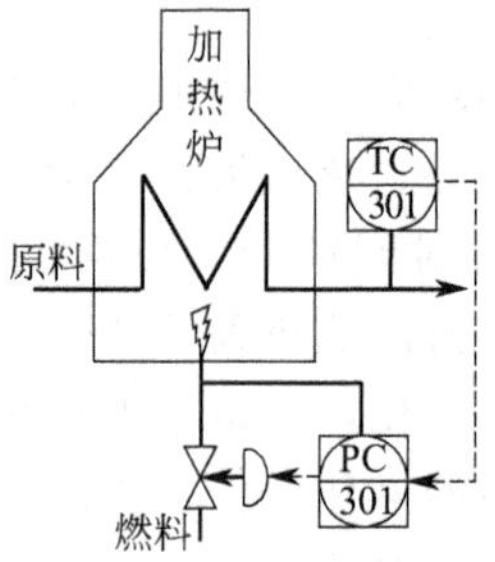 加热炉 TC 301 原料 PC 301 燃料	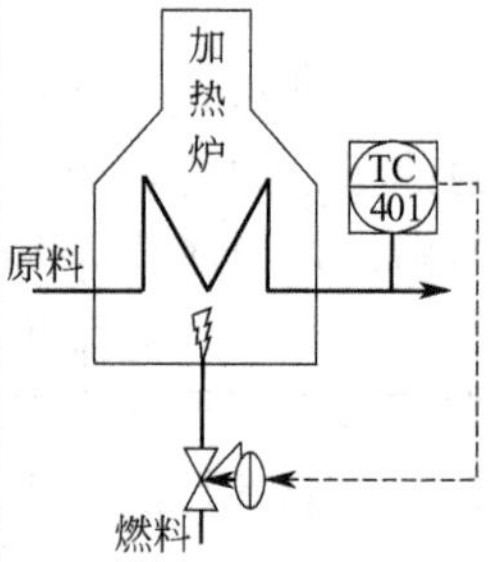 加热炉 TC 401 原料 燃料

（2）前馈-反馈控制

将被加热物料流量或温度信号作为前馈信号引入出口温度的反馈控制系统中，组成前馈-反馈控制系统。它对被加热物料的流量或温度的波动有很好的抑制能力。

（3）选择性控制

与图 7-13 类似，为保证安全运行，可设置加热炉出口温度和燃料阀后压力的选择性控制系统。当阀后压力超过安全软限时，能够替代正常运行的温度控制器，防止阀后压力过高造成脱火事故的发生。

（4）按计算指标的控制

经测试，某加热炉的热效率 η 用下列数学模型描述。

$$\eta=122.64-16.20\alpha-0.0588T \tag{7-12}$$

式中，T 是排烟温度；α 是过剩空气系数，其值由数学模型描述为

$$\alpha=\frac{100-n_{CO_2}-n_{O_2}}{100-n_{CO_2}-4.76n_{O_2}} \tag{7-13}$$

n_{CO_2} 和 n_{O_2} 是烟气中的二氧化碳和氧气的百分含量。为简化，可直接用烟气中的氧含量确定，即

$$\alpha=1.0192+1.9874n_{O_2}+67.23(n_{O_2})^2 \tag{7-14}$$

烟气中的氧含量可采用二氧化锆氧分析仪检测。因此，可根据所需的热效率和根据氧含量确定的过剩空气系数，计算排烟温度的设定值，并用于调节烟道的挡板。

7.4.3　加热炉的安全联锁保护系统

为防止事故发生，加热炉应设置如下安全联锁保护系统。

① 为防止被加热物料流量过小或中断，应设置被加热物料流量过小时切断燃料控制阀，停止燃烧的安全联锁保护系统。

② 为防止燃料油（气）阀后压力过高，造成脱火，设置如图 7-12(b) 所示阀后压力和出口温度的选择性控制系统，当压力过高时，用压力控制器替代出口温度控制器对燃料油（气）进行控制，避免事故发生。

③ 为防止燃料油（气）阀后压力过低，造成回火，设置如图 7-12(a) 所示燃料量过低时切断燃料控制阀的安全联锁保护系统。

④ 为防止火焰熄灭造成燃烧室内形成危险燃料-空气混合物，应设置火焰检测器，当火焰熄灭时，联锁切断燃料控制阀的安全联锁保护系统。

7.5 蒸发器的控制

蒸发是用加热的方法使溶液中部分溶剂汽化并除去，提高溶液中溶质浓度或使溶质析出的操作。它是使挥发性溶剂与不挥发性溶质分离的操作。被广泛应用于制糖、制盐、制碱、食品、医药、造纸及原子能等工业生产中。

7.5.1 蒸发器的特性

工业生产的蒸发过程大多属于沸腾蒸发，即溶液中溶剂在沸点时汽化，汽化过程中溶液呈沸腾状，汽化不仅在溶液表面进行，而且几乎在溶液各个部分同时发生汽化现象，即沸腾蒸发过程是一个剧烈的传热过程。因此，可将蒸发器作为集中参数系统处理。与其他传热设备一样，蒸发器的对象特性也很复杂，每效蒸发器常用一阶时滞环节近似。

蒸发的必备条件是热能不断供应和汽化蒸汽不断排除。通常，蒸发操作用饱和水蒸汽作为加热源，称为加热蒸汽或生蒸汽。被蒸发溶液大多为水溶液，从溶液中蒸发汽化出来的蒸汽亦是水蒸气，称为二次蒸汽。及时排除二次蒸汽，可降低蒸发器内压力，有利于蒸发。二次蒸汽用于另一蒸发器的加热，能充分利用热能。通常，采用多效蒸发，逐步蒸浓。

蒸发器的控制指标是最终产品的浓度。产品浓度作为被控变量组成的一些控制回路称为主控制回路；为了使蒸发过程正常进行，对扰动变量在进入蒸发器前先期控制，组成的一些控制回路称为辅助控制回路。

影响被控变量的扰动较多，包括蒸发器内压力、进料溶液浓度、流量、温度、加热蒸汽压力、温度和流量、蒸发器液位、冷凝液和不凝物排放等。

蒸发器通常在减压或真空条件下进行，蒸发器内真空度低，对产品质量和颜色等有影响，真空度高有利于溶液沸腾汽化，提高传热系数，节省蒸汽，提高产品浓度。

在相同加热蒸汽量和真空度的操作条件下，进料浓度增大，产品浓度也增大；进料温度影响加热蒸汽量；进料溶液流量增大，产品浓度下降，并使液位升高。通常，选择进料流量作为操纵变量。

加热蒸汽量对蒸发操作影响很大，加热蒸汽流量大，供给的热量大，蒸发量增大，影响正常操作，并造成过热，影响产品质量，应予以控制。加热蒸汽压力小，不易蒸发，传热系数下降；压力大，产生大量二次蒸汽，同样造成传热系数下降。因此，蒸汽压力应予以控制。

除升降膜式蒸发器外，液位应维持一定高度，以保证蒸发操作正常进行。液位波动大，破坏汽液平衡和物料平衡，影响产品质量。液位与蒸发面积有关，过高和过低都不利于蒸发操作。

冷凝液和不凝物排放十分重要，凝液的过快排放，易造成带汽排放，浪费蒸汽。而不及时排放则影响蒸汽的冷凝。不凝物气体会造成绝缘气膜，降低传热系数，应定期排放。

为使蒸发过程产品浓度满足工艺要求，常用的操纵变量有进料流量、循环量、出料量、加热蒸汽量等。

7.5.2 蒸发器的控制

蒸发器主要控制是产品浓度控制，包括产品浓度控制、温度控制和温差控制，见表 7-11。

表 7-11　蒸发器主要控制系统

类型	浓度控制	温度控制	温差控制(或用压力补偿的温度控制)
控制方案(示例)	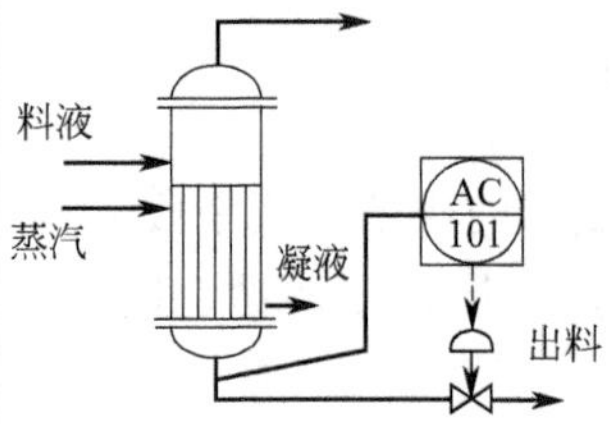 料液 蒸汽 凝液 AC 101 出料	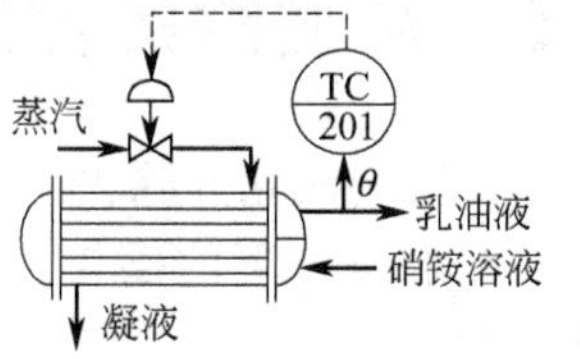 蒸汽 TC 201 θ 乳油液 硝铵溶液 凝液	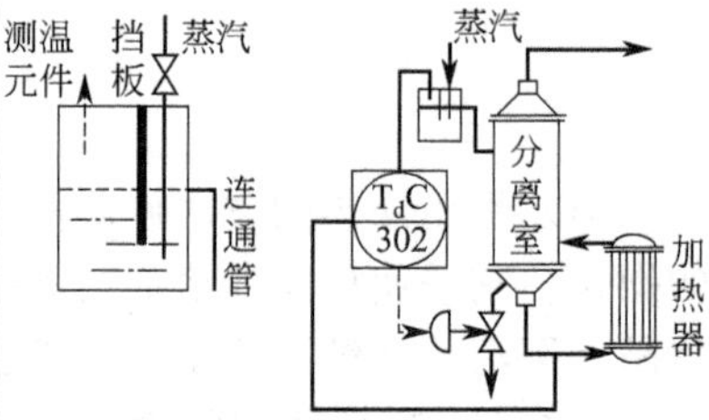 测温元件 挡板 蒸汽 连通管 蒸汽 T_dC 302 分离室 加热器
注意事项	产品浓度是直接质量指标。直接测量产品浓度的方法有折光仪测定法、比重法等	在一定真空度条件下,浓度与温度有一一对应关系。温度控制间接控制产品浓度	真空度变化时,用温差控制以抵消真空度变化的影响。(气相检测小室结构见图)

蒸发器的辅助控制包括加热蒸汽控制、蒸发器液位控制、真空度控制、冷凝液排放控制等。

蒸发器加热蒸汽压力或流量波动较大时，采用加热蒸汽的压力或流量控制，稳定加热量。

蒸发器液位控制用于保证一定的蒸发空间。液位检测仪表应考虑两端测压，防止汽泡造成的虚假液位。

当真空度有一定裕度时，可采用吸入管安装控制阀，调节吸入的空气保证真空度。也可采用调节吸气管阻力的控制方案，但因吸气管径较大，控制阀口径也较大，不常采用。调节冷凝液排放量来控制真空度的方法不够灵敏，但可节省冷却水量。

冷凝液排放控制可采用蒸汽疏水器，但易同时排出蒸汽。大型蒸发器采用凝液分离器，控制其液位来保证冷凝液的正常排放。

7.6　工业窑炉的控制

7.6.1　陶瓷窑炉的控制

(1) 陶瓷窑炉工艺简介

焙烧陶瓷采用隧道窑炉或辊道窑炉，它们是 1m 多宽，几十米长的工业窑炉。需焙烧的陶瓷胚从窑炉一端送入，以一定的移动速度在窑炉内移动。陶瓷窑炉内部根据温度分布，分为预热带、烧成带和冷却带。陶瓷胚料先在预热带由烟道气余热烘烤，温度升高，并进入烧成带。烧成带左右两侧或一侧是陶瓷窑炉的燃烧室。燃料燃烧分明焰和暗焰两种。燃烧生成的高温烟气使烧成带内陶瓷制品温度达到最高温度，高温烟气从烧成带流向预热带，其余热供陶瓷胚预热，并经烟道排出。部分高温烟气经窑炉窄缝作为气封，阻止冷空气进入。经烧成带焙烧的陶瓷制品送冷却带，在冷却带尾部冷却风机送入的冷风冷却下，将陶瓷制品冷却并出窑。换热后的热风作为搅拌气流，部分热风被抽出送干燥室，用于陶瓷制品的干燥。

图 7-15 是总长 65m 烧煤明焰隧道窑炉的示意图。图中，预热带 28m，烧成带 16m，冷却带 22m。预热带和冷却带窑宽 1.1m，高 1.36m，烧成带窑宽 1.24m，高 1.28m。两侧自动加煤的链条炉由直流调速电机拖动，空气经鼓风机加压后从链条下方向上吹送，链条上方的煤与穿过煤层被称为一次风的空气进行燃烧反应，其他方向进入的空气称为二次风。图中显示窑炉中的温度分布。

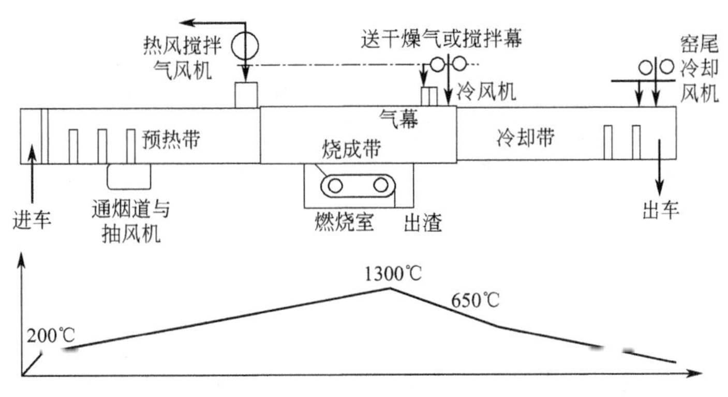

图 7-15 烧煤明焰隧道窑炉及温度分布

(2) 陶瓷窑炉的控制

① 陶瓷窑炉的窑温控制。根据窑温设定的变化曲线，控制窑温，才能保证优质低耗焙烧成陶瓷产品。影响窑温的扰动有：燃煤成分和热值、煤层分布和厚度、链条机转速、一次和二次风量、窑内气氛分布等。采用单回路控制的控制效果欠佳，温度波动大，能耗大，合格率低，产品质量差。

通常组成以烧成带温度为主被控变量，以链条炉燃烧室温度为副被控变量的串级控制系统。将燃煤成分和热值、煤层分布和厚度、链条机转速等扰动都包含在串级控制系统的副环，能够有效克服这些扰动对烧成带温度的影响，保证窑温的稳定。操纵变量采用燃煤量，对烧煤的窑炉，采用改变链条机转速来控制加煤量；对烧油窑炉可直接控制燃油量。

② 陶瓷窑炉的气氛控制。窑炉的气氛指窑炉内烟气的成分，通常用 CO 浓度表示窑炉气氛是还原性或氧化性气氛。陶瓷制品的外观、色泽与制品开始还原温度与气氛 CO 浓度有关。

气氛的控制主要通过调节送风量，即燃料与空气的比值，使过剩空气系数恒定。可将加煤量与空气量组成比值控制系统，由于加煤量与窑温串级控制系统副环输出有关，因此，可将该信号作为比值控制系统的加煤量信号。空气量的调节通常采用调节空气鼓风机转速的方法。

如能测得气氛 CO 浓度，可将气氛 CO 浓度控制器与燃料空气比值控制系统组合成为变比值控制系统。即将气氛 CO 浓度控制器输出作为燃料/空气比值系数，使气氛 CO 浓度稳定。

③ 陶瓷窑炉的窑压控制。窑温、窑压和气氛被称为窑炉烧成的三大制度。其中，窑压是关键。窑压波动将影响窑内温度分布和气氛的分布。为此，通常将窑内的零压点和最大正压力点（在冷却带）作为窑压制度的检测点。

影响窑压的扰动有：一次风压、二次风压和抽烟机或烟囱对预热带烟气的抽力。其中，一次风压直接影响窑压，还影响窑温和气氛，因此，不能任意调节，主要由燃料量、空气量等确定。二次风压主要影响冷却带温度，并对烧成带最高温度稍有影响，烧成带对气氛控制要求严格时，二次风压对气氛的影响也较小，因此，通常将二次风量作为操纵变量，控制二次风压，间接控制窑压。二次风压对稳定窑内最大正压力、稳定窑炉后期工况，降低烧成后期的缺陷都有重要作用。抽烟机或烟囱抽力影响窑炉前期的压力制度。对恒定窑炉的零压力点起重要作用。由于预热带零压点采样不易检测，常用烟道汇总口负压作为零压点控制的被控变量，间接稳定负压来稳定零压点。采用烟囱抽力控制时，可将支烟道上阀门调到最大负荷下的开度并固定，用总烟道上抽烟风门作为操纵变量，组成窑压零压点的单回路控制系统。

7.6.2　玻璃熔窑的控制

玻璃熔窑用于烧成高质量玻璃制品所需的玻璃液。浮法玻璃熔窑因制得的玻璃表面平整，质量好而被大量采用。玻璃熔窑的控制任务是控制窑温、窑压和液位等过程变量，获得最佳工艺条件下的玻璃液，供制作玻璃制品。稳定的窑温、稳定的窑压、稳定的液位和稳定的泡界线是浮法玻璃生产的控制要点。

(1) 玻璃熔窑的窑温控制

浮法玻璃熔窑的温度制度对玻璃产品质量影响很大，温度曲线是沿窑长方向温度设定值的连线，有山形、桥形和双热点等三类。窑温的检测通常采用抽气热电偶、辐射高温计和全红外高温计。玻璃熔窑包括熔化池、澄清池、小炉、蓄热室、流液洞、冷却池及料道等。

影响窑温的因素有：重油量、重油-助燃空气（二次风）比值、燃料-雾化空气比值等。

① 熔化池温度控制。熔化池温度较高，中小型熔池通常控制热点温度实现熔化温度制度的控制。

a. 串级控制系统。由于受火焰换向和燃料压力波动影响，熔化池温度控制常采用温度和燃料量的串级控制系统。在换向操作时，由于需切断燃料，因此，被检测的温度值会因此而下降，为此可设计“快速追温”与非线性 PID 的结合算法，及时进行调整。

图 7-16 显示窑温和燃料油流量组成的串级控制系统。当燃料油压力变化较大时，可将燃料油的压力或流量作为串级控制系统的副环，主被控变量是窑温。但要注意，控制系统在换向时，流量下降到零，使副环不能正常工作。因此，在火焰切换时，需将副控制器切除，使其输出保持不变。

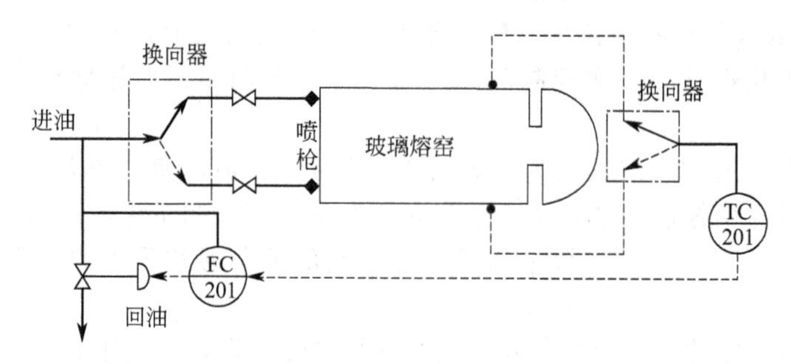

图 7-16　玻璃熔窑的温度串级控制

b. 玻璃窑炉燃烧控制。燃料的燃烧控制是经济性指标。图 7-17 是重油、雾化风、二次风组成的比值控制、窑温与重油量组成的串级控制系统框图。图中，还对二次风设计了特殊算法，用于调整二次风和重油流量的比值。

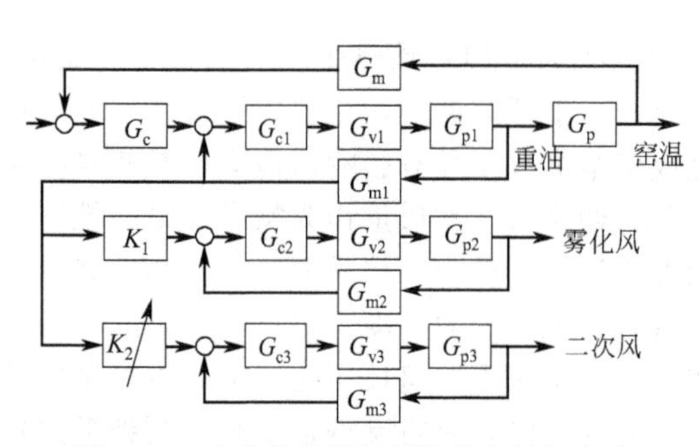

图 7-17　玻璃窑炉燃料经济燃烧控制方案

重油量作为主动量，雾化风和二次风作为从动量，组成比值控制系统，比值 K_1 和 K_2 需根据不同的重油而调整，以获得最佳燃烧效果。其中，K_2 值的自动校正有两种方法。其一是根据烟气中氧含量，经特殊算法计算得到。其二是二次风自寻优控制算法。最优目标函数是耗油量最小的二次风量，采用该方法不仅能使燃料完全燃烧，同时达到节油目的。

窑温作为主被控变量，重油流量作为副被控变量的串级控制系统，用于克服重油流量和压力波动对窑温的影响。

② 澄清池温度控制。澄清池去除熔液中的杂质和气泡，向冷却池提供澄清及均化良好的玻璃液。将澄清池各点温度取加权平均后的信号作为澄清池温度，组成单回路控制系统，用于改变各路助燃空气量。助燃空气越多，吸入的煤气也越多，温度就提高。

③ 料道温度控制。料道温度直接关系到成形，为提高控制精度，也可采用温度自适应控制系统。料道被分隔成后段、中段、调节段和料盆等段，料道温度控制系统的特点是用机械连杆的方法，用一个控制器输出控制燃料和空气量、冷却风量和改变盖砖高度（组成比值控制）以调节辐射量。

④ 料滴温度控制。料滴温度通常采用非接触式的红外高温计检测，由于料滴形成和滴落温度变化，因此，采用料滴温度最大值和料盆温度组成串级控制系统。控制器输出用于控制料盆燃烧系统的燃料量。

（2）玻璃熔窑的窑压控制

玻璃熔窑的窑压控制系统如图 7-18 所示，它是将玻璃熔液上方火焰空间某点压力维持在接近于零的微正压。影响窑压的因素有：助燃空气流量、环境大气温度和压力、火焰换向造成的扰动等。窑压控制的操纵变量早期采用排出废气的烟道闸门开度，近年大多数采用改变引风机转速。控制通道时间常数很小，约几秒，因此，采用单回路控制系统即可满足工艺要求。为提高测量精度，可采用微差压变送器。为减小传输延迟，应选用较大直径引压管，并缩短压力传递距离。采用如图 7-19 所示的连接方法，即微差压变送器的正端连接窑压，负端连接补偿导管，减小取压点位置不同造成的测量误差。

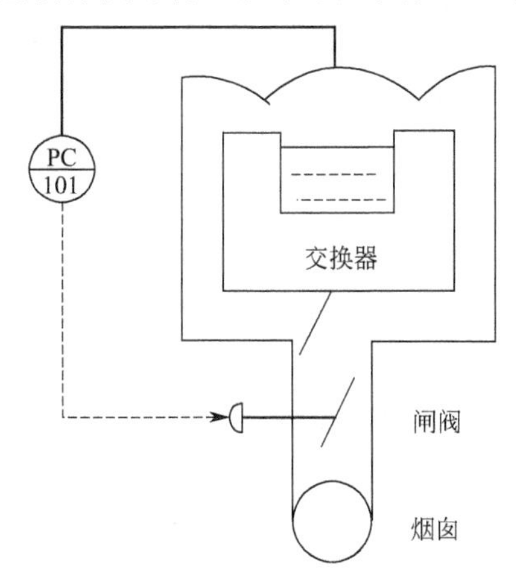

图 7-18 窑压控制

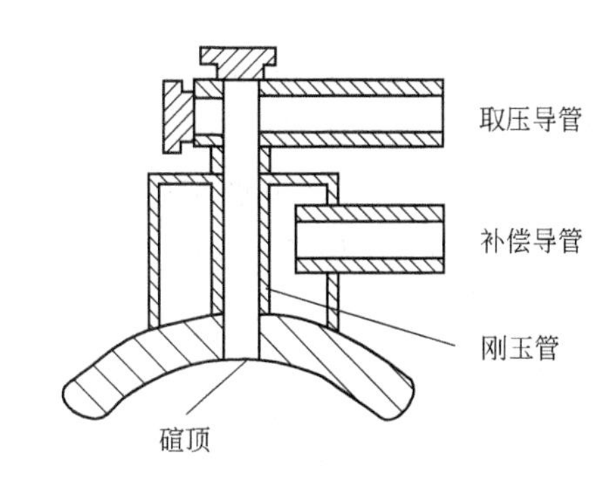

图 7-19 取压装置

由于被控对象时间常数很小，为此应选小惯性检出元件。必要时，需对检测信号进行信号滤波，例如，采用气阻气容或 RC 滤波器。执行器采用灵活的旋转蝶阀，它具有重量轻、推力小、不易卡阻等优点。也可采用变频器改变引风机转速。通过控制器参数整定，可使窑压控制在±0.49Pa 的控制精度。

与窑温控制相似，当火焰换向时，应将控制器切到手动，使其输出保持不变，防止造成窑压波动，当火焰换向及操作平稳后再切换到自动模式。

可引入助燃风量、引风量等前馈信号，组成窑压的前馈-反馈控制系统。

（3）玻璃熔窑的液位控制

玻璃熔窑的液位被控过程是具有大容量的多容无自衡过程。被控变量是玻璃熔液的液位，操纵变量是加料量，通常采用位式控制或单回路连续控制。

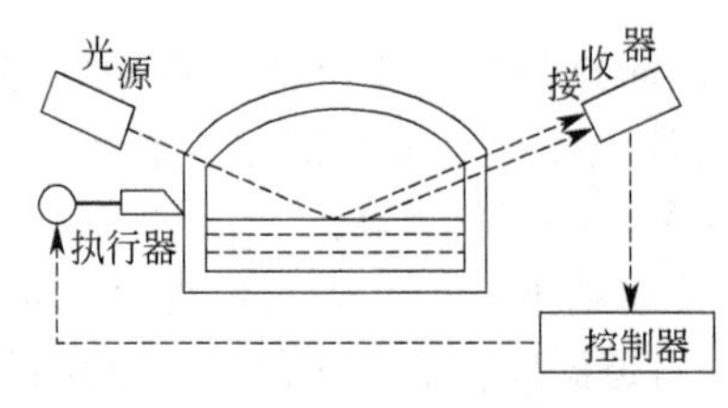

图 7-20　光电式玻璃液位控制

液位的检测是本控制系统的关键。常用检测方法有：固定铂探针和可移动铂探针、吹气法（测量背压）、放射性同位素法和光电法。铂探针检测液位常用于双位式液位控制。吹气法简单，但测量精度低。放射性同位素法结构复杂，造价高，有一定使用寿命。光电法有高的测量精度，使用寿命长，但装置复杂，价格也较昂贵。后面三种检测方法用于连续控制系统。

图 7-20 是玻璃液位光电式检测及控制系统的示意图。液位控制系统的执行器通常采用调速直流电机拖动的螺旋式加料机或往复式加料机。

（4）玻璃熔窑的火焰换向控制

蓄热式玻璃熔窑有两个蓄热室，要定时（约 20min）进行切换操作，为降低劳动强度，保证窑炉的安全运行，需设计火焰的自动换向控制。

有单指令和双指令自动换向控制两种系统。单指令控制以时间间隔作为换向依据。单指令控制简单、可靠、维护方便，但因蓄热时间固定，有时会造成蓄热室格子砖过热损坏。双指令控制除了换向时间指令外，还包括温度指令。双指令控制是或逻辑运算，只要一个指令的条件满足，就执行换向操作。例如，时间指令是燃烧时间大于 20min、温度指令是燃烧时间不大于 20min 及蓄热室温度大于 1150℃。

换向操作顺序为：切断左侧喷枪→切断左侧雾化风→二次风换向→开右侧雾化风→开右侧喷枪；当右侧换向到左侧时，操作顺序与上述顺序类似。为安全操作，对使用煤气的窑炉，先换煤气，再换空气。对使用重油的浮法玻璃熔窑需先关油阀，再关小雾化剂阀。

常用换向装置有机械-接触式控制装置、继电-接触式控制装置、电子式控制装置和微型计算机等。

（5）玻璃熔窑的气氛控制

根据熔窑内气体的组分分为氧化气氛、中性气氛和还原气氛。窑内空气过剩系数大于 1，称为氧化气氛。不同玻璃制品对气氛的要求不同，例如，含铅玻璃要保持强氧化气氛；熔制平板芒硝料时，前期为还原气氛，后期为氧化气氛。

通过控制窑内过剩空气量来实现气氛控制。即改变燃料量和助燃空气量的比值，使达到最佳空燃比。

7.6.3　水泥窑炉的控制

水泥生产常用水泥立窑，立窑水泥产量占全国水泥总产量的 80%以上。目前，国内绝大多数立窑的自动化水平很低，操作环境差，劳动强度大，经常发生事故。

影响立窑煅烧的主要因素有：窑型结构、风机选型、入窑生料和煤粉的流量、配热量、生料化学成分、成球质量、入窑风量、风压、湿料层厚度、料风管的密封性能等。反映立窑煅烧的过程参数有：烟囱废气温度及成分、出窑熟料温度、熟料卸料量、卸料速度等。

（1）生料计量控制系统

根据煅烧工艺要求，应对生料计量，并满足所需设定值。为此，需对生料称重，并将瞬时流量累积，得到累积量，累积量测量值送生料计量控制器，其输出控制滑差电机的转速，使生料计量满足工艺要求。

（2）煤粉计量控制系统

根据煅烧工艺要求，除了对生料进行计量外，还需对煤粉计量，应根据煤粉热值确定煤粉的计量设定值，采用调速皮带秤进行称重，并通过调速控制煤粉累积量。

(3) 预加水成球控制系统

生料和煤粉混合后，需要配比一定量的水，使混合成球，为此，设计预加水成球控制系统。以冲击式流量计检测入窑混合料（生料和煤粉）量，控制预加水量和预混合料量的比值，经搅拌混合，使干混合料经预加水搅拌后形成球核。

(4) 鼓风量控制系统

水泥立窑的鼓风机转速控制入窑风量，通过控制入窑风量可稳定地控制立窑的煅烧情况。因此，根据立窑废气成分控制鼓风机的鼓风量，组成单回路控制系统。

(5) 卸料速度控制系统

立窑内物料在重力作用下整体下降，下降速度与煅烧速度和卸料速度有关。根据立窑内窑面物料的料位，控制塔式卸料机滑差电机的转速或开停布料机，控制窑面料位。

立窑的煅烧操作还包括过程参数的检测等，整个检测和控制系统采用计算机控制装置实施，保证了立窑的稳定操作，实现了闭门煅烧。

习题和思考题

7-1　一般传热设备出口温度控制有哪些控制方案？各适用什么场合？

7-2　一般传热设备的被控变量、操纵变量和扰动变量各是什么？

7-3　如何通过选择合适的控制阀流量特性来补偿传热设备被控对象的非线性特性？举例说明。

7-4　某加热系统中，已知主要变化的过程变量如下：

① 被加热物料（原料）流量波动不大，但载热体流量波动较大；

② 被加热物料（原料）流量波动较大，但载热体流量波动不大；

③ 被加热物料（原料）的入口温度波动较大。

针对上述情况，分别设计换热器出口温度控制系统。画出系统图，说明控制器正反作用的选择依据和控制系统的工作原理。

7-5　加热炉出口温度控制系统中，已知主要变化的过程变量如下：

① 加热炉所用燃料油的成分和热值变化较大；

② 加热炉所用燃料气的入口温度和压力波动较大；

③ 原料流量或压力波动较大。

针对上述情况，分别设计加热炉出口温度控制系统。画出系统图，说明控制器正反作用的选择依据和控制系统的工作原理。

7-6　蒸发器的控制方案有哪些？说明各自应用场合。

7-7　以陶瓷窑炉为例，说明窑炉控制中主要的被控变量有哪些？控制方案实施时应注意什么问题？

7-8　说明锅炉设备控制中的被控变量、操纵变量和扰动变量。

7-9　为什么锅炉控制比一般的传热设备控制要复杂和困难？

7-10　锅炉汽包水位控制有哪些控制方案？各有什么特点？

7-11　为什么一些锅炉控制要进行单冲量控制和三冲量控制之间的切换？

7-12　画出锅炉设备控制中，逻辑提量和减量比值控制系统的原理图，说明其工作原理。

7-13　在三冲量控制系统中为什么前馈信号不需要添加偏置信号来进行补偿？

7-14　实际应用时，静态前馈增益如何设置？

7-15　如图 7-21，说明该锅炉系统有哪些控制系统，各控制器的正反作用如何选择？

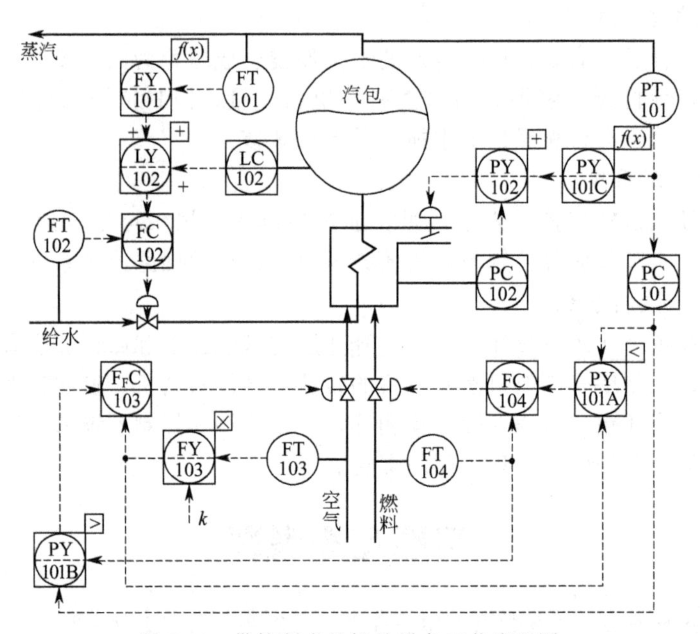

图 7-21　带控制点的锅炉设备工艺流程图

第 8 章　精馏塔的控制

本章内容提要

工业生产过程中精馏是应用极为广泛的传质传热过程。精馏过程的实质是利用混合物中各组分具有不同的挥发度，即同一温度下各组分的蒸汽分压不同，使液相中轻组分转移到气相，气相中的重组分转移到液相，实现组分的分离。

本章分析精馏过程的操作特点和控制要求，介绍常用的基本控制方案，复杂控制和节能控制等。由于精馏塔工艺结构各异，为实施控制带来困难，因此，分析各控制系统特点，才能正确设计控制方案，合理应用于实际精馏过程，并取得良好效益。

8.1 概　　述

精馏是化工、石油化工、炼油生产过程中应用极为广泛的传质传热过程。精馏的目的是利用混合液中各组分具有不同挥发度，将各组分分离并达到规定的纯度要求。精馏过程的实质是利用混合物中各组分具有不同的挥发度，即同一温度下各组分的蒸汽分压不同，使液相中轻组分转移到气相，气相中的重组分转移到液相，实现组分的分离。

按需分离组分的多少可分为二元精馏和多元精馏；按混合物中组分挥发度的差异，可分为一般精馏和特殊精馏，例如，共沸精馏、萃取精馏等。按结构分类，精馏塔可分为板式塔、填料塔。其中，板式塔又可分为泡罩塔、浮阀塔、筛板塔、浮喷塔等。按操作的连续性分类，可分为连续精馏和间歇精馏。

精馏过程通过精馏塔、再沸器、冷凝器等设备完成。再沸器为混合物液相中轻组分的转移提供能量；冷凝器将塔顶来的上升蒸气冷凝为液相，并提供精馏所需的回流。精馏塔是实现混合物组分分离的主要设备，一般为圆柱形体，内部装有提供汽液分离的塔板或填料，塔身设有混合物进料口和产品出料口。

随着石油化工的迅速发展，精馏操作的应用越来越广，分离物料的组分越来越多，分离的产品纯度要求越来越高，对精馏过程的控制也提出了越来越高的要求，也越来越被人们所重视。

精馏过程是一个复杂的传质传热过程。表现为：过程变量多，被控变量多，可操纵的变量也多；过程动态和机理复杂，例如，非线性、时变、关联；控制方案多样，例如，同一被控变量可以采用不同的控制方案，控制方案的适应面广等。因此，熟悉精馏工艺过程和内在特性，对控制系统的设计十分重要。

8.1.1　精馏塔的控制目标

精馏塔的控制目标：在保证产品质量合格的前提下，使回收率最高、能耗最低，或使总收益最大，或总成本最小。

精馏过程是在一定约束条件下进行的。精馏塔控制目标可从质量指标、产品产量、能量消耗和约束条件等方面考虑。

（1）质量指标

精馏塔的质量指标指塔顶或/和塔底产品的纯度。通常，满足一端的产品质量，即塔顶或塔底产品之一达到规定纯度，而另一端产品的纯度维持在规定范围内。也可以是塔项和塔底的产品均满足一定的纯度要求。二元精馏的混合物中只有两种组分，因此，质量指标是塔顶产品中轻组分和塔底产品重组分的纯度（含量）满足产品质量要求。多元精馏的混合物中有多种组分，因此质量指标是指关键组分的纯度满足要求。这里，关键组分包括对产品质量影响较大的由塔顶馏出的轻关键组分和由塔底馏出的重关键组分。

产品纯度并非越纯越好，原因是纯度越高，对控制系统的偏离度要求越高，操作成本的提高与产品的价格并不成比例增加；纯度要求应与使用要求适应。通常要求“卡边”操作。

（2）产品产量

在满足产品质量指标的前提下，产品的产量也是重要的控制指标。产品收率定义为产品产量与进料中该产品组分的量之比。即

$$R_i = P/Fz_i \tag{8-1}$$

式中，P 是产品的产量，kmol/h；F 是进料量，kmol/h；z_i是进料中该 i 组分的摩尔分率。

生产效益除产品纯度与产品收率间关系外，还须考虑能量消耗因素。产品产量越多，所需能量也越大。产品产量与物料平衡有关。即应满足下列物料平衡关系。

总物料平衡
$$F=D+B \tag{8-2}$$

轻组分物料平衡
$$Fz_F=Dx_D+Bx_B \tag{8-3}$$

式中，F 是进料量；D 是塔顶馏出液量；B 是塔底釜液采出量；z_F是进料中轻组分含量；x_D和 x_B是塔顶和塔底馏出液中轻组分含量。式(8-3) 是二元精馏时轻组分物料平衡式。因此，产品产量应满足物料平衡约束。根据式(8-2) 和式(8-3)，可得：

$$\frac{D}{F}=\frac{z_F-x_B}{x_D-x_B};\quad \frac{B}{F}=\frac{x_D-z_F}{x_D-x_B} \tag{8-4}$$

（3）能量平衡和经济性指标

精馏过程是能耗大户。再沸器需要加热量，冷凝器需要消耗冷却量，此外，精馏塔、附属设备和管线等也有热量损耗。精馏塔中上升蒸汽量越多，轻组分越容易从塔顶馏出，但消耗能量也越大，单位进料量能耗增加到一定数值后，如果继续增加塔内上升蒸汽量，因物料平衡约束，产品中轻组分得率不再增长。因此，要在保证精馏产品质量、产品产量的同时，考虑降低能量消耗，使能量平衡，实现较好经济性。

在一定的产品纯度条件下，增加再沸器加热量可提高产品回收率。但加热量增加到一定量后，再增加其热量，并不能显著提高回收率。因此，使产品刚好达到其质量指标是最合适的操作。产品纯度高于规定值不仅增加能耗，而且不一定能提高产品产量。产品纯度低于规定值则产品不合格，产品产量同样下降。因此，精馏塔处于“卡边”操作，才能使经济性指标最大。

（4）约束条件

精馏过程是复杂传质传热过程。为满足稳定和安全操作要求，对精馏塔操作参数有一定约束条件。

① 气相速度限。精馏塔上升蒸汽速度的最大限值。当上升蒸汽速度过高时，造成雾沫夹带，塔板上的液体不能向下流，下层塔板的气相组分倒流到上层塔板，出现液泛现象。破坏正常的气液平衡关系，使精馏塔不能正常进行组分的分离；

② 最小气相速度限。精馏塔上升蒸汽速度的最小限值。当上升蒸汽速度过低时，上升蒸汽不能托起上层的液相，造成漏液，使板效率下降，精馏操作不能正常进行。

③ 操作压力限。每个精馏塔都存在着一个最大操作压力限制。精馏塔的操作压力过大，

影响塔内的气液平衡，超过这个压力，塔的安全操作就没有保障。

④ 临界温度限。根据能量平衡关系，再沸器两侧的温度差低于临界温度限时，再沸器的给热系数急剧下降，传热量下降，严重时不能保证精馏塔的正常传热需要。因此，再沸器有临界温度限的约束。冷凝器冷却能力与塔压和塔顶馏出产品组分有关。同样，冷却量也有限值，才能保证合适的回流温度，使精馏塔能够正常操作。因此，冷凝器也有临界温度限的约束。

8.1.2 精馏塔扰动分析

和其他化工过程一样，精馏过程是在一定物料平衡和能量平衡基础上进行的过程。一切影响精馏塔操作的因素均通过物料平衡和能量平衡进行。影响物料平衡因素包括进料量和进料成分变化，顶部馏出物及底部出料变化。影响能量平衡因素主要包括进料温度或热焓变化，再沸器加热量和冷凝器冷却量变化，及塔的环境温度变化等。物料平衡和能量平衡间相互影响。表 8-1 是精馏塔扰动分析和控制策略。

表 8-1 精馏塔扰动分析和控制策略

扰动变量	特性	影响范围	控制策略
进料流量	通常不可控但可测	物料和能量平衡	①作为前馈信号，组成前馈反馈控制；②采用均匀控制；③保持流量基本恒定
进料成分	通常不可控难检测	物料和能量平衡	①控制上游工序质量；②从外围控制；③减小成分变化的影响
进料温度(热焓)	通常可控可测	能量平衡	①通常较稳定，可不控；②进料经预热时，应采用热焓控制
再沸器加热蒸汽压	通常可控可测	能量平衡	①压力定值控制；②与提馏段质量指标一起组成串级控制
冷却水压力(温度)	通常可控可测	能量平衡	①塔压定值控制；②与精馏段质量指标一起组成串级控制；③浮动塔压控制
环境温度	通常可控可测	能量平衡	①通常不控制；②受环境温度影响较大时，采用浮动塔压控制

影响精馏塔操作的扰动众多，主要扰动是进料流量 F 和进料成分 z_F。克服扰动影响的操纵变量也很多。主要有：塔顶馏出液采出量 D、塔釜采出量 B、回流量 L_R，再沸器加热蒸汽流量 V_S、冷却剂流量 Q_C 等。因此，组成的控制方案也多种多样。精馏过程是多输入多输出过程，被控变量多、操作变量多，控制系统之间有关联，过程存在水力学滞后，而精馏塔的控制要求又较高，因此，应根据精馏塔的工艺和结构特点，具体分析，设计合理的控制方案。

8.2 精馏塔的特性

8.2.1 物料平衡和内部物料平衡

精馏过程是传质和传热过程，物料平衡是精馏过程中主要操作规律。

以塔顶和塔底产品均为液相的二元精馏塔为例。

(1) 假设条件

① 塔顶和塔底产品均为液相，二元物系的精馏。

② 恒分子流（二组分的分子汽化潜热相等。当一个不易挥发的组分分子冷却时，必有一个易挥发组分的分子被汽化，使总的气液相分子数不变，称为恒分子流），即

$$V_{n+1}=V_n;L_{n-1}=L_n \tag{8-5}$$

③ 精馏段和提馏段的各板，液相组分的物质的量不变，气相组分的物质的量不变，即

$$L=L_s;\quad V=V_s \tag{8-6}$$

④ 回流液温度等于沸点，即

$$V=V_R \tag{8-7}$$

表 8-2 是二元精馏塔各塔板的物料平衡关系。

表 8-2　二元精馏塔各塔板的物料平衡关系

塔板	精馏段 j 板	进料板	提馏段 k 板	总物料平衡
方程式	冷凝器： $D=V_R-L_R$ j 板： $L_{j-1}=L_j$ $V_{j+1}=V_j$ $V_R y_{j+1}=L_R x_j+Dx_D$	液相进料： $F+L_R+V_S=L_S+V_R$ $L_S=F+L_R;V_S=V_R$ 气相进料： $F+L_S+V_R=L_R+V_S$ $V_R=F+V_S;L_R=L_S$	再沸器： $B=L_S-V_S$ k 板： $L_{k-1}=L_k$ $V_{k+1}=V_k$ $V_S y_k=L_S x_{k-1}-Bx_B$	总物料平衡： $F=D+B$ 轻组分物料平衡： $Fz_F=Dx_D+Bx_B$
示意图	$j-1$　L_{j-1}　j　V_{j+1}　L_j　$j+1$	液相进料 F　L_R　V_R　L_S　V_S　L_R　V_R　L_S　V_S　气相进料 F	$k-1$　V_k　k　V_{k+1}　$k+1$	F,z_F　L_R　D,x_D　B,x_B
操作线	$y_{j+1}=\frac{L_R}{V_R}x_j+\frac{D}{V_R}x_D$		$y_k=\frac{L_S}{V_S}x_{k-1}-\frac{B}{V_R}x_B$	$\frac{D}{F}=\frac{z_F-x_B}{x_D-x_B};\frac{B}{F}=\frac{x_D-z_F}{x_D-x_B}$

注：F 是进料量，D 是塔顶馏出液量，B 是塔底釜液采出量。工程单位均为 kmol/h；z_F是进料中轻组分含量，x_D和x_B是塔顶和塔底馏出液中轻组分含量。

影响塔顶和塔底产品轻组分含量的关键因素是进料在产品中的分配量（D/F 或 B/F）和进料组分 z_F。进料成分通过进料在产品中的分配量影响塔顶和塔底产品中轻组分含量。

（2）操作线

① 精馏段操作线。斜率$\frac{L_R}{V_R}=\frac{R}{R+1}$（因回流比 $R=\frac{L_R}{D}$；$V_R=D+L_R$），截距$\frac{D}{V_R}x_D$。

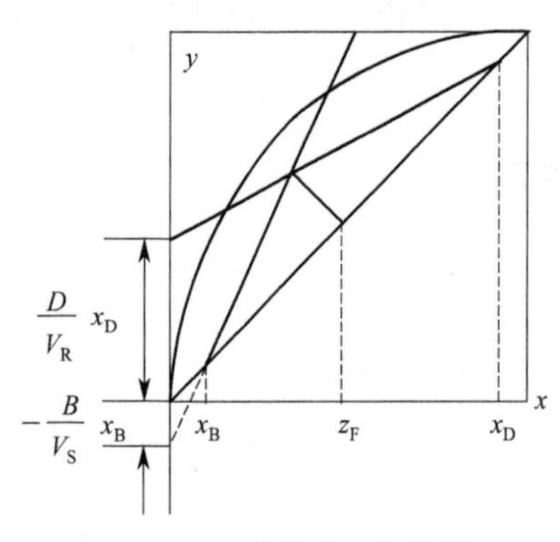

图 8-1　平衡曲线和操作线

图 8-1 显示精馏段操作线。回流比 R 越大，斜率越大，全回流时，$V_R=L_R$，操作线与对角线重合。操作线与对角线交点处的轻组分含量为 x_D。因此，在塔顶蒸汽全部冷凝时，塔顶第一塔板液相轻组分 y_1 等于产品的轻组分含量 x_D，也等于气相轻组分含量 x_1。

② 提馏段操作线。斜率$\frac{L_S}{V_S}$，截距$-\frac{B}{V_S}x_B$。图 8-1 显示提馏段操作线。操作线与对角线交点处的气相轻组分含量是 x_B。同样，该点液相轻组分含量也与该值相等。

8.2.2　能量平衡

静态下精馏塔的能量关系为

$$Q_H+FH_F=Q_C+DH_D+BH_B \tag{8-8}$$

式中，Q_H为再沸器加热量；Q_C为冷凝器冷却量；H_F、H_D和 H_B分别为进料、塔顶和塔底采出产品的比热焓。式中的每一项都影响塔内上升蒸汽量 V_S。

(1) 芬斯克方程

为描述精馏塔各级塔板上气液成分之间关系。芬斯克（M R Fenske）提出分离度概念。对于二元物系精馏塔，全回流时，塔两端产品组分可描述为

$$\frac{x_D(1-x_B)}{x_B(1-x_D)}=\alpha^{nE} \tag{8-9}$$

式中，α 是平均相对挥发度；n 是理论塔板数；E 是平均板效率。该方程称为芬斯克方程。

对于非全回流情况，塔两端产品组分可描述为

$$\frac{x_D(1-x_B)}{x_B(1-x_D)}=s \tag{8-10}$$

式中，s 称为分离度。据此，解得两端产品轻组分的表达式

$$x_D=\frac{sx_B}{1+x_B(s-1)};\quad x_B=\frac{x_D}{x_D+s(1-x_D)} \tag{8-11}$$

根据上述分析，可得到下列结论。

① 根据所需达到的分离度 s 及物料平衡关系，可以计算进料在产品中的分配量（D/F 或 B/F）。

② 根据所需达到的分离度 s 及控制量，即进料在产品中的分配量（D/F 或 B/F），可以确定精馏塔两端产品的轻组分含量。

③ 如果分离度 s 恒定，可以通过控制 D/F，使塔顶产品的轻组分含量 x_D恒定，并使塔底采出的轻组分含量 x_B恒定。同样，可通过控制 B/F，使塔底采出产品的轻组分含量 x_B恒定。并使塔顶产品的轻组分含量 x_D恒定。

(2) 影响分离度的因素

影响分离度的因素很多，可用下列函数关系描述。

$$s=f(\alpha,n,V/F,z_F,E,n_F) \tag{8-12}$$

式中，V/F 是塔内上升蒸汽量 V 与进料量 F 之比；E 是塔板效率；n_F是进料板位置。

芬斯克方程推广到变回流比 L_R/D 时，有：$s=\left(\dfrac{\alpha}{\sqrt{1+\dfrac{D}{L_R}\dfrac{1}{z_F}}}\right)^{nE}$。

为分析分配量 D/F 与分离度 s 对塔顶和塔底产品组分含量的影响，令 $y_D=1-x_D$。则得物料平衡操作线方程为

$$y_D=\frac{B}{D}x_B+(1-\frac{F}{D}z_F) \tag{8-13}$$

这表明，塔顶产品杂质含量 y_D与塔底产品杂质含量 x_B成线性关系。同样，可列出分离度线方程为

$$y_D=\frac{1-x_B}{1+x_B(s-1)} \tag{8-14}$$

对一个确定的塔，如进料浓度不变，则塔顶和塔底产品杂质含量可用分配量 D/F 与分离度唯一确定。图 8-2 是二元精馏塔的物料平衡线和分离度线。图中，$\alpha=2.0$；$n=16$；$E=0.816$；$z_F=0.52$；D/L_R分别为 0.4、0.6、0.8、1.0（回流比 R 分别为 2.5、1.67、1.25、1.0）；对应的分离度为 205.45、58.89、19.46、7.75。

从图可得下列结论。

① 当回流比固定时，增加分配量 D/F（例如从 0.3 增加到 0.6），塔顶 y_D增大，同时，

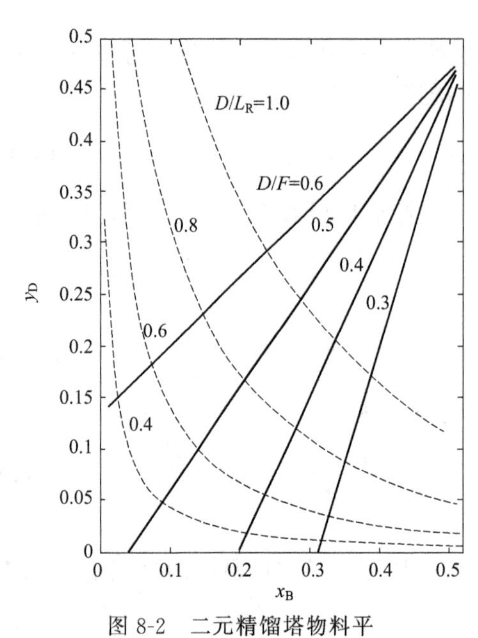

图 8-2　二元精馏塔物料平衡线和分离度线

塔底的 x_B减小。

② 当分配量固定时，增加回流比 L_R/D（例如 D/L_R从 1.0 减小到 0.4），塔顶 y_D和塔底的 x_B同时减小。

③ 回流比增加到一定程度后，再增大回流比，对塔顶 y_D和塔底的 x_B减小的影响已经很小，相应地，为达到这个目的所付出的能量会明显增加，因此，实际应用时需注意。

对于一个既定的精馏塔，α，n，E，n_F固定或变化不大，z_F变化对分离度 s 的影响比 V/F 对分离度的影响要小得多，因此，塔的分离度 s 主要与 V/F 有关。即 V/F 一定，意味着塔的分离度一定。用公式表示为

$$\frac{V}{F}=\beta \ln s \tag{8-15}$$

式中，β 称为精馏塔的特性因子。当分离度已知时，β 可根据 V/F 与分离度求得。即

$$\frac{V}{F}=\beta \ln \frac{x_D(1-x_B)}{x_B(1-x_D)} \tag{8-16}$$

因此，对于一个既定塔（包括进料成分 z_F一定），只要保持 D/F 和 V/F 一定（或 F 一定时，保持 D 和 V 一定），该塔的分离结果，即两端产品组分含量 x_D和 x_B也就完全被确定。

8.2.3　进料浓度 z_F和流量 F 对产品质量的影响及控制策略

（1）进料浓度 z_F的影响及控制策略

图 8-3(a) 显示进料浓度 z_F变化时，精馏段操作线和提馏段操作线的变化。如果 D/F 及 L_R/D 不变，则操作线斜率不变。当进料浓度变化时，操作线仅向左或向右平移。其结果是进料浓度 z_F增加时，x_D和 x_B同时增加；进料浓度 z_F减小时，x_D和 x_B同时减小。

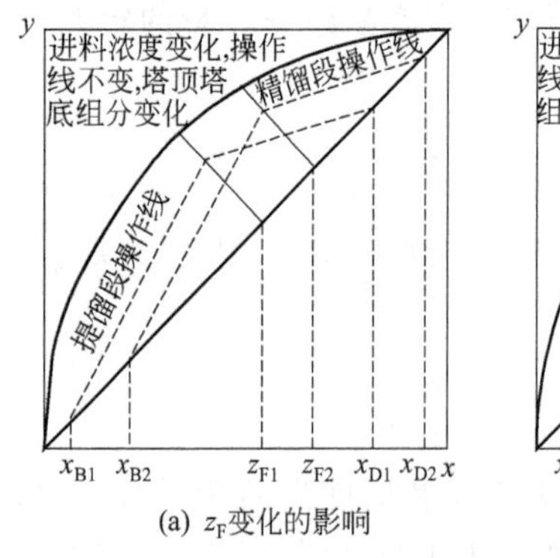

(a) z_F变化的影响

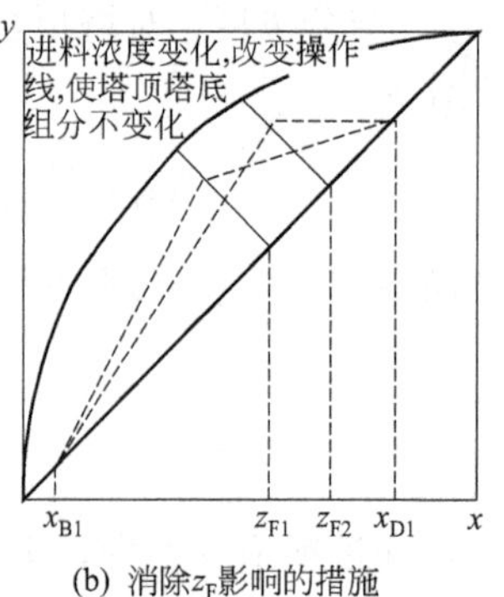

(b) 消除z_F影响的措施

图 8-3　z_F 的影响及消除其影响的措施

为使进料浓度变化时，保持精馏塔两端产品轻组分含量不变，从图 8-3(b) 可见，当进料浓度 z_F增加时，应使精馏段操作线斜率$\frac{L_R}{V_R}$减小；使提馏段操作线斜率$\frac{L_S}{V_S}$增大。

因 $V_R=D+L_R$，故可通过增加塔顶的馏出量 D 或减小回流量 L_R 来减小 $\frac{L_R}{V_R}$；同样，因 $B=L_S-V_S$，可通过增大塔底采出量 B 或减小 V_S 来增大 $\frac{L_S}{V_S}$。用静态特性描述为

$$\Delta x_D=k_1\Delta z_F;\quad \Delta x_D=k_3\Delta D;\quad \Delta x_D=k_5\Delta L_R \tag{8-17}$$

$$\Delta x_B=k_2\Delta z_F;\quad \Delta x_B=k_4\Delta B;\quad \Delta x_B=k_6\Delta V_S \tag{8-18}$$

式中，k_1 和 k_2 是扰动通道增益，因进料浓度 z_F 增加，产品 x_D 和 x_B 都增加，因此，k_1 和 k_2 均为正；k_3～k_6 是控制通道增益，同样，得到 k_4 和 k_5 为正，k_3 和 k_6 为负。

【例 8-1】 某精馏塔，进料浓度 $z_F=0.50$。要求塔顶 $x_D=0.95$；塔底 $x_B=0.05$。确定 D/F 和 B/F。

根据式(8-4)，$\frac{D}{F}=\frac{z_F-x_B}{x_D-x_B}=\frac{0.5-0.05}{0.95-0.05}=0.50$；$\frac{B}{F}=\frac{x_D-z_F}{x_D-x_B}=\frac{0.95-0.5}{0.95-0.05}=0.50$。即塔顶和塔底产品按规定的轻组分含量时的分配量各占 50%。

【例 8-2】 如例 8-1，如果需要塔顶产品增加，即 $D/F=0.55$。则塔顶产品轻组分含量如何变化。

根据式(8-4)，得 $x_D=\frac{(z_F-x_B)\ F}{D}+x_B=\frac{0.5-0.05}{0.55}+0.05=0.868$。

这表明，为提高塔顶产品的产量，塔顶产品轻组分含量从原来的 0.95 下降到 0.868。

【例 8-3】 如例 8-1，进料浓度 z_F 从 0.50 下降到 0.4。仍要求 D/F=0.50，$x_B=0.05$。则塔顶产品轻组分含量如何变化。

因 z_F 降低，则 $x_D=\frac{(z_F-x_B)\ F}{D}+x_B=\frac{0.4-0.05}{0.5}+0.05=0.75$。

计算结果表明，由于进料浓度下降，为保证同样的分配量，塔顶产品轻组分含量下降到 0.75。

(2) 进料流量 F 的影响及控制策略

依据所用控制手段和进料状态的不同，对进料流量 F 的影响需具体情况具体分析。下面以操纵变量是上升蒸汽量 V_S 和回流量 L_R，被控变量是 x_D 和 x_B，扰动变量是进料流量 F 为例分析。

① 气相进料：$F+V_S=V_R$；$L_S=L_R$。当进料 F 增加时，V_R 增加，精馏段斜率 $\frac{L_R}{V_R}$ 减小，因此，x_D 下降。为保持 x_D 不变，根据式(8-17)，应增加回流量 L_R。

② 液相进料：$F+L_R=L_S$；$V_S=V_R$。当进料 F 增加时，L_S 增加，提馏段斜率 $\frac{L_S}{V_S}$ 增加，因此，x_B 上升。为保持 x_B 不变，根据式(8-18)，应增加上升蒸汽量 V_S。

根据式(8-17) 和式(8-18)，如果采用 D 或 B 作为操纵变量，可以实现进料流量变化而 x_D 和 x_B 不变。

进料流量 F 与 x_D 和 x_B 的静态关系可表示为

$$\Delta x_D=k_7\Delta F;\quad \Delta x_B=k_8\Delta F \tag{8-19}$$

式中，k_7 为负，k_8 为正。图 8-4 显示精馏塔被控变量 x_D 和 x_B、操纵变量 B、D、L_R 和 V_S 与主要扰动 F 与 z_F 之间的静态特性。

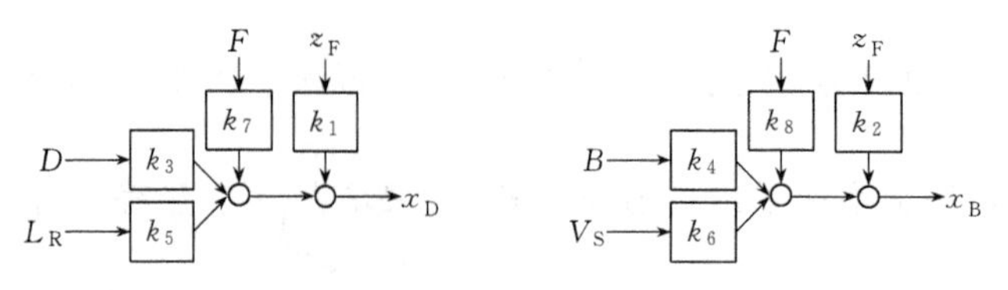

图 8-4　精馏塔被控变量、操纵变量和扰动的关系

【例 8-4】 进料浓度 z_F 从 0.50 下降到 0.4。如何调节 D/F 才能保证塔顶和塔底轻组分含量不变（$x_D=0.95$；$x_B=0.05$）。

为了保证塔顶和塔底产品轻组分含量不变，$\frac{D}{F}=\frac{z_F-x_B}{x_D-x_B}=\frac{0.4-0.05}{0.95-0.05}=0.389$。

因此，当进料浓度改变时，可通过调节 D/F 使塔顶和塔底产品轻组分含量不变。

【例 8-5】 进料浓度 $z_F=0.50$，则在 $D/F=0.55$ 时，确定塔顶产品最大可达到的轻组分含量。

这表示轻组分全部由塔顶产出，即 $x_B=0$。$x_D=\frac{(z_F-x_B)F}{D}+x_B=\frac{0.5-0}{0.55}+0=0.9091$。

计算表明在一定回流比和进料浓度下，塔顶产品轻组分含量有最大值。对塔底产品有类似结论。

（3）结论

根据上述分析，得到如表 8-3 所示精馏塔控制手段及效果。

表 8-3　精馏塔控制手段的分析

操纵变量	精馏段操作线斜率 $\frac{L_R}{V_R}$	提馏段操作线斜率 $\frac{L_S}{V_S}$	被控变量 x_D	被控变量 x_B
L_R↑	↑	—	↑	—
V_S↑	—	↓	—	↓
D↑(B↓)	↓	—	↓	—
	—	↓	—	↓
B↑(D↓)	↑	—	↑	—
	—	↑	—	↑

精馏塔的直接控制指标是两端产品的成分，当塔压恒定时，通常采用精馏段温度或提馏段温度进行控制。从上表可知，当精馏段温度升高时，x_D 下降，可采取的控制策略是增加回流量 L_R，或减小塔顶采出量 D，或增加塔底采出量 B。当提馏段温度升高时，x_B 下降，可采取的控制策略是减小蒸汽量 V_S，或增加塔底采出量 B，或减小塔顶采出量 D。即：

① x_D、x_B 可通过调节 D/F 或 B/F 来控制；

② 当 z_F 一定时，如果 V/F 和 B/F（或 D/F）一定，则 x_D、x_B 也就确定；

③ z_F 变化时，z_F 增加，则 x_D 和 x_B 增加，可增加 D/F（或减小 B/F）来补偿。反之亦然；

④ 分离度 s 一定时，调节 D/F 或 B/F 可控制 x_D 和 x_B，但两者有关联。

上述精馏塔的静态特性分析仅考虑增益的正负，未涉及增益的线性和非线性等特性。动态特性要更复杂，可参考有关资料。

8.2.4　精馏塔动态模型

以二元精馏塔为例说明。假设进料、塔顶和塔底产品都是液相。

（1）假设条件

① 塔压保持不变。

② 回流罐混合均匀，即塔顶回流与馏出物轻组分含量相同，都为 x_D。忽略塔顶到回流罐的气相管线造成的动态滞后。假设塔顶回流温度与精馏塔第一块塔板泡点温度相同，即 $L_R=L$。

③ 塔底和再沸器内液体混合均匀，即塔底与塔底馏出物轻组分含量相同，都为 x_B。

④ 精馏段气液两相流满足恒摩尔流假设。即通过各层塔板的上升蒸汽流量均为 V_R，通过各层塔板的下降液体流量均为 L_R。

⑤ 提馏段气液两相流满足恒摩尔流假设。即通过各层塔板的上升蒸汽流量均为 V_R，且等于再沸器内蒸汽量 V，通过各层塔板的下降液体流量均为 L_S。

⑥ 对每层塔板，假设气液相均匀混合，j 板的液相蓄液量 M_j，气相蓄存量忽略。塔板上气液两相达到相平衡，相平衡关系与塔进料浓度有关。

(2) 动态数学模型

与表 8-2 类似，列出二元精馏塔各板的物料和能量平衡关系，如表 8-4。

表 8-4 二元精馏塔各塔板的物料和能量平衡关系

塔板	冷凝器和回流罐(2 个方程)	精馏段 j 板(n_F个方程)
方程式	$\frac{dM_D}{dt}=V_R-L_R-D;\frac{d(M_Dx_D)}{dt}=V_Ry_1-(L_R+D)x_D$	$\frac{d(M_jx_j)}{dt}=V_R(y_{j+1}-y_j)-L_R(x_j-x_{j-1})$
塔板	进料板(1 个方程)	
方程式	$L_S=L_R+Fq;V_R=V_S-Fq+F;q=1+c_F(t_0-t_F)/\Delta H_F;\frac{d(M_{n_F}x_{n_F})}{dt}=V_Sy_{n_F+1}-V_Ry_{n_F}-L_Sx_{n_F}+L_Rx_{n_F-1}+Fz_F$	
塔板	提馏段 k 板($n-n_F-1$ 个方程)	再沸器(2 个方程)
方程式	$\frac{d(M_kx_k)}{dt}=V_S(y_{k+1}-y_k)-L_S(x_k-x_{k-1})$	$\frac{dM_B}{dt}=L_S-V_S-B;\frac{d(M_Bx_B)}{dt}=L_Sx_n-V_Sy_B-Bx_B$

注：c_F是液相进料比热容；t_0和 t_F分别是进料温度和进料板泡点温度；ΔH_F是液相进料的汽化潜热。

相平衡关系共 $n+1$ 个方程，即 $y_j=f(x_j)$；$j=1$，…，n。$y_B=f(x_B)$。

输入变量为：进料流量 F，kmol/h；进料轻组分浓度 z_F，摩尔分率%；进料温度 t_F，℃；再沸器加热量 Q_V（或用提馏段上升蒸汽量 V_S，kmol/h）；塔顶回流量 L，kmol/h；塔顶采出量 D，kmol/h；塔底采出量 B，kmol/h。操纵变量有 V_S、L、D 和 B。

该系统有各塔板气液相轻组分含量 x_j、y_j，回流罐和塔底的蓄液量 M_D和 M_B，塔顶采出轻组分含量 x_D，塔底采出轻组分含量 x_B和重组分含量 y_B，共 $2n+5$ 个方程，而表 8-4 和相平衡关系方程也有 $2n+5$ 个方程。因此，满足自由度要求。

根据表 8-4 的方程式，可构造有关动态模型。图 8-5～图 8-10 分别是冷凝器和回流罐、精馏段 j 板、进料板、进料板总物料平衡、提馏段 k 板、塔底和再沸器的 Simulink 模型。

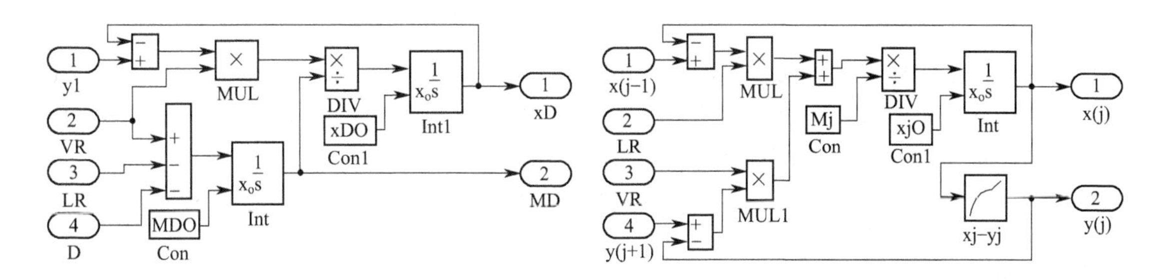

图 8-5 冷凝器和回流罐的 Simulink 模型　　图 8-6 精馏段 j 板的 Simulink 模型

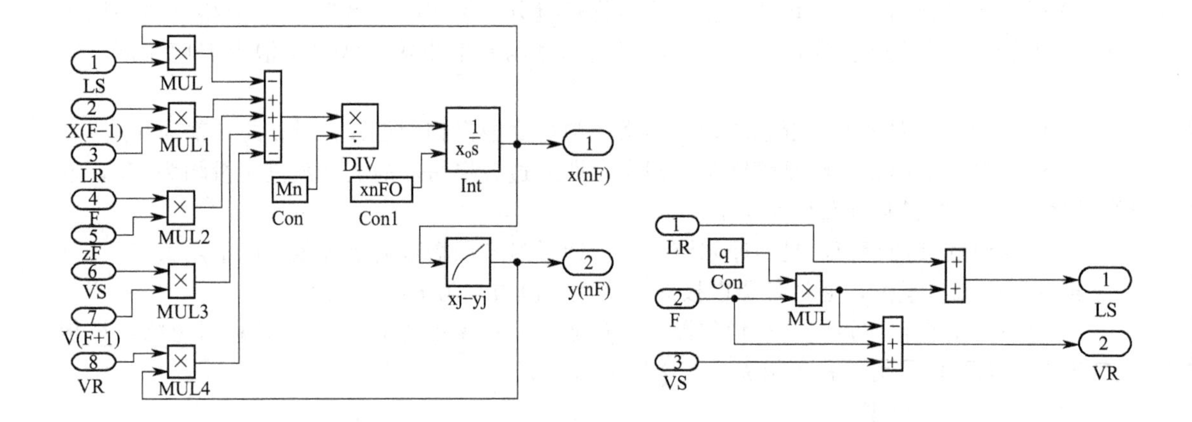

图 8-7　进料板的 Simulink 模型　　　　图 8-8　进料板气液相总物料平衡关系的模型

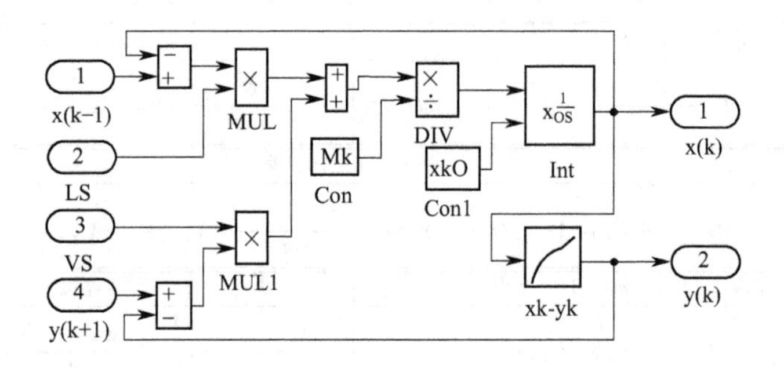

图 8-9　提馏段 k 板的 Simulink 模型

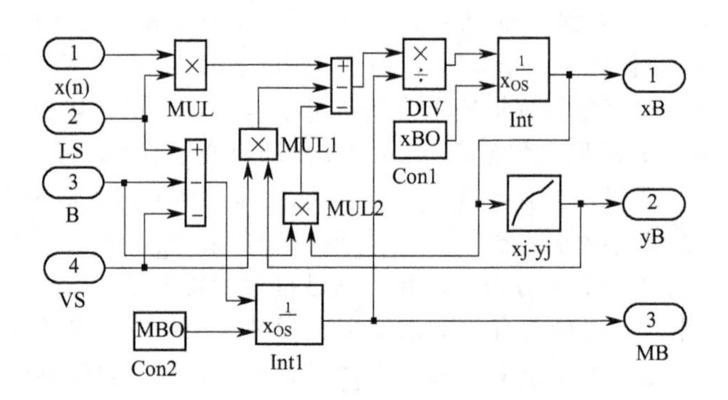

图 8-10　塔底和再沸器的 Simulink 模型

根据精馏塔的精馏段和提馏段的塔板数，将有关精馏段和提馏段的子程序用信号线连接，并将冷凝器和回流罐、塔底和再沸器及进料板有关信号连接，就组成该精馏塔的仿真模型。其输入信号有：F、z_F、B、D、L_R和V_S。输出信号有：x_D、x_B、M_D和M_B。

图 8-11 是采用 6 块塔板的精馏段 Simulink 模型。类似地，图 8-12 是采用 5 块塔板的提馏段 Simulink 模型。各塔板的轻组分含量部分采用数组形式输出，便于观察。图 8-13 是精馏塔的 Simulink 模型。

需注意，在仿真时，需先将子系统的各塔板有关参数，例如，xj0、Mj0 等用相应数据输入。此外，各板蓄液量初始值不能为零，否则出现除以零的错误。

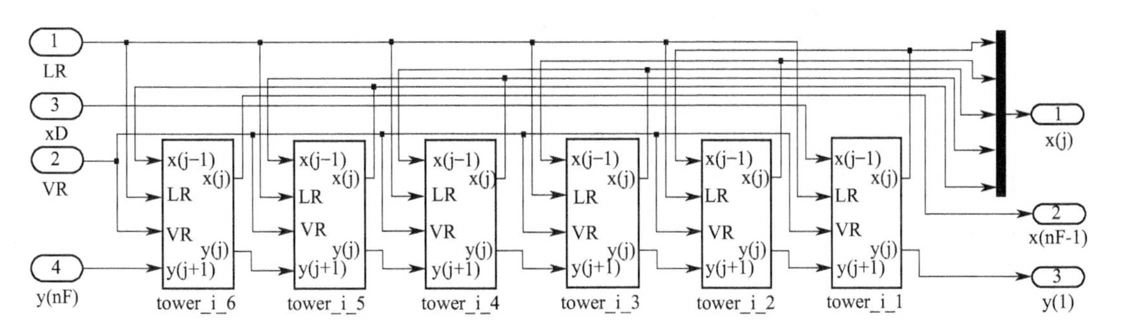

图 8-11 精馏段的 Simulink 模型

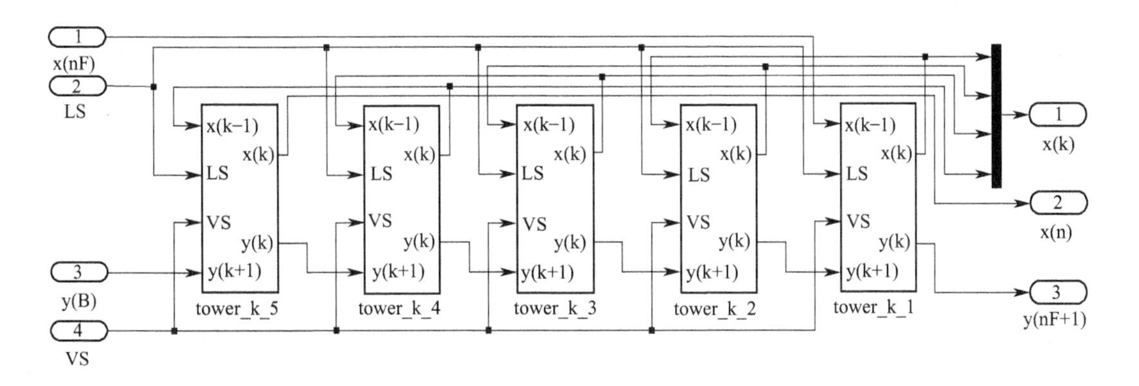

图 8-12 提馏段的 Simulink 模型

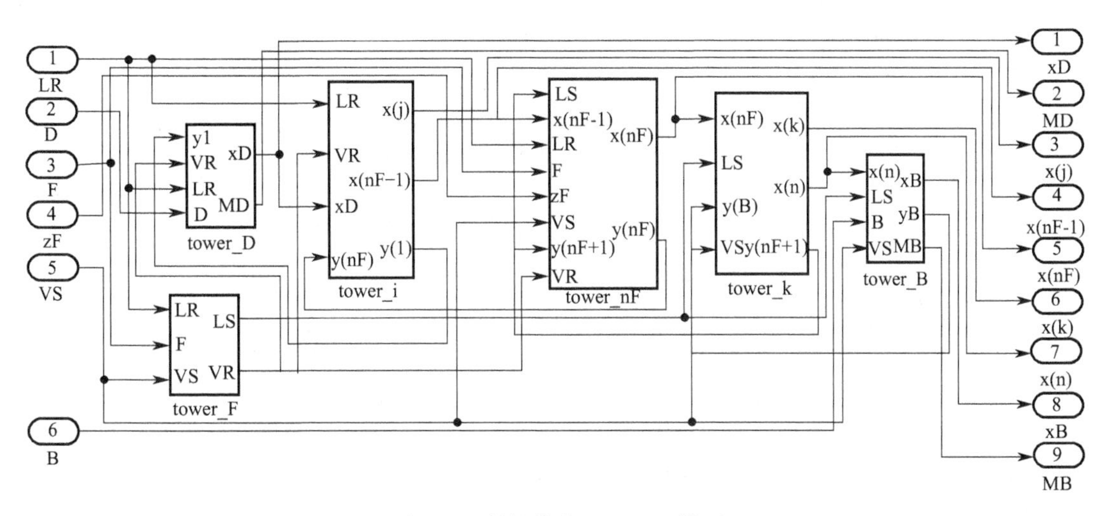

图 8-13 精馏塔的 Simulink 模型

8.3 精馏塔的基本控制

8.3.1 精馏塔的被控变量

精馏塔控制目标是两端的产品质量，即 x_D 和 x_B。直接检测产品成分并进行控制的方法因成分分析仪表价格昂贵，维护保养复杂，采样周期较长，反应缓慢，滞后大、可靠性差等原因，而较少采用。绝大多数精馏塔的控制仍采用间接质量指标控制。

(1) 采用温度作为间接质量指标

对于二元精馏塔，当塔压恒定时，温度与成分之间有一一对应关系，因此，常用温度作为被控变量。对多元精馏塔，由于石油化工过程中精馏产品大多数是碳氢化合物的同系物，在一定塔压下，温度与成分之间仍有较好对应关系，误差较小。因此，绝大多数精馏塔仍采用温度作为间接质量指标。采用温度作为间接质量指标的前提是塔压恒定。因此，下述控制方案都认为塔压已经采用了定值控制系统。

① 精馏段的温度控制。精馏段温度控制以精馏段产品的质量为控制目标，根据温度检测点的位置不同，有表 8-5 所示控制方案。操纵变量可选择回流量 L_R 或塔顶采出量 D。也可将塔釜采出量 B 作为操纵变量，但应用较少。图 8-14 是精馏塔温度分布曲线。

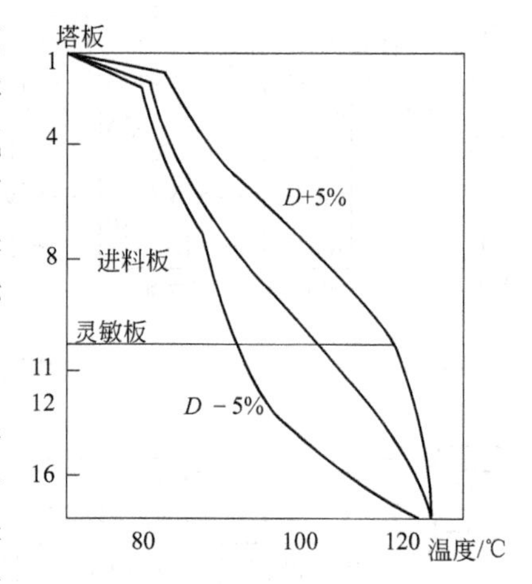

图 8-14　精馏塔温度分布曲线

采用精馏段温度控制的场合如下。

- 对塔顶产品成分的要求比对塔底产品成分的要求严格。
- 全部为气相进料。
- 塔底或提馏段温度不能很好反映组分的变化，即组分变化时，提馏段塔板温度变化不显著，或进料含比塔底产品更重的影响温度和成分关系的重杂质。

表 8-5　精馏段温度控制方案的特性比较

控制方案	塔顶温度控制	精馏段灵敏板温度控制	中温(加料板稍上或稍下塔板，或加料板温度)控制
特点	① 直接反映产品质量，但邻近塔顶处塔板之间的温度差很小。 ② 产品中的杂质影响产品的沸点，造成对温度的扰动	① 能够快速反映产品成分的变化。 ② 灵敏板与上下塔板之间有最大浓度梯度，具有快速过程动态响应和较大增益。 ③ 因塔板效率不易准确估计，灵敏板位置确定较困难	① 可以兼顾塔顶和塔底成分，及时发现操作线的变化。 ② 不能及时反映塔顶或塔底产品成分。
应用场合	很少采用，常用于石油产品按沸点的初级切割馏分处理	应用最广	不能用于分离要求较高，进料浓度变化较大的应用场合

② 提馏段的温度控制。提馏段温度控制以提馏段产品的质量为控制目标，根据温度检测点位置也可分为塔底温度、灵敏板温度和中温控制等。操纵变量可选择再沸器加热蒸汽量 V_S 或塔底采出量 B。也可将塔顶采出量 D 作为操纵变量，但应用较少。控制策略与精馏段温度控制类似。

采用提馏段温度控制的场合如下。

对塔底产品成分的要求比对塔顶产品成分的要求严格。

- 全部为液相进料。
- 塔顶或精馏段温度不能很好反映组分的变化，即组分变化时，精馏段塔板温度变化不显著，或进料含比塔顶产品更轻的影响温度和成分关系的轻杂质。
- 采用回流控制时，回流量较大，它的微小变化对产品成分影响不显著，而较大变化又会影响精馏塔平稳操作的场合。

(2) 采用压力补偿的温度作为间接质量指标

塔压恒定是采用精馏塔温度控制的前提。当塔压变化或精密精馏等控制要求较高时，微小压力变化将影响温度和成分之间的关系，因此，需对温度进行压力的补偿。常用的补偿方法有温差控制、双温差控制和补偿计算控制。表 8-6 是采用压力补偿的温度作为间接质量指标控制方案的比较。

表 8-6 采用压力补偿的温度作为间接质量指标控制方案的比较

控制方案	特 点	应用场合
温差控制	① 以保持塔顶(或塔底)产品纯度不变为前提，塔压变化对两个塔板上的温度有几乎相同的变化，因此，温度差可保持不变。但要合理设置温差设定值。 ② 选择塔顶(或稍下)或塔底(或稍上)温度作为基准温度(温度和成分保持基本不变)。另一点温度选择灵敏板温度	分离要求较高的精密精馏，例如，苯-甲苯、二甲苯，乙烯-乙烷、丙烯-丙烷等精密精馏
双温差控制	① 进料对精馏段温差的影响和对提馏段温差的影响相同，因此，可用双温差控制来补偿因进料流量变化造成的对温差的影响。 ② 要合理设置双温差的设定值	进料流量变化较大，引起塔内成分变化和塔内压降变化的应用场合
压力补偿的温度控制	① 补偿公式 $T_{SP}=T_S+\frac{dT}{dp}(p-p_0)+\frac{d^2T}{dp^2}(p-p_0)^2$ ② 应用注意点 塔压信号需进行滤波；温度检测点位置应合适；补偿系数应合适	适用于需要进行塔压补偿的各类精馏过程

注：T_S 是产品所需成分在塔压 p_0 时对应的温度设定值；p 是塔压测量值；p_0 是设计的塔压值；T_{SP} 是在实际塔压 p 条件下的温度设定值。

8.3.2 精馏塔的基本控制

精馏塔有多个被控变量和多个操纵变量，合理选择它们的配对，有利于减小系统的关联，并使精馏塔的操作平稳。

欣斯基（Shinsky）经研究提出了精馏塔控制中变量配对的三条准则。

① 当仅需要控制塔的一端产品时，应选用物料平衡方式控制该端产品的质量。

② 塔两端产品流量较小者，应作为操纵变量去控制塔的产品质量。

③ 当塔两端产品均需按质量指标控制时，一般对含纯产品较少，杂质较多的一端采用物料平衡方式控制其质量；对含纯产品较多、杂质较少的一端采用能量平衡方式控制其质量。

当选用塔顶产品馏出物流量 D 或塔底采出量 B 作为操纵变量控制产品质量时，称为物料平衡控制方式，当选用塔顶回流量 L_R 或再沸器加热蒸汽量 V_S 作为操纵变量时，称为能量平衡控制。

(1) 产品质量的开环控制

精馏塔产品的质量开环控制是不采用质量指标作为被控变量的控制。其质量开环控制主要是根据物料平衡关系，从外围控制精馏塔的 D/F（或 B/F）和 V/F，使其产品满足工艺要求。它并没有根据质量指标进行控制。根据被控变量和操纵变量的不同，精馏塔质量开环控制的控制方案见表 8-7。

(2) 按精馏段指标的控制

按精馏段质量指标进行控制是将精馏段温度或成分作为被控变量的控制。如果操纵变量是产品的出料，则称为直接物料平衡控制，如果操纵变量不是出料，则称为间接物料平衡控制。理论上的控制方案有多种，考虑精馏过程的动态特性及变量的相关性，实际应用只有表 8-8所示的控制方案。方案中的质量指标采用精馏段温度，可以是塔顶温度、中温、灵敏板温度，通常，采用灵敏板温度。直接物料平衡控制的操纵变量是塔顶馏出量 D，同时，控制塔釜蒸汽加热量恒定。间接物料平衡控制的操纵变量是回流量 L_R，同时也控制塔釜蒸汽加热量恒定。

表 8-7 产品质量的开环控制方案

	固定回流量 L_R 和蒸汽量 V_S				固定塔顶馏出量 D 和蒸汽量 V_S				固定塔底采出量 B 和回流量 L_R			
被控变量	$L_R(L_R/F)$	$V_S(V_S/F)$	L_D	L_B	$D(D/F)$	$V_S(V_S/F)$	L_D	L_B	$L_R(L_R/F)$	$B(B/F)$	L_D	L_B
操纵变量	L_R	V_S	D	B	D	V_S	L_R	B	L_R	B	D	V_S
控制方案	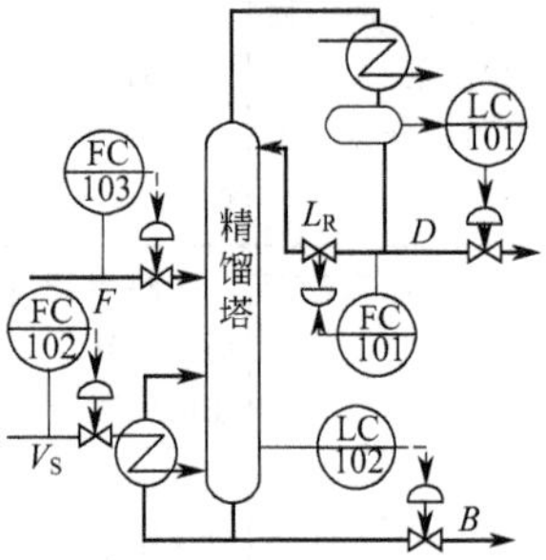				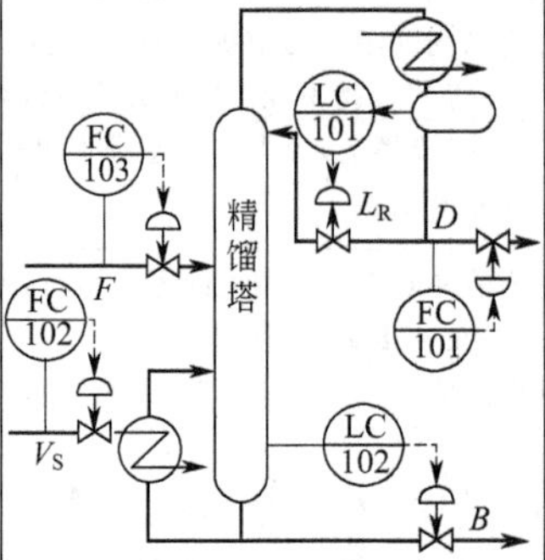				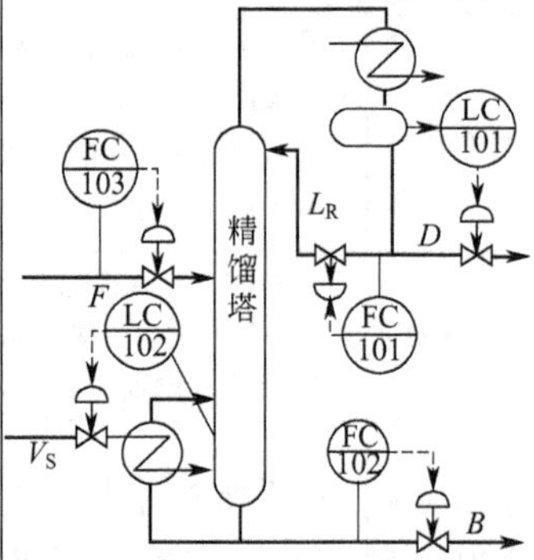			
特点	可使 D 和 B 固定，能保证产品成分的恒定				回流比（L_R/D）很大时，控制馏出量 D 比控制回流量 L_R 更有利，操作更平稳				控制 B，可使 V_S 固定，并保证产品成分的恒定			

注：L_R 为回流量；V_S 为再沸器加热量；L_D 为回流罐液位；L_B 为塔釜液位；D 为塔顶馏出液量；B 为塔底产出量。

表 8-8 按精馏塔精馏段质量指标的控制

控制方案		精馏段直接物料平衡控制				精馏段间接物料平衡控制			
被控对象	操纵变量	塔顶馏出量 D	加热蒸汽 V_S	回流量 L_R	塔底采出量 B	回流量 L_R	加热蒸汽 V_S	塔顶馏出量 D	塔底采出量 B
	被控变量	精馏段温度 T	加热蒸汽 V_S	回流罐液位 L_D	塔釜液位 L_B	精馏段温度 T	加热蒸汽 V_S	回流罐液位 L_D	塔釜液位 L_B
示例图		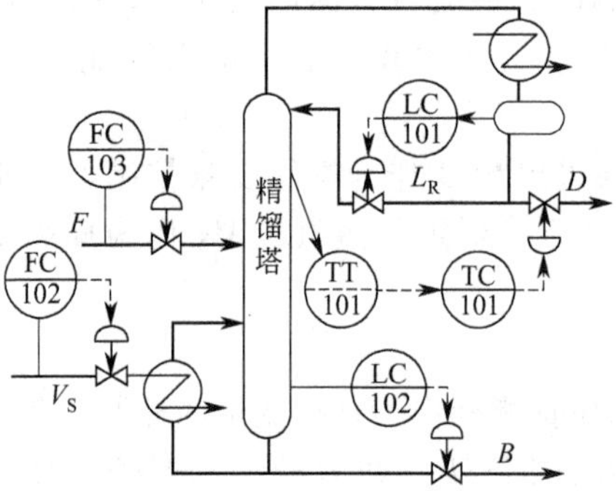				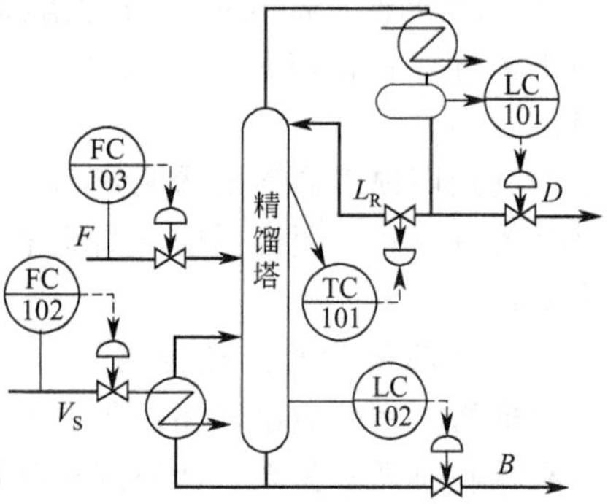			
适用场合		塔顶馏出量 D 很小（回流比很大）、回流罐容积较小的精馏				回流比（L_R/D）＜0.8 及需要动态响应快速的精馏			
特点		① 物料和能量平衡之间的关联最小； ② 产品不合格时不出料； ③ 控制回路的滞后大，改变 D 后，需经回流罐液位变化并影响回流量，再影响温度，因此，动态响应较差				① 控制作用及时，温度稍有变化就可通过回流量进行控制； ② 动态响应快，对克服扰动影响有利； ③ 内回流受外界环境温度影响大； ④ 能量和物料平衡之间的关联大			

续表

控制方案		精馏段直接物料平衡控制				精馏段间接物料平衡控制			
被控对象	操纵变量	塔顶馏出量 D	加热蒸汽 V_S	回流量 L_R	塔底采出量 B	回流量 L_R	加热蒸汽 V_S	塔顶馏出量 D	塔底采出量 B
	被控变量	精馏段温度 T	加热蒸汽 V_S	回流罐液位 L_D	塔釜液位 L_B	精馏段温度 T	加热蒸汽 V_S	回流罐液位 L_D	塔釜液位 L_B
改进方案		D 波动大时，可将 D 作为温度控制的副环，组成串级控制。 进料波动大且不可控，可作为前馈信号，组成前馈反馈控制。 进料经预热时，可组成热焓控制				环境温度影响大，可组成内回流控制；回流比波动大，组成回流比为副环的串级控制；进料波动大，组成前馈反馈控制。 进料经预热时，可组成热焓控制			

（3）按提馏段指标的控制

按提馏段质量指标进行控制是将提馏段温度或成分作为被控变量的控制。也分为直接物料平衡控制和间接物料平衡控制两类。表 8-9 显示它们的控制方案和适用场合。

表 8-9　按精馏塔提馏段质量指标的控制

控制方案		提馏段直接物料平衡控制				提馏段间接物料平衡控制			
被控对象	操纵变量	塔底采出量 B	回流量 L_R	塔顶馏出量 D	加热蒸汽 V_S	加热蒸汽 V_S	回流量 L_R	塔顶馏出量 D	塔底采出量 B
	被控变量	提馏段温度 T	回流量 L_R	回流罐液位 L_D	塔釜液位 L_B	提馏段温度 T	回流量或回流比	回流罐液位 L_D	塔釜液位 L_B
示例图		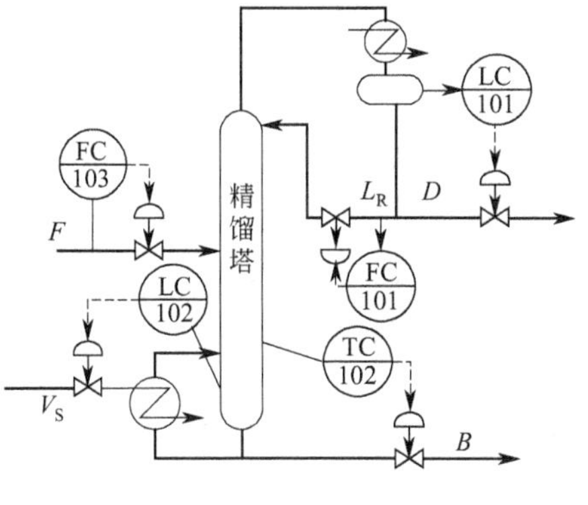				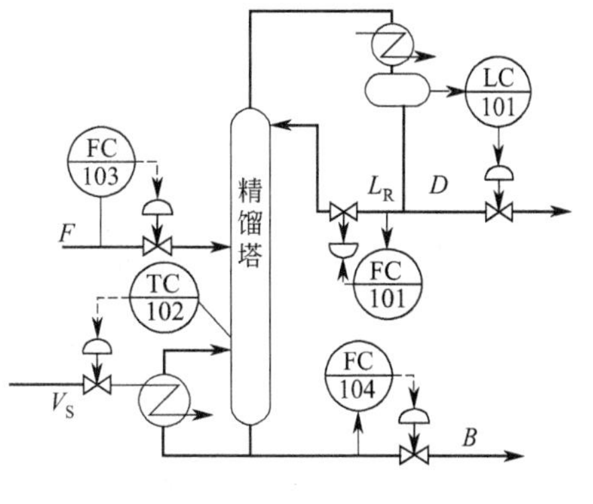			
特点		① 能量和物料平衡关系的关联小； ② 塔底采出量 B 较小时，操作较平稳； ③ 产品不合格时不出料； ④ 动态响应较差，滞后较大，液位控制回路存在反向特性				① 响应快、滞后小； ② 能迅速克服进入精馏塔的扰动影响； ③ 物料平衡和能量平衡关系有较大关联			
适用场合		B 很小，且 $B/V_S<0.2$ 的精馏				$V/F<2.0$ 的精馏			
改进方案		B 波动大，可将 B 作为温度控制的副环，组成串级控制。 进料波动大且不可控，可作为前馈信号，组成前馈反馈控制。 进料经预热时，可组成热焓控制				加热蒸汽压力波动大，将其压力或流量作为副环，组成串级。 进料波动大且不可控，可作为前馈信号，组成前馈反馈控制。 进料经预热时，可组成热焓控制			

（4）精馏塔的塔压控制

精馏塔塔压的恒定是采用温度作为间接质量指标的前提。因此，塔压需要控制。影响塔压的因素有：进料流量、进料成分、进料温度、塔釜加热蒸汽量、回流量、回流液温度、冷却剂压力等。

精馏塔操作可在常压、加压或减压状态下进行。混合液沸点较高时，减压塔操作有利于降低沸点，避免分解。混合液沸点较低时，加压塔操作有利于提高沸点，减少冷量。相应地，塔压控制亦分三种类型。

① 加压精馏塔的压力控制。加压精馏塔操作是塔压大于大气压的精馏塔操作。根据塔顶馏出物的状态（气相或液相）及馏出物所含不凝性气体量，加压精馏塔的塔压控制方案见表 8-10。

表 8-10　加压精馏塔塔压控制方案

类型	液相采出，馏出物含大量不凝物	液相采出，馏出物含少量不凝物	液相采出，馏出物含微量不凝物	气相采出
控制方案	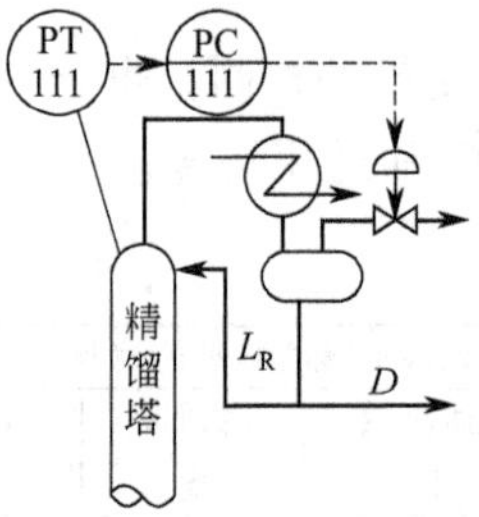 PT 111　PC 111　精馏塔　L_R　D	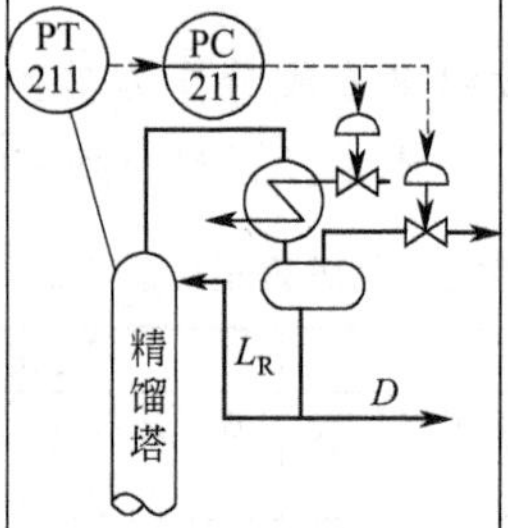 PT 211　PC 211　精馏塔　L_R　D	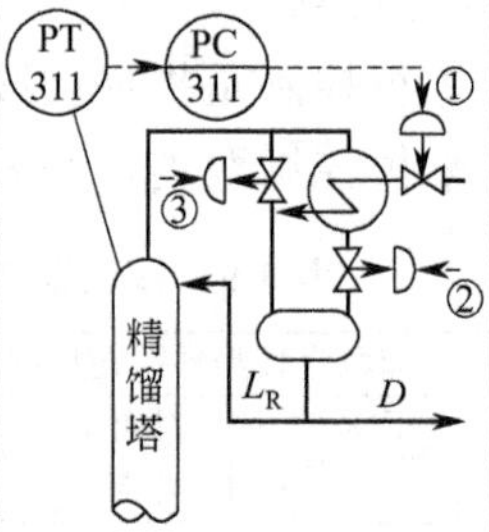 PT 311　PC 311　①　②　③　精馏塔　L_R　D	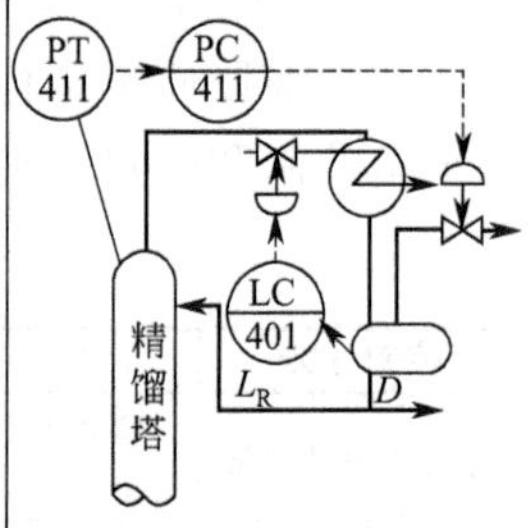 PT 411　PC 411　LC 401　精馏塔　L_R　D
特点	控制回流罐气相排出量动态响应快	组成分程控制系统。先通过改变冷却剂量，然后，如塔压不降，则排放不凝性气体，降低塔压	① 最节省冷却水量； ② 动态响应差； ③ 动态响应较灵敏。但液位变化对压力影响较小，而压力变化对液位影响较大	① 塔压为被控变量，气相采出量为操纵变量组成单回路控制系统； ② 可组成气相出料流量为副被控变量的串级均匀控制系统
应用场合	液相采出，馏出物含大量不凝物	塔顶气相中不凝性气体量小于塔顶总气相流量的 2%。 只有部分时间产生干气时	塔顶气相馏出物全部冷凝或含微量不凝物	气相采出

② 减压精馏塔的压力控制。当减压塔的压力控制采用蒸汽喷射泵抽真空时，可采用如图 8-15 所示蒸汽喷射压力恒定的控制方案。由于蒸汽喷射压力与真空度有一一对应关系，同时，采用吸入支管的控制阀进行微调。当减压塔的压力采用电动真空泵时，常采用调节不凝气体的抽出量来保证塔顶的真空度，控制阀安装在真空泵回流管。

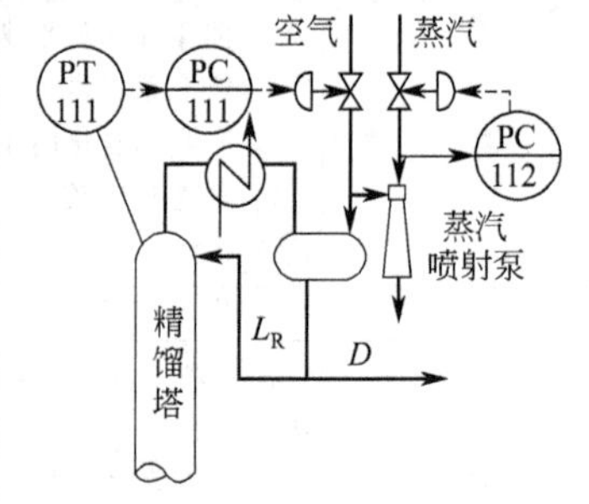

图 8-15　减压塔压力控制

③ 常压精馏塔的压力控制。对恒定塔顶压力的要求不高时，可采用常压精馏。它不需要压力控制系统。仅需在精馏设备（冷凝器或回流罐）上设置一个通大气的管道，用于平衡压力。如果空气进入塔内会影响产品质量或引起事故时，或对塔顶压力的稳定要求较高时，应采用类似加压塔的压力控制，防止空气吸入塔内并稳定塔压。

分离要求不太严格的常压塔可采用常压塔的塔釜压力控制，塔釜的压力恒定等效于控制塔压降恒定。被控变量是塔釜气相压力，操纵变量是加热蒸汽量。

8.4　复杂控制系统在精馏塔中的应用

实际精馏塔的控制中，除了采用单回路控制外，还采用较多的复杂控制系统，例如，串级、均匀、前馈、比值、分程、选择性控制等。

8.4.1　串级控制

串级控制系统能够迅速克服进入副环的扰动对系统的影响。因此，对产品质量有关的一些精馏塔控制系统中，如果扰动对产品质量有影响，而且可以组成串级控制系统的副环时，都可组成串级控制系统。例如，精馏段温度与回流量或馏出量或回流比组成串级控制，提馏段温度与加热蒸汽量或塔底采出量组成串级控制等。

精馏塔控制中，当需要使操纵变量的流量与控制器输出保持精确对应关系及副环特性有较大变化时，常组成串级控制系统。例如，回流罐液位与塔顶馏出量或回流量的串级控制，塔釜液位与塔底采出量的串级控制等。

串级均匀控制系统能够对液位（或气相压力）和出料量兼顾，在多塔组成的塔系控制中得到广泛应用。

8.4.2　前馈-反馈控制

精馏塔的大多数前馈信号采用进料量。当进料量来自上一工序时，除了多塔组成的塔系中可采用简单均匀控制或串级均匀控制外，克服进料扰动影响的常用控制方法是采用前馈-反馈控制。反馈控制系统可以是塔顶和塔底的有关控制系统。静态前馈模型为

$$\frac{D}{F}=\frac{z_{\mathrm{F}}-x_{\mathrm{B}}}{x_{\mathrm{D}}-x_{\mathrm{B}}} \tag{8-20}$$

$$\frac{V}{F}=\beta\ln\frac{x_{\mathrm{D}}(1-x_{\mathrm{B}})}{x_{\mathrm{B}}(1-x_{\mathrm{D}})} \tag{8-21}$$

即将进料量 F 作为前馈信号，相应改变塔顶馏出量 D、塔底采出量 B 和蒸汽量 V，组成相乘型静态前馈-反馈控制系统。考虑到精馏塔的水力学滞后的影响，亦可引入动态前馈，组成动态前馈-反馈控制系统。

此外，根据精馏塔产品质量指标，可组成进料量 F 的前馈与产品质量为主被控变量、馏出量 D 为副被控变量的前馈-串级反馈控制系统。

精馏塔的前馈信号也可取自馏出量，组成称为“强迫内部平衡”的相加型前馈-反馈控制系统，如图 8-16 所示。图中，反映产品质量指标的温度与馏出量 D 组成串级控制系统。馏出量作为前馈信号，其变化通过前馈控制器 FY-102 与回流罐液位的反馈信号相加，组成前馈-反馈控制系统。因回流罐液位与回流量 L_{R} 组成串级控制系统，因此，当馏出量变化时能够及时通过前馈控制改变回流量，实现了强迫内部物料平衡，并能克服采用直接物料平衡控制方案响应慢的缺点。

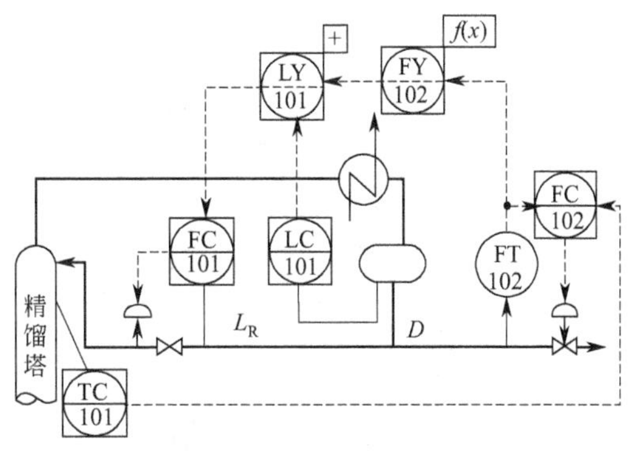

图 8-16　强迫内部平衡的前馈-反馈控制

8.4.3　选择性控制

精馏塔操作受约束条件制约。当操作参数进入安全软限时，可采用选择性控制系统，使

精馏塔操作仍可进行，这是选择性控制系统在精馏塔操作中一类较广泛的应用。

选择性控制系统在精馏塔的另一类应用是精馏塔的自动开、停车。

(1) 精馏塔的选择性控制

精馏塔的气相速度限和最小气相速度限是防止液泛和漏液的约束条件。通常采用设置高选器和低选器组成非线性控制，如第 2.8 节所讨论。也可直接设置控制器输出的高、低限的限幅器实现非线性控制。

【例 8-6】 防止液泛的超驰控制系统。

图 8-17 是防止液泛的超驰控制系统。该控制系统的正常控制器是提馏段温度控制器 TC-102，取代控制器是塔压差控制器 P_dC-101，正常工况下，由提馏段灵敏板温度控制再沸器加热蒸汽量，当塔压差接近液泛限值时，反作用控制器 P_dC-101 输出下降，被低选器 TY-102 选中，由塔压差控制器取代温度控制器，保证精馏塔不发生液泛。为防止积分饱和，将低选器 TY-102 输出作为 TC-102 和 P_dC-101 的积分外反馈信号。

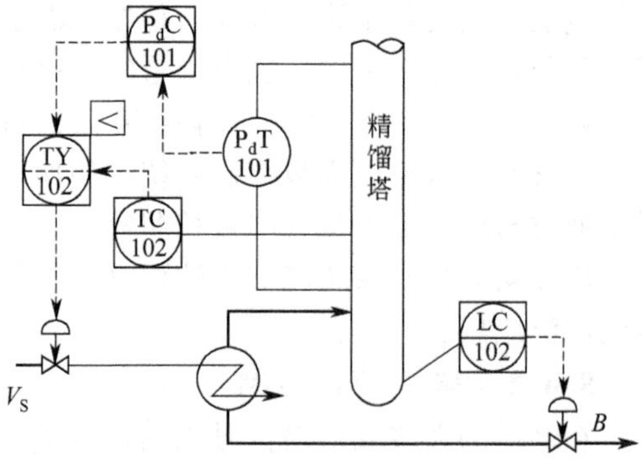

图 8-17　防液泛超驰控制

(2) 精馏塔的开停车选择性控制

利用选择器的逻辑功能，可实现精馏塔的开停车控制，下面是一个示例。

【例 8-7】 开停车的选择性控制。

图 8-18 显示精馏塔自动开停车控制方案。图中控制器的正反作用，除已注明正作用外，其余未标注的控制器均为反作用控制器。控制方案分析如下。

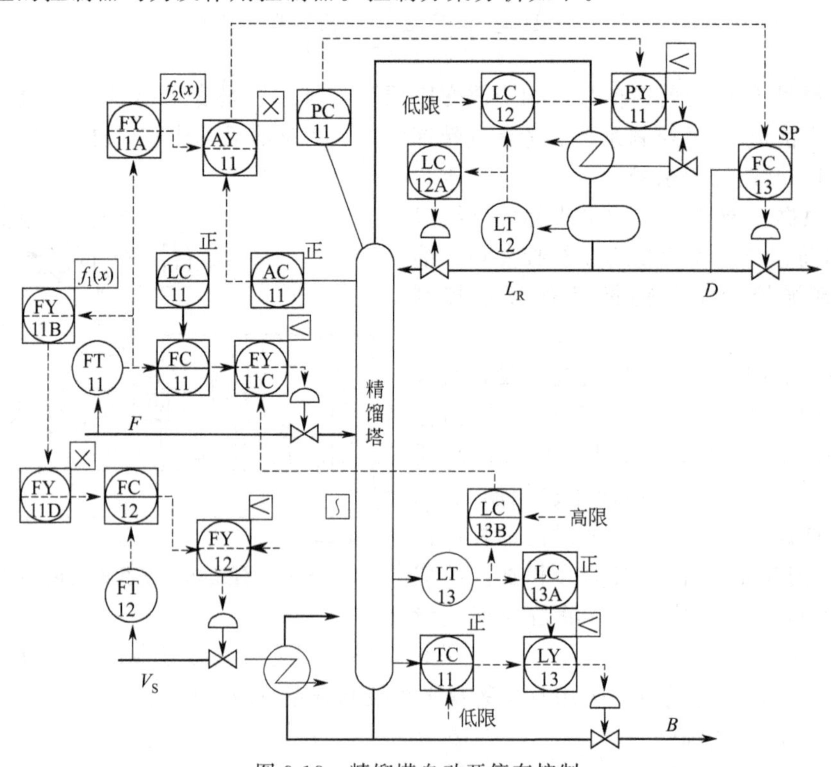

图 8-18　精馏塔自动开停车控制

① 正常工况。正常工况由下列控制系统实施控制。

- 上一塔液位 LC-11 和本塔进料流量 FC-11 组成串级均匀控制系统。既保证上塔操作平稳，又使进料量较平稳。

- 进料量 F 作为前馈信号，与再沸器加热蒸汽量 V_S 组成前馈-反馈控制系统。由 FT-11、FY-11B、FY-11D 和 FC-12 组成前馈-反馈控制系统，实现恒分离度控制。其中，FY-11B 是前馈控制器，实现动态前馈控制。

- 进料量 F 作为前馈信号，与塔顶成分为主被控变量、馏出量 D 为副被控变量的串级控制系统组成前馈-串级反馈控制系统（变比值控制系统）。控制系统由 FT-11、FY-11A、AC-11、AY-11、FC-13 组成，根据塔顶成分对进料量 F 与馏出量 D 的比值进行调整。其中，FY-11A 是前馈控制器，实现动态前馈。

- 塔压的定值控制。塔压经 PC-11 控制器和选择器 PY-11，调整冷却剂量，实现恒定塔压控制。

- 回流罐液位定值控制。由 LT-12 和 LC-12A 组成定值控制系统，保证回流罐液位恒定。

- 塔釜液位定值控制。由 LT-13 和 LC-13A，经选择器 LY13 组成定值控制系统，保证塔釜液位恒定。

② 开车控制。开车控制由下列控制系统组成。

- 塔顶产品质量控制。开车时，应保证塔顶馏出控制阀关闭。由于塔顶成分不合格，因此，AC-11 控制器输出保证塔顶不合格产品不能排出。

- 回流罐液位控制。开车时，塔压尚未建立，塔压控制器 PC-11 是反作用，其输出增大。而回流罐液位也未建立，采用低设定值的控制器 LC-12B，因其偏差较小。因此，低选器 PY-11 选中 LC-12B 输出，由回流罐液位控制冷却剂量，实现开车阶段逐步建立回流罐液位，及精馏塔建立塔压。

- 再沸器加热蒸汽量控制。开车时，精馏塔气液平衡尚未建立，蒸汽量如果突然开大，会出现水锤现象，巨大冲击力造成精馏塔身和支架激剧晃动，使设备管道连接处泄漏。因此，应缓慢增加蒸汽量。为此，采用积分时间较长的积分器。进料量增加后，经前馈控制器来的信号较大，反作用 FC-12 控制器输出增大。而积分器输出缓慢增加，因此开车时先被低选器 FY-12 选中，用于缓慢打开加热蒸汽控制阀。直到加热蒸汽量与进料量建立平衡关系。

- 塔底温度控制。开车时，塔釜温度较低，应保证塔底不出料。因塔底已有液位，经 LT-13 和正作用 LC-13A 控制器，输出升高，但塔温尚低，因此，低设定值的控制器 TC-11 输出较小，被低选器 LY-13 选中，用于控制塔底出料，即关闭采出控制阀。只有当温度达到低限以上，液位控制器取代温度控制器后，才有出料排出。

- 进料量控制。开车时，进料量需缓慢增加，当塔釜液位高于高限时，应减小进料量，经 LT-13、LC-13B 后，控制器 LC-13B 输出减小，被低选器 FY-11C 选中，用于控制进料控制阀，减小进料量。当建立精馏塔塔釜液位和塔釜温度后，进料量由上一塔液位 LC-11 和本塔进料量 FC-11 组成的串级均匀控制系统进行控制。

③ 停车控制。停车控制由下列控制系统组成。

- 出料控制。当停车信号切断进料量时，经进料量前馈控制 FY-11A 和 FC-13，自动关闭塔顶馏出物控制阀，停止精馏塔的塔顶出料。

- 回流控制。由于进料停止后，回流罐液位升高，经 LC-12A 液位控制器输出使回流控制阀全开。

• 再沸器加热蒸汽控制。经进料前馈 FY-11B 和 FC-12 直接切断再沸器加热蒸汽。

• 塔底出料控制。再沸器加热蒸汽切断，回流阀全开，进料关闭后，回流罐液位下降，塔内物料全部转到塔底，塔釜液位升高，温度下降，产品不再合格，由 TC-11 控制器取代液位控制器 LC-13A，关闭塔底采出阀。

整个开车和停车过程自动进行。既保证精馏塔平稳操作，又满足开停车控制要求，提高了自动化水平，降低了劳动强度。

8.4.4　节能控制

精馏过程中，为了实现分离，塔底物料需要汽化，塔顶要冷凝除热，因此，精馏过程要消耗大量能量。通常，石油化工过程是工业生产过程中的能耗大户，而精馏过程能耗占典型石油化工过程能耗的 40%，因此，精馏塔的节能成为重要研究课题。

一般的节能途径有下列几种，也可相互交叉渗透。

① 采用精确控制，降低产品规格的设定值。如第 3.1 节所指出，当控制系统的偏离度减小时，被控过程产品的质量提高，产量增加，能耗下降，成本减小。因此，应提高控制系统的控制精度，降低控制系统的偏离度。例如，塔顶产品纯度要求 95%，在物料平衡的约束条件下，当偏离度为 0.5%时，可将设定值设置在约 96%，如果偏离度为 1%，则要将设定值提高到约 97%，从而增加了原料消耗和能量消耗。

② 反映能耗指标直接作为被控变量。例如，加热炉燃烧控制系统中，提高燃烧效率可有效降低能耗。精馏塔的原料采用加热炉预加热，这时，控制过剩空气率，使燃料完全燃烧就能提高燃烧效率，降低能耗。

③ 操作优化。将能耗作为操作优化目标函数的组成部分，通过操作优化，降低能耗。

④ 对工艺流程和设备进行改造，设置有关控制系统，达到平稳操作。例如，设置换热网络，利用余热，减少载热体量；设置合理控制系统，采用热泵系统等。

⑤ 综合过程变量的相互关系，采用新的操作方式，实施新的控制策略。例如，采用浮动塔压控制，使塔压不保持恒定，当塔压降低时，采用一些有效控制方法，有利于提高分离度，降低能耗。

(1) 再沸器加热油的节能控制

再沸器为精馏塔操作提供热量，并维持精馏塔的热量平衡。在石油化工生产过程中，一些精馏塔再沸器的载热体是由加热炉加热循环使用的加热油。再沸器加热油的节能控制是根据精馏塔的操作需要，通过调整加热炉的燃料量，达到节能的目的。

【例 8-8】再沸器加热炉节能控制。

如果热油温度越低，流量越大，则从加热炉吸收的热量越多。因此，将进再沸器的控制阀开度保持在较大开度（例如 90%），就能节能。因流量增大后，加热炉炉膛温度可降低，燃料量可减少。

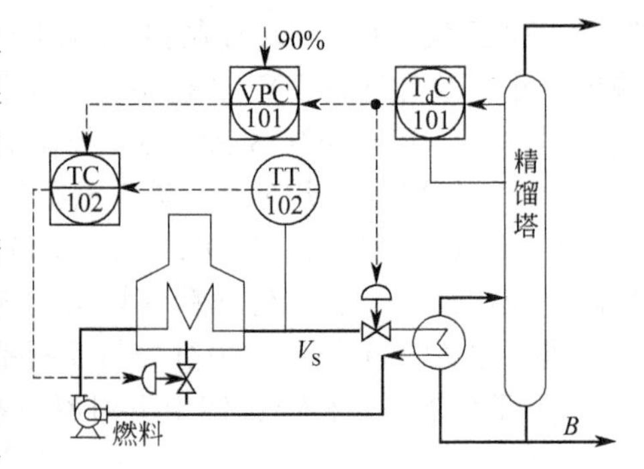

图 8-19　再沸器加热炉节能控制

图 8-19 是再沸器加热炉的节能控制系统图。精馏塔的精馏段温差控制器 T_dC-101 作为主控制器，VPC-101 阀位控制器作为副控制器，组成双重控制系统。正常工况下，具有积分作用的 VPC-101 控制器设定与测量相等，因此，热油控制阀开度在 90%。当温差变化时，及时通过控制阀调节热油量，调整再沸器加热量，同时，经 VPC-101 和 TC-102 调整燃料量。VPC-101 与 TC-102 组成串级控制系统。整个控制系统能够使燃料量适应精馏塔操作的需要。

应用时 VPC-101 采用积分控制器，积分时间长达数分钟，以满足精馏塔平稳操作的要求。

(2) 精馏塔浮动塔压控制

一般精馏塔控制都设置塔压定值控制。从控制精馏塔产品质量看，塔压恒定，才能用温度作为间接质量指标进行控制，塔压稳定也有利于精馏塔的平稳操作。但从气液平衡关系看，塔压越低，两组分间的相对挥发度越大，因此，降低塔压有利于分离，有利于节能。由于塔压受环境条件影响，尤其在采用风冷或水冷的冷凝器时，气温高的夏季能达到的最低塔压要高于气温低的冬季能达到的最低塔压。为保持塔压恒定，就会在温度低时浪费精馏塔所具有的分离潜能。因此，当气温低时，如果能够降低塔压，就能使冷凝器保持在最大热负荷下操作，提高相对挥发度，即得到相同纯度的分离效果所需的能量减少。

浮动塔压控制系统要解决四个问题：①塔压变化要缓慢，以保证精馏塔能够平稳操作；②塔压浮动后，如果精馏塔质量指标采用间接质量指标的温度，则需进行压力补偿，以适应塔压的浮动；③塔压浮动后应使再沸器加热量随之变化，这样才能达到节能目的；④塔压浮动后，引入了阀位控制器，存在积分饱和问题。

【例 8-9】 浮动塔压控制系统。

图 8-20 是浮动塔压控制系统。它在原塔压控制系统基础上，增加阀位控制器 VPC-102。当遇暴雨使风冷器温度下降时，塔压不是突变到冷剂所能提供的最低压力，而是缓慢地变化到该最低塔压值 p。同时，因冷剂量增加（暴雨造成），经 VPC-102 缓慢改变 PC-101 的设定值，使塔压缓慢减小。控制阀的开度最终回复到 10%（或设定的某一更小数值）。与一般双重控制系统的区别是 VPC-102 输出作为 P-101 设定，而不送另一控制阀。应用时，因 VPC-102 偏差长期存在，该控制器是积分控制器，因此，存在积分饱和。防止积分饱和措施是将 PC-101 测量值作为 VPC-102 积分外反馈信号。为使塔压从一个稳态缓慢过渡到另一个稳态，需要增大被控对象时间常数，即合适整定 PC-101 积分时间和选择压力变送器量程。

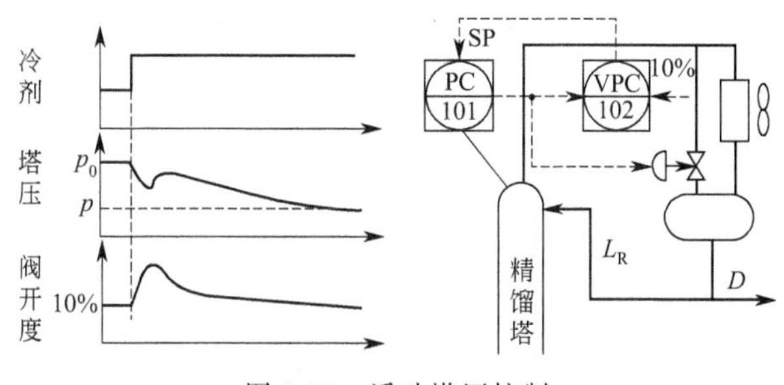

图 8-20 浮动塔压控制

图中显示冷剂增加时，塔压和控制阀开度的变化。温度的压力补偿可采用第 8.3.2 节的方法进行。

需注意，设置浮动塔压控制的同时，应设置再沸器加热量的按计算指标计算塔底温度设定值的控制系统。多组分精馏过程中，塔底温度控制系统设定值的数学模型为

$$\theta_R = \theta_o + \alpha_1 f_1(p) + \alpha_2 f_2(z_F) \tag{8-22}$$

式中，p 是塔压；z_F 是进料组分；θ_o是在设计塔压和进料组分下的塔釜温度设定值。对二元物系的精馏，数学模型可简化为

$$\theta_R = \theta_o + f_1(p) \tag{8-23}$$

(3) 热泵控制

精馏塔操作中，塔底再沸器要加热，塔顶冷凝器要除热，两者都要消耗能量。解决这一矛盾的一种方法是采用热泵控制系统。热泵控制系统将塔顶蒸汽作为本塔塔底的热源。但因塔顶蒸汽冷凝温度低于塔底液体沸腾温度，为此，需增加一台透平压缩机，用于将塔顶蒸汽压缩，提高其冷凝温度。

压缩机所需的理论压缩功与压缩比等有关，如下式描述

$$N=m\frac{1}{n-1}\times\frac{R\theta_D}{M\eta}\left[\left(\frac{p_E}{p_D}\right)^{\frac{n-1}{n}}-1\right] \tag{8-24}$$

式中，m 为质量流量；M 为摩尔质量；n 为多变指数；N 为所需理论压缩功；p_D 和 p_E 为压缩机入口和出口（塔顶）压力；R 为气体常数；θ_D 为塔顶温度；η 为多变效率。

根据式(8-24)，压缩比 p_E/p_D 越小，压缩机所需的功越小。从工艺看，满足压缩比要小的条件是塔压降要小，被分离物的温度差要小。

【例 8-10】 热泵控制系统。

图 8-21 是热泵控制方案之一。图中显示，在塔顶增设透平压缩机，将原塔顶冷凝器与再沸器合二为一。为满足开车需要，增加辅助再沸器，由该再沸器补充必要的热量，维持塔压降恒定。

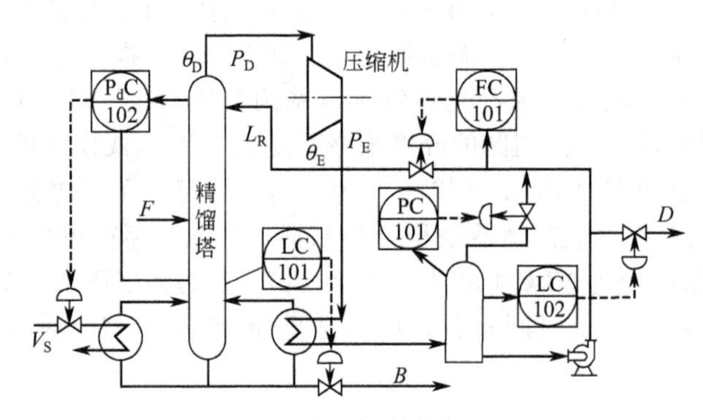

图 8-21　热泵控制方案之一

图 8-22 是热泵控制方案之二。图中，压缩机加压所增的能量稍多，因此，设置辅助冷却器，塔压控制进辅助冷却器的物料量，保持系统能量平衡

(4) 多塔系统的能量综合利用

多个精馏塔串联操作时，上一塔塔顶蒸汽作为下一塔再沸器加热源，使能量得到综合利用。

使用时应解决下列问题：①上一塔的塔顶气相蒸汽温度应远大于下一塔塔底温度，以保证有足够热量提供下塔作为热源；②两塔之间存在关联，应采用有效的解耦措施。

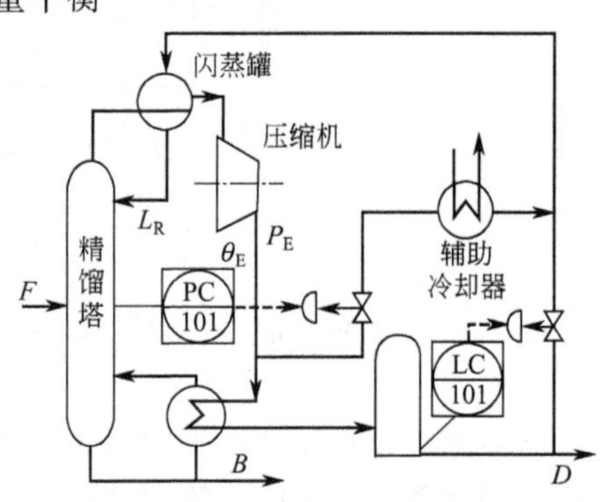

图 8-22　热泵控制方案之二

【例 8-11】 多塔系统的节能控制。

图 8-23 是能量综合利用的控制方案。前塔塔顶冷凝器和后塔再沸器作为能量平衡用。前塔塔顶提供的能量大于后塔所需能量。后塔温度与前塔塔顶馏出量组成串级控制系统，控制合流阀。正常工况，辅助再沸器载热体流量控制阀关闭。当前塔所提供能量不足时，后塔温度降低，温度控制器输出打开辅助再沸器加热控制阀。因

此，温度控制器输出分程于载热体流量控制阀和前塔塔顶馏出物流量控制器设定值。

(5) 产品质量的“卡边”控制

一般精馏操作中，为防止产出不合格产品，操作人员习惯把产品浓度设定值提高，留有余地，从而出现“过分离”，即加大回流量，增加再沸器加热量，造成能量浪费和回收率下降。“卡边”控制是将生产过程中的某一过程变量控制在其最大或最小的允许值，使目标函数得到最小值或最大值的控制。

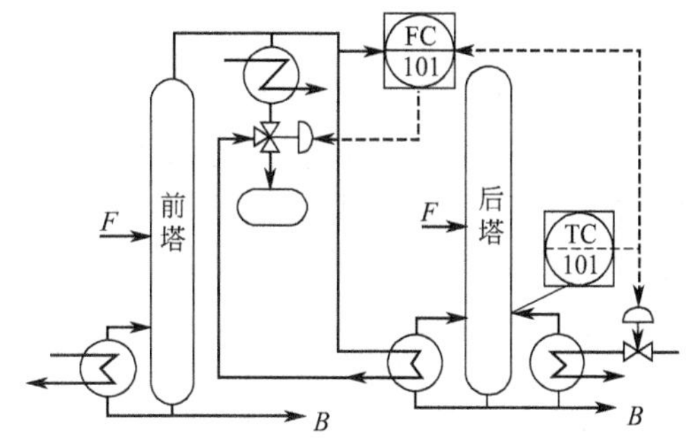

图 8-23　能量综合利用控制方案

【例 8-12】 稳定塔的“卡边”控制。

如图 8-24 所示稳定塔中，液态烃和汽油在塔内进行分离，再沸器由加热重油提供热量。它由 5 个单回路控制系统组成。

液态烃（即液化气，C_3 和 C_4）含较高比例汽油（C_5），汽油中也含较多轻组分（C_3 和 C_4），影响汽油质量。汽油价格远高于液态烃价格，因此，在保证汽油产品质量的前提下，应尽量降低液态烃中汽油的含量。图 8-25 是塔压恒定时，液态烃中汽油含量 y_1 与回流量 L_R、塔底温度 θ 的关系。

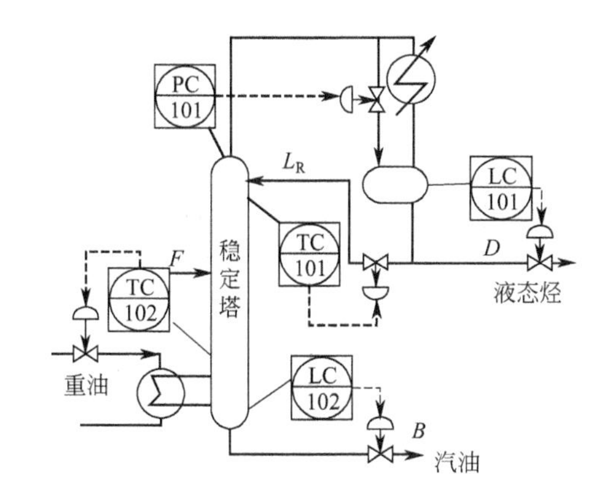

图 8-24　稳定塔控制方案

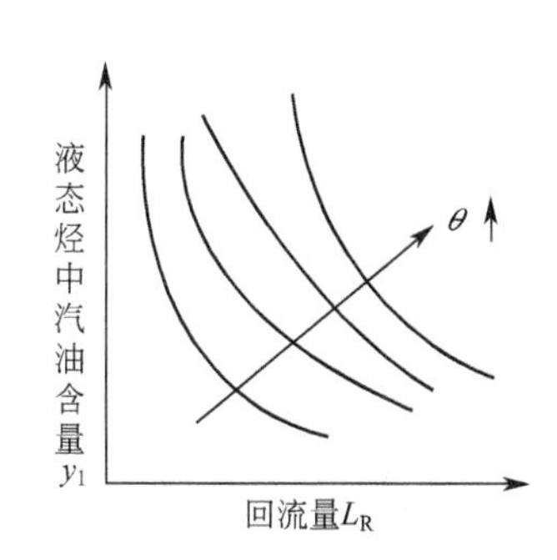

图 8-25　液态烃中汽油含量与回流量、塔底温度关系

设液态烃中汽油含量为 y_1，汽油中含液态烃含量为 y_2，则建立下列回归模型

$$y_1 = a_0 - a_1 L_R - a_2 L_R^2 + a_3 \theta \tag{8-25}$$

$$y_2 = b_0 + b_1 L_R + b_2 L_R^2 - b_3 \theta \tag{8-26}$$

为保证汽油产品的质量，应使汽油中液态烃含量卡边控制。即满足

$$J = \min(a_0 - a_1 L_R - a_2 L_R^2 + a_3 \theta) \tag{8-27}$$

$$y_c = b_0 + b_1 L_R + b_2 L_R^2 - b_3 \theta \tag{8-28}$$

消去塔底温度变量，目标函数最小值时的回流量为

$$L_R = \frac{a_1 - \dfrac{a_3}{b_3} b_1}{2 \dfrac{a_3}{b_3}(b_2 - a_2)} \tag{8-29}$$

卡边控制的条件是 $b_2 > a_2$，及根据上述模型计算回流量设定值进行回流量的控制。

（6）控制两端产品质量

当塔顶和塔底产品均需达到规定的产品质量指标时，需设置两端产品的质量控制系统。采用两个产品质量控制的主要原因是使操作接近规格限，降低操作成本，尤其是降低能耗。采用一个产品质量控制方案，将回流比（或 V、B）增大，也能保证另一端产品质量符合产品的规格，但能耗增大。

精馏塔两端产品质量控制的控制方案很多。但不能对两端产品质量指标均采用物料平衡控制方式。通常，只有两种基本类型：两端产品质量指标均采用能量平衡控制方式；一端产品质量控制采用物料平衡，另一端产品质量控制采用能量平衡控制。但这些控制方式存在系统关联，需进行系统关联分析。

【例 8-13】脱丙烷精馏塔两端产品的质量控制。

某气分装置的脱丙烷精馏塔将液化石油气分离为 C_3 和 C_4 馏分，并分别作为后工序丙烯塔和脱异丁烷塔的进料。为此，对塔顶和塔底产品的组分均有较高控制要求，工艺操作指标均为 99%，经关联分析，设计如图 8-26 所示脱丙烷塔两端产品质量控制系统。

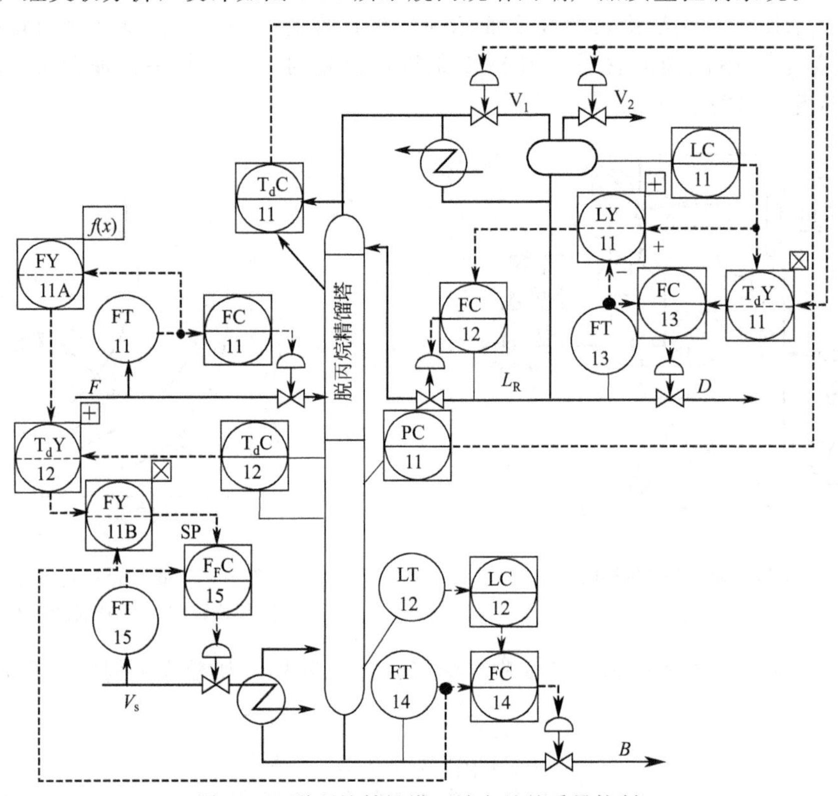

图 8-26　脱丙烷精馏塔两端产品的质量控制

图中，FY-11A 是前馈控制器。塔顶和塔底产品质量指标均用温度差作为间接指标。精馏段温差作为主被控变量，塔顶馏出量 D 为副被控变量，以回流罐液位作为前馈信号，它反映回流量和馏出量之和 L_R+D，组成前馈-串级反馈均匀控制系统。根据强制内部物料平衡关系，采用回流罐液位 L_R+D 和塔顶馏出量 D 确定回流量 L_R，组成强制内部物料平衡的回流量 L_R控制系统。塔压采用分程控制系统，控制热旁路和回流罐放空量。

同样，提馏段温度差作为主被控变量，与再沸器加热量 V_S组成串级控制系统，进料量 F 作为前馈信号，组成前馈-串级反馈控制系统。此外，塔釜液位作为主被控变量、塔底采

出量 B 作为副被控变量组成串级均匀控制系统，并将提馏段温度差和采出量（反映塔釜液位变化）、再沸器加热量组成变比值控制系统。

该控制系统控制两端产品的成分。当进料组分变化时，例如，从 9.5t/h 变化到 11t/h 时，精馏塔两端温度差仍可控制得很好，两端产品均能达到工艺所需 99%的纯度要求。统计数据表明，由于回流比由原设计值 3.19 下降到 2.8 左右，加热蒸汽量与塔底采出量之比也从 0.313 下降到 0.217 左右，取得明显节能效果。

除了上述节能方法外，采用低 s 控制阀等方法也可节能，不在此讨论。

习题和思考题

8-1 精馏塔控制系统中的被控变量、操纵变量和扰动变量有哪些？

8-2 精馏塔的操纵变量变化时，从静态看，说明它们对被控变量的影响。

8-3 什么是精馏塔的直接物料平衡控制和间接物料平衡控制？有哪些控制方案？

8-4 为什么要控制精馏塔的塔压？对加压精馏塔的塔压应如何控制？

8-5 精馏塔精馏段控制系统中，如果进料流量是主要扰动，系统的回流比大于 40，设计相应控制系统。如果进料流量是主要扰动，但回流比小于 0.5，应如何设计控制系统？

8-6 对于二元精馏塔，塔顶温度控制回流量，塔底温度控制再沸器加热蒸汽量，确定该控制系统的相对增益矩阵。如果用塔顶温度控制塔顶馏出液，并保持回流罐液位恒定（调节回流量），对相对增益矩阵有什么影响？

8-7 什么是精馏塔的内回流控制？什么是精馏塔的热焓控制？如何实施？

8-8 什么情况下采用精馏段指标控制？什么情况下用提馏段指标控制？

8-9 精馏塔的温度控制、温差控制和双温差控制各有什么特点？

8-10 什么是精馏塔的浮动塔压控制？在实施浮动塔压控制时应注意什么问题？

8-11 为防止精馏塔操作中出现液泛、漏液等事故发生，试设计有关的控制系统。

8-12 说明图 8-27 所示带控制点的精馏塔工艺流程图中有哪些控制系统？如何选择控制器的正反作用。产品质量如何保证？

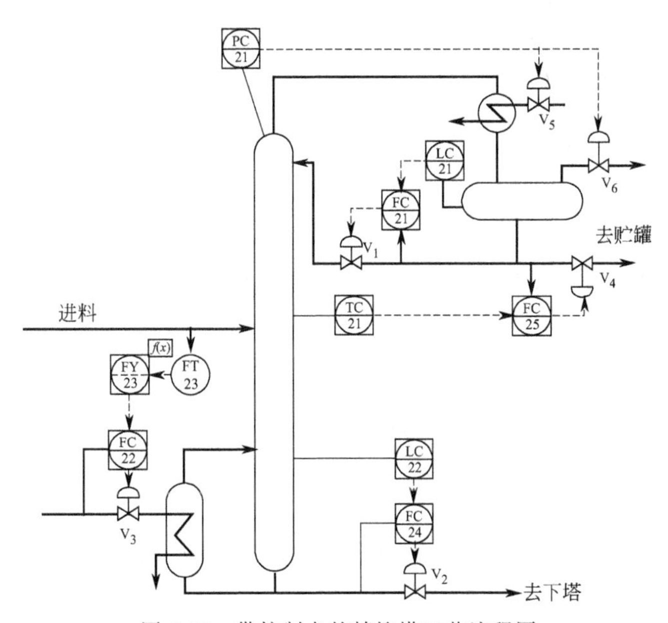

图 8-27 带控制点的精馏塔工艺流程图

第9章 化学反应器的控制

本章内容提要

化学反应器是化工生产过程的重要设备。化学反应过程在化学反应器内进行，其操作复杂，不仅有物料平衡、能量平衡，还涉及物质传递等。因此，化学反应器的控制方案设计是非常复杂的。

本章分析化学反应过程的特点和控制要求，介绍控制方案的基本控制目标，讨论常用的基本控制方案，并对典型反应器的控制方案设计进行分析。

9.1 概　　述

9.1.1 化学反应器的类型和控制要求

(1) 化学反应器的类型

化学反应器是化工生产中一类重要的设备。由于化学反应过程伴有化学和物理现象，涉及能量、物料平衡，以及物料、动量、热量和物质传递等过程，因此，化学反应器的操作一般比较复杂。反应器的自动控制直接关系到产品的质量、产量和安全生产。

在反应器结构、物料流程、反应机理和传热传质情况等方面的差异，使反应器控制的难易程度相差很大，控制方案也差别很大。

化工生产过程通常可划分为前处理、化学反应及后处理三个工序。前处理工序为化学反应作准备，后处理工序用于分离和精制反应的产物，而化学反应工序通常是整个生产过程的关键操作过程。

化学反应器的类型众多，并随着化学工业生产的飞速发展而呈现更多种类和更多式样。

根据反应物料的聚集状态可分为均相和非均相反应器两大类。根据反应物进出物料的连续状况，分为间歇、半间歇和连续反应器三类。根据传热情况，分为绝热式和非绝热式反应器两类。根据物料流程可分为单程和循环两类。根据反应器结构可分为釜式、管式、固定床、流化床、鼓泡床等反应器。不同的反应器结构，适用的场合和控制要求等也不同，应具体情况具体分析。

(2) 化学反应器的控制要求

化学反应的本质是物质的原子、离子重新组合，使一种或几种物质变成另一种或几种物质。一般可用下列化学反应方程式表示

$$aA+bB+\cdots=cC+dD+\cdots+Q \tag{9-1}$$

式中，A、B等称为作用物或反应物；C、D等称为生成物或产物；a、b、c、d等表示相应物质在反应中消耗或生成的反应系数；Q表示反应的热效应，对于放热反应Q为正，吸热反应Q为负。

化学反应过程有下列特点。

- 化学反应过程遵循质量守恒和能量守恒定律。即反应前后物料平衡，能量平衡。
- 反应严格按反应方程式所示的摩尔比例进行。
- 许多反应过程需在一定压力、温度和催化剂存在的条件下进行。

● 化学反应过程中，除了发生化学变化外，还发生相应的物理等变化，例如，热量和体积的变化。

如果反应存在正反应和逆反应，当单位时间内某物质生成物的量和反应物的量相等时所处的状态称为化学平衡状态。要获得尽可能多的产物应该尽量使平衡朝生成物方向移动。

设计化学反应器的控制方案，需从质量指标、物料平衡和能量平衡、约束条件三方面考虑。

① 质量指标。化学反应器质量指标一般指反应转化率或反应生成物的浓度。转化率是直接质量指标，如果转化率不能直接测量，可选取与它相关的变量，经运算间接反映转化率。

化学反应过程总伴随有热效应。因此，温度是最能表征反应过程质量的间接质量指标。

一些反应过程也用出料浓度作为被控变量，例如，焙烧硫铁矿或尾砂的反应，可取出口气体中 SO_2 含量作为被控变量。

检测直接质量指标的成分分析仪表价格贵，维护困难，因此，常采用温度作为间接质量指标，有时可辅以反应器压力和处理量（流量）等控制系统，满足反应器正常操作的控制要求。

当扰动作用下，反应转化率或反应生成物组分与温度、压力等参数之间不呈现单值函数关系时，需要根据工况变化对温度进行补偿。

② 物料平衡和能量平衡。为使反应正常操作，提高反应转化率，需要保持进入反应器各种物料量的恒定，或物料的配比符合要求。为此，对进入反应器物料常采用流量定值控制或比值控制。部分物料循环的反应过程中，为保持原料浓度和物料平衡，需设置辅助控制系统。例如，合成氨生产过程中的惰性气体自动排放系统等。

反应过程有热效应，为此，应设置相应热量平衡控制系统。例如，及时移热，使反应向正方向进行等。而一些反应过程的初期要加热，反应进行后要移热，为此，应设置加热和移热的分程控制系统等。

③ 约束条件。为防止反应器的过程变量进入危险区或不正常工况，应设置相应的报警、联锁控制系统。

(3) 化学反应器的基本控制策略

影响化学反应的扰动主要来自外部，反应器控制的基本控制策略是控制外围。基本控制方案见表 9-1。

表 9-1 化学反应器的基本控制方案

控制方案	描　述
质量指标控制	反应转化率或反应生成物浓度等直接质量指标的控制，和温度或带压力补偿的温度等间接质量指标的控制，操纵变量是进料量、冷剂量或热剂量
反应物流量控制	参加反应物料的定值控制；同时，控制生成物流量
流量的比值控制	多个反应物料之间的配比控制（单闭环、双闭环和根据反应转化率或温度周围主被控变量的变比值控制）
热量平衡的控制	放热反应器冷却剂量控制或吸热反应器加热剂量的控制；反应物量作为前馈信号的前馈-反馈控制系统

9.1.2 化学反应器的特性

化学反应过程较其他工业生产过程复杂，只有了解化学反应过程及反应的基本规律，才能设计好和控制好反应器，得到较好控制效果。

(1) 化学反应速度

① 化学反应速度。某一组分 A 的化学反应速度用单位时间内、单位容积某一组分 A 生

成或反应掉的物质的量表示。即

$$r_A = \pm \frac{1}{V}\frac{dn_A}{dt} \tag{9-2}$$

当容积为定值时，有

$$r_A = \pm \frac{d\frac{n_A}{V}}{dt} = \pm \frac{dC_A}{dt} \tag{9-3}$$

式中，r_A是组分 A 的反应速度，mol/m³ · h；n_A是组分 A 的物质的量，mol；C_A是组分 A 的摩尔浓度，mol/m³；V 是反应容积，m³。

反应过程中其他组分的反应速度可依据反应计算关系求出。

例如，对于合成氨反应过程　$N_2 + 3H_2 \rightleftharpoons 2NH_3$

化学反应速度关系是

$$r_{NH_3} = -2r_{N_2} = -\frac{2}{3}r_{H_2} \tag{9-4}$$

确定化学反应速度时需注意下列事项。

- 对于可逆反应，例如，$A+B \rightleftharpoons C$，化合与分解同时进行，净化学反应速度是化合反应速度与分解反应速度之差。
- 对非单一的反应，例如，并行反应 $A \longrightarrow B$，$A \longrightarrow C$、连串反应 $A \longrightarrow B \longrightarrow C$，净化学反应速度是几个反应速度的代数和。

② 影响化学反应速度的因素。影响化学反应速度的影响主要有反应物浓度、反应温度、反应压力和反应深度等。

- 反应物浓度影响。反应物浓度越高，单位容积物质的量越高，分子间碰撞几率越大，反应速度越大。

➤对不可逆反应 $\alpha A + \beta B \longrightarrow \gamma C$，反应速度与反应物浓度 C_A和 C_B的关系是

$$r = kC_A^{\alpha}C_B^{\beta} \tag{9-5}$$

式中，k 是反应速度常数；α、β 是反应级数；通常有 0 级、1 级、2 级等，也可有分数，例如，0.5 级。

➤对可逆反应 $\alpha A + \beta B \rightleftharpoons \gamma C$，因 r 是正逆反应速度之差，则有

$$r = k_1 C_A^{\alpha}C_B^{\beta} - k_2 C_C^{\gamma} \tag{9-6}$$

式中，k_1是正反应速度常数；k_2是逆反应速度常数。

- 反应温度影响。温度对反应速度影响较复杂。根据阿累尼乌斯公式，温度升高时，反应速度通常迅速增大，其关系可表示为

$$k = k_0 \exp(-\frac{E}{R\theta}) \tag{9-7}$$

式中，k_0 是频率因子，1/s；R 是气体常数，1.987 kcal/kmol · K；E 是活化能，表示使反应物分子成为能进行反应的活化分子所需平均能量，其值在 10000～50000 kcal/kmol 之间；θ 是反应热力学温度，K。

图 9-1 是 $\ln k$ 与 $1/\theta$ 的关系曲线，根据式（9-7），有

$$\ln k = -\frac{E}{R\theta} + \ln k_0 \tag{9-8}$$

$\ln k$ 与 $1/\theta$ 的关系可用直线描述。当温度 θ 升高，k 升高。

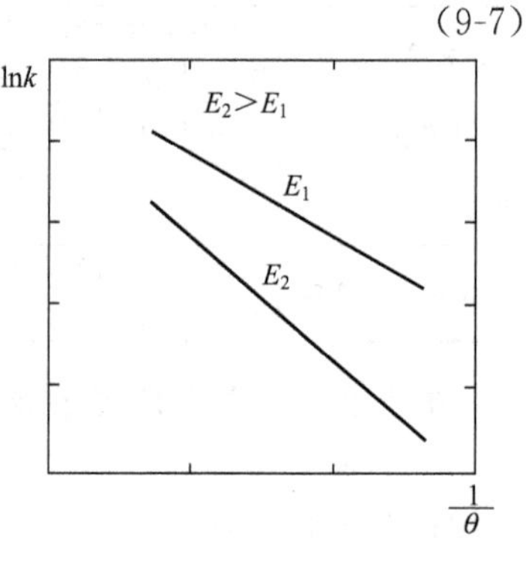

图 9-1　反应速度常数 k 与温度 θ 的关系

➤对不可逆反应，提高反应温度，总可使反应速度常数

增大，因此反应速度也加快。

➢对可逆反应，随温度升高，正逆反应速度常数都增大，应根据放热反应还是吸热反应确定总反应速度的变化。

➢对吸热反应，正反应速度常数 k_1 的增长速度大于逆反应速度常数 k_2 的增长速度，因此，总化学反应速度 r 随着温度升高而增大。

➢对放热反应，k_1 的增长速度小于 k_2 的增长速度，总化学反应速度 r 随着温度升高而降低。

● 反应压力影响。不考虑因压力较高造成的反应速度常数 k 的变化，则对液相和固相反应，压力变化对反应速度没有影响；对于气相反应，压力升高，单位容积浓度 C_A、C_B 和 C_C 随容积压缩而增大，因此，单位容积内用浓度表示的反应速度增大。

● 反应深度影响。反应深度常用转化率 y 表示。对不可逆反应 $A+B \longrightarrow C$，转化率表示为。

$$y=\frac{n_{A_0}-n_A}{n_{A_0}}\times 100\% \tag{9-9}$$

式中，n_{A_0} 是进入反应器物料 A 的组分物质的量；n_A 是反应后物料 A 的组分物质的量，因此，转化率是未反应掉的 A 组分物质的量与进入反应器 A 组分物质的量之比的百分数。当物料 A 完全未反应时，$y=0$；A 组分完全反应掉，则 $y=100\%$。

随着化学反应的进行，反应物浓度不断下降，正反应速度不断下降，而生成物浓度不断增加，逆反应速度不断增大。这表明，随着反应深度的增加，反应速度总是下降的。

对可逆反应，应根据吸热反应或放热反应讨论反应深度影响。图 9-2(a) 是吸热反应的反应转化率 y 和反应速度 r、反应温度 θ 的关系，图 9-2(b) 是放热反应的反应转化率 y 和反应速度 r、反应温度 θ 的关系。

从图中可得到下列结论。

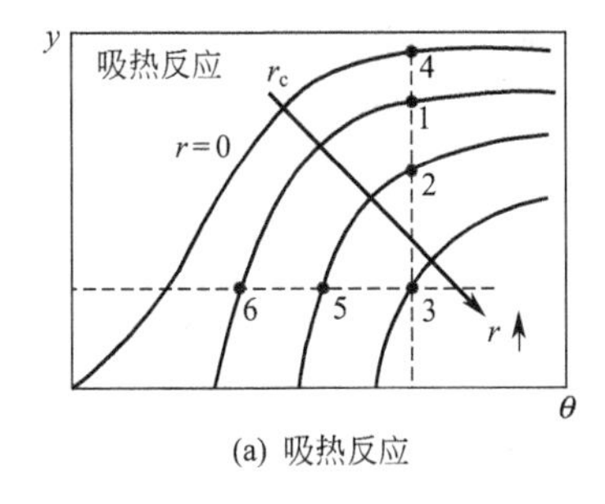

(a) 吸热反应

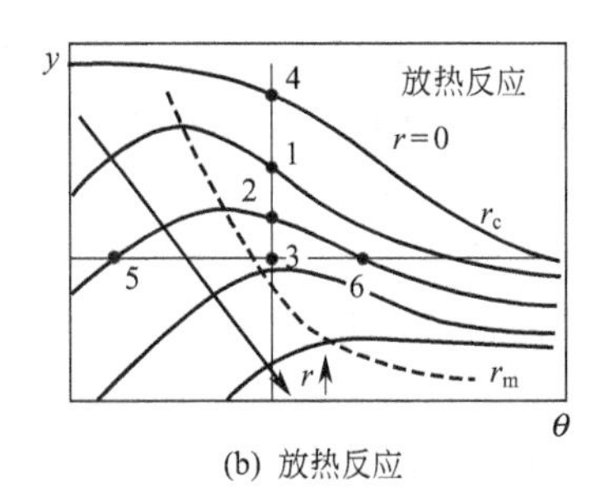

(b) 放热反应

图 9-2 吸热和放热反应中，y、r 和 θ 的关系

● 在相同反应温度 θ 下，反应速度 r 随反应转化率 y 的增加而下降。例如，图中的 $r_3>r_2>r_1$。

● 当反应进行到一定深度后，即转化率达到某一值后，因可逆反应速度相等，总反应速度 $r=0$，反应处于动态平衡。例如，图中的 r_c。

● 吸热反应中，提高反应温度 θ，可使反应速度 r 增大，例如，图 9-2(a) 中，$r_3>r_5>r_6$。

● 放热反应中，有一个最大的反应速度，温度过高或过低都使反应速度下降，例如，图 9-2(b)中，$r_3>r_5$，$r_3>r_6$。等反应速度线最高点的连线称为最佳温度线 r_m，实际反应器温度宜控制在该温度线附近，以获得最大反应速度。

（2）化学平衡

① 化学平衡。在某一反应温度下，反应的正逆反应速度相等时，即 $r=0$，化学反应处于平衡状态，称为化学平衡。化学平衡是化学反应过程中的一个极限状态，建立化学平衡需要很长时间。

化学平衡条件是总反应速度等于零。假设某反应 $\alpha A+\beta B \rightleftharpoons \gamma C$，反应速度为零，即

$$r=k_1 C_A^{\alpha} C_B^{\beta}-k_2 C_C^{\gamma}=0 \tag{9-10}$$

或

$$K_C=\frac{k_1}{k_2}=\frac{C_C^{\gamma}}{C_A^{\alpha} C_B^{\beta}} \tag{9-11}$$

式中，K_C是用浓度 C 表示的化学平衡常数，K_C越大，表示平衡转化率越高。

对于气体，常用压力表示的化学平衡常数 K_P。用气体分压 p 表示的化学平衡常数 K_P为

$$K_P=\frac{p_C^{\gamma}}{p_A^{\alpha} p_B^{\beta}} \tag{9-12}$$

② 影响化学平衡的因素。影响化学平衡常数的因素有反应温度、压力、反应物量和生成物量，反应是放热或吸热反应等。

- 平衡移位原理。任何已达成平衡的体系，当条件（例如，压力、温度、浓度等）发生变化时，平衡朝自发地削弱或消除这些改变的方向移动。
- 反应温度的影响。根据化学平衡常数的定义和阿累尼乌斯公式，有

$$k_1=k_{01}\exp\left(-\frac{E_1}{R\theta}\right)\ ;\quad k_2=k_{02}\exp\left(-\frac{E_2}{R\theta}\right)$$

则

$$K_C=\frac{k_1}{k_2}=\frac{k_{01}}{k_{02}}\exp\left(-\frac{E_1-E_2}{R\theta}\right)=\frac{k_{01}}{k_{02}}\exp\left(-\frac{\Delta H}{R\theta}\right) \tag{9-13}$$

式中，$\Delta H=E_1-E_2$是反应热，对吸热反应，其值为正，对放热反应，其值为负。因此，对放热反应，随着反应温度上升，指数项减小，即逆反应速度比正反应速度增长得快，使化学平衡常数 K_C下降，平衡转化率下降。反之，对吸热反应，随着反应温度上升，化学平衡常数增大，转化率增大。

根据平衡移位原理，当反应温度升高时，对吸热反应，将提高平衡转化率。对放热反应，则应采用降低反应温度的措施来提高平衡转化率。但如果反应温度过低，化学反应速度也降低，因此，应权衡两者的影响，选择合适的反应温度。

- 反应物量影响。根据移位平衡原理，当某一反应物量过量，化学平衡朝自发地削弱或消除这些改变的方向移动。即过量的反应物多反应一些，减小反应物过量的程度，因此，反应物量的过量使反应朝着正方向进行。例如，合成氨生成过程中增加水蒸气量使反应转化率提高。
- 生成物量影响。除去生成物，同样能够使平衡朝自发地削弱或消除这些改变的方向移动。即生成更多生成物的方向移动。例如，合成氨生成过程中入合成塔的气体中氨气含量越低，平衡转化率越高。
- 反应压力影响。反应后分子数减少的反应，增加压力可使反应向生成物的方向移动，以增加生成物的分子数。例如，合成氨反应 $N_2+3H_2 \rightleftharpoons 2NH_3$ 中增加压力，使平衡转化率提高。反之，反应后分子数增加的反应，降低压力有利于平衡向正方向移动。为降低压力，可加入稀释气体，降低反应物分压。例如，乙苯脱氢反应采用添加适量水蒸气，降低反应物分压，提高平衡转化率。

(3) 转化率

影响化学反应转化率因素有进料浓度、反应温度、压力、催化剂条件、停留时间、反应类型等。以连续搅拌槽式反应器(CSTR)为例,讨论不同温度 θ 下,转化率 y 与停留时间 τ_C 的关系。

① 停留时间。反应器容积 V 与进料体积流量 F 之比称为该反应器停留时间 τ_C。用公式表示为

$$\tau_C = \frac{V}{F} \tag{9-14}$$

通常,反应器反应时间等于反应物在反应器停留时间。停留时间长,反应物有足够时间反应,反应转化率就高。反应时间长也使副反应增强,副产物增加。因此,反应时间应合适。

② 转化率。如图 9-3 所示最简单等温状态、一级不可逆反应的连续搅拌槽式反应器。

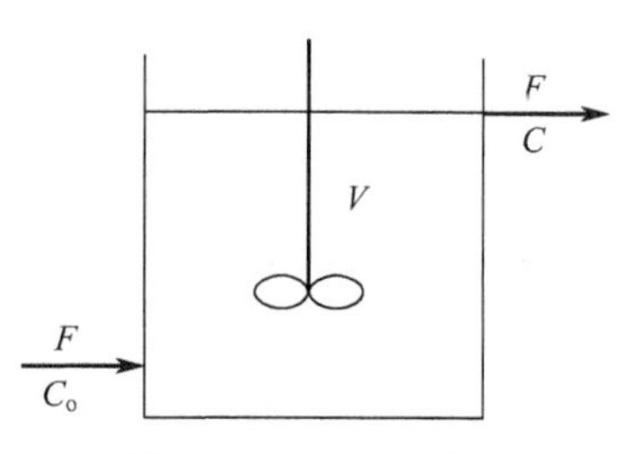

图 9-3 CSTR 反应器

不可逆反应为 $A \xrightarrow{k} B$

设反应物 A 浓度为 Ckmol/m³,根据化学反应速度定义有

$$-r = -\frac{1}{V}\frac{dn}{dt} = -\frac{dC}{dt} = -kC \tag{9-15}$$

由于反应器内均匀搅拌,因此,反应器内各点温度和浓度相等,并等于反应器出料温度和浓度。在容积 V 内,单位时间内反应掉的反应物 A 的浓度是

$$-rV = -VkC \tag{9-16}$$

假设进料体积流量 F,进料浓度 C_o,反应前后物料体积不变,即在定常状态下,连续出料流量仍为 F,浓度为 C。根据物料平衡关系,有

$$C = \frac{C_o}{1 + \frac{kV}{F}} = \frac{C_o}{1 + k\tau_C} \tag{9-17}$$

用转化率表示为

$$y = \frac{C_o - C}{C_o} = \frac{k\tau_C}{1 + k\tau_C} \tag{9-18}$$

③ 影响转化率的因素。影响转化率因素主要有反应温度、停留时间、反应物浓度、反应物料之间的配比、冷却或加热剂量、反应压力等。

式(9-18)描述转化率 y 与停留时间 τ_C、反应温度 θ 的关系。图 9-4 显示了转化率 y 与停留时间 τ_C、反应温度 θ 的关系。

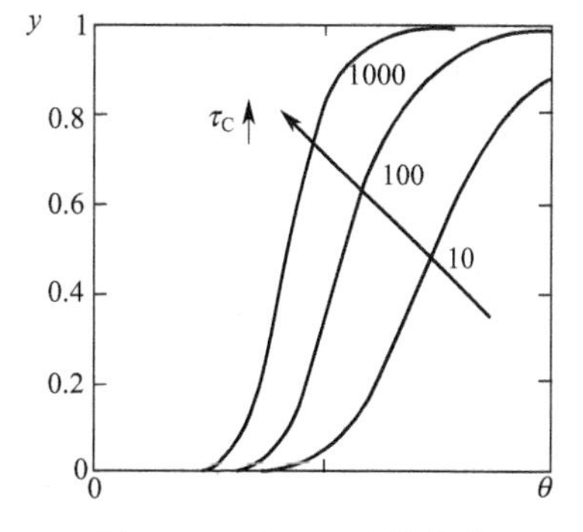

图 9-4 y 与 τ_C、θ 的关系

在相同反应温度下,停留时间越长,转化率越高;停留时间足够长时,因转化率已很高,这时转化率增长不明显。相同停留时间条件下,反应初期,反应温度低,转化率也较低,变化较小;反应后期,反应物已绝大部分反应掉,转化率变化较小;只有在反应中期,反应转化率的变化最大。

进料浓度在反应温度和停留时间不变时对转化率没有影响,但因为进料量增加,反应掉的物料增加,放出热量也增加,因此,提高反应温度也间接影响转化率。反应物浓度变化时,通过使反应速度的变

化影响转化率。同样，反应物料之间的配比也反映浓度的变化，并影响反应速度及转化率。冷剂量和热剂量直接影响反应温度，反应压力影响反应物浓度等，因此，它们都间接对反应温度有影响，并影响到反应速度和转化率。

(4) 化学反应器的热稳定性

通常，化学反应伴有热效应。从热稳定性看，吸热反应过程具有自衡能力。即吸热反应过程的反应温度会稳定到一个新的稳定温度，该过程在开环条件下能够稳定。放热反应过程随反应温度的升高，反应速度加快，放热也增加，使反应温度更加升高，造成正反馈。如不能及时除热，反应过程将不稳定，这类过程在开环条件下是不稳定的。

① 放热线方程

反应器中，单位时间内放出热量 Q_R 为

$$Q_R=(-\Delta H)Vr=(-\Delta H)VkC \tag{9-19}$$

式(9-14) 代入式(9-18) 得

$$y=\frac{k\tau_C}{1+k\tau_C}=\frac{k\dfrac{V}{F}}{1+k\dfrac{V}{F}} \text{或} kV=F\frac{y}{1-y} \tag{9-20}$$

$$C=C_0(1-y) \tag{9-21}$$

因此，单位时间内放出热量 Q_R 为

$$Q_R=(-\Delta H)VkC_0(1-y)=(-\Delta H)FC_0y \tag{9-22}$$

式中，ΔH 是摩尔反应热（吸热为正，放热为负）；V 是反应器内物料容积；r 是反应速度；C 是反应物的摩尔浓度；F 是进料量。

上式表明，放热量 Q_R 与进料量 F 成正比，与转化率 y 成正比。因此，放热量 Q_R 与反应温度 θ 的关系曲线与转化率 y 与反应温度 θ 的关系曲线相似，为 S 形曲线。即在反应温度较低时，反应放热量较小；反应过程中，反应温度不断升高，放热量也不断增加；反应后期，转化率下降，放热量也随之下降。

② 除热线方程

在绝热状态下进行反应时，系统除热量 Q_o 为

$$Q_o=F\rho c_p(\theta-\theta_i) \tag{9-23}$$

式中，F 是进料量；ρ 是进料密度；c_p 是进料比热容；θ_i 是进料温度；θ 是反应器内温度。

除热量 Q_o 与进料量 F 成正比，与反应温度 θ 成正比。除热线是一条直线，其斜率为 $F\rho c_p$，截距为 $-F\rho c_p\theta_i$，它与 θ 轴交点为 θ_i。

③ 静态工作点

当放热量等于除热量时，系统的热量平衡。在热量与温度的关系曲线上表现为放热线与除热线的交点处热量达到平衡。

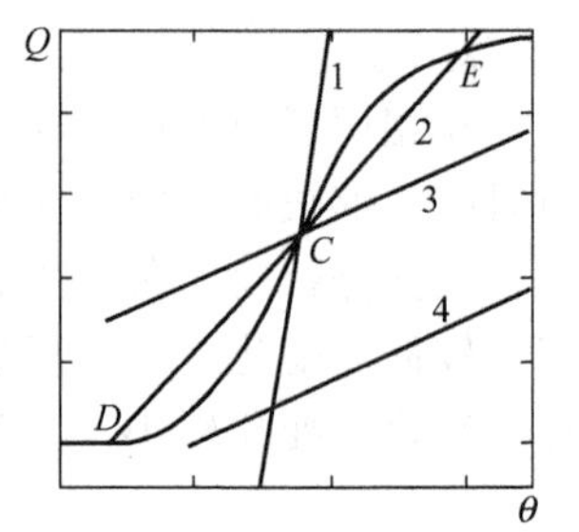

图 9-5　放热线和除热线方程

• 除热线的影响。图 9-5 显示了放热线和除热线，图中，除热线 1 与放热线（S 形曲线）只有一个交点 C，该点称为静态工作点。当扰动使工作点偏离时，例如，反应温度上升，则因除热量大于放热量，工作点仍恢复到 C；反之亦然。因此，工作点 C 称为热稳定的工作点。这时，系统在开环条件下稳定。

除热线 2 与放热线有三个交点 C、D 和 E，同样分析表明，工作点 C 是不稳定工作点，只有 D 和 E 才是热稳定工作点。除热线 3 与放热线的交点 C 是

热不稳定工作点。

当除热线 4 与放热线没有交点，因此，不存在静态工作点。

● 放热线的影响。如图 9-4 所示，放热线方程随着停留时间的增加而右移。对静态工作点也有影响。

➤绝热反应。停留时间 τ_C 不变，入口温度 θ_i 变化时，放热线曲线不变，除热线斜率不变，但截距变化，除热线位置左右平移，因此，一般情况下，只影响初始工作点，不影响系统的热稳定性。但当入口温度过低时，反应速度接近于零，几乎不发生反应。

停留时间 τ_C 变化，入口温度 θ_i 不变时，表示进料量变化，它不仅使放热线位置发生移动，而且使除热线的斜率和截距发生变化，因此，对热稳定性有一定影响。

因此，绝热状态下进行的放热反应，调整进料量和进料温度对系统的热稳定性影响不大；当进料量变化过大，或入口温度过低时，才对系统热稳定性有影响。

➤非绝热反应。非绝热反应时，需要用载热体进行冷却，则除热量方程为

$$Q_o = F\rho C_p(\theta - \theta_i) + UA(\theta - \theta_C) \tag{9-24}$$

式中，U 是传热系数；A 是传热面积；θ_C 是冷剂温度。这表明，在停留时间不变时，可以调整 U 和 A 来改变除热线斜率，即改变转化率。如果 UA 越大，则除热能力越强，系统越容易稳定。

9.2　化学反应器的控制

9.2.1　出料成分的控制

当出料成分可直接检测时，可采用出料成分作为被控变量组成控制系统。例如，合成氨生产过程中变换炉变比值控制。

变换生产过程是将造气工段来的半水煤气中的一氧化碳转化为合成氨生产所需的氢气和易于除去的二氧化碳，变换炉进行如下气固相反应

$$CO + H_2O \longrightarrow CO_2 + H_2 + Q$$

变换反应的转化率可用变换气中一氧化碳含量表征。控制要求为：变化炉出口一氧化碳含量＜3.5％。影响变换生产过程的扰动有：半水煤气流量、温度、成分，水蒸气压力和温度、冷凝水量和催化剂活性等。影响变换反应的主要因素是半水煤气和水蒸气的配比。为此，设计以变换炉出口一氧化碳含量为主被控变量，水蒸气和半水煤气比值为串级副环的变比值控制系统。其中，半水煤气为主动量，水蒸气为从动量。详见第 9.3 节的讨论。

9.2.2　反应过程的工艺状态参数作为间接被控变量

在反应过程的工艺状态参数中，常选用反应温度作为间接被控变量。常用控制方案见表 9-2。

表 9-2　反应过程工艺参数作为间接被控变量的常用控制方案

控制策略	控制进料温度	改变传热量
控制方案	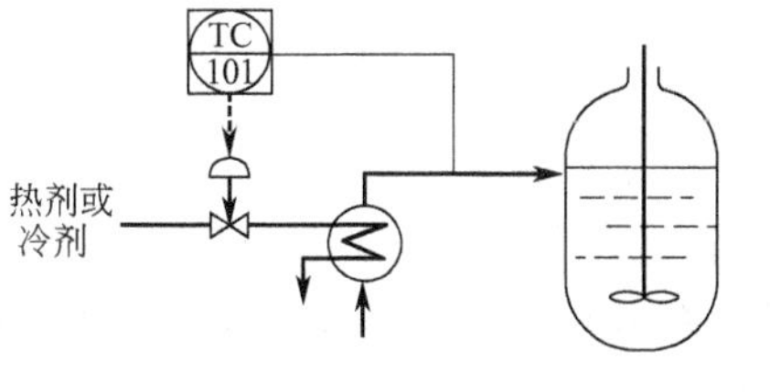 TC 101 热剂或冷剂	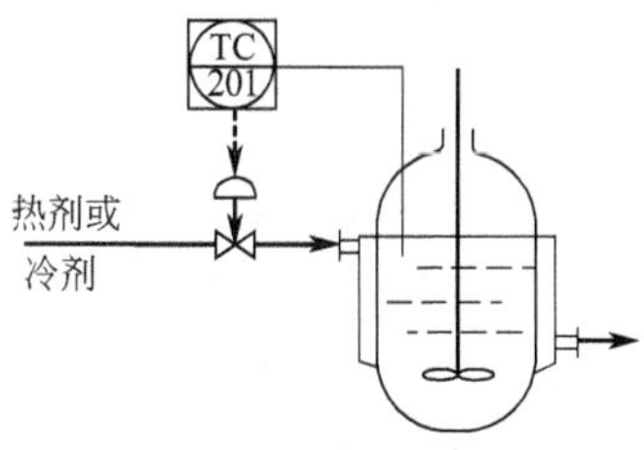 TC 201 热剂或冷剂

续表

控制策略	控制进料温度	改变传热量
特点	通过改变进入预热器(或冷却器)的热剂量(或冷却量),来改变进入反应器物料温度,达到维持反应器内温度恒定的目的。对反应过程是开环控制	控制方案结构简单,投资少,但反应釜容量大,温度滞后严重,尤其在聚合反应时,釜内物料黏度大,热传递差,混合不易均匀,因此,温度控制达到较高精确度较困难
改进方案	① 组成热剂或冷剂流量或压力为副环的串级控制; ② 原料进料为前馈的前馈反馈控制	① 组成热剂或冷剂流量或压力、或釜压、或夹套温度为副环的串级控制; ② 反应过程要加热或移热时,组成热剂与冷剂的分程控制; ③ 根据不同反应段温度要求不同或防止局部聚爆或分解可进行分段控制

采用反应过程的工艺参数作为间接被控变量时，是应用这些被控变量与质量指标之间有一定性能的联系。但从质量指标看，系统是开环的，其间没有反馈联系。因此，应注意防止由于催化剂老化等因素造成被控变量控制是平稳的，而产品质量指标不合格的情况发生。

9.2.3　pH 控制

酸碱中和反应是反应过程中常见的一类反应。由于 pH 值与中和液之间存在如图 9-6 所示非线性关系，加上 pH 值的测量环节具有大时滞特性。因此，对 pH 控制有一定困难。

(1) 非线性特性的补偿

pH 过程的非线性特性不能通过选择控制阀的流量特性来补偿。通常采用非线性控制规律实现 pH 过程特性的补偿。

① 欣斯基（Shinsky）提出的三段式非线性控制器。该控制器采用图 9-7 所示三段不同的增益，来补偿 pH 过程增益的变化，使控制系统总开环增益保持基本不变，满足系统稳定运行的准则。通常，pH 控制的设定值在 pH=7，因此，偏差小时，被控过程增益大，偏差大时过程增益小。而三段式非线性控制器的增益设计成偏差大时增益大，偏差小时增益小。

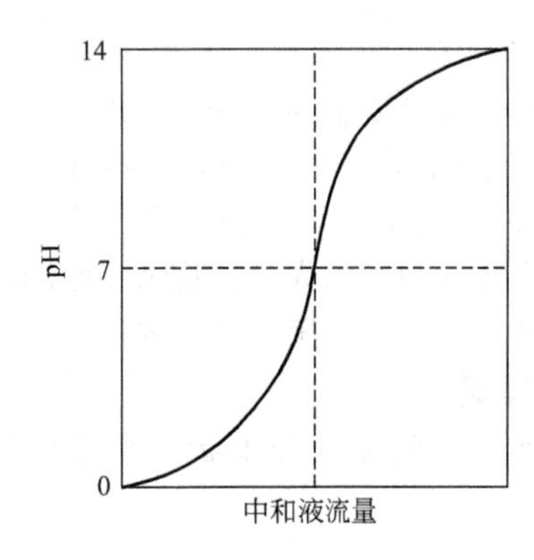

图 9-6　中和过程滴定曲线

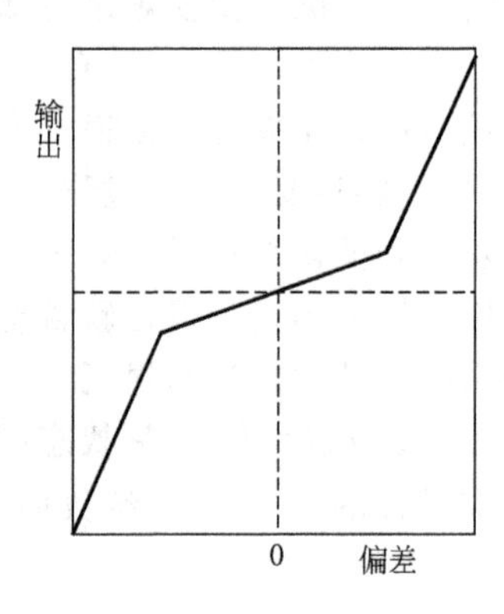

图 9-7　三段非线性控制器

② 采用其他非线性控制规律的控制器。例如，可采用如下规律的比例积分控制器。

$$u(t)=K_c\left[e(t)\times|e(t)|+\frac{1}{T_i}\int_0^t e(\tau)\mathrm{d}\tau\right]+u_0 \tag{9-25}$$

③ 采用 DCS 或计算机控制装置实现非线性控制规律。

④ 智能阀门定位器将非线性补偿环节设置在前向通道，使非线性环节的实现变得容易。

为较好补偿 pH 过程的非线性特性，使系统开环总增益保持不变，可对 pH 过程的非线性特性进行测试。通过测量不同 pH 稳态值处，中和液流量的变化量 ΔF 和 pH 的变化量

ΔpH，计算其变化量的斜率，即增益。则控制器的增益与计算所得增益的倒数成正比。

（2）时滞测量和控制

pH 测量环节存在较严重时滞。实施 pH 控制时，除采用减小测量环节时滞的一些措施。例如，采用外部循环泵将被测量液体连续采出和采样外，还可采用加大时间常数的方法，缓和 pH 的变化。

一般 pH 控制不采用简单控制系统，可采用第 3.5 节介绍的时滞补偿控制系统。

pH 控制系统也可采用分程控制方案。其中，大阀进行粗调，小阀进行细调。这种控制方案适用于 pH 变化范围较大的场合。

9.2.4 化学反应器的推断控制

随着计算机技术的发展，软测量和推断控制技术被用于工业过程产品质量控制指标的检测和控制。

【例 9-1】 烃类转化反应器出口气体中 CH_4 的软测量。

某甲醇装置烃类转化反应器由炉膛、炉管、烟道器、烧嘴与其他辅助设备组成。炉膛内有 76 根转化炉管，反应原料油和蒸汽混合物经管内夹套催化剂层，先分解为甲烷，然后发生化学反应生成氢气、二氧化碳和一氧化碳，反应后的转化气经中心夹套换热后流出，并经集气总管送合成工段。

烃类转化反应器出口气中 CH_4 含量是一个十分重要的控制指标。采用在线分析仪表的测量滞后大，因此，常用反应温度作为间接质量指标。该生产过程中负荷变化频繁，采用在线分析仪表作模型校正，采用软测量仪估计 CH_4 含量。

经分析，选用下列过程变量作为辅助变量：反应炉管外壁温度 T_1、CO_2 添加量 F_1，水碳比 R_1、转化反应器压力 P_1。经实测过程数据和统计回归分析，建立出口气体中 CH_4 含量 y 的数学模型

$$y = 252.0848 - 0.5109T_1 - 0.8889\times10^{-3}F_1 - 2.232R_1 + 0.2262P_1 + 0.2652\times10^{-3}T_1^2 \tag{9-26}$$

根据数学模型估计的出口 CH_4 含量 y 与在线红外分析仪表测量值 y_2 之间有较大误差。经分析，主要是静态数学模型与实际生产过程存在差异，为此，对模型作如下修正

$$y(t)=y_1(t)+k_1[y_2(t-\tau)-y_1(t-\tau)]+k_2[y_2(t-\tau-\Delta t)-y_1(t-\tau-\Delta t)] \tag{9-27}$$

式中，$y(t)$ 是 t 时刻 CH_4 含量的在线估计值；$y_1(t)$ 是 t 时刻由式（9-26）计算得到的 CH_4 含量；τ 是纯时滞，随生产负荷变化而变化，采用最小二乘法定时在线计算得到；Δt 是时间间隔，人工调整的时间参数；k_1 和 k_2 是加权系数，根据所需控制要求调整。

经模型修正后的 CH_4 含量与实际分析数据十分接近，采用该修正后的 CH_4 组成的串级解耦控制系统已经成功地用于实际生产过程，并取得较好控制效果。

【例 9-2】 流化床干燥器湿含量的推断控制。

流化床干燥器的主要质量指标是物料出口湿含量。因固体颗粒湿含量难于直接测量，因此，采用图 9-8 所示推断控制方案。

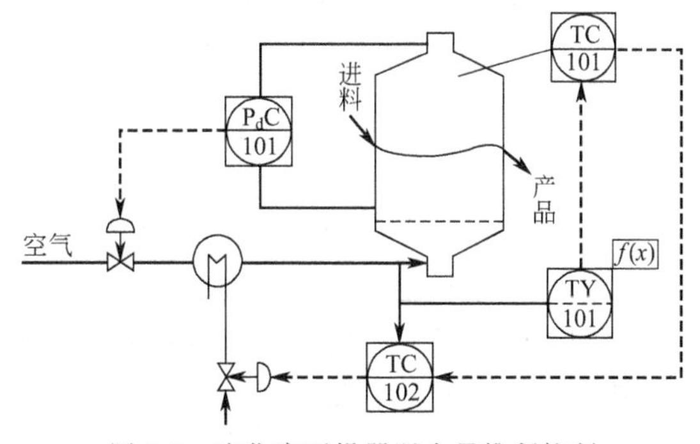

图 9-8 流化床干燥器湿含量推断控制

根据工艺机理，固体颗粒湿含量 x 与入口温度 T_i、出口温度 T_o 及湿球温度 T_w 有如下关系

$$x=\frac{x_C Gc}{H_V \gamma A}\ln(\frac{T_i-T_w}{T_o-T_w}) \tag{9-28}$$

式中，x_C是降速和恒速干燥的临界湿含量；G 是空气流量；c 是空气比热容；H_V是水的潜热；γ 是传质系数；A 是固体颗粒的表面积。

实际运行时，对一些基本不变的系数，作为常数处理，使湿含量 x 仅与入口、出口温度和湿球温度有关。但湿球温度 T_w测量有困难，在较高温度，湿球温度是入口干球温度的函数，而受湿度影响较小，因此，针对特定物料的湿含量 x，可建立 T_o与 T_i的关系曲线。只要控制 T_o与 T_i的值符合某一关系曲线，就能将湿含量控制在相应数值。

将所建立 T_o与 T_i的关系曲线用可调整斜率 R 和截距 b 的直线近似，即

$$T_{os}=b+RT_i \tag{9-29}$$

式中，T_{os}是出口温度希望的设定值；斜率 R 和截距 b 由关系曲线确定，并在现场进行适当调整。

实际应用时，考虑入口温度变化到出口温度变化之间的时滞，在计算 T_{os}前，对入口温度进行延时处理。流化床干燥器出口物料湿含量的推断控制系统如图 9-8 所示。图中，TY-101 用于根据 T_o与 T_i的关系曲线计算出口温度希望的设定值，其中，包含了对入口温度的延时功能。TC-101 和 TC-102 是出、入口温度控制器，P_dC 是干燥器压降控制器。控制系统框图见图 9-9。

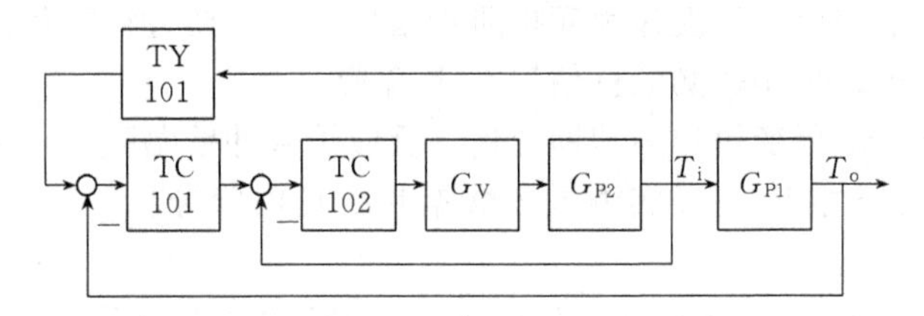

图 9-9　流化床控制系统框图

9.2.5　稳定外围的控制

稳定外围控制是尽可能使进入反应器的每个过程变量保持在规定数值的控制，它使反应器操作在所需操作条件，产品质量满足工艺要求。通常，稳定外围的控制依据物料平衡和能量平衡进行，主要包括：进入反应器的物料流量控制或物料流量的比值控制；控制反应器出料的反应器液位控制或反应器压力控制；稳定反应器热量平衡的入口温度控制，或加入（移去）热量的控制。

【例 9-3】合成氨转化炉的稳定外围控制。

石脑油为原料的一段转化炉内进行如下反应

$$C_nH_{2n+2}+\frac{n-1}{2}H_2O\longrightarrow\frac{3n+1}{4}CH_4+\frac{n-1}{4}CO_2$$

$$CH_4+H_2O\rightleftharpoons CO+3H_2+Q$$

甲烷转化为一氧化碳的反应是强吸热反应。由炉管外的烧嘴燃烧燃料供给热量，转化过程控制指标是出口气体中甲烷含量符合工艺要求；出口气体中氢氮比符合工艺要求。为此组成如图 9-10 所示稳定外围的控制系统。

① 进料流量控制。对各进料流量进行闭环控制。包括原料石脑油、水蒸气和空气，及总燃料量等流量的闭环控制。

② 保证蒸汽、空气和石脑油之间的比值控制。以水蒸气流量作为主动量，石脑油作为从动量（比值 k_3），组成双闭环比值控制系统；以石脑油流量作为主动量，空气作为从动量

（比值 k_1），组成双闭环比值控制系统。

③ 热量控制。以石脑油流量作为主动量，总燃料量作为从动量（比值 k_2），组成双闭环比值控制系统，保证供热量与原料量的配比。该系统采用两种燃料：炼厂气和液化气。液化气热值高，炼厂气热值低，因此，根据热值分析仪 AT 的输出，经热值控制器 AC 调整炼厂气和液化气的比值，其中，炼厂气是主动量，液化气是从动量和串级控制系统的副被控变量，热值是串级控制系统的主被控变量，组成变比值控制系统，保证热值恒定。从而间接保证出口气中残余甲烷含量满足工艺要求。

④ 压力控制。控制炉管内物料的压力，保证反应器出口气体流量的稳定，图中未画出。

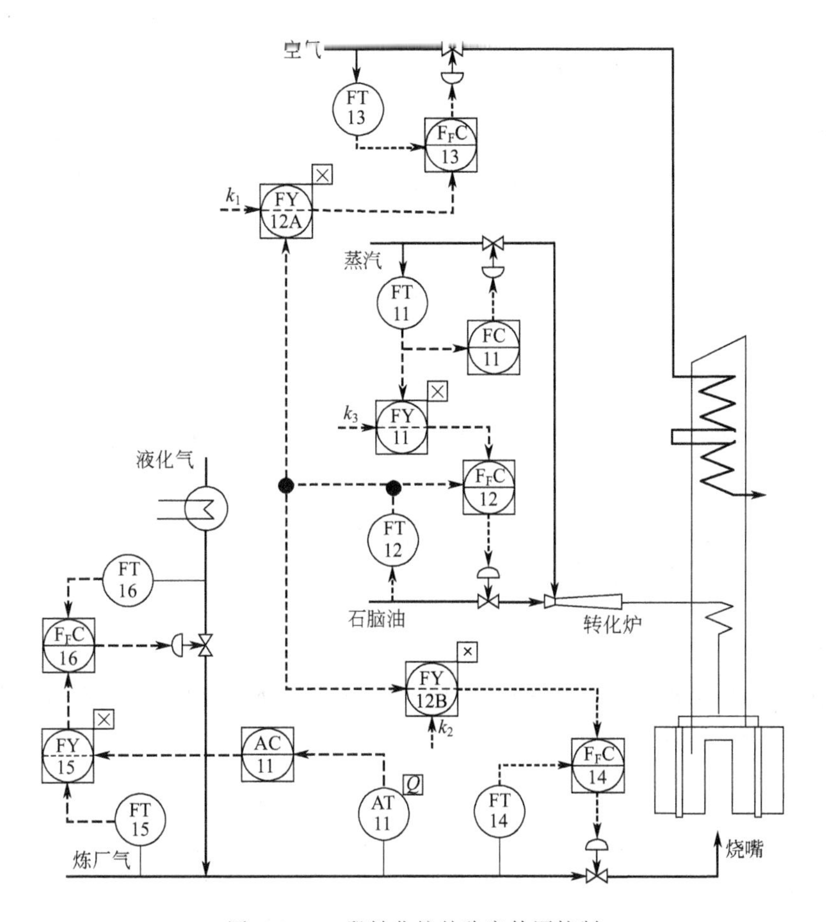

图 9-10 一段转化炉的稳定外围控制

9.2.6 开环不稳定反应器的控制

绝大多数被控工业过程具有稳定特性。即它们的开环传递函数极点位于根平面的左侧，属于开环稳定的过程。但对于放热反应过程，例如，连续搅拌釜式反应器等存在热稳定性问题。这类广义被控对象具有下列传递函数形式

$$G(s)=\frac{K}{(T_1s-1)(T_2s+1)(T_3s+1)} \tag{9-30}$$

$$G(s)=\frac{K(s-a_{11})}{(Ts+1)(T_1s-1)(T_2s+1)(T_3s+1)} \tag{9-31}$$

由于存在不稳定开环极点，因此，采用单回路控制时，出现条件稳定的现象。

(1) 三阶不稳定系统

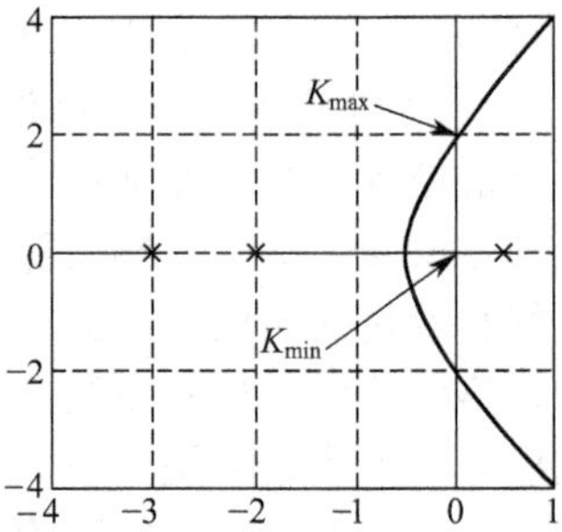

图 9-11　三阶不稳定系统根轨迹

当放热反应的广义被控对象采用检测变送环节的时滞较小，进料量较小，反应器容积较大，反应速度常数较小时，可采用式(9-30) 所示三阶传递函数描述广义被控对象。

该广义被控对象有一个不稳定开环极点，两个开环稳定的极点。图 9-11 是该开环系统的根轨迹图，可见，闭环系统的稳定条件是

$$K_{max} > K > K_{min} \tag{9-32}$$

这表明，如采用比例控制器，则控制器增益 K_c有一个不稳定上限 $K_{c\,max}$和一个不稳定下限 $K_{c\,min}$。其中，$K_p K_{c\,max} = K_{max}$，$K_p K_{c\,min} = K_{min}$。

从物理意义看，控制器增益小时，控制作用不够，即除热不力，因此控制系统会不稳定。如果控制器增益过大，则因反应器容积大，造成除热过量，同样会使控制系统不稳定。

这类控制器增益在一定范围内时才能稳定的系统，称为"条件性稳定"系统。条件性稳定系统的闭环可控性 R 定义为控制器增益稳定上限 $K_{c\,max}$与稳定下限 $K_{c\,min}$之比，即

$$R = \frac{K_{cmax}}{K_{cmin}} \tag{9-33}$$

影响闭环可控性 R 的因素是系统正极点和负极点的相对位置。

① 相对于负极点 $-\frac{1}{T_2}$ 和 $-\frac{1}{T_3}$，不稳定正极点 $\frac{1}{T_1}$ 离虚轴越近，则 R 越大。离虚轴越远，则 R 越小。

② 根轨迹分离点位于虚轴或虚轴右面，则闭环系统绝对不稳定。

③ R 越大，闭环系统越易稳定，R 越小，闭环系统越不易稳定，$R=1$ 表示根轨迹分离点位于虚轴。

(2) 四阶不稳定系统

当放热反应的广义被控对象采用检测变送环节的测量时滞较大时，可采用式(9-31) 所示四阶传递函数描述广义被控对象。

该开环系统不仅有不稳定极点 $\frac{1}{T_1}$，还有负的开环零点 a_{11} ($a_{11}<0$)，图 9-12 是不同开环增益下的三条开环频率特性曲线。系统有一个开环不稳定极点，$P=1$；频率特性曲线 1 顺时针包围 (−1，j0) 点一次，因此，$N=1$，因 $N \neq -P$，闭环系统不稳定；频率特性曲线 2 和 3 顺时针通过 (−1，j0) 点，这时为临界稳定状态，因此，该系统仍是条件性稳定系统。并有闭环系统的稳定条件：$K_{max} > K > K_{min}$。

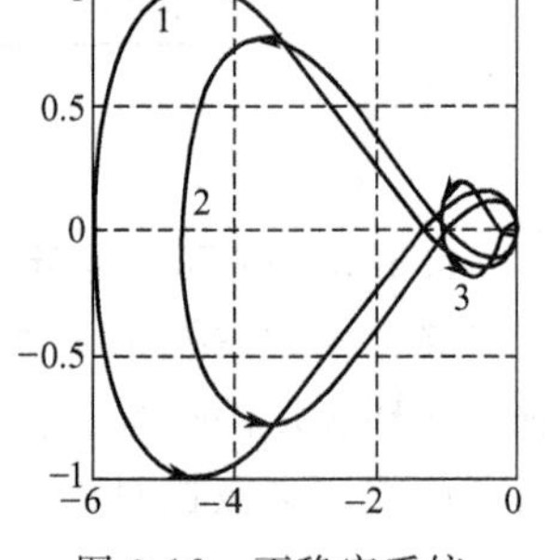

图 9-12　不稳定系统开环频率特性

确定条件稳定系统稳定上限和稳定下限的方法是用 $s=j\omega$ 代入闭环特征方程 $1+G(s)=0$，令虚部为零，实部为零，得到 5 个根，其中，有两个频率的根是虚根，对应的增益是负值，它们无实际意义。其余三个根中，有一对频率根是数值相同，符号为正和负的根，对应的控制器增益即为稳定上限 $K_{C\,max}$与稳定下限 $K_{C\,min}$。

【例 9-4】 已知广义被控对象传递函数如式 (9-31)，$a_{11}=-1.5$，$T_1=0.5$，$T_2=-3$，

$T_3=-2$，$T=-1$，$K=1$，确定控制器增益的稳定上限 $K_{c\max}$与稳定下限 $K_{c\min}$。

如上述，计算得到：$K_{c\max}=9.482$；$K_{c\min}=2$。

影响闭环可控性 R 的因素是系统正极点、负零点和负极点的相对位置。除上述的有关结论外，仿真表明，当系统负零点 a_{11} 负向远离虚轴时，R 减小；当系统负零点 a_{11} 正向靠近虚轴时，R 也减小。因此，有某个负开环零点的位置可使系统有最大的闭环可控性。

为减小系统测量滞后和反应器容积增加造成的影响，有人建议采用 PD 控制，当增大微分时间 T_d时，控制系统的闭环可控性 R 增大，但增大 T_d到某一值后，闭环控制系统反而不稳定，因此，微分时间有一个最优值，使闭环可控性 R 最大。

总之，在反应器控制系统设计时，应注意放热反应的控制，尤其是强放热反应的控制，应考虑该系统的热稳定性。对于开环不稳定控制系统，可通过组成闭环后使控制系统稳定。在控制器控制规律选择时，可采用 PD 控制，并注意条件稳定性问题。有时，增大控制作用，反而能使控制系统稳定。

9.3 典型化学反应过程的控制系统设计示例

9.3.1 合成氨过程的控制

(1) 变换炉的变比值控制

合成氨生产过程中变换工序是一个重要环节。主要反应为：$CO+H_2O \rightleftharpoons CO_2+H_2+Q$。

可直接用变换气出口气体中 CO 浓度作为质量指标，组成变比值控制系统。根据变换反应机理，将反应物流量按一定比值控制，再根据 CO 浓度及时调整比值设定值。

根据工艺测试分析，变换炉出口 CO 含量一定时，不同负荷（半水煤气）下，水蒸气和半水煤气的比值并非定值，而满足近似的平方关系

$$Q_{H_2O} \approx kQ_{CO}^2 \tag{9-34}$$

为此，设计比值控制系统时，工艺比值系数 k 成为 $k=\dfrac{Q_{H_2O}}{Q_{CO}^2}$；常规仪表系统设计时，水蒸气量测量采用差压变送器加开方器，半水煤气量测量采用差压变送器但不加开方器，仪表比值系数 $K=k\dfrac{Q_{CO\max}^2}{Q_{H_2O\max}}$。

该控制系统投运后，对半水煤气成分变化、触媒活性变化等扰动的影响都有较好克服能力。需注意，变换炉出口气体浓度检测时应进行净化处理，而分析仪表定期维护是控制系统正常运行的前提。因控制通道时间常数较采用入口温度或一段温度控制的控制通道时间常数小，因此，控制质量较好。

(2) 转化炉水碳比控制

水碳比控制是转化工段一个十分关键的工艺控制参数。水碳比指进口气中水蒸气和含烃原料中碳分子总数之比。水碳比过低会造成一段触媒结碳。由于进口气中总碳的分析与测定有一定困难，因此，通常总碳量用进料原料气流量作为间接被控变量。

一段转化炉水碳比控制采用水蒸气和原料气两个流量的单闭环控制系统时，因没有比值计算和显示，通常需设置相应的水碳比报警和联锁系统，防止水碳比过低造成结碳。

一段转化炉水碳比控制提出采用水碳比的比值控制系统。表 4-13 是一段转化炉水碳比控制的三种常用控制方案。实施时注意，对水蒸气和原料气流量测量，如果物料的温度、压力或成分有较大变化时，需要进行温度、压力和压缩因子的补偿，以补偿因密度变化造成的影响，提高测量精确度。

(3) 合成塔的控制

① 氢氮比控制。合成氨的反应方程式为：$3H_2+N_2 \rightleftharpoons 2NH_3$。

合成反应的转化率较低（约 12%）时，必须将产品分离后的未反应物料循环使用，即循环氢与新鲜氢再进入合成塔进行反应。氢气和氮气之比按 3∶1 相混合，并进行反应。根据反应方程式，氨合成反应以氢氮比 3∶1 消耗，一旦新鲜气中的氢氮比偏离设定比值，则多余的氢或氮就会积存，经不断循环后，使回路中的氢氮比越来越偏离设定的比值，而不能恢复平衡。

以天然气为原料的大型合成氨厂中，氢氮比控制的操纵变量是二段转化炉入口加入的空气量。从空气加入，经二段转化炉、变换炉、脱碳系统、甲烷化及压缩，才能进行合成反应，因此，整个调节通道很长，时间常数和时滞很大，这表明被控过程是大时滞过程。为此，设计如图 9-13 所示的以合成塔进口气中氢氮比为主被控变量，以新鲜气中氢氮比为副被控变量的串级控制系统。考虑到天然气原料流量波动的影响，引入原料流量的前馈信号，组成前馈-串级控制系统。

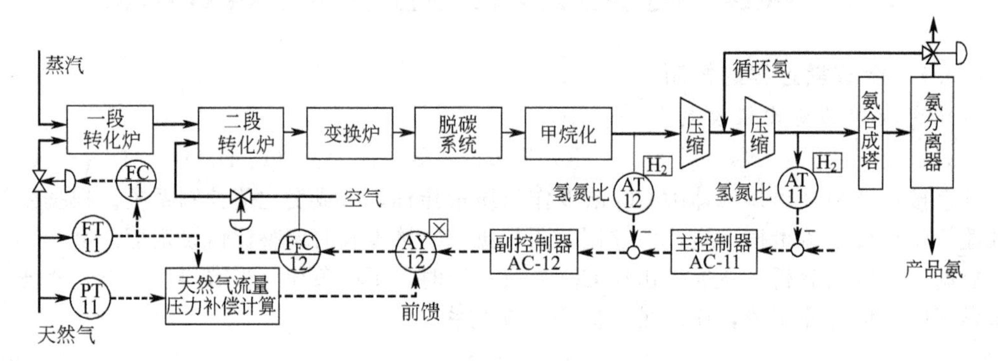

图 9-13　合成反应过程的氢氮比串级变比值控制系统

图中，AT 是氢气分析器，FC 是流量控制器，FT 是流量变送器，PT 是天然气压力变送器，AY 是乘法器，实现变比值运算。

② 合成塔温度控制。为保证合成反应稳定运行，要求控制好合成塔触媒层的温度，以便提高合成转化率，延长触媒使用寿命。图 9-14 是合成塔温度的一种控制方案。

图中，TC-21 是合成塔入口温度控制器，被控变量是合成塔入口温度，操纵变量是冷副线流量。因合成气刚入塔，离化学平衡有距离，应提高反应速率。入口温度过低，不利于反应进行，入口温度过高，则反应速率过快，床温上升过猛，影响触媒使用寿命。

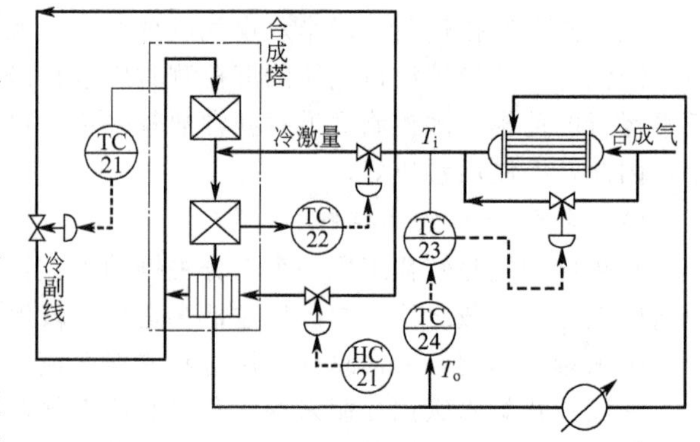

图 9-14　合成塔温度控制

TC-22 是合成塔触媒床层温度控制器，被控变量是触媒床层温度，操纵变量是冷激量，因第二层触媒中化学平衡成为主要矛盾，因此，应控制床层温度，以反映化学平衡的状况。

TC-23 和 TC-24 组成串级控制系统，主被控变量是合成塔出口温度 T_o，副被控变量是入口温度 T_i，操纵变量是入口换热器的旁路流量。根据热量平衡关系，入口温度 T_i 的气体在合成反应中获得热量，温度升高到 T_o，因此，出口温度低表示反应转化率低，反应的热量不够，为此应提高整个床层温度，即提高入口气体的热焓，或提高入口温度控制器的设定值。反之，反应过激时，应降低入口温度设定，使整个床层温度下降。实施时，考虑出口温度和入口温度的兼顾，对主、副控制器的参数应整定得较松些。

9.3.2 催化裂化过程反应-再生系统的控制

催化裂化过程通常由反应-再生系统、分馏系统和吸收-稳定系统三部分组成。

反应-再生系统是催化裂化过程中最重要的部分。其反应机理和工艺动态过程复杂，要使反再系统参数中所有被控变量处于受控状态，某些重要操纵变量又能处于其理想的经济目标，是过程控制必须解决的问题。图 9-15 是分子筛提升管催化裂化装置的反应-再生系统控制流程。

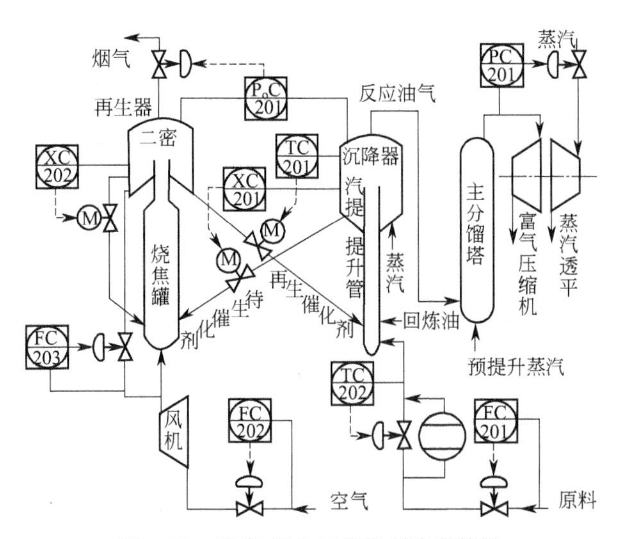

图 9-15 反应-再生系统控制流程简图

原料经换热后与回炼油混合到 250～279℃，再与来自分馏塔底 350℃油浆混合进入筒式反应器的提升管下部，在提升管内，原料油与来自第二密相床的再生催化剂（700℃左右）接触、迅速汽化并进行反应，生成的油气同催化剂一起向上流动。经提升管出口快速分离进入沉降器，经三组旋风分离器分离油气和催化剂。油气在分馏塔进行产品的分离，催化剂在汽提段经过蒸汽汽提，其中夹带的大部分油气被蒸汽汽提，经汽提后的待生催化剂进入烧焦罐下部。汽提段藏量由待生电动滑阀控制，二密经外循环管进入烧焦罐下部的再生催化剂与待生催化剂一起，与主风机提供的主风混合并烧焦，使催化剂再生，再生后的催化剂与空气、烟气并流进入稀相管进一步烧焦，稀相管出口设置 4 组粗旋风分离器，分离烟气和催化剂。带催化剂的再生烟气经 6 组旋风分离器进一步分离，回收的催化剂进入第二密相床。第二密相床中再生催化剂分两路；一路经再生斜管去提升管反应器，其量由提升管出口温度控制再生滑阀调节；另一路经循环管返回烧焦罐，其量由二密藏量控制循环量滑阀调节。再生烟气经外集气室进入余热炉，燃烧后排空。再生器压力由双动滑阀控制，反应器本身不设置控制，而通过反应沉降器的压力反映，并由富气压缩机调速控制。应保持反应器与再生器之间的压差，通常，反应器压力略高于再生器压力，因再生器为烧去积炭，需送入空气，如再生器压力低于反应器压力，就可能使空气进入反应器发生爆炸，其压差通过再生器出口烟气量调节。

主要控制方案有：汽提段藏量 XC-201 控制待生催化剂量；二密藏量 XC-202 控制外循

环催化剂量；汽提出口温度 TC-201 控制再生催化剂量；原料混合出口温度 TC-202 控制旁路原料量；两器压差 PdC-201 控制烟气排出量；主分馏塔压 PC-201 控制蒸汽透平转速；原料 FC-201 控制原料量；空气 FC-202 控制空气量；二密空气 FC-203 控制二密空气量等。

此外，为使部分控制成为卡边控制，需设置一些约束控制，保证设备的安全。

习题和思考题

9-1　反应器控制系统中的被控变量、操纵变量和扰动变量有哪些？

9-2　影响化学反应速度有哪些？如何影响？

9-3　影响化学反应平衡的常数有哪些？如何影响？

9-4　什么是反应器的热稳定性？吸热反应器的被控对象是否一定稳定？放热反应器的被控对象是否一定不稳定？为什么？

9-5　化学反应器的常用控制方案有哪些？主要控制目标是什么？

9-6　某连续搅拌夹套反应器，反应初期要用蒸汽或热水加热，反应进行后要移热，设计反应器温度控制系统来满足上述控制要求。

9-7　上题中，已知蒸汽控制阀开度增加 10%，反应器温度平均升高 10℃。冷水控制阀开度增加 10%，反应器温度平均下降 15℃，确定控制阀开度与控制器输出之间的关系。

9-8　已测得反应器温度被控对象的传递函数有三个开环极点为 1，−2 和 −2.5，增益为 2，确定采用纯比例控制器时的增益，并仿真检验。

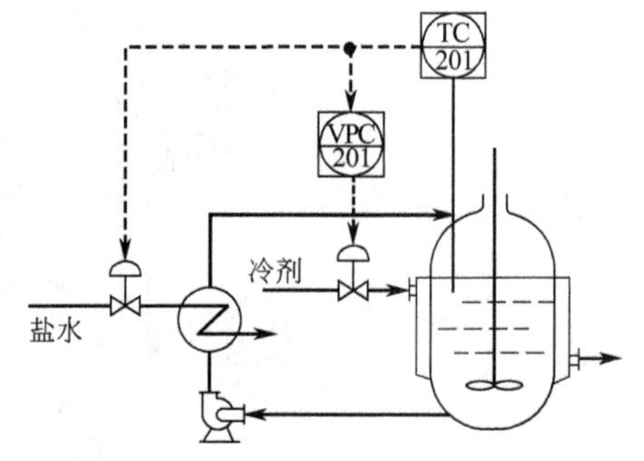

图 9-16　反应器的双重控制系统

9-9　某放热反应器温度控制系统采用双重控制系统，如图 9-16 所示。当反应温度升高时，先用泵将反应器内物料抽出，与冷冻盐水换热，使温度迅速回复，然后，用夹套冷水移热，确定控制阀的气开气关类型，控制气的正反作用方式，并说明控制系统工作过程。

附录　管道仪表流程图的设计符号

在 P&ID（Piping and Instrument Diagram）设计时，需要符合标准的设计符号用于表示在工艺流程图中的检测和控制系统。采用标准设计符号的目的是便于工艺技术人员、自控技术人员和管理人员之间的思想沟通。

P&ID 是管道仪表图的缩写，有时称为带控制点工艺流程图。设计符号分为文字符号和图形符号两类。本附录对有关内容作简单介绍。

A.1　文字符号

文字符号是用英文字母表示仪表位号。仪表位号由仪表功能标志字母和仪表回路的顺序流水号组成。表 A-1 是字母的功能标志表。

表 A-1　字母的功能标志表

字母	首位字母		后续字母		
	被测、被控或引发变量	修饰词	读出功能	输出功能	修饰词
A	分析		报警		
B	烧嘴、火焰		供选用	供选用	供选用
C	电导率			控制	
D	密度	差			
E	电压(电动势)		检测元件		
F	流量	比率(比值)			
G	毒性气体或可燃气体		玻璃、视镜、观测		
H	手动				高
I	电流		指示		
J	功率	扫描			
K	时间、时间程序	变化速率		手-自动操作器	
L	物位		指示灯		低
M	水分、湿度	瞬动			中
N	供选用		供选用	供选用	供选用
O	供选用		节流孔		
P	压力、真空		连续或测试点		
Q	数量	积算、累计			
R	核辐射		记录、DCS 趋势记录		
S	速度、频率	安全		开关、联锁	
T	温度			变送、传送	
U	多变量		多功能	多功能	多功能
V	振动、机械监视			阀、风门、百叶窗	
W	重量、力		套管		
X	未分类	*X* 轴	未分类	未分类	未分类
Y	事件、状态	*Y* 轴		继电器、计算器等	
Z	位置、尺寸	*Z* 轴		驱动器、执行元件	

例如，TT 表示温度变送器，第一字母 T 表示被测变量是温度，第二字母 T 表示变送器；PSV 表示压力安全阀，P 表示被测变量是压力，S 表示具有安全功能，V 表示控制阀；ST 表示转速变送器，S 表示被测变量是转速，T 表示变送器；TS 表示温度开关，因第一字

母 T 表示温度，第二字母 S 表示开关。

后续字母 Y 表示该仪表具有继电器、计算器或转换器的功能。例如，可以是一个放大器或气动继动器等，也可以是一个乘法器，或加法器，或实现前馈控制规律的函数关系等。也可以是电信号转换为气信号的电气转换器、或频率-电流转换器或其他的转换器。通常，在该仪表图形符号外表示该后续功能，见下述。

在 P&ID 中，一个控制回路可以用组合字母表示。例如，一个温度控制回路可表示为 TIC，或简化为 TC。它可以表示该控制回路由 TE 温度检测元件、TT 温度变送器、TI 温度指示仪表、TC 温度控制器、TY 电气阀门定位器和 TV 气动薄膜控制阀组成。

当同一回路中，有多个具有相同后续字母的仪表时，例如，分程控制系统中的两个控制阀，可采用尾缀进行区别，例如，TV-101A，TV-101B。仪表位号的标识遵循回路准则。例如，温度为主被控变量，组成的变比值控制系统中，如果，比值函数环节的仪表设置在流量反馈回路，其仪表位号的首位字母是 F；如果设置在温度主环，即作为流量控制回路的设定环节时，其仪表位号的首位字母是 T。

为了特出某些功能，可用专用标识符号表示。例如，实现比值控制的从动量控制器可用 F_FC 表示，双重控制系统中的阀位控制器用 VPC 表示。

A.2　图形符号

图形符号用于表示仪表的类型、安装位置、操作人员可否监控等功能。表 A-2 是基本图形符号。

表 A-2　基本图形符号

类别	安装在现场，正常情况操作员不能监控	安装在主操作台，正常情况操作员可监控	安装在辅助设备，正常情况操作员可以监控	安装在盘后或不与 DCS 通信
仪表				
分散控制 共用显示 共用控制				
可编程 逻辑控制器				
计算机				

当后续字母是 Y 时，仪表的附加功能图形符号见表 A-3。

表 A-3　附加功能图形符号

图形符号	功能	说　明	图形符号	功能	说　明
Σ	和	输入信号的代数和	f(x)	函数	输入信号的非线性函数
Σ/n	平均值	输入信号的均值	f(t)	时间函数	输入信号的时间函数
Δ	差	输入信号的代数差	$>$	高选	输入信号的最大值
k	比	输入信号的正比	$<$	低选	输入信号的最小值

续表

图形符号	功能	说　明	图形符号	功能	说　明
∫	积分	输入信号的时间积分	≯	上限	输入信号上限限幅
d/d	微分	输入信号的变化率	≮	下限	输入信号下限限幅
×	乘	输入信号的乘积	−k	反比	输入信号的反比
÷	除	输入信号之商	+ − ±	偏置	加或减一个偏置值
$\sqrt[n]{\ }$	方根	输入信号的n次方根	*/*	转换	信号的转换
X^n	指数	输入信号的n次幂	SW	切换	信号的切换

信号转换是信号类型的转换，例如，电流信号转换为气信号，用I/P；模拟信号转换为数字信号用A/D等，而信号切换是对输入信号的选择，在输出功能中的开关、联锁是指仪表附带的开关信号，或用于联锁的触点信号。附加的功能图形符号通常标注在仪表图形符号外部的矩形框内。

当仪表具有开关、联锁（S）的输出功能，或具有报警（A）功能时，应在仪表基本图形符号外标注开关、联锁或报警的条件，例如，切换（SW）、高限（H）、低限（L）、高高限（HH）等。

当仪表以分析检测（A）作为检测变量时，应在仪表基本图形符号外标注被检测的介质特性，例如，用于分析含氧量的仪表图形符号外标注O_2，用于pH检测的仪表图形符号外标注pH等。

根据规定，所有的功能标志字母均用大写字母。但本书中，为简化，有时也将一些修饰字母采用小写字母，例如，T_dT等同于TDT，表示温差变送器。

A.3　仪表位号

仪表位号由仪表功能标志字母和仪表回路的顺序流水号组成。例如，PIC-101中PIC表示该仪表具有压力指示和控制功能，101是该仪表的控制回路编号。在P&ID中，通常，图形符号中分子部分表示该仪表具有的功能，分母部分表示该仪表的控制回路编号。

模拟试题

（开卷，90 分钟）

一、填充题（每题 1 分）

1. 单回路控制系统由__________等组成。其中，__________被称为最终________。

2. 控制系统中，增加控制通道的增益，控制作用______，克服扰动能力______，因此，系统的余差________，最大偏差________。

3. 扰动通道的时间常数增大，扰动影响______，因此，设计时，常常希望扰动______被控变量。

4. 选择控制阀的流量特性是用于补偿______________的影响。

5. 控制系统检测变送环节的基本要求是______________。

6. 积分饱和是一种______________的现象，有人说，只要有积分作用，就有积分饱和，这是______________的。

7. 控制系统偏离度是______________的描述。

8. 某温度变送器量程 100～300℃，选用 12 位分辨率的 A/D 转换器，现在测得 A/D 转换器输出的二进制代码是 0111 1101 0000，它表示测量的温度是________℃。

9. 衰减比和衰减率用于描述______________的性能。积分性能指标用于描述______________的性能。

10. 阀门定位器的作用是____________________。

二、简答题（每题 5 分）

1. 说明反馈控制和前馈控制的区别。

2. 说明串级控制系统和双重控制系统的区别。

3. 画出正微分和反微分的阶跃响应曲线，说明其应用场合。

4. 说明双闭环比值和两个单回路控制系统的区别。

三、（10 分）某热水槽出口温度控制系统已经正常运行，后因生产规模扩大，热水槽的容积扩大一倍，如果仍用原有的控制系统，控制阀的流通能力也扩大一倍。该控制系统是否能够正常运行？如何改进？

四、（15 分）如图 1 所示夹套反应釜的釜温控制系统：

① 当主要扰动是夹套冷却剂的压力波动时，应设计怎样的控制系统？

② 当主要扰动是夹套温度波动时，应设计怎样的控制系统？

③ 当主要扰动是反应物料量的波动时，应设计怎样的控制系统？

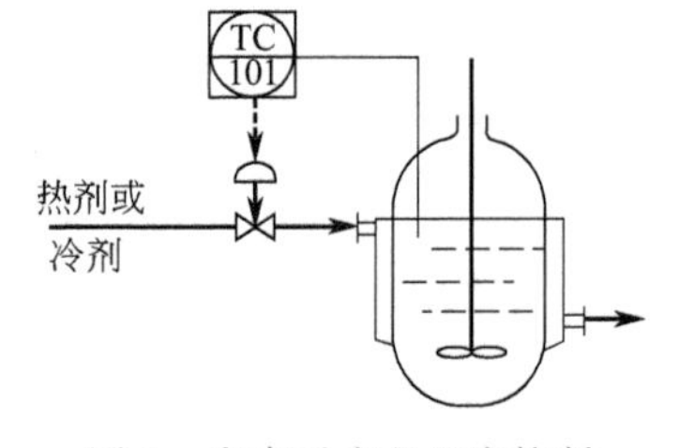

图 1　夹套反应釜温度控制

④ 为使反应开始能够升温，反应过程中能够降温移热，应设计怎样的控制系统？

⑤ 为使反应的放热和冷却剂的移热实现平衡，应如何设计热量控制系统？

⑥ 控制阀应选什么流量特性？

画出各自的控制系统，并说明设计的原因。

五、（15 分）某精馏塔采用图 2 所示的控制系统。说明该精馏塔有哪些控制系统组成。选择各控制阀的气开和气关类型，选择控制器的正、反作用类型。

六、（30 分）如图 3 所示锅炉设备控制系统。

说明该锅炉系统有哪些控制系统？各控制器的正反作用如何选择。以液位控制为例，说明其工作原理。

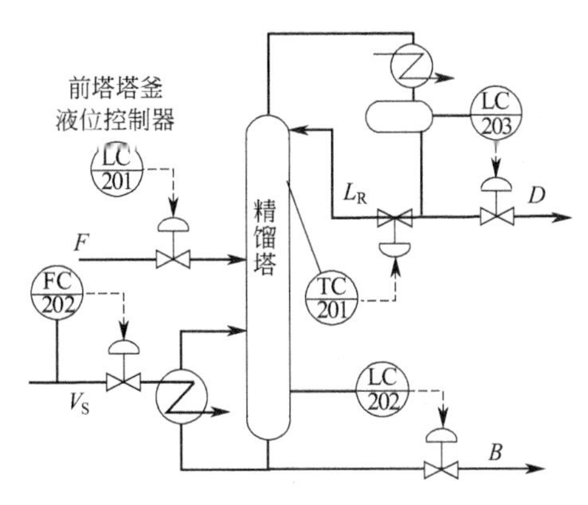

图 2　精馏塔控制系统

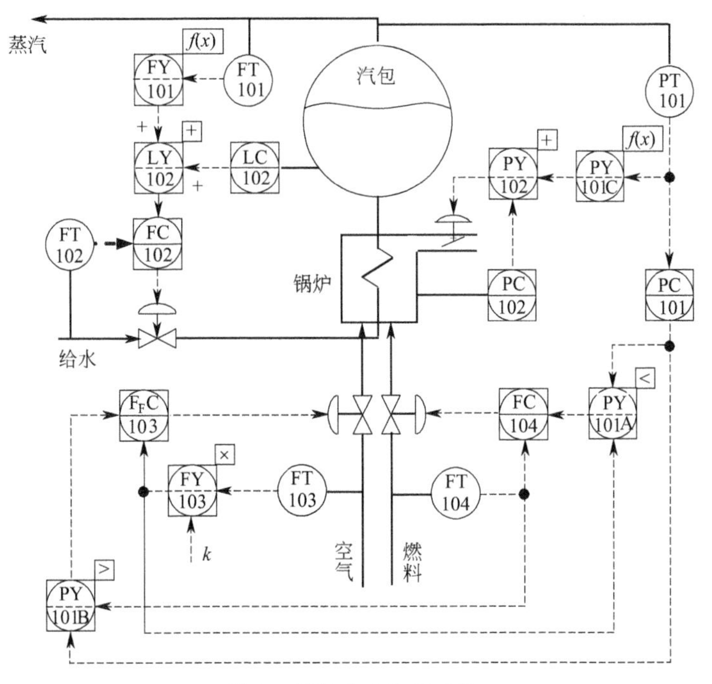

图 3　锅炉设备控制系统

参 考 文 献

[1] 何衍庆，黎冰，黄海燕．工业生产过程控制，第 2 版，北京：化学工业出版社，2010.

[2] 俞金寿，顾辛生．过程控制工程．第 4 版．北京：高等教育出版社，2011.

[3] 戴连奎，于玲，田学民，王树青．过程控制工程．第 3 版．北京：化学工业出版社，2012.

[4] 黄德先，王京春，金以慧．过程控制系统．北京：清华大学出版社，2011.

[5] 杨为民，邬齐斌．过程控制系统及工程．西安：西安电子科技大学出版社，2008.

[6] 孙洪程，李大宇，翁维勤．过程控制工程．北京：高等教育出版社，2006.

[7] 王树青等．工业过程控制工程．北京：化学工业出版社，2003.

[8] 黎冰，黄海燕，何衍庆．变频器实用手册．北京：化学工业出版社，2011.

[9] 何衍庆，姜捷等．控制系统分析、设计和应用——MATLAB 语言的应用．北京：化学工业出版社，2003.

[10] 何衍庆，黄海燕，黎冰．集散控制系统原理及应用，第 3 版．北京：化学工业出版社，2009.

[11] 王正林，郭阳宽．过程控制与 Simulink 应用．北京：电子工业出版社．2006.

[12] 郭阳宽，王正林．过程控制工程及仿真：基于 MATLAB/Simulink. 北京：电子工业出版社．2009.

[13] 何仁初，罗雄麟等．乙烯精馏塔仿真平台的开发与应用．计算机与应用化学．909-914. No. 10. 2005.

[14] F G Shinskey . Process Control System，Application，Design，and Tuninng. 4th edition. . NY：McGraw Hill，1996.

[15] A Bemporad，M Morari，N L Ricker. Model Predictive Control Toolbox™ Getting Started Guide. The MathWorks，Inc. 2012.

[16] M L Luyben，W L Luyben. Essentials of Process Control. NY：McGraw Hill，1997.

[17] C A Smith. Automated Continuous Process Control. NY：John Wiley & Sons，Inc. 2002.

[18] C L Smith. Advanced Process Control：Beyond Single-Loop Control. NY：John Wiley & Sons，Inc. 2010.

[19] C L Smith. Practical Process Control；Tuning and Troubleshooting. NY：John Wiley & Sons，Inc. 2009.

[20] W FStephen，R P Dale. Industrial Process Control systems. 2nd edition. GA：The Fairmont Press，Inc. 2009.